高等学校信息工程类专业系列教材

无线通信基础及应用

（第三版）

主编　魏崇毓

参编　孙海英　邵　敏　李　勤

主审　禹思敏

西安电子科技大学出版社

内 容 简 介

本书深入浅出地讨论了无线通信的相关基础理论和涉及的无线通信系统。全书共
6 章,首先介绍了无线通信的传播环境和大尺度、小尺度传播模型;其次介绍了均衡、
分集与多天线通信技术以及移动通信网络技术;最后介绍了 2G(GSM、CDMA)、3G
(WCDMA、TD-SCDMA、CDMA2000)系统、LTE 和 5G 等无线通信系统与网络。

本书兼顾无线通信的基础理论和应用,以满足不同层次读者的需要,可作为高等
学校工科通信专业和相关专业的高年级本科生教材,也可作为通信工程技术人员和科
研人员的参考书。

图书在版编目(CIP)数据

无线通信基础及应用/魏崇毓主编. —3 版. —西安:西安电子科技大学出
版社,2022.8

ISBN 978 - 7 - 5606 - 6488 - 0

Ⅰ. ① 无… Ⅱ. ① 魏… Ⅲ. ① 无线电通信—高等学校—教材
Ⅳ. ① TN92

中国版本图书馆 CIP 数据核字(2022)第 082060 号

策　　划　马乐惠
责任编辑　张　玮
出版发行　西安电子科技大学出版社(西安市太白南路 2 号)
电　　话　(029)88202421　88201467　　　邮　编　710071
网　　址　www.xduph.com　　　　　电子邮箱　xdupfxb001@163.com
经　　销　新华书店
印刷单位　陕西天意印务有限责任公司
版　　次　2022 年 8 月第 3 版　2022 年 8 月第 1 次印刷
开　　本　787 毫米×1092 毫米　1/16　印张 19.75
字　　数　465 千字
印　　数　1~2000 册
定　　价　46.00 元
ISBN 978 - 7 - 5606 - 6488 - 0/TN

XDUP 6790003 - 1

＊＊＊如有印装问题可调换＊＊＊

前　言

　　无线通信技术发展迅速，移动通信系统不仅数据传输速率大幅提高，而且将通信场景扩展到了人与物、物与物之间。无线通信技术的发展及其应用需求的不断提升，推动了 5G 的发展，5G 正快速走向成熟并进入商业应用。在这种背景下，为适应新情况下的教学需要，我们根据自己的教学总结和部分使用本教材老师的意见，对第二版教材进行了修改和补充，编写了本书。

　　本书修改了上一版的一些错误，增加了第 5 代移动通信的内容，将这部分内容作为本书的一章单独列出，并附习题。另外，结合教材内容的修改，对书末的附录 C 进行了相应的补充，以方便读者查阅。

　　禹思敏教授审阅了全书并提出不少宝贵意见，兄弟院校的老师在使用本书的过程中也提出许多宝贵意见和建议，西安电子科技大学出版社的老师更是做了大量具体工作，这些都对本书的修改起到了很大的促进作用，编者对此表示衷心的感谢。

　　编者诚恳希望读者对本书中的缺点和不足之处提出批评和指正。

编　者

2022 年 3 月

第 一 版 前 言

目前无线通信在世界各地都得到了快速发展，已经成为电信行业中发展最快、最活跃的领域之一。从蜂窝电话到无线局域网和个人域网，无线通信设备的普及程度几乎超过了任何工业产品。自 20 世纪 90 年代中期以来，我国在无线通信产业和科研方面的发展也大大加速。从开发生产第二代数字蜂窝系统产品到独立提出 3G 系统国际标准 TD‐SCDMA，再到 TD‐SCDMA 开始大规模商用，充分说明我国在无线通信领域的发展令人瞩目。在这种形势下，"无线通信"已经成为通信工程及其相关专业的一门重要课程。

无线通信涉及的技术内容非常广泛，不仅各种不同类型的无线通信系统不断出现，无线通信的基础技术也在不断发展变化。因此，不论是从教材编写还是从学习时间上来说，一门课程都难以完全解决问题。采取分别对待全面性与深入性的学习方式也许会更好一些。换句话说，就是分别从两个方面考虑无线通信的学习问题，即首先系统学习基础技术内容，通过这一阶段的学习达到对无线通信基本原理与技术的全面深刻的认识，为以后的科研工作和进一步学习打好专业基础；然后根据需要，有针对性地深入学习具体的无线通信系统。本书就是出于这样一个目的为通信及信息工程类专业本科高年级学生而编写的。

在选材上，本书主要关心无线通信领域的基本理论和共性技术，内容上力求深入浅出、通俗易懂。

本书分 6 章。第 1 章为绪论，主要介绍无线通信系统的一些基本概念、无线通信技术的发展历史与发展趋势，为以后章节的学习做一个铺垫。第 2 章是无线通信基础，主要介绍电磁波的基本知识和无线信道传播特性，包括大尺度损耗特性与小尺度衰落特性。无线信道特性是研究和设计无线通信系统的基础，而且无线信道特性分析也是学习难点。因此，第 2 章的编写选择最核心的内容，并且力求以便于理解的方式进行表述。第 3 章是无线通信基本技术，主要介绍无线通信系统设计中基本的共用技术，包括编解码技术、调制解调技术、多址接入技术、抗衰落技术等。第 4 章为移动通信网络技术，主要介绍移动通信蜂窝网的组网技术，包括蜂窝网的频率复用技术、网络工程规划以及移动性管理技术等。第 5 章简要介绍当前常见的无线通信系统，使读者对各种主要无线通信系统原理有一个基本的认识。为便于读者跟踪无线通信技术的发展，第 6 章对近几年无线通信领域普遍关心的新技术进行了简单介绍，包括软件无线电技术、超宽带无线通信技术、WiMAX 技术、智能天线技术和认知无线电技术等。

在本书的编写过程中，苏州大学的刘学观教授提出了宝贵建议，海信集团的李勇和毛洪波高级工程师、中国联通青岛分公司的谭佩良高级工程师、歌尔声学股份有限公司的胡永生教授提供了部分素材，禹思敏教授审阅了全书并提出了宝贵的意见与建议。另外，本书还得到了青岛科技大学信息科学技术学院领导与同事的支持。在此向他们表示诚挚的谢意。

本书由魏崇毓主编，参加编写的还有孙海英、邵敏和李勤。在本书的编写过程中，研究生顾有军、朱卫娟、刘臣、韩永亮、杨洋、吕畅、李东生等协助整理了部分材料并绘制了部分插图，青岛科技大学通信工程教研室的全体老师也提供了很多帮助，西安电子科技大学出版社给予了大力支持，在此一并表示感谢。

　　由于编者水平有限，书中难免会存在一些疏漏与不足之处，敬请广大读者批评指正。

编　者
2009 年 5 月

目　　录

第 1 章　绪　　论

　　无线通信技术已经成为当今社会不可缺少的信息交流技术手段和发展最快的工程技术领域之一。

　　移动通信是无线通信的重要方面。移动通信以其移动性和个人化服务为特征，表现出旺盛的生命力和巨大的市场潜力。除了移动通信之外，无线通信还包括许多其他系统，如无线遥控、无线检测、射频识别（RFID）、移动计算、无线定位等。无线通信技术的各种新的应用对无线通信工程师所形成的挑战与日俱增，要求他们掌握深厚的通信技术基础来应对这些挑战。本书旨在对无线通信技术的基础内容进行全面的介绍，以培养无线通信工程师应对目前和未来挑战的基础知识和能力。

　　实现无线通信的基础是电磁波传播理论。市场应用需求的迅猛增长与超大规模集成电路技术（VLSI）、数字处理技术和网络传输技术的发展是推动无线通信快速发展的重要因素。本章将首先介绍无线通信系统的基本构成，使读者建立无线通信系统的基本概念，接着讨论无线通信技术发展的大致过程以及无线通信的未来，然后概略介绍一些无线通信系统实例，最后讨论无线通信技术面临的主要技术挑战，这些挑战决定了无线通信技术的主要研究内容。

1.1　无线通信系统的构成

　　无线通信系统的基本构成如图 1-1 所示。

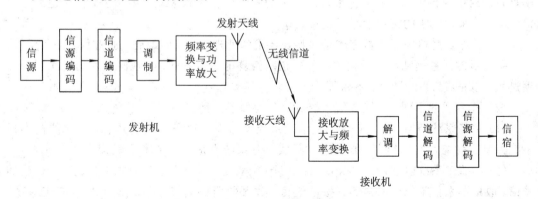

图 1-1　无线通信系统的基本构成

　　图 1-1 中，信源是发出信息的基本设施，信宿是信息的接收者。发射机将信源产生的消息信号变换成便于通过空间传播的电磁波信号形式，并送入无线传播信道。信源编码将来自信源的连续消息变换为数字信号，并进行适当的压缩处理以提高传输效率。信道编码

使数字信号与无线传输信道相匹配,以提高传输的可靠性和有效性。信道编码部分输出的是数字基带信号。调制器将数字基带信号调制到中频载波上。频率变换将调制后的中频信号变换到适合发射的射频频段。功率放大的作用是将射频信号提升到一定的功率电平,以保证无线通信系统的距离覆盖达到一定的范围。频率变换与功率放大部分的主要构成见图1-2。发射天线的作用是将射频传导功率变换为在空间传播的电磁波功率,接收天线的作用是将在空间传播的电磁波功率转换为射频传导功率。发射信号可以表示为

$$x(t) = A(t) \cos[2\pi f_c t + \varphi(t)] = \text{Re}[c(t)\text{e}^{\text{j}2\pi f_c t}] \qquad (1-1-1)$$

式中:

$$c(t) = A(t)\cos\varphi(t) + \text{j}A(t)\sin\varphi(t) = x_\text{I}(t) + \text{j}x_\text{Q}(t) \qquad (1-1-2)$$

为等效基带信号,亦称复包络。$x_\text{I}(t)$ 和 $x_\text{Q}(t)$ 分别称为 $x(t)$ 的同相分量和正交分量。有关基带等效表示的原理,请参考本书附录 A。

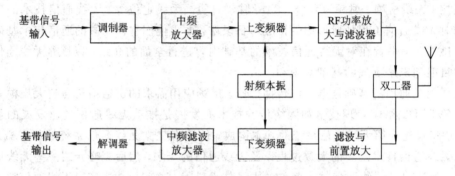

图 1-2　频率变换与功率放大部分的构成框图

在无线通信系统中,有些无线设备的发射机与接收机分别配有自己的天线。这时,收发设备之间的相互影响相对容易隔离。但在小型设备中,特别是用户终端设备上,接收机与发射机共用一副天线。在这种情况下,为了防止发射信号泄漏进入接收机,对接收机造成干扰或损坏,天线系统需经过一个双工器分别与发射机、接收机相连接。双工器的功能就是将发射机与接收机隔离,将来自发射机的发射信号送到天线发射出去,而不进入接收机,同时将来自天线的接收信号送到接收机,而不进入发射机。

另外,在发射机中还经常完成某些特殊要求的处理,如纠错编码、加密和多路复用等。

接收机的任务是从带有干扰的信号中正确恢复出原始消息,实现同发射机中相反的处理过程,即完成解调、译码、解密等。

按工作方式的不同,无线通信系统可以分为如下三种类型:

(1) 单工系统(Simplex System)。单工系统是只提供单向通信的系统,如无线电广播系统为单工系统,20 世纪末广泛使用的无线寻呼系统也是一种单工系统。

(2) 半双工系统(Half Duplex System)。在半双工系统中,通信双方交替地进行收信和发信,收信和发信不能同时进行。按下通话、放开收听的对讲系统是典型的半双工系统。半双工系统在指挥调度等专业无线电中比较常用。

(3) 全双工系统(Full Duplex System)。全双工系统是允许通信双方同时进行发信和收信的无线通信系统。蜂窝电话是当前典型的全双工系统。

实际上,大多数场合通信双方使用的都是收发兼备的全双工系统。在蜂窝电话这类无

线移动通信系统中，用户使用的设备称为移动台(MS，Mobile Station)或移动终端。通信时移动台通过无线信道接入通信网络。在系统中，为 MS 提供网络无线接入服务的设备叫作基站(BS，Base Station)。一个基站提供服务的地域范围称为无线小区(Cell)。基站和移动台之间能够可靠通信的最大距离称为小区覆盖半径。用来从 BS 向 MS 传输信息的无线信道称为前向信道(Forward Channel)，也叫正向信道或下行链路(Downlink)。用来从 MS 向 BS 传输信息的无线信道称为反向信道(Reverse Channel)或上行链路(Uplink)。

　　无线通信系统实现全双工工作需要采用特殊的技术。目前实现全双工通信的技术有时分双工(TDD，Time Division Duplex)和频分双工(FDD，Frequency Division Duplex)两种。FDD 是将发射机和接收机设计在两个不同的无线频率上工作，从而实现收发隔离的双工技术。由于发射机和接收机的工作频率不同，因此在设计双工器(Duplexer)时，使用合适的滤波器就可以实现发射机与接收机之间的隔离。目前应用的大多数无线通信系统都采用 FDD，如 GSM(Global System for Mobile communication)、CDMA、WCDMA(Wideband CDMA)、CDMA2000 等。TDD 是在同一个无线频率信道上使通信系统的发射机和接收机分时工作，发射时不接收，接收时不发射，通过分时控制来避免发射机和接收机之间可能产生的干扰。

　　TDD 技术具有一些独特的优点。首先，采用 TDD 技术的通信系统不需要使用成对的频谱资源。在当前频率资源越来越紧张、为通信系统分配成对频谱越来越困难的情况下，TDD 的这一特点给频谱资源的分配带来了很大方便。其次，采用 TDD 技术的通信系统特别适用于上下行链路不对称、上下行链路具有不同数据传输速率的业务。采用 TDD 技术的系统可以根据业务需要动态地分配下行链路和上行链路的时间长度比例。比如，访问互联网时往往要从网络上下载大量数据，而向网络上发送的数据量一般都非常小，这时可以将 TDD 系统上行链路的时间缩短，将更多的时间分配给下行链路。我国提出的第三代(3G)移动通信系统标准 TD-SCDMA 采用了 TDD 技术。从 4G LTE 开始，TDD 技术就成为移动通信系统的标准技术，并且可以动态地分配上下行链路的时间比例。

　　商业运营的无线通信系统一般要同时服务于众多用户，当有很多用户同时在蜂窝系统中通信时，首先面临的问题是如何使这么多用户能方便地接入网络，不会造成相互干扰或拥堵，这就是无线通信系统的多用户接入问题，也称为多址接入。

　　常用的多址接入方式有频分多址(FDMA，Frequency Division Multiple Access)、时分多址(TDMA，Time Division Multiple Access)、码分多址(CDMA，Code Division Multiple Access)和正交频分多址(OFDMA，Orthogonal Frequency Division Multiple Access)。FDMA 采用不同用户分配不同工作频率的办法避免多用户干扰。TDMA 用户可以工作在同一个频率上，但在时间上分配不同的时间段(称为时隙)，由于不同用户工作的时间段不同，因此也同样避免了相互间的干扰。CDMA 系统也是让所有用户工作在同一个频率上，但对不同用户的信息使用不同的伪随机码序列进行扩频调制，在接收端采用与发射端相同的伪随机码序列进行相关解调，以达到区分不同用户的目的。OFDMA 是一种基于正交频分复用(OFDM)原理的多址技术，其频谱使用效率要远高于 FDMA。1G 移动通信系统采用了 FDMA 技术。2G 的 GSM 系统使用 TDMA 方式，CDMA 系统使用码分多址。3G 移动通信系统都是基于 CDMA 技术。4G 和 5G 系统都使用了 OFDM 技术。

　　按照无线小区覆盖半径的大小，无线通信系统可以分为大区制、中区制和小区制系统。

　　早期，无线通信系统服务的用户很少，因此对系统容量没有很高的要求，但一般要求无线通信系统有尽可能大的无线覆盖范围。所以早期的无线通信系统采用大区制，一个基站的覆盖半径为 30～50 km。大区制系统的优点是网络结构简单，信道数目少，不需要移动交换机，直接与 PSTN 相连。

　　大区制系统有以下几个方面的局限性：

　　(1) 需要使用大功率发射机，并将天线架设得很高。

　　(2) 覆盖范围有限。无线通信系统大多工作于视线(LOS，Line Of Sight)传播方式，如果考虑地球曲率半径的影响，则一个基站的最大无线覆盖半径一般限定在 50 km 以内。

　　(3) 系统容量有限。早期的无线通信系统全部采用 FDMA 的多址接入方式，一个基站一般只提供几个频道(信道)，可容纳的用户数很少，而且无线频率在系统内部不能重复使用。

　　(4) 大区制系统下，BS 和 MS 均需要有较大的发射功率，这种要求对移动台来说是非常不利的，因为 MS 在体积、重量和天线高度等方面都会受到限制。

　　随着社会的发展，蜂窝通信用户数量快速增加，对通信系统容量的要求不断提高。为了在有限的频谱资源条件下获得尽可能大的用户容量，蜂窝系统一般采用小区制，其覆盖半径一般为 1～20 km，在城市高密度用户区域甚至可达到 1 km 以下。

　　无线覆盖介于大区制与小区制之间的系统称为中区制系统。

　　无线通信在很多情况下是多点之间的全双工通信，特别是对于公众通信业务，无线通信网络一般要同时服务于众多用户。在这种情况下，需要使用大容量的多点通信网络，多点之间的大容量双向通信需要通过信息网络基础结构实现。实际上，公众无线通信从最初的发展开始，就是建立在这种信息网络基础结构之上的，无线通信设备通过信息网络基础结构相互连接起来，并且在相互促进的过程中不断发展，因此也可以将无线传输网络看作有线网络在功能上的延伸。图 1-3 示出了无线通信网络架构和有线传输网络架构之间的关系。其中，无线网络部分包括移动通信蜂窝网、无线数据网和无线局域网(WLAN)等。随着技术的发展，还将有其他无线网络加入。

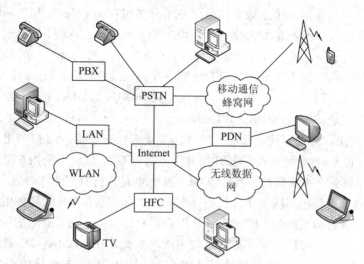

PBX—专用小交换机；PDN—公共数据网；HFC—光纤同轴电缆混合网络

图 1-3　无线通信网络架构与有线传输网络架构的关系

信息网络基础结构由一系列交换机、路由器以及点到点的传输链路构成，实现通信设备之间的信息交换。目前使用的信息网络基础结构包括有线和无线两个部分。有线网络部分是信息传输的骨干网络，主要包括公共交换电话网（PSTN，Public Switched Telephone Network）、Internet 和有线电视网。其中，早期有线电视网的用户一般采用同轴电缆接入端局，端局之间则采用光缆连接，这种有线电视网又称为光纤同轴电缆混合网络，即 HFC（Hybrid Fiber Coaxial）。目前有线电视网络已实现光纤到楼甚至光纤到户。

需要指出的是，以往 PSTN、Internet 和 HFC 这三部分网络是独立运行的。在功能上，PSTN 用来传输双向对称的语音业务（固定电话），用户端对传输带宽基本没有要求，但要求传输实时性好。Internet 传输计算机数据，其业务特点有两个：一是 Internet 业务对实时性的要求不高；二是 Internet 网络上下行传输量不对称，用户上传的内容很少，而往往需要从网络上下载大量的数据。有线电视网则是一种完全单向传输的电视广播网络。随着技术的发展，近十年来，这三种网络的业务都发生了很大的变化。电话网络的传输带宽大大增加，在功能上已经可以传输高速数据和视频数据，从而可以提供 Internet 和实时视频业务。Internet 网上也已经可以提供服务质量（QoS）良好的语音业务和视频业务。许多有线电视网在大带宽的基础上进行了双向传输改造，能够提供双向语音和数据传输业务。换句话说，目前这三种网络在功能上已经实现了融合，从而使得任何一种网络都可以提供其他网络的传统业务，这就是三网融合。

无线网络的发展也存在类似有线网络的业务融合情况。最初的无线网络只提供语音通信业务，后来发展了专用的无线数据网络和宽带的无线局域网络（WLAN）。随着无线传输技术的发展，第三代移动通信技术及其长期演进（LTE）已经将这三种网络的业务融合起来，即实现了集语音、数据、图像和视频于一体的宽带多媒体通信。

表征无线通信技术的核心是无线传输技术（RTT，Radio Transmission Technology）。

无线通信系统的业务功能包括语音和数据两个方面：语音是通信系统的传统业务，数据业务面向计算机通信和 Internet。实际上，数字技术的发展已经使得语音、数据、图像以及视频等任何一种业务都以数字方式传输。现在无线通信系统已经成为一种多媒体通信系统，宽带多媒体无线传输也成为未来一项重要的要求和发展方向。

信息传输效率和可靠性是无线通信系统的主要指标。信息传输效率可以用一定无线信道条件下的信息传输速率来衡量，具体指标有波特率和比特率。波特率是指系统通过无线信道每秒钟传送的码元个数。比特率是指系统通过无线信道每秒钟传输信息的比特个数。无线通信系统可能采用不同的编码和调制技术，因而一个码元可能对应不同的信息比特数，或者说每个码元通常含有一定比特数的信息量。比特率越高，说明系统的传输效率越高。信息传输的可靠性用误码率或误比特率来衡量。误码率是指码元在传输系统中被传错的概率。

无线电波信号在传输过程中必然会引入多种干扰（Interference），如热噪声、衰落以及其他无线设备的干扰等。这些干扰是影响无线通信系统传输效率和可靠性的主要因素。无线传输信道的固有特性和干扰特性，以及如何选择无线通信系统中信号的变换方式来提高系统性能和频谱使用效率，这些都是无线通信技术研究的主要方面。

1.2　无线通信系统的主要规格指标

1. 工作频段及频谱使用

无线频率的使用是由政府统一管理的，无线通信系统的工作频段是指政府无线电管理部门划分给该项业务的工作频率范围。

对于以 FDD 方式工作的无线通信系统，其工作频段分为上行频段和下行频段两部分，这两个频段分别用于无线通信系统的上行链路和下行链路，因此 FDD 系统需要分配一对无线频率，而且这一对频率之间要留有一定的频率间隔。例如，中国移动通信公司的 GSM 网络工作频段是：上行 890～909 MHz，下行 935～954 MHz；中国联通公司的 GSM 网络工作频段是：上行 909～915 MHz，下行 954～960 MHz；中国电信的 CDMA 网络工作频段是：上行 825～835 MHz，下行 870～880 MHz。这些网络的上下行频段间隔都是 45 MHz。

对于以 TDD 方式工作的无线通信系统，由于其上下行链路工作在一个频率上，因此系统只需要分配一个频段。例如，中国移动 TD - SCDMA 网络现阶段的工作频段是 2010～2025 MHz。

在政府划分的工作频段上，运营商需要按照无线通信系统的单载波信道带宽进一步将可用频段细分，将整个可用频段划分成一系列单载波无线信道（或称为频道）。例如，GSM 的单载波信道带宽为 200 kHz，CDMA 的单载波信道带宽为 1.25 MHz，TD - SCDMA 的单载波信道带宽为 1.6 MHz，WCDMA 的单载波信道带宽为 5 MHz。可用频段划分成一系列单载波无线信道之后，运营商还要根据自己的网络建设方案将这些无线信道编组，并确定合适的频率复用方案。

2. 无线覆盖距离和传输方式

无线通信系统的无线覆盖距离主要取决于发射机的发射功率、接收机的接收灵敏度，以及天线的架设高度、系统的工作频段和地形地物等传播环境因素。一般陆地无线移动通信系统的无线覆盖距离在 50 km 以内。利用地面绕射传播的通信系统，无线覆盖距离为 200 km；利用对流层反射传播的无线通信系统，无线覆盖距离一般可达几百千米；利用电离层传播进行通信的无线通信系统，其无线覆盖距离可达几千千米；卫星通信系统可以达到洲际无线覆盖的范围。

无线通信有以下几种传输方式：点对点传输、点对多点传输、中继方式等。

3. 信道速率与传输质量

无线通信系统中传输的全部数据可以分为两大类，即经过信源编码和信道编码后的用户数据以及网络控制信令数据。信道速率指的是在一个无线信道（频道）中传输数据的总速率，一般用比特率表示。比如，GSM 系统信道速率为 270.833 kb/s，而超宽带（UWB）无线通信系统的信道速率可达几百 Mb/s，5G 的单用户数据速率峰值甚至可以达到 20 Gb/s。

数字信号传输质量用传输误码率表示。

4. 调制方式与信道编码方式

调制方式分为模拟调制与数字调制两大类。第一代无线通信系统采用模拟调制，目前的无线通信系统基本上都采用数字调制。常用的数字调制方式有 FSK、MSK、GMSK、BPSK、QPSK、8PSK、16QAM、64QAM、256QAM 等。

解调方式包括相干解调和非相干解调两种。

5. 多用户接入方式

多用户接入也叫多址接入，是无线通信系统根据无线通信用户呼叫请求的统计特性、让众多用户共享无线信道的一种技术。常用的多址接入方式包括 FDMA、TDMA、CDMA、SDMA(空分多址)、OFDMA(正交频分多址)等。

1.3　无线通信技术的发展

自 20 世纪 30 年代无线通信系统开始使用以来，无线通信系统的发展已经经过了五代的发展历程。目前 5G 已经开始商用，6G 也已进入研发阶段。

最初，无线通信技术进步缓慢。从 1873 年 Maxwell 建立电、磁、光相统一的电磁波理论，到 1897 年 Marconi 的标志无线通信诞生的横跨布里斯托尔海峡无线电传播试验成功，再到 1968 年 Bell 实验室提出蜂窝电话技术的概念，1979 年世界上第一套蜂窝移动通信系统在日本投入使用，这中间用了 100 多年的时间。直到 1984 年，全球移动通信用户数也只发展到 2.5 万。

无线通信系统的规模应用始于 20 世纪 30 年代的美国，这些早期的无线通信系统采用调幅(AM)技术。由于 AM 技术的特点，早期无线通信系统的抗幅度干扰能力很弱，对于车辆点火装置产生的严重幅度干扰无法克服。1935 年，频率调制(FM)技术被发明并很快获得应用，使当时的无线移动通信系统抗幅度干扰的能力大大增强，此后 FM 技术成为了移动通信系统的主要调制技术。

滤波器和低噪声前端放大器是无线通信接收机的关键部件。早期设计窄带射频滤波器和低噪声前端放大器比较困难，直到 20 世纪 40 年代后期，移动通信系统的语音信道带宽仍采用 120 kHz，50 年代才改为 60 kHz，60 年代语音传输的调频带宽减小到了 30 kHz，这使得无线频谱的使用效率大大提高。从 20 世纪 40 年代后期到 60 年代中期，仅窄带滤波器和前端放大器设计技术的进步，就使无线通信系统对频谱资源的利用率提高到了原来的 4 倍。

信道自动交换技术是在 20 世纪 60 年代出现的，这是电话通信技术的又一次重大变革，使得电话运营公司可以为用户提供自动接续的移动电话服务。当时的自动交换机还不是采用电子交换接点，仍然是金属接点，这种自动交换机都是空分的、模拟的，不论在功能上还是在所能提供的网络容量上都受到很大的限制。1970 年，法国开通了世界上第一部程控数字交换机，开始采用时分复用技术和大规模集成电路。20 世纪 80 年代，程控数字交换机开始在世界上普及。

2010 年以后，随着数字网络技术的发展，软交换和 IP 多媒体子系统逐渐成为下一代网络的核心技术，程控交换技术逐渐从电信网络中退出。

在蜂窝概念提出之前，早期的无线通信系统设计主要追求大的无线覆盖区域。这个阶段的无线通信系统一般采用提高发射天线架设高度和大功率发射机。但是，在早期的无线通信系统中，无线频率在同一个系统内无法重复使用，无线通信系统的用户容量非常低。

例如，20 世纪 70 年代的美国纽约 Bell 移动电话系统只有 12 个信道，在 1000 平方英里（1 平方英里＝2.589 988 11 平方公里）的面积上只能同时支持 12 个呼叫。这种情况使得早期的无线通信系统无法满足不断增长的移动业务需求。

20 世纪 60 年代末，Bell 实验室提出并发展了蜂窝无线通信技术。蜂窝概念的提出是无线通信技术发展历史上的一项重大突破。采用蜂窝概念可以设计任意大容量的无线通信系统，从而解决了无线通信技术向公众应用发展的关键问题。

蜂窝是一个系统级的概念，其思想是将需要提供服务的地理区域划分为许多称为小区的更小区域，并将这些小区编组成区群，也叫簇（Cluster），区群中小区的数目称为区群的大小。同时，无线运营商将国家无线电管理部门分配的无线频谱进一步划分为一定带宽的无线信道，并根据区群的大小将这些信道分组（一般是信道组的数目与区群大小相同），不同信道组的无线信道频率不同。蜂窝系统中的每一个小区配置一个无线基站，该基站使用一个小功率的发射机提供本小区的无线覆盖。每个小区的基站分配一组无线信道，这样所有信道组在一个区群中分配完毕，并且相邻基站分配不同的信道组。由于相邻基站使用了不同的信道组，因此工作频率不同，从而可以使得相邻基站之间的无线电干扰最小。接下来，将分配了无线信道组的区群在需要提供服务的地理区域上不断复制，就可以将相同的信道组在不同的区群中重复使用，这种频率分配方法就是频率复用（Frequency Reuse）。采用频率复用技术，可使通信运营商在整个业务区内重复地使用国家无线电管理部门分配的无线电频谱，提供非常大的无线通信系统容量，从而大大提高了无线频谱的使用效率。

20 世纪 70 年代，人们对蜂窝通信技术进行了广泛、深入的基础研究，建立了路径损耗、多普勒频移、多径衰落统计分析等参量模型。随着集成电路技术和数字信号处理技术的进步，自 20 世纪 70 年代末开始，无线通信技术及其应用进入快速发展阶段。1979 年，第一代模拟蜂窝系统 NTT 首先在日本投入市场应用。1983 年，AMPS（高级移动电话系统）在美国投入商用。1985 年，ETACS 在欧洲投入商用。这些蜂窝系统均采用 FM 调制，之所以被称为模拟系统，是因为它们采用的射频传输技术仍然是模拟的。

20 世纪 80 年代初，欧洲电信标准协会（ETSI）下设小组对第二代（2G）数字蜂窝系统展开研究，并将其作为全欧洲强制性的数字蜂窝系统，这就是后来被许多国家广泛采用的GSM（全球移动通信系统）。GSM 是第一个对数字调制、网络层结构和业务做了规定的第二代数字蜂窝系统，该系统 1990 年在欧洲投入使用。数字技术的使用是蜂窝系统发展的又一个重大进步，除了数字技术相比较模拟技术有许多优点之外，数字技术的使用也为通信系统从第一代语音业务向语音加数据的更广泛的业务，乃至多媒体业务发展提供了更好的条件。在这个发展过程中，先是 GSM 提供了短数据业务（SMS），而后发展到称为2.5G 的GPRS，进而再向 3G 发展。与 GSM 对应但发展稍晚的另一个标准——CDMA 也经历了相似的发展演进过程。

无线通信系统从 2G 发展到 3G，在技术上并没有本质的变化，主要是在系统带宽和数据传输速率方面进一步提高，业务功能进一步增强。但是，2G 面向语音服务，而 3G 主要面向数据特有的特性。在 3G 系统中，除了要求更高的传输速率外，数据应用区别于语音的特点主要有两个：一是数据传输大多是突发的，用户可能很长时间不发送数据，一旦发送又会要求非常高的速率，语音传输的速率要求则是长期不变的；二是语音传输对实时性有很严格的要求，数据的传输对实时性要求因数据的类型而不同，非常宽泛，如视频图像传输对实时性的要求高于语音数据传输，而文件传输对实时性的要求则要宽松得多。

　　3G 不仅具有之前无线通信系统的语音和数据等业务功能，还可以传输图像与实时视频信号，是支持语音、数据和多媒体业务的先进的智能化的移动通信网。3G 移动通信网络包括卫星移动通信网络和陆地移动通信网络两大部分，形成了一个对全球无缝覆盖的立体通信网络，同时满足城市和偏远地区各种用户密度的通信。

　　国际上，3G 地面移动通信系统的主流标准有三个：WCDMA、CDMA2000 和 TD-SCDMA(Time Division-Synchronous Code Division Multiple Access)。这三个系统均在国际上获得了比较广泛的应用，我国三大运营商在 3G 系统分别采用了三个标准。

　　3G 的数据速率较 2G 有了较大幅度的提高，但仍然不能满足不断发展的应用需求，3G 的演进系统 LTE 和 4G(包括 LTE-TDD 和 FDD-LTE，LTE-TDD 在国内被称为 TD-LTE)被很快开发出来，并很快进入商用。4G 的下行速率可以达到 100 Mb/s 以上，上行速率可以达到 50 Mb/s 以上，远远高于 3G 的数据速率。5G 的下行速率可以达到 1 Gb/s，4G 以前的通信网络实现的是人与人之间的通信，5G 则将通信扩展到人与物和物与物。

　　从技术上说，3G 系统均是基于 CDMA 的，这体现了 CDMA 技术的优越性。但是 4G 系统全部抛开了 CDMA 技术，4G 的基本技术包括多输入多输出(MIMO，Multiple Input Multiple Output)技术和正交频分多址(OFDM，Orthogonal Frequency Division Multiplexing)技术。关于 3G 的演进和 4G、5G，请分别参阅本书第 5 和第 6 章。

　　伴随着世界移动通信的发展，中国的移动通信技术研究及应用均获得了快速发展。在第一代模拟移动通信的发展中，中国基本上全部采用了国外进口设备。从第二代数字移动通信系统技术开始，中国逐步实现了自主开发与制造，并在此基础上自主地进行核心技术的创新，技术水平得到了快速提高。在发展第三代移动通信技术的过程中，中国在 1998 年提出了自主知识产权的系统标准 TD－SCDMA，并被国际电信联盟(ITU，International Telecommunications Union)接纳，成为国际上三个主流的 3G 通信标准之一。TD－SCDMA 是中国在通信领域第一次系统性地提出的国际标准，标志着从第三代移动通信开始，中国的移动通信技术已经发展到具备直接参与国际竞争的能力。而进入 5G 时代，则意味着中国的移动通信技术已经处于世界领先地位。

1.4　无线通信的发展趋势

　　无线通信未来的发展总体上表现为一种融合发展的趋势：各种无线通信技术相互融合，互补发展，各尽所长，向接入多元化、网络一体化、应用综合化、宽带化、IP 化、多媒体化无线网络发展。多种通信网络相融合的多媒体个人通信，其目标是实现在任何地点、由任何人发起、实现对任何人的信息的获取与传输。无线通信发展的这种要求决定了其实现方式的多样性与融合性。多样性是指将包括适合语音、数据、图像、视频等不同质量与传输速率要求的各种通信网络与技术共存；融合就是在技术上将适合多种媒体传输要求的网络融合在一起，使之相互取长补短，发挥每一种网络的长处，从而逐步实现与完善符合未来个人通信要求的综合性通信网络。

　　(1) 多种无线接入技术相互融合、有效互补。

　　无线通信领域各种技术的互补性日趋鲜明。这主要表现在不同的接入技术具有不同的覆盖范围、不同的适用区域、不同的技术特点和不同的接入速率。未来的无线通信网络将是一个综合的、一体化的解决方案。各种无线接入技术都将在这个一体化的网络中发挥自己的作用，找到自己的天地。

（2）核心网络一体化。

在接入网技术出现多元化的同时，核心网络层面以 IMS（IP Multimedia Subsystem，IP 多媒体子系统）为会话和业务控制的网络架构，成为面向多媒体业务的未来网络融合的基础。面向未来的核心网络采用开放式体系架构和标准接口，能够提供各种业务的综合，满足相应的服务质量，支持移动/漫游等移动性管理要求，保证通信的安全性。

（3）移动通信业务应用综合化。

移动通信业务应用将更好地体现"以人为本"的特征，同时将通信场景扩展到人与物和物与物之间，业务应用种类将更为丰富和个性化，质量更高；通信服务的价值链将进一步拉长、细分和开放，形成新的开放式的良性生态环境，业务应用、开发和提供模式将适应这些变化，以开放 API（Application Program Interface）的方式替代传统的封闭式业务应用、开发和提供模式。

无线通信终端将呈现综合化、智能化和多媒体化的发展趋势，未来无线终端的功能和性能将更加强大，成为集数据处理、多媒体视听和无线通信于一体的个人数据通信中心。

1.5　现代无线通信系统实例

在不同的历史阶段，依据不同的业务类型，对无线通信系统的要求也是不同的，因此出现了各种不同类型的无线通信系统。家电遥控器、无绳电话、对讲机、蜂窝电话、无线电广播等都是我们熟知的无线通信系统的应用。这里对一些主要的无线通信系统进行简要介绍。

1.5.1　无线寻呼系统

无线寻呼（Paging）系统是给用户发送简短消息的一种单向无线通信系统。一个用户可以通过寻呼系统将某个简短的消息传给另一用户，告诉信息接收者一件事情，或者通知其拨打某个指定的电话号码，以进行某些信息的交互。无线寻呼系统也可以向用户发送标题新闻。由于该系统是一种单向无线通信系统，因此用户只能接收信息，不能发送，而且系统发送信息的数量非常小。无线寻呼系统的基本结构如图 1-4 所示。

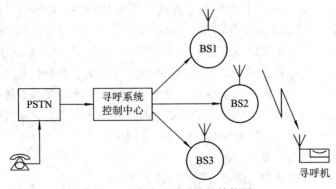

图 1-4　无线寻呼系统的结构图

无线寻呼系统流行于 20 世纪 80 年代至 90 年代早期，在蜂窝电话兴起之后，由于蜂窝电话业务包含了寻呼功能，使得无线寻呼系统从市场上逐渐退出。

1.5.2 蜂窝电话

蜂窝电话(Cellular Telephone)是目前全球应用最广的无线通信系统，因其无线覆盖小区的平面邻接拼图很像蜂巢而得名。蜂窝电话的基本特点是能向用户提供随时随地的全双工通信。在业务上，蜂窝电话已经从最初的第一代系统的模拟语音服务，经过第二代(2G)系统的数字语音和数据服务、第三代(3G)和第四代(4G)系统的多媒体服务，发展到第五代(5G)不仅能够实现人与人之间的通信，也能实现人与物、物与物之间通信的万物互联。

蜂窝电话系统的构成原理如图 1-5 所示。该系统主要由基站(BS)、移动台(MS)和移动电话交换中心(MSC)几部分构成。MSC 是整个网络的核心，其主要功能是控制整个蜂窝系统的工作和对用户进行管理，有时候也将移动电话交换中心称为移动电话交换局(MSTO)。MSC 配接有两个记录用户信息的数据库，用以配合 MSC 对移动用户进行管理，这两个数据库分别称为归属位置寄存器(HLR)和访问位置寄存器(VLR)。

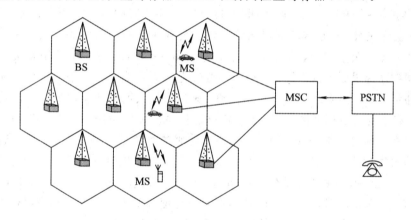

图 1-5 蜂窝电话系统的构成原理

图 1-5 中的 PSTN 是传统的公共电话交换网络。蜂窝电话系统的基站用来为移动用户提供接入网络的无线接口，每个基站都通过一个基站控制器(BSC)连接到 MSC，一个基站控制器可以控制多个基站，MSC 与 PSTN 连接。基站与移动台之间的接口称为公共空中接口(CAI)。无线通信系统为 CAI 定义了四种基本的信道：前向语音信道(FVC)用来从基站向移动台传送语音，反向语音信道(RVC)用来从移动台向基站传送语音，前向控制信道(FCC)和反向控制信道(RCC)用来控制发起移动呼叫的过程。RCC 信道一般只在呼叫建立的过程中使用，FCC 除在呼叫建立过程中发送控制信息外，还用来不断地向服务区内的移动台广播一些系统信息，如频率校正信息、寻呼信息等。

蜂窝电话系统工作时，移动台通过无线接入信道与基站建立联系。如果移动台呼叫的是固定电话用户，则基站一方面将移动台的信号经 MSC 转接给 PSTN，另一方面也将来自 PSTN 的信号通过无线信道转接给移动台。当移动台从一个基站覆盖小区移动到另一个基站覆盖小区时，MSC 会控制基站将对移动台的服务从一个小区转移到另一个小区，这个过程称为越区切换(Handover 或 Handoff)。

每个基站的无线覆盖区都是一个正六边形的无线小区，无线小区邻接形成的几何图形形似蜂巢，所有无线小区邻接覆盖整个业务区域。为减小不同小区基站之间的同频干扰，需要使相邻小区的基站工作在不同的频率。

蜂窝电话系统设计建立在蜂窝概念的基础上，蜂窝概念使频率复用成为可能，使得无线网络运营商可以无限次地重复使用无线电管理部门分配的有限频谱资源，从而可以设计出理论上用户容量无限大的蜂窝电话系统，并且可以根据需要不断扩充容量。

1.5.3 集群通信系统

集群通信系统(Trunking Communication System)是一种专门用于指挥调度的移动通信系统。集群通信系统在构成上与蜂窝电话相似，但一般作为某一封闭用户群的专用网络使用，不与 PSTN 连接(在功能上集群通信系统可以与 PSTN 连接)。集群通信系统的用户主要包括公安、消防、军队、机场、政府部门、交通及其他类似的业务部门。作为专用网络，集群通信系统的用户规模较小，用户密度远远小于公众通信的蜂窝网络，因此集群通信系统一般都设计成中大区制，每个基站都覆盖较大的区域。

集群通信系统具有如下特点：

(1) 群呼。一个用户可以同时呼叫一组用户，也可以呼叫自己群体内的所有用户。

(2) 呼叫优先级。这是集群通信系统区别于公众通信的最重要的特点之一。一般蜂窝系统的服务对象是公众用户，系统的全部用户享有平等的接入权利，系统是按照用户的接入请求时间顺序提供服务的。一旦一个呼叫建立起来，系统就不能中断这个呼叫，直到这个用户的通话结束。如果系统没有空闲信道，则请求接入网络的用户只能等待其他用户的通话结束，有空闲信道时再接入。然而，集群通信系统可以对用户设置优先级，以保证最重要的信息在任何时候都畅通。集群通信系统的服务对象是一些任务型的专业部门，应用场合往往是灾害救援、大型活动等一些紧急或重要事件处理时的指挥调度与通信中心，有关事件的信息或指令必须快速地传递到指定的位置。在这种场合，为了以最快的速度传递最重要的信息，需要根据具体用户的呼叫在紧迫程度和重要性上的差别设置优先级。在必要时，系统可以中断优先级别较低的呼叫，而将无线信道分配给优先级别较高的用户。

(3) 脱网直通。这是集群通信系统区别于公众通信的另一重要特点。一般蜂窝网络用户在离开网络覆盖范围后便不能与同伴联系，但集群用户终端设计了脱网直通功能(使用上类似普通对讲机功能)，当用户远离集群基站服务区时，同伴之间可以使用直通对讲功能保持联系。

(4) 移动台中继网络功能。集群移动台除具有脱网直通功能外，还具有中继转发功能。当移动台离开基站覆盖范围时，可以通过中继转发功能将远离基站的移动台接入网络，从而使远离基站覆盖范围的移动台也能够保持与网络内用户的联系。

集群通信系统也分为模拟集群通信系统和数字集群通信系统。模拟集群通信系统只能提供语音调度业务；数字集群通信系统除可以提供语音调度外，还可以传输数据和图像。图 1-6 给出了一种实际数字集群通信系统的主要构成图。由图 1-6 可以看出，数字集群通信系统主要由交换节点 SCN、无线基站 RBS、移动终端(手机或数据终端)、网管系统、网络服务器和调度台等部分构成。RBS 提供用户移动台与网络的无线接口，SCN 完成信息交换功能，调度台实现对网络内用户的指挥和调度管理，网络服务器一般还包括用户数据库。

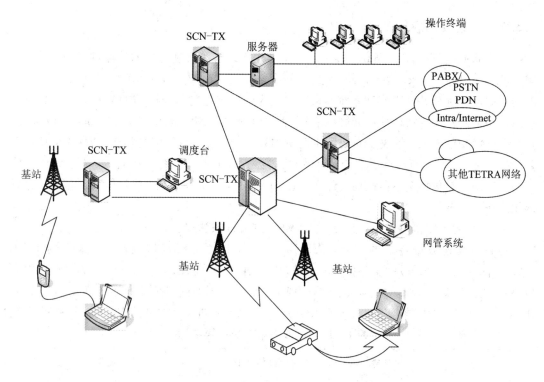

图 1-6　数字集群通信系统的主要设备构成

1.5.4　无绳电话

　　无绳电话(Cordless Telephone)是一种使用无线链路来连接便携手机和专用基站的全双工系统,出现于 20 世纪 70 年代末。最初,无绳电话是作为对固定电话的移动性扩展而引入的。在原来的固定电话位置设置一个专用基站,专用基站通过电话线连接到 PSTN 网络上(如图 1-7 所示),呼叫可以由便携手机发起,也可以由 PSTN 发起。第一代无绳电话采用英国的 CT-2 标准,其基站的无线覆盖范围只有几十米,因此只适合在室内使用。第二代无绳电话称为欧洲数字无绳电话(DECT),其基站覆盖范围能达到几百米,可以到室外使用。无绳电话的便携手机只能与专用的基站通信,不能在该基站覆盖范围之外使用。

　　后来,无绳电话系统还演变为无线专用自动小交换机(PABX),如图 1-8 所示。在其最简单的形式下,一个专用自动小交换机配备一个基站,这个基站可以同时服务几部手机,自动小交换机可以将这些手机连接到 PSTN,手机之间也可以互相直接通信(对讲)。

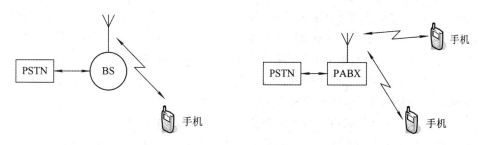

图 1-7　简单无绳电话原理　　　　　　图 1-8　无线专用小交换机(PABX)原理

1.5.5　无线局域网

无线局域网(WLAN，Wireless LAN)是采用无线链路实现通信的计算机局域网，该局域网(LAN，Local Area Network)通过一个称为接入点(AP，Access Point)的具有相同标准的基站连接到公共陆上有线系统。无线局域网可以让笔记本电脑、PDA(Personal Digital Assistant，个人数字助理)等移动终端设备摆脱布线的束缚，自由接入 Internet，从而可以减少基础设施的投入，解决了布线困难场所的接入问题。与有线网络相比，WLAN 具有安装便捷、使用灵活、可移动、易扩展等多方面的优点，可以在医院、商店、企业、学校等地区为集团用户提供服务，在机场、会议中心、展览中心、火车站、咖啡厅、酒店等地区为公众用户提供服务。

WLAN 的无线传输媒质可以是无线电波、红外线或激光。

为满足高速数据传输的需要，IEEE 已开发出许多无线局域网标准。最早的 IEEE 802.11 标准支持 1 Mb/s 的数据传输速率，应用最广泛的 IEEE 802.11b 标准(通常称为 Wi-Fi)支持高达 11 Mb/s 的数据速率，IEEE 802.11a 标准则将传输速率提高到 55 Mb/s，IEEE 802.11ac 的数据速率可以达到 1 Gb/s。WLAN 标准的主要参数如表 1-1 所示。

表 1-1　WLAN 标准的主要参数

参　　数	工作频段/GHz	物理层,调制传输技术	数据速率/(Mb/s)
IEEE 802.11	2.4	DSSS, FHSS	1, 2
IEEE 802.11b	2.4	DSSS, CCK	1, 2, 5.5, 11
IEEE 802.11a	5	OFDM	6, 9, 12, 18, 24, 36, 55
IEEE 802.11g	2.4	OFDM	24~54
IEEE 802.11n	2.4, 5	OFDM	6, 9, 12, 18, 24, 36, 54, 600
IEEE 802.11ac	5	MIMO, 256QAM	1000

此外，还有一种称为 Ad hoc 的无中心无线局域网，也称为自组织网络。这种网络一般由几台计算机构成，网络运行不需要基站，也没有任何的 Internet 连接，节点可以随时加入和离开网络，所有节点处于平等地位，相互之间可以通信，是一种对等式网络，网络中的节点不仅具有普通移动终端的所有功能，而且具有报文转发能力。Ad hoc 网络的最大优点是组网灵活，很适合军事应用。

Ad hoc 是一种特殊的无线移动网络，在体系结构、网络组织、协议设计等方面都与普通的蜂窝移动通信网络和固定通信网络有着显著的区别。Ad hoc 具有以下特点：

(1) 无中心。Ad hoc 网络没有严格的控制中心，所有节点地位平等，即 Ad hoc 是一种节点对等式网络。任何节点可以随时加入网络，也可以随时离开网络，任何节点的故障都不会影响整个网络的运行，因此这种网络具有很强的抗毁性。

(2) 自组织。网络的布设或展开无需依赖于任何预设的网络设施。节点通过分层协议和分布式算法协调各自的行为，节点开机后就可以快速、自动地组成一个独立的网络。

(3) 多跳路由。当节点要与其覆盖范围之外的节点进行通信时，需要中间节点的多跳转发。与固定网络的多跳不同，Ad hoc 网络中的多跳路由是由普通的网络节点完成的，而不是由专用的路由设备(如路由器)完成的。

(4) 动态拓扑。Ad hoc 是一种动态网络。网络节点可以随处移动，也可以随时开机和关机，这些都会使网络的拓扑结构随时发生变化。

我们经常提及的无线通信网络一般都是有中心的，这类网络要基于预设的网络设施才能运行。例如，蜂窝移动通信系统要有基站的支持；WLAN 一般也工作在有 AP 和有线骨干网的模式下。但对于某些特殊场合，有中心的移动网络并不能胜任，比如，战场上的部队快速展开和推进，地震或水灾后的营救等，这些场合要么没有预设的网络设施，要么预设的网络设施遭到了严重破坏以致无法使用，因此这些场合的通信不能依赖于任何预设的网络设施，而需要一种能够临时快速自动组网的移动网络，Ad hoc 网络可以满足这样的特殊要求。

1.5.6　个人域网

个人域网(PAN, Personal Area Network)可以看作是一种覆盖范围比 WLAN 更小的无线局域网。PAN 的核心思想是用无线电传输代替传统的有线电缆，实现个人信息终端的智能化互联，组建个人化的信息网络，比如，家庭娱乐设备之间的无线连接、计算机与其外设之间的无线连接、蜂窝电话与头戴式蓝牙耳机之间的连接等。主要的个人域网技术包括蓝牙(Bluetooth)和 HomeRF。

蓝牙是一种开放性的全球个人域网组网技术规范，用以组成临近用户或无线装置使用的微微网(Piconet)，其标准配置的通信距离为 10 m，在外接功率放大器时，通信距离可扩大到 100 m。

蓝牙的工作频段是全球开放的 2.4 GHz 的 ISM(Industrial, Scientific and Medical，工业、科学及医学)频段，可以同时进行数据和语音传输，传输速率可达到 10 Mb/s。蓝牙技术可以应用于无线设备(如 PDA、手机、智能电话、无绳电话)、图像处理设备(照相机、打印机、扫描仪)、安全产品(智能卡、身份识别、票据管理、安全检查)、汽车产品(GPS、ABS、动力系统、安全气囊)、家用电器(电视机、电冰箱、电烤箱、微波炉、音响、录像机)等领域。

HomeRF 主要为家庭网络设计，是 IEEE 802.11 与 DECT 的结合，旨在降低语音数据成本。HomeRF 也采用了扩频技术，工作在 2.4 GHz 频段，能同步支持 4 条高质量语音信道。目前，HomeRF 的传输速率可以达到 11 Mb/s。

1.5.7　固定无线接入

无线接入是指从交换节点到用户终端间的部分或全部采用无线传输的接入技术。根据被接入的终端移动与否，无线接入分为移动无线接入和固定无线接入两大类。

同固定有线接入相比较，固定无线接入是一种比较经济且灵活性大的接入方式。固定无线接入方式不用从中心交换局到用户所在地铺设电缆，就能向用户提供电话和数据连接，从根本上替代了用户和陆上有线系统之间的专用连接线缆，从而节省了施工成本。特别是对于新兴的电信运营商，固定无线接入提供了一种参与电信运营竞争的低成本技术手段。

在固定无线接入通信系统中，下行链路以点对多点方式、上行链路以点对点方式支持固定用户的接入，不支持漫游功能。固定无线接入通信系统（如图 1-9 所示）一般由中心站（CS）、终端站（TS）和网管系统三大部分构成。中心站和终端站通常又各自拥有室内单元（IDU，InDoor Unit）和室外单元（ODU，OutDoor Unit）。室内单元负责处理业务的适配和汇聚，连接不同的业务网；室外单元提供中心站和终端站之间的空中接口。中心站通过业务节点接口（SNI，Service Node Interface）与业务节点（SN）相连；终端站通过用户网络接口（UNI，User Network Interface）与终端设备（TE，Terminal Equipment）或用户驻地网（CPN，Consumer Premises Network）相连。点到多点指的是一个中心站服务于多个终端站。典型的固定无线接入系统由类似蜂窝配置的多个中心基站组成，每个基站与服务区的多个固定用户通信。

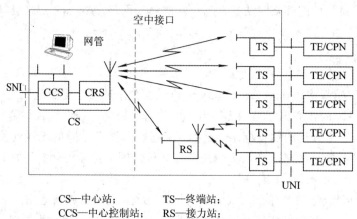

CS—中心站；　　　　　　TS—终端站；
CCS—中心控制站；　　　　RS—接力站；
CRS—中心射频站；　　　　TE/CPN—终端设备/用户驻地网；
SNI—业务节点接口；　　　UNI—用户网络接口

图 1-9　固定无线接入系统的构成原理图

从技术角度划分，固定无线接入包括多信道多点分配系统（MMDS，Multichannel Multipoint Distribution System）、本地多点分配系统（LMDS，Local Multipoint Distribution System）、直播卫星（DBS，Direct-Broadcast Satellite）系统和自由空间光系统（FSOS，Free Space Optical System）等。MMDS 主要集中在 2.4 GHz 的频段，LMDS 则多在 20 GHz 以上的频段，二者分别是 11 GHz 频段以下和以上固定无线接入技术的代表。

LMDS 的结构如图 1-10 所示。LMDS 的主要特点是频带宽，传输速率较高，但工作在毫米波范围，抗雨衰性能差。LMDS 具有更高带宽和双向数据传输的特点，可以提供多种宽带交互式数据业务及语音和图像业务，几乎可以提供任何种类的业务。MMDS 的主要特点是传输性能好，覆盖范围广，技术成熟，具有良好的抗雨衰性能，扩容性强，组网灵活

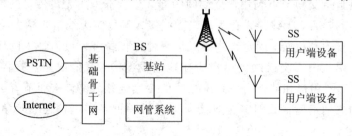

图 1-10　LMDS 的结构图

且成本较低，是较为理想的固定无线接入手段。

1.6 无线通信面临的技术挑战

1. 复杂的无线传播环境

无线通信面临的技术挑战主要源自复杂的无线传播环境。

有线通信使用特性稳定的传输介质，传输环境是稳定的和可预测的。无线通信使用无线信道作为传输媒介，传输环境复杂多变。在发射机到达接收机的传播路径上，很少出现简单的视线传播（LOS，Line Of Sight）情况。多数情况下，电磁波在传播过程中会受到许多地物的反射、绕射或散射的影响。反射和散射使得自发射机发出的信号可能经过多条路径到达接收机，这就是多径传播现象。多径传播使电磁波的传播衰减增大，还会产生严重影响通信效果的多径衰落现象。而且，有时引起多径传播现象的物体还处于运动之中，这使得准确地预测任意位置上的无线接收信号电平基本上是不可能的。绕射增大了地物阴影区的信号电平，使得接收机在许多地物阴影区也能够工作，但绕射损耗一般都很大，当接收机处于大型地物的阴影区时，接收信号电平一般达不到正常接收的水平。另外，多径传播还会产生信号的时延扩展和频谱扩展。时延扩展使得前一脉冲信号因时延与后一脉冲信号重叠，在接收端导致信号间相互干扰。频谱扩展则决定了信号的时域衰落波形。

无线传播环境是无线通信技术研究的主要内容之一，是无线通信系统的设计依据。因此，研究无线传播环境的复杂特性以及可以在技术上采取的特殊措施，从而有效地提升无线通信系统的性能，这是无线通信技术研究的主要目的。

2. 用户的移动性

无线通信系统的固有特性之一是用户的可移动性，这一特性对系统设计有着重要的影响，人们熟知的蜂窝系统就是典型的例子。一方面，移动增加了无线信道的复杂性，导致无线信道是一个时变的多径信道；另一方面，蜂窝系统对移动用户的管理也是一个比较复杂的过程，在任何时候系统都需要确定用户的位置，并且能够跟踪用户，对用户提供服务，而不能使用户对这个管理过程有任何觉察。

由于以上这些特点，无线通信系统要比固定网络通信复杂得多。

3. 有限的频谱资源

无线电频谱是一种资源，这种资源具有以下主要特点：一是有限性，其空间、时间和频率三维要素可以重复使用，但是一定条件下对某一频段和频率的利用又是有限的；二是非耗竭性，频率资源不同于土地、水、矿产等一类再生或非再生资源，不利用是一种浪费，使用不当也是一种浪费，甚至会造成危害；三是固有性，它的传播不受行政区域的限制，既无省界也无国界；四是易受污染性，电磁波在空中传播容易受到自然噪声和人为噪声的干扰。由于无线电频谱的这些特点，其使用是通过国际协议进行管制的，在中国是由国家无线电管理部门进行管理的。

在建设公众服务无线网络时，从国家无线电管理部门得到的无线电频谱总是非常有限的，而运营者总是力求获得大的无线服务区域和尽可能大的无线系统容量，这就需要使用许多无线通信设备协同工作。为了消除干扰，相邻位置的不同无线连接不得使用同一频率，否则相邻的无线设备容易出现相互干扰。因此就出现了有限的频率资源与大的网络覆盖及系统容量之间的矛盾。增加频谱效率的各种方法就成为无线通信技术研究的核心问题之一。

频谱效率是描述频谱重复使用效率的概念，定义为每单位带宽或单位面积上可以达到的业务密度。对于语音业务，频谱效率的单位是 Erlang/(Hz·m²)，对于数据业务则为 b/(s·Hz·m²)。由于无线系统运营商的网络覆盖区域和可获得的频谱带宽是一定的，因此增加系统容量的唯一方法就是提高频谱效率。20 世纪 60 年代提出的蜂窝概念使得有限的无线频谱可以重复使用(称为频率复用)，为解决频谱资源不足和用户容量问题之间的矛盾提供了最有效的解决办法，大大提高了无线通信系统的频谱效率，促进了无线通信的快速发展和应用。

然而，随着无线通信技术的飞速发展，适用不同业务要求的各种无线通信系统体制不断出现。其中，有些无线通信系统通过授权使用无线频谱，如各种蜂窝通信系统；有些无线通信系统则使用非授权频段，比如无线局域网(WLAN)、无线个人域网(WPAN)等。无线通信业务的迅速发展使得频谱资源变得越来越紧张，无线频谱资源的分配与管理也变得越来越困难。

在这种形势下，按传统的预先分配、授权使用的频谱管理方式，使某些频段承载的业务量很大，而另一些频段却在大部分时间内没有用户使用，存在频谱资源严重浪费的现象。出现这种情况的原因在于：静态的频谱规划体制与动态的频谱利用方式之间不匹配。为此，人们提出应该寻求一种更有效的频谱管理方式，以充分利用各地区、各时间段的空闲频段，通过进一步提高频谱效率来缓解不断增长的频谱资源的需求矛盾。认知无线电是解决这一问题的有效办法。

认知无线电的基本出发点就是：为了提高频谱效率，具有认知功能的无线通信设备可以按照某种"伺机"(Opportunistic Way)的方式工作在已授权的其他设备的工作频段内。当然，这一定要建立在已授权频段处于空闲状态或只有很少通信业务在活动的情况下。这种在空域、时域和频域中出现的可以被利用的频谱资源称为"频谱空洞"。认知无线电的核心思想就是使无线通信设备具有发现"频谱空洞"并合理利用这些"频谱空洞"的能力。

习　题

1-1　请画出无线通信系统的构成框图，并简述其各部分的作用。

1-2　多址接入方式有哪几种? 区别是什么?

1-3　无线网络与有线网络有哪些区别? 请至少列出 5 种。

1-4　列出 4 种 2G 无线通信网络的名称，并解释它们与 3G 和 WLAN 有何关系。

1-5　在中国使用的蜂窝网络有哪些? 请列出它们对应的标准名称和支持的主要业务。

1-6　TD-SCDMA 是 3G 主流标准之一，请列出 TD-SCDMA 系统的主要技术特点。

1-7　请列出第二代蜂窝系统与第一代蜂窝系统的主要区别。

1-8　请列出陆地蜂窝系统与卫星蜂窝系统的相同点与不同点。

1-9　请列出你所知道的国际上的通信标准化组织。

1-10　请列出 5 种 WLAN 标准，并确定它们各自采用的传输技术和支持的数据速率。

1-11　什么是 IMT-2000？它有哪些标准？各自的主要技术指标有哪些？

1-12　简述无线电频谱资源的特点。

1-13　分贝是一个无量纲的单位，符号为 dB，用来表示两个功率、电压或电流的比值。它是功率比的常用对数的 10 倍。比如，若两功率值 P_1 和 P_2 相差 n dB，那么就有

$$n = 10 \lg \frac{P_1}{P_2} \quad \text{或者} \quad \frac{P_1}{P_2} = 10^{\frac{n}{10}}$$

如习题 1-13 图所示的网络，假设输入功率 $P_1 = 50$ mW，网络的衰减为 10 dB，求网络的输出功率。（5 mW）

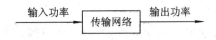

输入功率 ——→ 传输网络 ——→ 输出功率

习题 1-13 图

1-14　工程上常用 dBm 表示功率。如果用 0 dBm 表示 1 mW，即 0 dBm=1 mW（即 10^{-3} W）（在 50 Ω 负载的情况下），那么 1 W 等于多少 dBm？（30 dBm）

1-15　接收机灵敏度是指在满足一定误码率性能的条件下接收机输入端的最小信号电平。如果某手机的接收灵敏度为 -110 dBm，一般接收机的输入阻抗为 50 Ω，那么当接收机输入最小可接收功率电平时，对应的输入端电压是多少？（0.707 μV）

1-16　一部手机的电池容量为 1000 mA·h，如果该手机在待机时的耗电电流是 6 mA，那么通话时的平均耗电电流是 150 mA。如果用户一直开机，并且每天通话 3 分钟，那么一次充电电池的寿命（即电池一次充满电能用的时间）是多少？如果每天通话 3 小时，则电池寿命又是多少？（约 6.6 天，1.7 天）

第 2 章　无线通信基础

2.1　无线信道传播概述

无线通信是利用电磁波(Electromagnetic Wave)在空间的传播(Propagation)特性进行信息传输与信息交换的通信方式。掌握电磁波传播特性与分析方法是无线通信系统研究与应用的基础。

有线通信是大家熟知的传统的通信连接方式。目前主要使用的有线传输介质为双绞线、同轴电缆和光缆。在有线通信系统中，有线介质具有可靠的、可预知的信道传输特性，这是有线传输系统的一大优点。无线通信的情况则要复杂得多。由于电磁波传播环境的复杂性和无线信道传播的时变特性，无线信道传播特性往往难以准确预知。因此，为了实现可靠的通信，无线传输在技术处理上要比有线传输复杂，而且实现难度也更大，这也使得无线网络比有线网络复杂。

但是，由于无线通信系统不需要像有线通信那样的电缆铺设工程，应用上受地形地域的影响小，在工程建设和使用上具有非常大的灵活性，所以无线通信技术一直受到广泛的重视，是通信技术研究的重要方面。这就是在技术上成为可能之后，近 30 年来无线通信获得广泛应用的主要原因。

对于无线通信系统来说，电磁波可以通过多种传播方式从发射天线到达接收天线，如地球表面波传播、空间波传播、对流层反射和电离层反射等。不同的传播方式具有不同的传播特点和传播机理，传播特性会有很大的差别。此外，无线通信系统大多工作在城市地物环境，电磁波的传播环境非常复杂，发射机和接收机之间基本上无视线传播(LOS, Line Of Sight)路径，电磁波从发射机到达接收机一般要经过多条路径，多径传播现象普遍存在，而且高层建筑物引起的绕射损耗也非常大。图 2-1 给出了城市无线多径传播环境示意图。

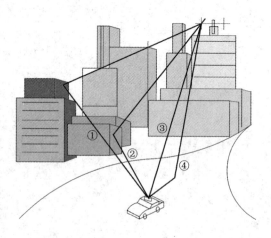

图 2-1　城市无线多径传播环境示意图

多径传播一方面会使接收信号产生多径衰落(也称为小尺度衰落)，接收信号电平急剧起伏，严重影响通信效果，甚至造成通信中断。同时多径传播还会产生时间色散现象，造成码间干扰。所以，多径传播是影响无线通信系统性能和通信效果的主要因素。目前，在无线通信系统中已经采取多种技术措施减小多径传播的影响，如各种分集接收技术(时间分集、空间分集、频率分集)和匹配滤波技术等。

在无线通信课程中，掌握电磁波传播特性是理解无线通信协议设计的基础。一方面，无线介质和无线接入协议的设计在很大程度上受无线信道特性的影响；另一方面，无线信道传播特性也是无线通信系统工程设计和研究频谱有效利用、系统电磁兼容性等课题所必须了解和掌握的内容之一。

电磁波的传播机制总体上主要是反射、透射、散射和绕射(衍射)等。对这些传播机制的研究是掌握电磁波传播特性的基础。

在无线通信的不同传播环境下，我们主要关心电磁波在两个方面的传播特性。

第一个主要的传播特性是在距发射机一定距离处，无线通信接收机可以接收到的平均信号强度。在一定的传播环境下，这个平均接收信号强度主要取决于接收机与发射机之间的距离，反映无线电波传播过程的路径损耗特性，决定该无线通信系统的无线覆盖性能。由于这个路径损耗描述的是发射机与接收机之间长距离(几百米到几千米)上的信号强度变化，所以称为大尺度路径损耗。大尺度路径损耗是无线网络规划设计中的一个基本参数。在预测无线传播的大尺度路径损耗方面，人们已经完成了大量的研究工作，建立了适合不同传播环境的预测模型。

大尺度路径损耗决定了接收机与发射机相距一定距离时的平均接收信号电平。但这个平均电平一般也是随接收机所处位置不同而变化的。电磁波传播路径上遇到高大建筑物、树林、地形起伏等障碍物时会形成电磁场的阴影，产生阴影衰落。当接收机移动到这些阴影区域时，虽然接收机与发射机之间的距离没有变化，但平均接收信号电平会发生变化。另外，气象因素的变化也会影响信号传播的衰减特性。所以，在实际情况下，距离发射机相同距离处的实测接收信号的平均强度也是不相同的。这种因阴影效应或气象因素产生的电平起伏现象，一般随距离的变化比较缓慢，因此称为慢衰落或大尺度衰落。

第二个主要的传播特性是在距发射源一定距离处，接收机不移动，或者只在很短的距离上或很短的时间内移动时，接收信号电平表现出在平均接收信号电平附近的瞬时快速起伏变化特性，这就是多径传播造成的小尺度衰落现象。

由于在无线电波的传播路径上会存在各种不同的地形、地物，电磁波会受到各种不同地形、地物的阻挡而发生反射、散射等，因此接收机收到的无线信号可能来自不同的传播方向，经过不同的传播路径，这种现象称为多径传播。经由不同传播路径到达接收天线的电磁波会因传播距离不同而存在相位差。由于电场强度为矢量，因此经多条路径传播的电磁波，在接收天线上合成的接收信号强度会出现比较大的起伏，往往达到几十个 dB，即便是接收机位置不动，信号强度的快速起伏有时也会非常大，这就是多径衰落(或称为小尺度衰落)产生的原因。

多径衰落现象对通信效果的影响非常大，当接收机天线处在深衰落位置点上时，甚至会造成通信中断。图 2-2 示出了无线通信接收信号电平的大尺度路径损耗与小尺度衰落的实测曲线。图中快速起伏的曲线代表小尺度衰落引起的接收信号电平快速变化，粗实线表示平均接收信号电平，该电平反映的是接收信号慢衰落或大尺度损耗的情况，平均接收信号电平值主要取决于接收机与发射机之间的距离和大型孤立地物产生的阴影效应。

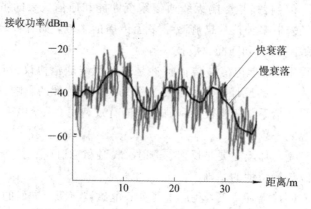

图 2-2　接收信号电平的大尺度路径损耗与小尺度衰落的实测曲线

　　本章首先介绍电磁波的基本知识，然后主要介绍电磁波的空间传播机理与特性，包括大尺度传播衰减特性与小尺度多径衰落特性及电磁波传播的多径效应。

2.1.1　电磁波的基本知识

　　变化的电场和变化的磁场构成了一个不可分离的统一的场，这就是电磁场。变化的电磁场在空间的传播就形成了电磁波，常称为电波或无线电波。因此，电磁波是电磁场的一种运动形态。

　　任何辐射结构都能产生辐射电磁场。为简单起见，我们从电基本振子（Electric Short Dipole）的辐射导出辐射电场与辐射功率的关系，进而将接收天线的感应电场与接收机的输入电压联系起来。

　　电基本振子是一段长为 l 的线性辐射体，可以将这样的线性辐射体看作是线天线的基本组成部分，即构成线天线的电流元。辐射体长度 $l \ll \lambda$，由于 l 非常小，因此上面载有的传导电流 I 可以看成振幅均匀分布且相位处处相同。将这样的线性辐射体沿 z 轴放置，并且中心置于坐标原点，如图 2-3 所示。

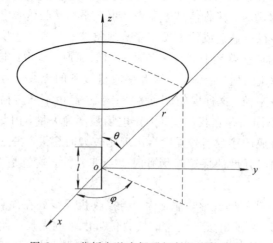

图 2-3　分析电基本振子辐射的坐标系统

　　根据电磁场理论，这种基本的辐射体将向空间辐射电磁场。依据辐射电磁场的空间特性不同，可以将其划分为三个不同的区域：

一是感应场成分占主导的发射天线近场区。在这一区域中，电磁场的分布形式与静电场相似，也称为准静态场，其主要特点是场强随距离的 3 次方成正比快速衰减，并且感应场的电场和磁场相位相差 90°，坡印廷矢量为虚数，没有能量向外辐射。

二是以辐射场成分为主的远场区。在这一区域中，电磁场强度随距离的增加而成反比衰减，这一区域中的电磁场表现出向外辐射的特性，电场与磁场矢量在空间上成垂直关系，相位相同，坡印廷矢量指向电磁波的传播方向。

三是在近区场与远区场之间的过渡区，称为中间区。中间区的感应场和辐射场相差不大。

在这里，我们要研究的是电波的传播问题，因此只需要考虑天线辐射的远场区。

在远场区，电磁场以辐射成分为主，感应场成分衰减到可以忽略不计，并且辐射电磁场只有电场的 θ 分量和磁场的 φ 分量，其余的场分量均等于 0。远场区 d 处的辐射电磁场强度表达式为

$$\begin{cases} E_\theta = \dfrac{\mathrm{j}\omega_0 i_0 l \, \sin\theta}{4\pi\varepsilon_0 c^2 d}\mathrm{e}^{-\mathrm{j}\omega_0(t-d/c)} = \mathrm{j}E\mathrm{e}^{-\mathrm{j}\omega_0(t-d/c)} \\[2mm] H_\varphi = \dfrac{\mathrm{j}\omega_0 i_0 l \, \sin\theta}{4\pi cd}\mathrm{e}^{-\mathrm{j}\omega_0(t-d/c)} = \mathrm{j}H\mathrm{e}^{-\mathrm{j}\omega_0(t-d/c)} \\[2mm] E_r = E_\varphi = H_r = H_\theta = 0 \end{cases} \qquad (2-1-1)$$

式中，c 为光速；ω_0 为角频率；$\sin\theta$ 表示线性辐射体在不同的方向上辐射强度不同，因此线性辐射体的电磁辐射是有方向性的。

当频率比较低时，电磁波主要沿有形导电体传输。当频率升高时，如果高频电磁能量没有束缚在有形的导电体内部，则这时由于电磁互变甚快，能量不可能全部返回原传导结构，从而形成电磁辐射，于是电磁能量随着电场与磁场的周期变化以电磁波的形式向空间传播。这种传播不需要介质也能向外传递能量。

电磁波在自由空间的传播速度等于光速 c。在传播方向上，距离最近的电场（或磁场）强度相位相同的两点之间的距离就是该电磁波的波长 λ。电场（或磁场）强度方向每秒钟变化的次数就是该电磁波的频率 f。传播速度、波长、频率三者之间的关系满足

$$\lambda = \frac{c}{f} \qquad (2-1-2)$$

由于电场和磁场都是既有大小又有方向的矢量，因此依据电场取向、磁场取向以及电磁波传播方向三者之间的关系进行分类，电磁波有横电波、横磁波和横电磁波三种。在空间传播的电磁波其电场矢量、磁场矢量和波的传播方向三者相互垂直，且电场矢量和磁场矢量均在垂直于传播方向的平面内，这样的电磁波称为横电磁波，即 TEM 波。电场矢量的取向称为电磁波的极化方向，电场和磁场的振幅沿传播方向的垂直方向作周期性交变，如图 2-4 所示。

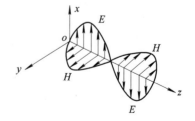

图 2-4　电磁波中电场 E、磁场 H
及传播方向的关系

在电磁波的传播过程中，矢量 $\boldsymbol{E}\times\boldsymbol{H}$ 反映了在垂直于 $\boldsymbol{E}\times\boldsymbol{H}$ 方向的单位面积上流过的电磁波功率，此矢量定义为坡印廷矢量 $\boldsymbol{P}=\boldsymbol{E}\times\boldsymbol{H}$，也称为辐射能流密度矢量，其方向为电磁波能量的传播方向，单位为 $\mathrm{W/m^2}$（瓦/平方米），大小等于单位时间内穿过与其方向垂直

的单位面积上的能量。

　　按照波长或频率的顺序把电磁波排列起来，就是电磁波频谱。把每个波段的频率由低至高依次排列，它们是工频电磁波、无线电波、红外线、可见光、紫外线、X射线及γ射线等。电磁波频谱如图2-5所示。无线电频率的频段划分及主要应用见表2-1。

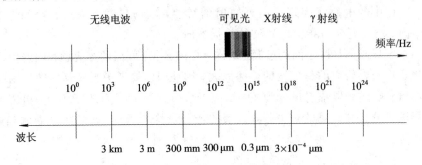

图2-5　电磁波频谱图

表2-1　无线电频率的频段划分及主要应用

频段名称	频率范围/Hz	波段名称	波长范围	主要传播特性	主 要 应 用
甚低频（VLF）	3～30 k	超长波	100～10 km	空间波为主	海岸潜艇通信、远距离陆地通信、超远距离导航
低频（LF）	30～300 k	长波	10～1 km	地波为主	越洋通信、中距离通信、地下岩层通信、远距离导航
中频（MF）	300 k～3 M	中波	1～0.1 km	天波与地波	船用通信、业余无线电通信、移动通信、中距离导航、商业 AM 广播（535～1605 kHz）
高频（HF）	3～30 M	短波	100～10 m	天波与地波	远距离短波通信、国际定点通信
甚高频（VHF）	30～300 M	超短波	10～1 m	空间波	电离层散射（30～60 MHz）、流星余迹通信、人造电离层通信（30～144 MHz）、空间飞行体通信、移动通信、商业 FM 无线电广播（88～108 MHz）、商业电视广播
特高频（UHF）	300 M～3 G	分米波、微波	1～0.1 m	空间波	小容量微波中继通信（352～420 MHz）、对流层散射通信（700 MHz～10 GHz）、中容量微波通信（1.7～2.4 GHz）、商业电视广播、移动通信
超高频（SHF）	3～30 G	厘米波	10～1 cm	空间波	大容量微波中继通信（3.6～4.2 GHz）、数字通信、卫星通信、国际海事卫星通信（1.5～1.6 GHz）
极高频（EHF）	30～300 G	毫米波	10～1 mm	空间波	再入大气层时的通信、波导通信

2.1.2　无线电波的传播方式

无线电波在自由空间传播时，只会由于能量扩散而产生衰减。但在一般情况下，电磁波通过不同介质传播时，会发生折射、反射、绕射、散射及介质吸收等现象。无线电波的传播环境越复杂，传播路径与过程也越复杂，而且波长不同时，电磁波的传播特性也不同。这些因素是影响无线通信质量的主要原因。

如何减弱或消除这些因素对无线通信质量的影响，或者如何利用这些传播因素改善或提高通信系统性能，是无线通信系统设计时要考虑的主要问题，因此无线电波传播特性也是无线通信技术研究的主要问题之一。

依据不同的频率，无线电波在空间的传播有三种基本方式：地球表面波传播、天波传播和空间波传播。下面分别进行介绍。

1. 地球表面波传播

地球表面波(Ground Wave)也叫地面波，是沿地球表面附近传播的无线电波，属于绕射传播，如图 2-6 所示。

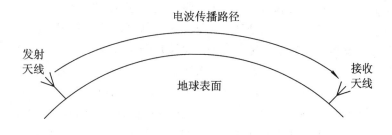

图 2-6　地球表面波传播

地球表面波传播的频率一般限制在 2 MHz 以下。地球表面波传播是超视距传播，其优点是可以用来在地球上两点之间建立长距离通信，并且传播比较稳定，利用地球表面波进行通信基本不受大气条件变化的影响。地球表面波传播的一个缺点是用于长距离通信需要很大的发射功率。地球是良导体，地球表面会因地球表面波的传播引起感应电流，从而产生电阻损耗和介质损耗，这使得地球表面波在传播过程中不断衰减，而且由于存在趋肤效应，频率越高衰减会越严重，所以地球表面波传播只适合较低频率的电磁波。地球表面波传播的另一个缺点是：由于地球表面波的频率较低，因此发射设备体积庞大，造价高，天线架设困难。此外，使用地球表面波传播的通信系统都只能是窄带系统，不能实现宽带通信。

2. 电磁波在大气层中的空间波传播

电磁波在靠近地面的低空大气层中的传播是无线通信中电磁波的主要传播方式。频率在 30 MHz 以上的调频广播、电视信号发射以及陆地移动通信波段的电磁波传播都属于这种传播方式。一般将电磁波在低空大气层中的传播当作视距(Horizon)传播进行分析，如图 2-7 所示。在分析这种视距传播所能达到的传播距离时，需要考虑地球低空大气层的特点。

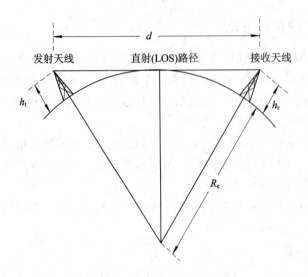

图 2-7 空间波的视距传播

由于地球周围的大气不是一种均匀物质，大气的介电常数随高度的增加而逐渐减小，因而大气对电磁波的折射率（Refractive Index）n 也随高度的增加而减小并趋于 1。如果将大气层分成许多平行于地球表面的薄层，则每一薄层都可以认为折射率 n 是均匀的，各薄层之间的折射率随高度的增加逐渐减小。当电磁波从低层大气穿过每一薄层射向高层大气时，根据几何光学的折射定律，由于这时电磁波是从光密媒质射向光疏媒质的，因此穿过每一薄层的折射波都会向着离开法线的方向（也就是靠近地面的方向）偏折，每穿过一个薄层就偏折一次，如图 2-8 所示，$\theta_1 < \theta_2 < \theta_3 < \theta_4 \cdots$。这样，电磁波在大气中传播的路径就不再是一条直线，而是一条不断向地面偏折的曲线，这就使得实际传播达到的距离大于一般意义上视距传播的直线距离。

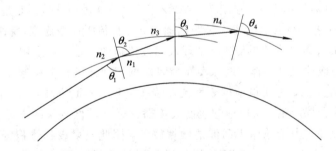

图 2-8 大气层对电磁波的折射

为便于分析空间波的视距传播，通常采用一种简单的方法处理大气折射对传播距离的影响，即保持电磁波传播圆弧线上每一点至地面的距离不变，把射线拉直并使其与不计大气折射影响时的射线相重叠，从而得到一个半径比实际半径大的地球表面（即等效地球面）。该等效地球面的半径为 R_e，可以求得等效地球半径 $R_e = 8450$ km。用等效半径代替地球的实际半径之后，根据图 2-7 所示的几何关系，可以导出电磁波视距传播距离 d 的计算公式为

$$d = \sqrt{2R_e}(\sqrt{h_t} + \sqrt{h_r}) = 4120(\sqrt{h_t} + \sqrt{h_r}) \ (\text{m}) \qquad (2-1-3)$$

空间波在靠近地面的空域传播，受地形地物影响大，存在多径效应，会严重影响信号的传播质量，因而需要采取技术措施，减小多径效应的影响。目前解决多径影响的技术措施主要有分集接收（包括空间分集、时间分集、频率分集等）和均衡处理。这些问题在后面的章节中将进行比较详细的分析。

3. 天波传播

天波是天线发射后射向太空的电磁波。由于在地面上空大气层中有一层电离层，电磁波遇到电离层会发生反射，因此射向空间的电磁波会有一部分被反射回地面，从而可使天波用于地球通信。所以，在无线通信中，天波就是依靠电离层的反射来传播的无线电波。

实际上，电离层对电磁波的反射是电磁波在电离层中连续折射的结果。

在地面上空 50 千米到几百千米的范围内，大气中一部分气体分子由于受到太阳光的照射而丢失电子，即发生电离，产生带正电的离子和自由电子，从而形成了一个厚度为几百千米的电离层。在这个大气电离层中，电子密度呈不均匀分布，先是随高度增加电子密度增大，并在 300 千米高空附近达到最大值，而后随高度增加电子密度减小，而且电离层的电子密度与日照有密切关系，白天受太阳照射时电子密度大，晚间电子密度下降。

各向同性媒质的相对介电常数 ε_r 与媒质中自由电子密度 N_e 的关系为

$$\varepsilon_r = 1 - \frac{80.8 N_e}{f^2}$$

其中，f 为电磁波的频率。这时电磁波在对应媒质中传播的折射率为

$$n = \sqrt{1 - \frac{80.8 N_e}{f^2}} \qquad\qquad (2-1-4)$$

式中，$N_e > 0$，因此 $n < 1$。

分析电磁波在电离层中的传播规律，可以仿照分析电磁波在低空大气中的空间波传播所用的方法。根据式（2-1-4）和电离层中自由电子密度与高度的关系可知，当一定频率的电磁波射向空中并在电离层中传播时，折射率先是随着高度的增加而减小，然后又随高度的增加而增大。

当电磁波在折射率随高度增加而减小的电离层中传播时，电磁波总是从光密媒质射向光疏媒质。根据折射定律，电磁波的传播方向将因连续的折射而不断地向离开法线的方向（即向着地面的方向）偏折。当传播到某个高度时，就会有一部分电磁波由原来的向太空方向传播转为向地面方向传播。转为向地面传播之后，这部分电磁波的传播就变成由光疏媒质射向光密媒质，这时电磁波的传播方向将连续地向着靠近法线的方向偏折，而这时靠近法线的方向即是靠近地面的方向，从而使得这部分电磁波重新传回到地面。

电离层对于不同波长的电磁波表现出不同的物理特性。实验证明，波长短于 10 m 的微波能穿过电离层，波长超过 3000 千米的长波几乎被电离层全部吸收。对于中波、中短波、短波，波长越短，电离层对它吸收得越少，反射得越多。因此，短波最适宜以天波的形式传播，它可以被电离层反射到几千千米以外，从而可以用于长距离通信。

但是，电离层的物理特性是不稳定的，白天受阳光照射时电离程度高，夜晚没有阳光，电离程度低，因此夜间它对中波和中短波的吸收减弱，这时中波和中短波也能以天波的形式传播。收音机在夜晚能够收听到许多远地的中波或中短波电台，就是这个缘故。

2.1.3　电磁波的极化

电磁波的极化(Polarization)在光学中称为偏振，指的是当沿着电磁波传播方向看去时，电场矢量的末端在空间变化的规律，或者说是电场矢量末端随时间变化时在空间描绘出的轨迹。当电场矢量末端轨迹为直线时称为线极化，当末端轨迹为圆时称为圆极化，当末端轨迹为椭圆时称为椭圆极化。

电磁波的极化特性在工程上具有重要的应用，特别是在无线通信领域，无线电系统发射天线与接收天线的极化状态相匹配时具有最佳的接收效果，这就是为什么也可以通过控制天线的极化状态来控制接收效果的原因。

线极化、圆极化和椭圆极化是三种比较简单且重要的电磁波极化方式。

可以参照图 2-4 研究电磁波的极化特性。一般情况下，沿 z 轴方向传播的均匀平面电磁波，其电场矢量在 x 轴和 y 轴方向的分量可以分别表示为

$$\begin{cases} E_x(z,\,t) = E_{xm}\cos(\omega t - \beta z + \varphi_x) \\ E_y(z,\,t) = E_{ym}\cos(\omega t - \beta z + \varphi_x + \varphi) \end{cases} \tag{2-1-5}$$

式中，β 为电磁波的相位常数；φ_x 为电场矢量的 x 轴分量的初相位；φ 为 y 轴分量与 x 轴分量的相位差。总的电场矢量即为 E_x 与 E_y 的矢量和，即

$$\boldsymbol{E} = \boldsymbol{x}E_x + \boldsymbol{y}E_y$$

式中，$\boldsymbol{x}$、$\boldsymbol{y}$ 分别为沿 x 轴和 y 轴的单位矢量。

为了简化问题的分析，令 $z=0$，也就是分析电场矢量末端轨迹在 $z=0$ 的 xoy 平面上的投影，并令 $\varphi_x = 0$，$E_x = X$，$E_y = Y$，合成电场矢量的末端坐标为 $(X,\,Y)$。这时式 $(2-1-5)$ 简化为

$$\begin{cases} E_x = X = E_{xm}\cos\omega t \\ E_y = Y = E_{ym}\cos(\omega t + \varphi) \end{cases} \quad 或 \quad \begin{cases} \dfrac{X}{E_{xm}} = \cos\omega t \\ \dfrac{Y}{E_{ym}} = \cos(\omega t + \varphi) \end{cases} \tag{2-1-6}$$

从式 $(2-1-6)$ 中消去 ωt 得到

$$\left(\frac{X}{E_{xm}}\right)^2 - \frac{2XY}{E_{xm}E_{ym}}\cos\varphi + \left(\frac{Y}{E_{ym}}\right)^2 = \sin^2\varphi \tag{2-1-7}$$

式 $(2-1-7)$ 是一个椭圆方程。因此，一般情况下，均匀平面电磁波电场矢量末端轨迹在 $z=0$ 的平面上的投影是一个椭圆，即平面电磁波在一般情况下为椭圆极化，电场矢量的末端轨迹如图 2-9 所示。

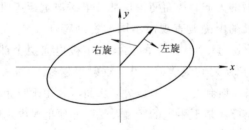

图 2-9　电磁波的椭圆极化

　　根据 E_x 与 E_y 相位差 φ 的取值，椭圆极化分为左旋极化和右旋极化。当 $\varphi>0$ 时，表示 E_x 分量在相位上滞后于 E_y，按照图 2-4 的坐标关系，电磁波沿 z 方向传播，此时的电磁波是左旋椭圆极化。反之，当 $\varphi<0$ 时，E_x 分量在相位上超前于 E_y，此时的电磁波是右旋椭圆极化。

　　当 $\varphi=\dfrac{(2n+1)\pi}{2}(n=0,1,2,\cdots)$ 时，式(2-1-7)简化为

$$\left(\frac{X}{E_{xm}}\right)^2+\left(\frac{Y}{E_{ym}}\right)^2=1 \qquad (2-1-8)$$

式(2-1-8)表示长短轴分别与 x、y 坐标轴重合的正椭圆方程。特别地，当 $E_{xm}=E_{ym}$ 时，称为圆极化波，分别有左旋和右旋圆极化波，如图 2-10 所示。图中，由于坐标系的 z 轴方向是指向读者的，所以这种情况下左旋极化的电场矢量是顺时针旋转的，而右旋极化的电场矢量是逆时针旋转的。

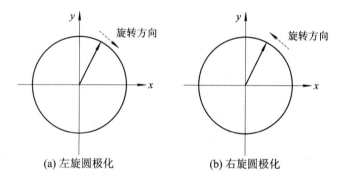

(a) 左旋圆极化　　　　　　　　　　　(b) 右旋圆极化

图 2-10　电磁波的圆极化(图中 z 轴的方向是指向读者的)

　　当 $\varphi=0$ 或 π 时，式(2-1-7)简化为

$$\left(\frac{X}{E_{xm}}\pm\frac{Y}{E_{ym}}\right)^2=0 \qquad (2-1-9)$$

式(2-1-9)表示 xoy 平面上的一条直线，这时电场矢量的末端轨迹退化为一条直线。平面电磁波的这种极化方式称为线极化，其电场矢量的末端轨迹如图 2-11 所示。

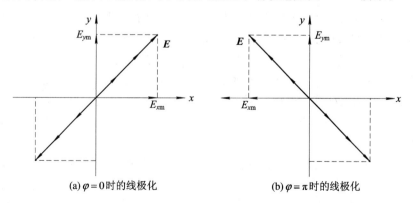

(a) $\varphi=0$ 时的线极化　　　　　　　　(b) $\varphi=\pi$ 时的线极化

图 2-11　电磁波的线极化

　　由前面的分析可知，两个线极化波可以合成任意其他的极化方式。反之，任意极化的电磁波也可以分解为两个线极化的电磁波。另外，一个线极化波也可以分解为两个旋转方

向相反的圆极化波。

例 2-1　设线极化波 $E = x2E_0 \cos(\omega t - \beta z)$，试将此线极化波分解为两个振幅相等、但旋转方向相反的圆极化波。

解：设 E_1、E_2 为要求的两个圆极化波，E_1 为左旋极化波，E_2 为右旋极化波。令

$$E_1 = xE_0 \cos(\omega t - \beta z) + yE_0 \cos\left(\omega t - \beta z - \frac{\pi}{2}\right)$$

$$E_2 = xE_0 \cos(\omega t - \beta z) + yE_0 \cos\left(\omega t - \beta z + \frac{\pi}{2}\right)$$

则有 $E = E_1 + E_2$，所以 E_1、E_2 即为所要求的两个圆极化波。

2.2　大尺度路径损耗

2.2.1　概述

无线通信领域中对电磁波传播模型的研究，首先集中于对发射机一定距离处平均接收信号强度(或路径损耗)的预测和对特定位置附近信号强度变化的分析。预测平均信号强度(或路径损耗)并用于估计无线覆盖范围的传播模型，描述的是发射机与接收机之间长距离上的信号强度变化，这种模型称为大尺度传播模型。在发射功率一定的情况下，影响无线覆盖范围的主要因素是电磁波频率和地形。无线通信系统工作的地形多种多样，农村地区以开阔地为主，传播环境比较简单；城市地区的传播环境则要复杂得多，除了地形因素外，更主要的是存在许多高层建筑，多径传播现象普遍。这时，一种单一的传播模型是无法准确描述发射机与接收机之间的电波传播特性的，需要根据不同的地域环境使用几种不同的模型。

为了便于对无线信道传播进行分析，进而建立比较贴合实际的无线传播大尺度损耗模型，需要将不同的无线传播地域环境根据地形起伏或地物高度、密度进行分类。

一种分类方法是根据地形起伏情况，将常见地形分成中等起伏地形和不规则地形两大类。所谓中等起伏地形，是指在无线传播路径的地形剖面图上，地面起伏高度不超过20米，并且起伏缓慢，起伏地形最高点与最低点之间的水平距离大于它们之间的高度差。中等起伏地形之外的其他地形则归属于不规则地形，如水路混合地形、孤立的山岳、丘陵地等都属于不规则地形。

将电波传播地域环境按这种原则分类后，以中等起伏地形作为研究电波传播大尺度损耗模型的基准，其他情况下的传播模型则通过对基准情况模型进行修正得到。

另一种分类方法是按服务区域的人口密度、建筑物密度及高度、经济发展水平及前景等情况进行分类。按照这种分类方法，无线覆盖区域可以划分成如下类型：大城市、中等城市、小城镇和农村。无线覆盖区域进行分类后，不同区域类型中建筑物的密度与高度对电波传播主要会产生两个方面的影响，一是高大密集的建筑物对电波传播会产生反射、散射、能量吸收等，这些影响因素综合起来会使电波传播的大尺度损耗加快；二是高大建筑物还会造成电波阴影，阴影区的信号强度可能会非常弱。这些地域类型的具体描述如表2-2所示。

表 2-2　无线覆盖区域类型划分

区域类型	区 域 描 述
大城市	人口密集,中心市区高层建筑多且楼群密集,有繁荣商业区,如直辖市、省辖市、经济单列城市等
中等城市	人口比较密集,市中心楼群密集但高层建筑不多,如地区级及比较发达的县级城市等
小城镇	人口较多,中心区域楼群比较密集
农村	人口密度小,建筑物稀少,但植物密度高

2.2.2　自由空间传播模型

自由空间传播模型用于预测接收机和发射机之间完全无遮挡时的视线路径接收信号强度。卫星通信系统和微波视距无线链路是典型的自由空间传播。

自由空间传播是电磁波传播的最简单情况,信号强度随着距离的平方成反比衰减(Loss)。发射天线在距离 d 处的辐射功率密度为

$$P_d = \frac{P_t G_t}{4\pi d^2} \tag{2-2-1}$$

考虑天线辐射的方向性、接收与发射天线的极化特性匹配情况等因素,下面的分析假定接收天线处于最佳的接收状态下。这时,在距离发射天线 d 处,接收天线的接收功率 $P_r(d)$ 为

$$P_r(d) = \frac{P_t G_t}{4\pi d^2} A_e = \frac{P_t G_t G_r \lambda^2}{(4\pi)^2 d^2} \tag{2-2-2}$$

式中,P_t 为发射功率;d 为接收机与发射机之间的距离,单位为 m;G_t 为发射天线增益;G_r 为接收天线增益;λ 为电磁波波长,单位为 m;A_e 为接收天线的有效接收面积,在最佳接收状态下,A_e 为

$$A_e = \frac{G_r \lambda^2}{4\pi}$$

自由空间的传播衰减为

$$\frac{P_r}{P_t} = \frac{G_t G_r \lambda^2}{(4\pi)^2 d^2} \tag{2-2-3}$$

如果以工程上常用的 dB 为单位,正值表示衰减,则式(2-2-3)可写成

$$PL(dB) = 10 \lg \frac{P_t}{P_r} = -10 \lg \frac{G_t G_r \lambda^2}{(4\pi)^2 d^2} = 20 \lg d - 10 \lg G_t - 10 \lg \frac{A_e}{4\pi} \tag{2-2-4}$$

式(2-2-4)说明,对于自由空间的电磁波传播,距离增加一倍时,传播衰减增加 6 dB;传播距离增加到 10 倍时,衰减增加 20 dB。

我们知道,天线辐射分为近场区、远场区和中间过渡区,式(2-2-2)只对接收天线处于发射天线远场区的情况适用。所谓远场区,也称 Fraunhofer 区,指的是接收天线与发射天线的距离 d_f 满足下列条件的区域:

$$d_f \gg D \quad 和 \quad d_f \gg \lambda$$

其中,D 为天线的最大物理尺寸。远场距离 d_f 可以用下式计算:

$$d_f = \frac{2D^2}{\lambda}$$

为便于工程上计算传播衰减，可以引入一个参考距离 d_0 来改写式(2-2-2)，要求是 d_0 必须满足远场区条件。参考点 d_0 处的接收功率以 $P_r(d_0)$ 表示。$P_r(d_0)$ 可以用式(2-2-2)预测，或者通过在参考点 d_0 附近进行多次测量后取平均得到。这样当 $d>d_0$ 时，接收功率 $P_r(d)$ 可以用 $P_r(d_0)$ 表示为

$$P_r(d) = \frac{P_t G_t}{4\pi d_0^2}\left(\frac{d_0}{d}\right)^2 = P_r(d_0)\left(\frac{d_0}{d}\right)^2 \qquad (2-2-5)$$

以 dBm 为单位表示时，式(2-2-5)变为

$$P_r(d)(\text{dBm}) = 10\lg P_r(d_0) + 20\lg\frac{d_0}{d} \qquad (2-2-6)$$

式中，$P_r(d_0)$ 的单位为 mW。

在实际常用的移动通信系统中(频率在 $1\sim2$ GHz 附近)，室内环境参考距离典型值取 1 m，室外环境取 100 m 或 1 km。这样选取参考距离后，式(2-2-5)和式(2-2-6)中的分子就是 10 的倍数，这使得以 dB 为单位的传播损耗计算很容易。

例 2-2　一个发射机通过天线发射出去的功率为 1 W，载波频率为 2.4 GHz，如果收发天线的增益均为 1.6，收发天线之间的距离为 1.6 km。请问:

(1) 接收天线的接收功率是多少(dBm)?

(2) 路径损耗为多少?

(3) 传播时延为多少?

解: 已知 $P_t=1$ W，$G_t=G_r=1.6$，$f=2.4$ GHz，$d=1.6$ km。

(1) 以 dBm 表示发射功率为

$$10\lg P_t = 10\lg\frac{1\text{ W}}{0.001} = 30 \text{ dBm}$$

电磁波波长为

$$\lambda = \frac{c}{f} = \frac{3\times10^8}{2.4\times10^9} = 0.125 \text{ m}$$

取参考距离为 100 m，利用式(2-2-4)求得参考点的功率为

$$10\lg P_0 = 10\lg P_t + 10\lg\frac{G_t G_r \lambda^2}{(4\pi)^2 d^2}$$

$$= 30 + 10\lg\frac{1.6\times1.6\times0.125^2}{(4\pi)^2\times100^2}$$

$$\approx 30 - 75.96 = -45.96 \text{ dBm}$$

根据式(2-2-6)，接收天线在 1.6 km 处的接收功率为

$$P_r = -45.96 + 20\lg\frac{d_0}{d} \approx -45.96 - 24.1 = -70.06 \text{ dBm}$$

(2) 以 dBm 为单位时，根据式(2-2-4)，路径损耗为

$$\text{PL(dB)} = 10\lg\frac{P_t}{P_r} = 10\lg P_t - 10\lg P_r \approx 30 - (-70.06) = 100.06 \text{ dB}$$

(3) 传播时延为

$$\frac{1600\text{ m}}{3\times10^8\text{ m/s}} \approx 5.33 \ \mu\text{s}$$

2.2.3　辐射电场与功率的关系

式(2-1-1)给出了辐射电磁场的表达式，远区辐射场的电场取向与磁场垂直，电场幅度与磁场幅度之比为电磁波的波阻抗(也叫传播媒质的本征阻抗)，用 η 表示：

$$\eta = \frac{E_\theta}{H_\varphi} = \frac{E}{H} = \sqrt{\frac{\mu_0}{\varepsilon_0}} = 120\pi\ \Omega \approx 377\ \Omega$$

以复数表示时的坡印廷矢量 $\boldsymbol{P} = \boldsymbol{E} \times \boldsymbol{H}^*$，坡印廷矢量的方向(即电磁能流方向)沿着电磁波的传播方向。由式(2-1-1)，辐射电场和磁场的空间取向垂直，并且在时间上同相位，因此可以求得电磁波在其传播方向上 d 处的能流密度 P_d，这个能流密度就是天线在该点处的辐射功率密度，即

$$P_d = EH = \frac{E^2}{\eta} = \frac{P_t G_t}{4\pi d^2} \tag{2-2-7}$$

这时，距离发射天线 d 处的接收天线的接收功率为

$$P_r(d) = P_d A_e = \frac{E^2}{120\pi} A_e = \frac{E^2 G_r \lambda^2}{480\pi^2} \tag{2-2-8}$$

式(2-2-8)就把接收点的辐射场强与接收功率联系起来了。

进一步地，在无线通信系统正常工作的条件下，假设天线的等效阻抗为纯电阻，接收机与天线之间是理想的匹配连接，则将接收机看作天线的匹配负载，可以画出如图 2-12 所示的接收机等效电路。图中，V_{ant} 表示接收天线的感应电动势，即天线输出端开路(无负载)时的输出端电压；R_{ant} 为接收天线电阻；V_{in} 为接收机输入端电压；R_{in} 为接收机输入电阻。

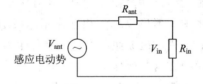

图 2-12　无线通信接收机的等效电路

当接收机与天线匹配连接时，$R_{in} = R_{ant}$，接收机输入电压为天线上感应电动势的 1/2，由此可以导出接收机输入电压与天线接收功率之间的关系

$$P_r(d) = 2\frac{V_{in}^2}{R_{in}} = 2\frac{V_{in}^2}{R_{ant}} = 2\frac{(V_{ant}/2)^2}{R_{ant}} = \frac{V_{ant}^2}{2R_{ant}} \tag{2-2-9}$$

式(2-2-8)和式(2-2-9)建立了接收机输入电压与接收天线处电场强度的关系，以及输入电压与接收功率之间的关系。

需要注意的是，以上的分析均建立在最佳接收条件下，如果不是最佳接收状态，比如接收天线没有处在发射天线的最大辐射方向上，或者接收天线的极化状态与发射天线不匹配，则需要对具体情况进行具体分析。

例 2-3　假设发射机在自由空间以 50 W 功率发射，载频为 900 MHz，$G_t = 1$，$G_r = 2$，接收机与发射机相距 10 km，接收天线阻抗为 50 Ω 的纯电阻。假设无线通信系统处于最佳接收状态，并且接收机与接收天线理想匹配。试求：

(1) 接收机收到的功率；

（2）接收天线的感应电场幅度；

（3）接收机的输入电压。

解：已知 $P_t=50$ W，$f_c=900$ MHz，$G_t=1$，$G_r=2$，接收天线的 50 Ω 纯实数阻抗与接收机匹配。

（1）先计算电磁波的波长：

$$\lambda = \frac{c}{f} = \frac{3 \times 10^8}{9 \times 10^8} = \frac{1}{3} \text{ m}$$

所以 10 km 处的接收功率为

$$P_r(d) = \frac{P_t G_t G_r \lambda^2}{(4\pi)^2 d^2} = \frac{50 \times 1 \times 2 \times (1/3)^2}{(4\pi)^2 \times 10\,000^2} \approx 7.036 \times 10^{-10} \text{ W}$$

以 dBW 或 dBm 为单位表示则有

$$P_r(d) = 10 \lg(7.036 \times 10^{-10}) \approx -91.5 \text{ dBW} = -61.5 \text{ dBm}$$

（2）用式(2-2-8)计算接收电场幅度：

$$|E| = \sqrt{\frac{P_r(d) \times 480\pi^2}{G_r \lambda^2}} = \sqrt{\frac{7.036 \times 10^{-10} \times 480\pi^2}{2 \times (1/3)^2}} \approx 0.0039 \text{ mV/m}$$

（3）用式(2-2-9)计算接收机输入电压的 rms 值：

$$V_{in} = \frac{1}{2}\sqrt{P_r(d) \times 2R_{ant}} = \frac{1}{2}\sqrt{7.036 \times 10^{-10} \times 2 \times 50} \approx 0.133 \text{ mV}$$

2.2.4 电磁波基本传播机制

上面讨论的自由空间传播是电磁波传播的最简单情况。与无线通信相关的电磁波传播机制还包括反射、透射、绕射（也叫衍射）和散射等。实际情况下，电磁波传播路径上一般存在不同的障碍物，有时也将这类障碍物称为相互作用体（IO，Interacting Object）。如果这些相互作用体表面是光滑的，则电磁波照射在这些物体上就会发生反射；如果相互作用体表面是粗糙的，则电磁波照射在这些物体上会发生散射，同时会有一部分电磁波能量穿透相互作用体传播。此外，还会有一部分电磁能量在相互作用体边缘发生绕射。

由于无线传播环境的复杂性和多变性，反射、散射、绕射和透射等现象使得具体的无线信道特性实际上难以预测，因此这些现象也就成为影响无线通信性能的主要因素。把握这些现象的机制，并寻求抵抗这些影响因素的信号处理方法，成为长期以来无线通信领域最主要也最活跃的研究内容。下面分别对这几种传播机制进行介绍。

1. 电磁波的反射和透射

电磁波传播过程中遇到比其波长大的、具有光滑表面的障碍物时会发生反射（Reflection）和透射（Transmission），如传播过程中遇到地球表面、建筑物和墙壁表面等，都将会发生反射和透射现象。这种反射和透射的传播机制可以根据平面电磁波理论，借助于图 2-13 建立的几何关系进行分析。

在图 2-13 中，电磁波的入射线与介质平面的法线构成的平面叫作入射平面。图 2-13(a)中的电场平行于入射平面，这种入射情况称为平行入射。图 2-13(b)中的电场垂直于入射平面，这种入射情况称为垂直入射。图中小圆圈中的黑点表示电场或磁场矢量是从纸面指向读者的；物理量的下标 i、t、r 分别表示入射波、透射波和反射波；μ_1、μ_2、ε_1

ε_2 分别代表第一种和第二种介质的磁导率和介电常数。

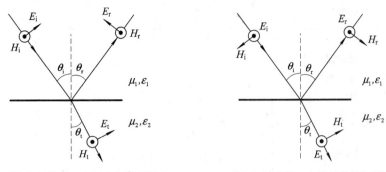

(a) 平行入射情况，电场在入射平面内   (b) 垂直入射情况，电场垂直于入射平面

图 2-13 电磁波两种基本入射情况分析

一般情况下，电磁波的极化方向是任意的。根据 2.1 节介绍的电磁波极化概念和矢量合成的原理，任意极化方向的电磁波都可以分解为两种基本的极化形式：一种是电场矢量在入射平面内或平行于入射平面，另一种是电场矢量垂直于入射平面。因此，任何情况下的入射都可以简化为图 2-13 所示的两种入射情况进行分析。

根据平面电磁波理论和图 2-13 所示的边界条件，用 $E_i^{\parallel}$、$E_i^{\perp}$、$E_r^{\parallel}$、$E_r^{\perp}$、$E_t^{\parallel}$、$E_t^{\perp}$ 分别表示平行入射电场、垂直入射电场、平行入射时的反射电场、垂直入射时的反射电场、平行入射时的透射电场、垂直入射时的透射电场，可以得到平行入射和垂直入射两种情况下的反射系数 $R_{\parallel}$ 和 $R_{\perp}$、透射系数 $T_{\parallel}$ 和 $T_{\perp}$ 分别为

$$
\begin{cases}
R_{\parallel} = \dfrac{E_r^{\parallel}}{E_i^{\parallel}} = \dfrac{\eta_1 \cos\theta_i - \eta_2 \cos\theta_t}{\eta_1 \cos\theta_i + \eta_2 \cos\theta_t} \\[3mm]
R_{\perp} = \dfrac{E_r^{\perp}}{E_i^{\perp}} = \dfrac{\eta_2 \cos\theta_i - \eta_1 \cos\theta_t}{\eta_2 \cos\theta_i + \eta_1 \cos\theta_t} \\[3mm]
T_{\parallel} = \dfrac{E_t^{\parallel}}{E_i^{\parallel}} = \dfrac{2\eta_2 \cos\theta_i}{\eta_1 \cos\theta_i + \eta_2 \cos\theta_t} \\[3mm]
T_{\perp} = \dfrac{E_t^{\perp}}{E_i^{\perp}} = \dfrac{2\eta_2 \cos\theta_i}{\eta_2 \cos\theta_i + \eta_1 \cos\theta_t}
\end{cases}
\tag{2-2-10}
$$

式中，$\eta_1 = \sqrt{\dfrac{\mu_1}{\varepsilon_1}}$，$\eta_2 = \sqrt{\dfrac{\mu_2}{\varepsilon_2}}$ 分别为第一种和第二种媒质的波阻抗。电磁场理论同时给出如下结论：

$$
\begin{cases}
\theta_i = \theta_r \\
E_r = R E_i \\
E_t = (1 + R) E_i
\end{cases}
\tag{2-2-11}
$$

式中，对应两种简单的入射情况 R 分别取 $R_{\parallel}$、$R_{\perp}$。

如果第一种介质是自由空间，且 $\mu_1 = \mu_2 = \mu_0$，$\varepsilon = \varepsilon_0 \varepsilon_r$，$\varepsilon_r$ 为介质的相对介电常数（部分材料在不同频率下的相对介电常数参见表 2-3），则有

$$
\eta_1 = \sqrt{\frac{\mu_1}{\varepsilon_1}} = \sqrt{\frac{\mu_0}{\varepsilon_0}}, \qquad \eta_2 = \sqrt{\frac{\mu_2}{\varepsilon_2}} = \sqrt{\frac{\mu_0}{\varepsilon_0}} \frac{1}{\sqrt{\varepsilon_r}}
$$

表 2-3　部分材料在不同频率下的相对介电常数

材料名称	相对介电常数 ε_r	频率/MHz
粗糙地面	4	100
普通地面	15	100
良好地面	25	100
海水	81	100
淡水	81	100
砖	4.44	4000
石灰石	7.51	4000
玻璃，Corning 707	4	1、100、10 000

这时式(2-2-10)变为

$$\begin{cases} R_\parallel = \dfrac{\sqrt{\varepsilon_r}\,\cos\theta_i - \cos\theta_t}{\sqrt{\varepsilon_r}\,\cos\theta_i + \cos\theta_t} \\[2mm] R_\perp = \dfrac{\cos\theta_i - \sqrt{\varepsilon_r}\,\cos\theta_t}{\cos\theta_i + \sqrt{\varepsilon_r}\,\cos\theta_t} \\[2mm] T_\parallel = \dfrac{2\,\cos\theta_i}{\sqrt{\varepsilon_r}\,\cos\theta_i + \cos\theta_t} \\[2mm] T_\perp = \dfrac{2\,\cos\theta_i}{\cos\theta_i + \sqrt{\varepsilon_r}\,\cos\theta_t} \end{cases} \tag{2-2-12}$$

根据折射定律，在介质界面上满足

$$\sqrt{\varepsilon_r}\,\sin\theta_t = \sin\theta_i$$

即

$$\cos\theta_t = \sqrt{1 - \sin^2\theta_t} = \sqrt{1 - \frac{1}{\varepsilon_r}\sin^2\theta_i}$$

将上式代入式(2-2-12)得到

$$\begin{cases} R_\parallel = \dfrac{\varepsilon_r\cos\theta_i - \sqrt{\varepsilon_r - \sin^2\theta_i}}{\varepsilon_r\cos\theta_i + \sqrt{\varepsilon_r - \sin^2\theta_i}} \\[2mm] R_\perp = \dfrac{\cos\theta_i - \sqrt{\varepsilon_r - \sin^2\theta_i}}{\cos\theta_i + \sqrt{\varepsilon_r - \sin^2\theta_i}} \\[2mm] T_\parallel = \dfrac{2\sqrt{\varepsilon_r}\,\cos\theta_i}{\varepsilon_r\cos\theta_i + \sqrt{\varepsilon_r - \sin^2\theta_i}} \\[2mm] T_\perp = \dfrac{2\,\cos\theta_i}{\cos\theta_i + \sqrt{\varepsilon_r - \sin^2\theta_i}} \end{cases} \tag{2-2-13}$$

如果入射角 θ_i 接近 $\pi/2$（这种入射情况就是电磁波在两种介质分界面上掠射），这时有 $\sin\theta_i \approx 1$，$\cos\theta_i \approx 0$，由式(2-2-13)很容易得到，$R_\parallel = R_\perp = -1$，$T_\parallel = T_\perp = 0$。这说明当电磁波贴近介质表面掠射时将发生全反射现象，而这种全反射现象的发生与介质参数的具体数值无关。也就是说，掠射情况下的介质反射平面可以看作理想的导体反射面。

由此可以推出一个对无线通信有用的重要结论：当电磁波贴近地面掠射时，地面对电磁波是全反射的，这时可以将地面看作理想的导体反射面，这一结论与地面介质常数的具体数值无关。

2. 地面反射和传播环境对功率衰减的影响

在自由空间中，信号从发射机到接收机只沿一条路径传播。实际的传播路径上存在各种不同类型和尺寸的地物，这些地物对电磁波的反射、散射和吸收是普遍存在的，因此电波传播的功率衰减可能会远比自由空间中的衰减速率要快。这种情况下，前面介绍的自由空间传播模型就不能正确地预测电波传播的大尺度衰减情况，需要采用其他更复杂的模型。其中，对于农村和城市郊区等一类比较平坦、开阔的传播环境，无线通信的双线模型（Two-Ray Model）能够比较正确地预测几千米范围内的大尺度信号强度。下面对这个模型进行分析。

双线模型的传播环境如图 2 - 14 所示。图中，假设发射机和接收机均处于地平线以上，发射机和接收机之间是平坦的地面。这种情况下，电磁波的传播路径有两条：一条是与自由空间传播相同的 LOS（Line Of Sight，视线路径），另一条是经地面反射后到达接收机的路径。下面借助图 2 - 14 导出双线传播情况下的大尺度信号强度预测模型。

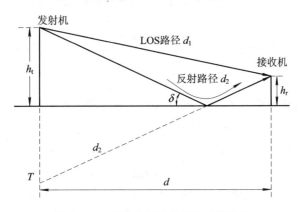

图 2 - 14　无线传播环境下的双线模型

根据 2.1 节的天线辐射场表达式（2 - 1 - 1），并参考式（2 - 2 - 5）中引入参考点距离 d_0 的思想，可以导出经 LOS 路径到达接收机的信号电场强度为

$$E_1 = \frac{E_0 d_0}{d_1} \mathrm{e}^{-jkd_1}$$

式中，$k = 2\pi/\lambda$，为自由空间波数；E_0 为距发射机参考距离 d_0 处的电场强度。

在移动通信系统中，发射机天线高度一般在地平线以上 $50 \sim 100$ m，更多的情况是预测距离发射机几千米范围的信号强度（这符合城市郊区或农村地区的实际情况）。这时沿反射路径的传播射线与地面的夹角 δ 已经很小，电磁波基本上是沿地面掠射，也就是式（2 - 2 - 13）中 $\theta_i \approx \pi/2$ 的情况，这时可以将地面看作理想的导体反射面，反射系数 $R_\parallel = R_\perp = R = -1$。这个条件告诉我们两点：一是地面反射不产生衰减，只使反射信号产生了 $180°$ 的相移；二是在分析过程中，发射机的几何位置可以用其镜像点 T 代替，这将有助于双线传播模型的导出。

由于掠射情况下的地面反射不产生衰减，经反射路径 d_2 到达接收机的信号强度等于自发射机经过相等的自由空间距离到达接收机的信号强度。因此，经反射路径到达接收机的信号电场强度可以表示为

$$E_2 = \frac{E_0 d_0}{d_2} e^{-jkd_2}$$

由于反射系数 $R = -1$，因此接收信号总的场强为

$$E = E_1 + RE_2 = \frac{E_0 d_0}{d_1} e^{-jkd_1} - \frac{E_0 d_0}{d_2} e^{-jkd_2} \qquad (2-2-14)$$

式中，$\frac{1}{d_1}$ 和 $\frac{1}{d_2}$ 这两个因子只影响到达接收天线处信号的幅度。在掠射情况下，由于 d_1 和 d_2 相差不大，这时 $\frac{1}{d_1}$ 和 $\frac{1}{d_2}$ 的差别对信号幅度的影响就可以忽略，因此，当夹角 δ 很小时，可以认为 $\frac{1}{d_1} \approx \frac{1}{d_2} \approx \frac{1}{d}$。但是，考虑到无线通信中使用的电磁波频率比较高，很小的传播距离差就可能产生对信号幅度有很大影响的相位差。因此，对于处在相位项上的 d_1 和 d_2，其距离差是不能忽略的。

假设 Δ 为反射路径 d_2 与 LOS 路径 d_1 之间的距离差，则有 $d_2 = d_1 + \Delta$，这时由式 $(2-2-14)$ 得到

$$E = \frac{E_0 d_0}{d} e^{-jkd_1} - \frac{E_0 d_0}{d} e^{-jk(d_1+\Delta)} = \frac{E_0 d_0}{d} (1 - e^{-jk\Delta}) e^{-jkd_1} = \frac{E_0 d_0}{d} (1 - e^{-j\varphi_\Delta}) e^{-jkd_1}$$

$$(2-2-15)$$

式中，$\varphi_\Delta = k\Delta$ 为对应距离差 Δ 的两个到达信号之间的相位差。

显然，总的接收信号幅度是两路信号到达相位差的函数。因此，下面计算 d_1 与 d_2 的距离差 Δ，求得两个不同到达信号的相位差，进而可以估计接收点的信号强度变化规律。

在图 $2-14$ 中，T 点为发射机镜像点。容易看出，反射路径长度 d_2 等于从 T 点到接收机的距离。利用简单的几何关系可以得到 d_1 与 d_2 的距离差及对应的相位差 φ_Δ 分别为

$$\Delta = d_2 - d_1 = \sqrt{(h_t + h_r)^2 + d^2} - \sqrt{(h_t - h_r)^2 + d^2}$$

$$= d \left[\sqrt{\left(\frac{h_t + h_r}{d}\right)^2 + 1} - \sqrt{\left(\frac{h_t - h_r}{d}\right)^2 + 1} \right]$$

$$\approx d \left[1 + \frac{1}{2} \left(\frac{h_t + h_r}{d}\right)^2 \right] - d \left[1 + \frac{1}{2} \left(\frac{h_t - h_r}{d}\right)^2 \right]$$

$$= \frac{2h_t h_r}{d} \qquad (2-2-16)$$

$$\varphi_\Delta = k\Delta = \frac{2\pi\Delta}{\lambda d} = \frac{4\pi h_t h_r}{\lambda d}$$

式 $(2-2-16)$ 中，约等号右面的结果取 Taylor 级数展开式的前两项作为近似。在 $h_t + h_r \ll d$ 的情况下，这种处理是合理的。

根据式 $(2-2-15)$ 并利用简单的三角函数变换关系，可以得到接收信号电场强度的包络为

$$
\begin{aligned}
\mid E \mid &= \frac{E_0 d_0}{d} \mid (1 - \mathrm{e}^{-\mathrm{j}\varphi_\Delta}) \mid \\
&= \frac{E_0 d_0}{d} \mid (1 - \cos\varphi_\Delta + \mathrm{j}\,\sin\varphi_\Delta) \mid \\
&= \frac{E_0 d_0}{d} \sqrt{(1 - \cos\varphi_\Delta)^2 + \sin^2\varphi_\Delta} \\
&= \frac{E_0 d_0}{d} \sqrt{2 - 2\cos\varphi_\Delta} \\
&= 2\frac{E_0 d_0}{d} \sin\left(\frac{\varphi_\Delta}{2}\right)
\end{aligned}
\tag{2-2-17}
$$

当收发天线间的距离 d 足够大时(这一点与掠射的条件是一致的),Δ 很小,因此 $\varphi_\Delta/2$ 就很小,从而 $\sin\frac{\varphi_\Delta}{2} \approx \frac{\varphi_\Delta}{2}$。这时可取式(2-2-17)的近似,即

$$
\begin{aligned}
\mid E \mid &= 2\frac{E_0 d_0}{d} \sin\left(\frac{\varphi_\Delta}{2}\right) \approx 2\frac{E_0 d_0}{d}\frac{\varphi_\Delta}{2} \\
&= \frac{2E_0 d_0}{d}\frac{2\pi h_t h_r}{\lambda d} \\
&= \frac{4\pi E_0 d_0}{\lambda}\frac{h_t h_r}{d^2}
\end{aligned}
\tag{2-2-18}
$$

将式(2-2-18)代入式(2-2-8)并考虑式(2-2-7),得到在距离 d 处接收机的接收功率为

$$
P_r(d) \approx P_t G_t G_r \frac{h_t^2 h_r^2}{d^4}
\tag{2-2-19}
$$

以 dB 为单位表示的路径损耗计算公式为

$$
\mathrm{PL}(d) = 40\lg d - (10\lg G_t + 10\lg G_r + 20\lg h_t + 20\lg h_r)
\tag{2-2-20}
$$

式(2-2-19)和式(2-2-20)揭示了一个重要的结果,即发射机与接收机之间的距离 d 很大时,接收功率随距离的 4 次方成反比衰减(衰减指数 $n=4$),即 40 dB/10 倍程距离,这比自由空间中 20 dB/10 倍程的衰减要快得多,并且这时的接收功率与信号频率无关。

式(2-2-18)~式(2-2-20)一般在 $d > 4h_t h_r/\lambda$ 时有效。当 $d < 4h_t h_r/\lambda$ 时,接收天线距发射天线比较近,接收功率随距离的衰减指数仍然为 $n=2$。$d = 4h_t h_r/\lambda$ 是衰减指数变化的拐点,当然,衰减指数在拐点附近是平滑过渡的。

双线模型的分析表明,实际传播环境下接收功率随距离的衰减可能要比自由空间快。实际上,发射机与接收机之间总会存在一些障碍物,这些障碍物在反射和散射电磁能量的同时,还会对电磁波能量产生部分吸收,因此传播功率衰减一般要快于 d^{-2}。对实际传播环境的测试和分析表明,功率衰减指数的具体数值可能在 2~6 之间。

在无线通信系统中,无线传播功率衰减带来两方面的影响:一方面传播功率的快速衰减限制了一个小区的覆盖范围;另一方面这种衰减也降低了不同小区之间存在的相互干扰。早期的无线系统总是追求大的无线覆盖,因此功率传播随距离的快速衰减就成了一个很大的障碍。但是,随着蜂窝电话越来越普及,用户量和用户密度快速增加,特别是在城市环境下,小区尺寸的主要决定因素已经成为网络的用户容量,而不是小区覆盖半径。换句话说,蜂窝系统是小区容量受限,而不是覆盖半径受限。为了不断提高无线通信网络的用户容量,小

区覆盖半径将不断减小，而随着覆盖半径的不断减小，不同小区之间的干扰又会增大。在这种情况下，传播功率衰减速度的增大对减小不同小区基站之间的同频干扰是有利的。

例 2 - 4 GSM 系统的工作频率为 900 MHz，基站天线高度为 50 m，距离发射机 1 km 处的场强为 10^{-3} V/m。一个 GSM 移动台距离基站 5 km，使用垂直的 $\lambda/4$ 单极天线，增益为 2.55 dB，接收天线高度为 1.5 m。试计算：

(1) 接收天线的有效长度和有效接收面积；

(2) 使用双线地面反射模型的情况下，该 GSM 移动台的接收功率。

解：已知接收机与发射机之间的距离 $d = 5$ km，$h_t = 50$ m，$h_r = 1.5$ m，接收天线增益为 $G_r = 2.55$ dB $= 1.799$，距发射天线 1 km 处的参考场强为 $E_0 = 10^{-3}$ V/m，系统工作频率 $f = 900$ MHz，得

$$\lambda = \frac{c}{f} = \frac{3 \times 10^8}{900 \times 10^6} = \frac{1}{3} \text{ m}$$

(1) 天线长度 $L = \lambda/4 = 0.833$ m。

接收天线的有效面积为

$$A_e = \frac{G_r \lambda^2}{4\pi} = \frac{1.799 \times (1/3)^2}{4\pi} \approx 0.0159 \text{ m}^2$$

(2) 由于

$$\frac{4h_t h_r}{\lambda} = 4 \times 50 \times \frac{1.5}{1/3} = 900 \text{ m} < d = 1 \text{ km}$$

所以使用双线模型的条件。

根据式(2 - 2 - 17)，接收点的场强为

$$E_r(d) = \frac{2E_0 d_0}{d} \frac{2\pi h_t h_r}{\lambda d}$$

$$= \frac{2 \times 10^{-3} \times 1 \times 10^3}{5 \times 10^3} \times \left[\frac{2\pi \times 50 \times 1.5}{(1/3) \times 5 \times 10^3} \right]$$

$$\approx 113.1 \times 10^{-6} \text{ V/m}$$

由式(2 - 2 - 8)得到距离 d 处的接收功率为

$$P_r(d = 5 \text{ km}) = \frac{E^2 G_r \lambda^2}{480\pi^2} = \frac{(113.1 \times 10^{-6})^2 \times 1.799 \times (1/3)^2}{480 \times \pi^2}$$

$$\approx 5.4 \times 10^{-13} \text{ W} = -122.68 \text{ dBW} = -92.68 \text{ dBm}$$

例 2 - 5 对于地面无线通信系统，使用双线模型分析时，平坦地区基站的覆盖范围是 1 km，如果使用卫星通信，则它的覆盖范围是多少？

解：在开阔地带，使用双线模型时传播路径衰减斜率为每十倍程距离增加 40 dB。卫星通信的电波传播规律符合自由空间传播模型，传播路径衰减斜率为每十倍程距离增加 20 dB。假设卫星通信的覆盖半径为 d，则根据题意应有

$$20 \lg d = 40 \lg 1000$$

即卫星通信的覆盖范围是 $d = 10^6$ m $= 1000$ km。

3. 分层电介质结构的反射和透射

在无线通信环境中，电磁波穿过电介质层传播的情况是经常发生的，比如基站天线一般放置在露天位置，而移动终端经常会处于室内，通信过程中电磁波传播必然要穿过一层

或多层墙壁。当电磁波穿过多层介质传播时，介质层使电磁波产生衰减和相移。

实际中最常见的多层介质传播是墙壁被空气所包围的情形。这里给出穿过一层墙壁传播的简单情况。多层介质传播的情况比较复杂，可以根据电磁波传播的原理进行分析，这里不作介绍。

假设各层介质均为理想介质，介质层（墙壁）厚度为 l，设空气-墙壁和墙壁-空气界面的反射系数分别为 R_1、R_2，设 T_1 为由空气向墙壁介质传播时的透射系数，T_2 为由墙壁介质层向空气传播时的透射系数，这些参数可以分别利用式(2-2-10)、式(2-2-12)和式(2-2-13)计算。可以导出这种情况下总的反射系数和透射系数为

$$
\begin{cases}
R = \dfrac{R_1 + R_2\,\mathrm{e}^{-\mathrm{j}2\alpha}}{1 + R_1 R_2\,\mathrm{e}^{-\mathrm{j}2\alpha}} \\[3mm]
T = \dfrac{T_1 T_2\,\mathrm{e}^{-\mathrm{j}\alpha}}{1 + R_1 R_2\,\mathrm{e}^{-\mathrm{j}2\alpha}}
\end{cases}
\tag{2-2-21}
$$

式中：

$$
\alpha = \frac{2\pi}{\lambda}\sqrt{\varepsilon_r}\,l\,\cos\theta_t^{'}
$$

为介质层的电气长度。对于垂直入射的特殊情况，$\theta_t = 0$，$\alpha = \dfrac{2\pi}{\lambda}\sqrt{\varepsilon_r}\,l$。

4. 电磁波的绕射

当电磁波传播路径上存在有限大小的物体时，除了会产生反射现象外，还会发生绕射（Diffraction，也叫衍射）。绕射使得无线电信号能够传播到阻挡物的后面，尽管绕射损耗非常迅速，但当接收机移动到阻挡物后面时，往往接收信号仍然具有足够的强度。

绕射现象可以用物理上的 Huygen's 原理解释：均匀平面波波前上的所有点都可以看作产生次级波的点源，这些点源产生球面辐射波，当波的传播路径上没有障碍物时，这些球面波叠加形成均匀平面波传播方向上新的波前。但是当均匀平面波传播路径上有物体阻挡时，一部分点源的辐射受到阻挡，这时的波前就不再是均匀平面波了。对于没有被阻挡的那部分波前的点源，其产生的次级波辐射将部分地绕过障碍物，传播到阻挡物的阴影区，这就是阴影区仍然可能收到信号的原因。阴影区绕射波电场强度为所有次级波电场部分的矢量和。

1）刃形障碍物绕射损耗

计算无线电传播路径上不规则地物引起的绕射损耗一般是很复杂的，下面从单个障碍物绕射的简单情况入手介绍分析方法。单个障碍物的情况虽然简单，但其分析方法构成了分析复杂情况的基础，而且单个障碍物绕射的情况可以用明确的解析表达式给出分析结果。

当绕射是由单个物体引起时，可以将障碍物看作刃形边缘形成的半无限大阻挡屏来估计绕射损耗。这样障碍物后面的场强可以用 Fresnel 方法计算。

设阻挡物阴影区任一点的总电场为 E_{total}，绕射增益 G 可以通过 Fresnel 积分计算：

$$
G = \frac{E_{\text{total}}}{E_0} = F(\nu_F) = \frac{(1+\mathrm{j})}{2}\int_{\nu_F}^{\infty} \mathrm{e}^{-\mathrm{j}\pi\frac{t^2}{2}}\,\mathrm{d}t
\tag{2-2-22}
$$

式中，E_0 为没有障碍物时自由空间的场强；$F(\nu_F)$ 为 Fresnel 积分；ν_F 称为 Fresnel 参数；G 的倒数就是绕射损耗。

Fresnel 参数 ν_{F} 可以参考图 2-15 的几何关系得到。图中，h_{obs}、h_{TX}、h_{RX} 分别为障碍物高度、发射天线高度和接收天线高度；d_{TX}、d_{RX} 分别为发射天线和接收天线与阻挡屏之间的距离。

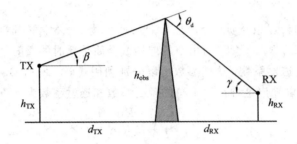

图 2-15　刀形障碍物绕射损耗分析的几何关系图

Fresnel 参数 ν_{F} 的表达式为

$$\nu_{\mathrm{F}} = \theta_{\mathrm{d}} \sqrt{\frac{2d_{\mathrm{TX}}d_{\mathrm{RX}}}{\lambda(d_{\mathrm{TX}} + d_{\mathrm{RX}})}} \qquad (2-2-23)$$

式中：

$$\theta_{\mathrm{d}} = \arctan\left(\frac{h_{\mathrm{obs}} - h_{\mathrm{TX}}}{d_{\mathrm{TX}}}\right) + \arctan\left(\frac{h_{\mathrm{obs}} - h_{\mathrm{RX}}}{d_{\mathrm{RX}}}\right) \qquad (2-2-24)$$

以 dB 为单位表示绕射损耗，则有

$$L(\mathrm{dB}) = -G(\mathrm{dB}) = -20\lg|F(\nu_{\mathrm{F}})| \qquad (2-2-25)$$

由式(2-2-22)~式(2-2-25)可以求得绕射损耗。但 Fresnel 积分的计算比较复杂，需要采用数值计算方法。为了方便，根据上述几个关系式画出了绕射损耗与 ν_{F} 的关系图，如图 2-16 所示。实际中，首先根据收发天线与障碍物的几何关系确定 Fresnel 参数 ν_{F}，然后利用图 2-16 查得绕射损耗。

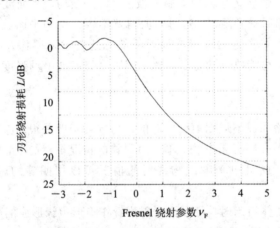

图 2-16　刀形障碍物绕射损耗与 Fresnel 绕射参数 ν_{F} 的关系曲线

绕射损耗还可用 Fresnel 区的概念定性、直观地估算出来。下面首先借助图 2-17 说明 Fresnel 区的概念。

Fresnel 区是一些次级波传输路径相差 $n\lambda/2$ 的相继区域。换句话说，次级波分别通过相邻两个 Fresnel 区的路径差是 $\lambda/2$。

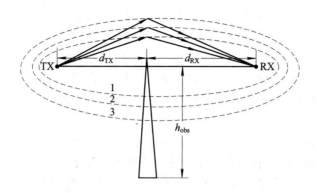

图 2-17　Fresnel 区概念的解释

以发射天线和接收天线为焦点画一个椭球。根据椭圆的性质，椭球上任意一点所反射的电磁波到达接收天线时走过的路径长度相同，这些反射波的路径长度均比 LOS 路径增加了额外的距离，因此这样可以画出一族椭球。在这一族椭球中，附加路径长度为 $\lambda/2$ 整数倍的椭球形成不同的 Fresnel 区（有的书上称为 Fresnel 椭球）。第一 Fresnel 区的附加路径为 $\lambda/2$，第二 Fresnel 区的附加路径为 $2\lambda/2$，第三 Fresnel 区的附加路径为 $3\lambda/2$，依次类推。一般来说，只要第一 Fresnel 区的 55% 没有被障碍物阻挡，绕射的损耗就很小，影响可以忽略不计。

2）多重刃形绕射情况的处理

当发射机和接收机之间存在多个障碍物时，人们提出了一些近似的处理方法，下面进行简要的介绍。

（1）Bullington 方法。该方法是将多个障碍物绕射用单个障碍物的刃形绕射等效。得到等效单刃形的方法如下：分别从发射机和接收机作每个实际障碍物的切线，并选择切线中上升角最大的那一条，使其他障碍物均在这条直线的下方。等效障碍物由最大上升角的发射机切线和最大上升角的接收机切线的交界面确定，见图 2-18。等效之后，绕射损耗就可以按前面介绍的方法计算。Bullington 方法的优点是大大简化了绕射损耗的计算，但准确度不够高。

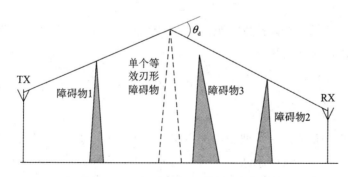

图 2-18　Bullington 单阻挡屏等效方法

（2）Epstein-Petersen 方法。Bullington 方法准确度不高的主要原因是只考虑了两个主要障碍物的影响，忽略了其他障碍物，甚至忽略了像图 2-18 中障碍物 3 的影响。这种比两个主要障碍物都高的障碍物的影响一般比较大。

Epstein-Petersen 方法对此进行了一些改进。先是分别单独计算每个障碍物的绕射损耗。在计算某个特定障碍物的绕射损耗时，分别在与其相邻的左右两个障碍物顶端放置虚拟发射机和接收机，并将绕射损耗以 dB 为单位表示，最后把不同障碍物引起的损耗加在一起得到总的绕射损耗。显然，这种方法考虑到了所有障碍物的影响。

（3）Deygout 方法。另一种计算多障碍物绕射损耗的方法是 Deygout 方法。该方法计算绕射损耗的过程如下：

① 在计算每个单独障碍物的绕射损耗时只考虑它本身的影响，这样计算出所有障碍物单独存在时的绕射损耗，将引起最大损耗的障碍物定义为主障碍物。

② 在主障碍物尖端放置虚拟接收机，计算发射机与主障碍物之间其他障碍物引起的绕射损耗，并将引起最大损耗的障碍物定义为次主障碍物。同样地，在次主障碍物尖端放置虚拟发射机，计算次主障碍物与接收机之间其他障碍物引起的绕射损耗。重复该过程。

③ 把所有考虑到的障碍物绕射损耗以 dB 为单位加起来。

当发射机与接收机之间的障碍物较多时，Deygout 方法的计算比较烦琐，可以只考虑计算几个主要障碍物的影响。实际上，当障碍物较多时，Deygout 方法会产生相当大的误差。

（4）国际电联（ITU）提出的半经验模型。ITU 提出的计算绕射损耗的半经验模型如下：

$$L_{\text{total}}(\text{dB}) = \sum_{i=1}^{N} L_i + 20 \lg C_N \qquad (2-2-26)$$

式中，L_i 是每个障碍物单独产生的绕射损耗；C_N 的定义如下：

$$C_N = \sqrt{\frac{P_{\text{a}}}{P_{\text{b}}}} \qquad (2-2-27)$$

其中：

$$\begin{cases} P_{\text{a}} = d_{\text{p1}} \prod_{i=1}^{N} d_{\text{ni}} \left(d_{\text{p1}} + \sum_{j=1}^{N} d_{\text{nj}} \right) \\ P_{\text{b}} = d_{\text{p1}} d_{\text{pN}} \prod_{i=1}^{N} (d_{\text{pi}} + d_{\text{ni}}) \end{cases} \qquad (2-2-28)$$

式中，d_{pi} 是计算点到前一个障碍物的距离；d_{ni} 是计算点到后一个障碍物的距离。对于这个计算方法，有人建议作以下改进：

$$C_N = \frac{P_{\text{a}}}{P_{\text{b}}} \qquad (2-2-29)$$

5. 粗糙表面对电磁波的散射

当电磁波入射到尺寸远大于波长的光滑平面上时会产生反射，但当反射平面粗糙时，电磁波会因散射（Scattering）而散布于所有的方向。因而，反射平面的粗糙程度会对反射效果产生很大的影响。另外，当电磁波遇到表面不是平面的物体时也会发生散射现象。在实际的移动通信系统中，树叶、街道标志和灯柱等都会引发散射。由于散射的能量散布于几乎所有的方向上，因此散射往往给接收机提供了额外的接收能量。

粗糙表面对电磁波的散射取决于表面的粗糙程度。表面粗糙程度一般采用 Rayleigh 原则进行度量：在给定电磁波入射方向与平面之间夹角 δ 的情况下，定义一个表示表面平整

度的参考高度 h_c，如果平面上最大的起伏高度大于 h_c，则认为表面是粗糙的，反之认为表面是光滑的。h_c 由式(2-2-30)给出：

$$h_c = \frac{\lambda}{8 \sin\delta} \qquad (2-2-30)$$

粗糙表面对反射效果的影响用散射损耗系数 ρ_s 来表示。在表面高度为具有局部平均值的 Gaussian 随机分布的情况下：

$$\rho_s = \exp[-2(k_0 \sigma_h \sin\delta)^2] \qquad (2-2-31)$$

式中，σ_h 为表面高度分布的标准偏差；$k_0 = 2\pi/\lambda$，为电磁波的自由空间波数。存在散射的情况下，粗糙表面的反射系数 Γ 用散射损耗系数 ρ_s 进行修正：

$$\Gamma_{\text{rough}} = \rho_s \Gamma \qquad (2-2-32)$$

由式(2-2-31)可以看出，对于 $\delta \approx 0$ 的掠入射来说，$\rho_s \approx 1$，粗糙的影响消失了。所以，对于掠入射的情况，任何反射平面，不管是否粗糙，其反射都可以看作理想的镜面反射。

2.2.5　无线信道传输损耗模型

1. 无线链路预算

链路预算是无线网络覆盖规划的一项主要内容。链路预算的目的是通过计算特定业务在一定通信质量(可以用接收信噪比或接收机输出误码率来衡量)要求下的最大允许路径损耗，求得一定传播模型下一个基站小区的覆盖半径，从而确定满足连续覆盖条件下所需建设基站的规模。

在无线通信网络设计和部署工程中，无线通信系统覆盖范围是系统设计的一项主要指标，它包含两个方面的意思：一是无线通信系统整个网络的服务地域范围；另一个是无线系统中一个无线基站的服务地域范围。后者在移动通信系统中称为无线小区(Cell)。一个无线小区的覆盖半径就是基站与移动台之间能够正常通信的距离范围。接收机正常工作需要接收到足够信噪比(SNR)的信号。SNR 的大小取决于多种因素：发射机的发射功率、接收机的无线灵敏度、接收机的噪声系数、环境噪声、无线系统的工作频率、由地物地貌因素决定的无线传播损耗等。其中，地形地貌和频率是主要的考虑因素。无线链路预算设计的主要任务就是使用路径损耗模型对接收信号电平进行估计，进而预测移动通信系统中的 SNR 和基站小区的覆盖半径。

前面讨论了三种主要的传播机制及其数学描述，构成了无线传播特性描述中最基础的内容，可以在此基础上预测简单传播环境的特性。但无线网络的业务区域通常跨越各种不同的地形地貌，电波传播环境异常复杂，不同传播环境的路径损耗指数差别也很大，在室内环境下路径损耗指数可能小到 1.6，而在传播方向上有障碍物阻挡时，绕射使损耗指数增大，路径损耗指数可能达到 6。在这种情况下，一种单一的传播模型是不能完全描述收发信机之间的电波传播的，需要针对不同的环境使用不同的传播损耗模型。

大多数传播模型都是在理论分析和实验测量相结合的基础上建立的。实验方法就是在大量测量数据的基础上，通过合适的曲线拟合或解析式建立与测量数据相符合的数学模型。这样建立的模型，其优点是实测的数据包含了所有的传播环境因素，其缺点是用于建立模型的测量数据是在特定频率和特定环境下得到的，环境改变时就不能保证模型是否正确。但是这种模型往往能对传播损耗或接收信号电平给出一个有参考意义的估计，对预测信道传播特性非常有用。

在实际的网络设计过程中，使用发射机功率，根据路径损耗模型预测的路径损耗数值以及无线系统接收机灵敏度，就可以估算出基站的无线覆盖范围；或者给定传播距离，就可以预测该距离上的接收信号电平及信噪比 SNR。

2. Okumura-Hata 模型

Okumura-Hata 模型是根据 Okumura 测试数据经曲线拟合后得到的路径损耗预测经验公式，以市区传播损耗为计算标准，其他环境情况需要在此基础上进行修正。这种模型仅适用于大区制系统，基站高度超过其周围的建筑物。

Okumura-Hata 模型在目前应用最广泛。它有两种表达形式，第一种表达形式的市区损耗公式为

$$\text{PL(dB)} = L_{fs} + A_{exc} - H_{cb}(h_b, d) - H_{cm}(h_m, f_c) \qquad (2-2-33)$$

式中，L_{fs} 表示自由空间传播的路径损耗；A_{exc} 为基站天线高度 200 m、移动台天线高度 3 m 时的附加路径损耗，A_{exc} 是电波传播距离和频率的函数，如图 2-19 所示；$H_{cb}(h_b, d)$ 为基站天线高度不同时的修正因子，$H_{cm}(h_m, f)$ 为移动台天线高度不同时的修正因子。H_{cb} 和 H_{cm} 分别由图 2-20 和图 2-21 给出。当基站天线的高度不是 200 m 时，由图 2-20 可以看出，如果基站天线高度大于 200 m，则 $H_{cb}(h_b, d) > 0$ dB；反之，如果基站天线高度小于 200 m，则 $H_{cb}(h_b, d) < 0$ dB。同理，由图 2-21 可以看出，当移动台天线高度不是 3 m 时，如果移动台天线高度大于 3 m，则 $H_{cm}(h_m, f_c) > 0$ dB；如果移动台天线高度小于 3 m，则 $H_{cm}(h_m, f_c) < 0$ dB。

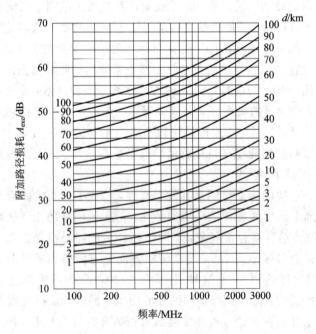

图 2-19 Okumura-Hata 模型的附加路径损耗

（基站天线高度 $h_b = 200$ m，移动台天线高度 $h_m = 3$ m）

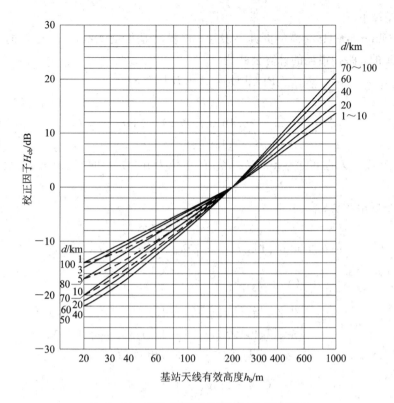

图 2-20 基站天线高度不同时的修正因子

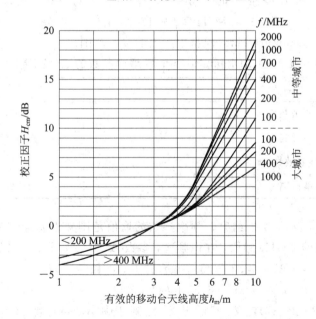

图 2-21 移动台天线高度不同时的修正因子

有两点需要注意：① 当移动台天线有效高度 $h_m > 5$ m 时，传播损耗随天线增高明显减小；② 当移动台天线有效高度 $h_m < 5$ m 时，修正因子不仅与天线高度及频率有关，还与传播环境的其他因素有关，大城市的高层建筑较多，传播损耗较大，中小城市的高层建筑较

少，传播损耗较小。

第二种 Okumura-Hata 模型更具一般性，该模型是根据 Okumura 最初的测量结果经曲线拟合得到的，路径损耗的计算公式为

$$PL(dB) = A + B\,\lg d + C \tag{2-2-34}$$

式中：

$$A = 69.55 + 26.16\,\lg f_c - 13.82\,\lg h_b - a(h_m) \tag{2-2-35}$$

$$B = 44.9 - 6.55\,\lg h_b \tag{2-2-36}$$

f_c 的单位为 MHz，d 的单位为 km，h_b、h_m 的单位为 m。式中的 C、$a(h_m)$ 取决于无线系统的工作环境。

对于中小城市环境：

$$\begin{cases} C = 0 \\ a(h_m) = (1.1\,\lg f_c - 0.7)h_m - (1.56\,\lg f_c - 0.8) \end{cases} \tag{2-2-37}$$

对于大城市环境：

$$\begin{cases} C = 0 \\ a(h_m) = \begin{cases} 8.29[\lg(1.54h_m)^2] - 1.1 & f \leqslant 200\ \text{MHz} \\ 3.2[\lg(11.75h_m)^2] - 4.97 & f \geqslant 400\ \text{MHz} \end{cases} \end{cases} \tag{2-2-38}$$

对于郊区环境，$a(h_m)$ 的表示式与式(2-2-37)相同，C 的表达式为

$$C = -2\left[\lg\left(\frac{f_c}{28}\right)^2\right] - 5.4 \tag{2-2-39}$$

农村环境下，$a(h_m)$ 的表示式也与式(2-2-37)相同，C 的表达式为

$$C = -4.78(\lg f_c)^2 + 18.33\,\lg f_c - 40.98 \tag{2-2-40}$$

表 2-4 给出了 Okumura-Hata 模型中参数的取值范围。

表 2-4　Okumura-Hata 模型中参数的取值范围

参 数 名 称	参 数 符 号	取 值 范 围
无线系统载波频率	f_c	150~1500 MHz
基站天线有效高度	h_b	30~200 m
移动台天线有效高度	h_m	1~10 m
收发天线距离	d	1~20 km

必须注意的是，表 2-4 中给出的频率参数的取值范围并不完全包括工作频率更高的 2G 和 3G 蜂窝系统的 2 GHz 频段。在该频段，参数 A、B 按如下定义计算：

$$\begin{cases} A = 46.3 + 33.9\,\lg f_c - 13.82\,\lg h_b - a(h_m) \\ B = 44.9 - 6.55\,\lg h_b \end{cases} \tag{2-2-41}$$

式中，$a(h_m)$ 由式(2-2-37)定义。C 的定义为：对于中小城市环境，$C=0$；对于大城市环境，$C=3$。

3. COST-231-Walfish-Ikegami 模型

COST-231 模型适用于微小区和小的宏小区，以及移动台天线不高（小于 50 m）的情况。LOS 情况的总路径损耗为

$$PL(dB) = 42.6 + 26 \lg d + 20 \lg f_c \quad d \geqslant 20 \text{ m} \qquad (2-2-42)$$

式中，d 的单位为 km，f_c 的单位为 MHz。

对于非 LOS 的传播情况，参见图 2-22，总的路径损耗为自由空间路径损耗 L_{fs}、传播路径上多个障碍物造成的损耗 L_{msd} 以及靠近移动台最近的一个建筑物顶所产生的绕射损耗 L_{rts} 的总和，即

$$PL(dB) = \begin{cases} L_{fs} + L_{rts} + L_{msd} & L_{rts} + L_{msd} > 0 \\ L_{fs} & L_{rts} + L_{msd} \leqslant 0 \end{cases} \qquad (2-2-43)$$

式中，自由空间路径损耗为

$$L_{fs}(dB) = 32.4 + 20 \lg d + 20 \lg f_c \qquad (2-2-44)$$

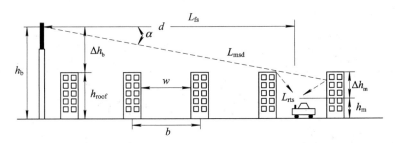

图 2-22　COST-231-Walfish-Ikegami 模型的几何关系图

靠近移动台最近的一个建筑物顶所产生的绕射损耗 L_{rts} 为

$$L_{rts}(dB) = -16.9 - 10 \lg w + 10 \lg f_c + 20 \lg \Delta h_m + L_{ori} \qquad (2-2-45)$$

式中，w 为街道的宽度，单位取 m；$\Delta h_m = h_{roof} - h_m$，为建筑物高度 h_{roof} 与移动台天线高度 h_m 之差；L_{ori} 为街道的方向修正因子，根据经验确定：

$$L_{ori}(dB) = \begin{cases} -10 + 0.354\varphi & 0° \leqslant \varphi \leqslant 35° \\ 2.5 + 0.075(\varphi - 35°) & 35° \leqslant \varphi \leqslant 55° \\ 4.0 - 0.114(\varphi - 55°) & 55° \leqslant \varphi \leqslant 90° \end{cases} \qquad (2-2-46)$$

式中，φ 为街道方向与电磁波入射方向之间的夹角，单位取度。

计算多重障碍物的绕射损耗 L_{msd} 时，仍然是将建筑物的边缘等效为刃形屏，这样多重刃形屏的路径损耗为

$$L_{msd}(dB) = L_{bsh} + k_a + k_d \lg d + k_f \lg f_c - 9 \lg b \qquad (2-2-47)$$

式中，b 是建筑物之间的距离，单位取 m。另外：

$$L_{bsh} = \begin{cases} -18 \lg(1 + \Delta h_b) & h_b > h_{roof} \\ 0 & h_b \leqslant h_{roof} \end{cases} \qquad (2-2-48)$$

$$k_a = \begin{cases} 54 & h_b > h_{roof} \\ 54 - 0.8\Delta h_b & d \geqslant 0.5 \text{ km 且 } h_b \leqslant h_{roof} \\ 54 - 1.6\Delta h_b d & d < 0.5 \text{ km 且 } h_b \leqslant h_{roof} \end{cases} \qquad (2-2-49)$$

式中，$\Delta h_b = h_b - h_{roof}$，$h_b$ 为基站天线高度。路径损耗与无线系统工作频率、收发天线之间距离的依赖关系由参数 k_d 和 k_f 体现：

$$k_d = \begin{cases} 18 & h_b > h_{roof} \\ 18 - 15 \dfrac{\Delta h_b}{h_{roof}} & h_b \leqslant h_{roof} \end{cases} \qquad (2-2-50)$$

$$k_f = -4 + \begin{cases} 0.7 \times \left(\dfrac{f_c}{925} - 1 \right) & \text{对于中小城市和中等植物密度的郊区} \\ 1.5 \times \left(\dfrac{f_c}{925} - 1 \right) & \text{对于大型城市} \end{cases}$$

$$(2-2-51)$$

表 2-5 给出了模型中使用参数的取值范围。

表 2-5　COST-231-Walfish-Ikegami 模型中的参数取值范围

参 数 名 称	参 数 符 号	取 值 范 围
无线系统载波频率	f_c	0.8~2 GHz
基站天线有效高度	h_b	4~50 m
移动台天线有效高度	h_m	1~3 m
收发天线距离	d	0.02~5 km

2.3　小尺度衰落和多径效应

电波传播路径上不同的地物，特别是在城市环境中还会存在一些移动的车辆等物体，这些不同的地物都会使电磁波产生反射、绕射和散射，使得无线通信接收机的实际接收信号来自不同的传播路径，这些来自不同路径的波称为多径波。

多径传播现象的存在使来自发射机的同一信号到达接收机时因传播路径不同而存在微小的时延差，并且这个时延差一般是时变的。多径到达信号在接收机中形成干涉，造成总的合成信号的幅度和相位急剧变化。多径传播对接收信号电平的影响可能会远远大于大尺度损耗的影响。

这种无线电信号在短时间内或短距离上传播后，其幅度、相位或时延快速变化，以至于大尺度路径损耗的影响可以忽略的现象，就称为多径衰落或小尺度衰落。多径衰落是影响通信质量的一个重要因素。造成多径衰落的原因是多径到达信号在接收机处相互干涉的过程。这种多径信号相互干涉并形成接收信号衰落的过程称为多径效应。

影响小尺度衰落的物理因素主要包括多径传播、移动台相对于基站的移动速度、传播环境中相互作用体的运动速度以及无线信号的传输带宽。下面将对这些问题进行讨论。

2.3.1　小尺度多径传播

为了便于理解多径传播的物理现象，下面通过简单的双线传播模型解释小尺度衰落。首先分析发射机、接收机和空间物体均处于相对静止状态的情形（这时多径时延差是不随时间变化的，因此这时的无线信道具有时不变的特性），然后分析时变情况。

1. 时不变多径效应

无线多径传播效应的机理可以借助图 2-23 所示的双线模型进行分析。

为了便于理解，假定发射信号是一个频率为 f_c 的正弦波，发射信号分别经过物体反射和 LOS 两条传播路径到达接收机。

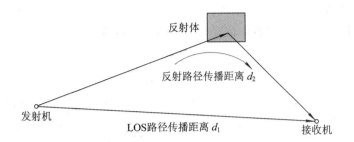

图 2-23　双线传播模型的几何关系

根据图 2-23 所示的几何关系，假设两条路径长度差别不大，满足 $\dfrac{1}{d_1} \approx \dfrac{1}{d_2}$，从而经两条不同路径到达接收机处的信号场强幅度主要取决于反射体的反射系数 $\varGamma$，传播路径差只影响两路到达信号之间的时延差或相位差。这样可以求得来自同一发射机经两条不同路径到达接收机的总信号为

$$E = \frac{E_0 d_0}{d_1} \mathrm{e}^{-\mathrm{j}kd_1} + \varGamma \frac{E_0 d_0}{d_2} \mathrm{e}^{-\mathrm{j}k(d_1+\Delta)} \approx \frac{E_0 d_0}{d_1}(1+\varGamma \mathrm{e}^{-\mathrm{j}k\Delta})\mathrm{e}^{-\mathrm{j}kd_1}$$
$$= \frac{E_0 d_0}{d_1}(1+\varGamma \mathrm{e}^{-\mathrm{j}\varphi_\Delta})\mathrm{e}^{-\mathrm{j}kd_1} \qquad (2-3-1)$$

式中，Δ 为两路不同路径到达信号之间的传播距离差；φ_Δ 为与 Δ 对应的两路信号之间的相位差；$k=2\pi/\lambda=2\pi f_c/c$，为自由空间波数，$c$ 为电磁波在自由空间的传播速度。

通过分析式(2-3-1)，可以得到两路信号在不同空间位置处相长和相消的干涉情况。

当接收机处于不同空间位置时，两路信号具有不同的相位差 φ_Δ。在某些位置处，相位差 φ_Δ 为 π 的偶数倍，两路信号同相相加，接收信号比较强；在某些位置处，φ_Δ 为 π 的奇数倍，两路信号反相相减，这时接收信号可能会非常弱。特别是在 $\varGamma$ 的模值接近 1 的时候，在相长干涉位置处接收信号为电平峰值，在相消干涉位置处相消干涉可能会很彻底，接收信号电平接近零值，这时就出现衰落深陷。接收信号峰值电平位置与衰落深陷位置对应的双线传播路径差大约为半个波长。移动台对应相长干涉的峰值电平位置与相消干涉的衰落深陷位置两点之间的距离称为相干距离。

对式(2-3-1)求模，得到

$$|E| = \frac{E_0 d_0}{d_1}|(1+\varGamma\cos\varphi_\Delta+\mathrm{j}\varGamma\sin\varphi_\Delta)| = \frac{E_0 d_0}{d_1}[(1+\varGamma\cos\varphi_\Delta)^2+(\varGamma\sin\varphi_\Delta)^2]^{\frac{1}{2}}$$
$$= \frac{E_0 d_0}{d_1}[1+\varGamma^2+2\varGamma\cos\varphi_\Delta]^{\frac{1}{2}}$$
$$= \begin{cases} \dfrac{E_0 d_0}{d_1}[1+\varGamma^2+2\varGamma]^{\frac{1}{2}} & \varphi_\Delta = 2n\pi \\[3mm] \dfrac{E_0 d_0}{d_1}[1+\varGamma^2-2\varGamma]^{\frac{1}{2}} & \varphi_\Delta = (2n+1)\pi \end{cases}, \; n=0,1,2,\cdots$$

为简明起见，假设 $n=0$，由于相邻相长干涉位置点与相消干涉位置点的相位差为 π，所以有

$$\varphi_\Delta = k\Delta = \frac{2\pi}{\lambda}\Delta = \pi$$

由此得到相干距离为 $\Delta=\lambda/2$。

可以借助图 2-24 所示的特殊情况来理解相干距离的概念。

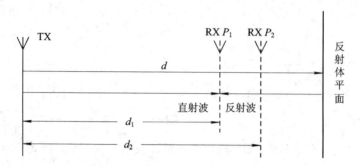

图 2-24　固定理想反射平面情况下直射波与反射波关系示意图

在图 2-24 所示的情况下，假设反射体平面理想地产生全反射（$\Gamma=-1$），当接收机处于 P_1 位置时，直射波和反射波之间的相位差为

$$\varphi_\Delta = \frac{4\pi f}{c}(d-d_1)+\pi$$

如果这时两个到达波为相长干涉，形成接收信号峰值，则 $\varphi_\Delta(P_1)=2n\pi$，其中 n 为正整数。如果最靠近 P_1 的第一个接收信号最弱的位置为 P_2，则此 P_2 位置为衰落深陷点，对应此位置 $\varphi_\Delta(P_2)=(2n+1)\pi$。这样，$P_1$ 和 P_2 两点间的距离就是这种情况下的相干距离，这个距离满足 $\varphi_\Delta(P_1)-\varphi_\Delta(P_2)=\pi$，可求出此时相干距离为 $d_2-d_1=\lambda/4$。

以上根据双线模型所作的分析告诉我们，由于多径传播现象的存在，接收机处于某些位置时，接收信号会比较强，接收机处于另一些位置时，会出现衰落深陷。实际上传播路径一般多于两条，衰落情况要复杂得多。因此，在建设固定地址无线通信系统时，发射机和接收机地址的选择必须避开可能产生衰落深陷的位置点。

2. 时变多径效应

上面的分析是假设发射机、接收机和空间反射物体三者处于相对静止状态，但在通常情况下，它们处于相对运动中。这时，多径传播的路径长度差（或时延差）将随时间而变化，使得经多径传播的信号在接收机中形成干涉，造成时变的多径衰落。当接收机移动很小的距离（波长的数量级）甚至不移动时，接收信号电平也会快速大范围地起伏，这就是多径衰落也称为小尺度衰落的原因。

下面仍然以双线传播的简单情况解释时变的多径效应。为了简化讨论，下面考虑只有接收机运动的情况。在式（2-3-1）中，如果只有接收机处于运动状态，其位置不断变化，则双线传播的路径差是时变的，因而两路信号相位差 φ_Δ 就随时间变化，到达接收机的信号处于一种时变的干涉模式，接收机每移动一个很小的距离，接收信号就可能经历一次深陷衰落，而且接收机运动越快，深陷衰落发生得就越频繁。

分析这一现象的等效方法是考虑因接收机运动使直射波和反射波所产生的多普勒频移。当发射机、接收机和空间反射体之间存在相对运动时，接收信号将产生多普勒频移，而且不同多径信号的多普勒频移一般不相同。这种多普勒效应的产生使得同一个发射信号在接收端形成几个不同载波的多径信号。几个具有不同载波（或不同多普勒频移）的多径信号相互干涉，会在接收机中产生衰落深陷序列。

下面仍然以只有接收机处于运动状态的情况为例分析多普勒频移的产生。

首先分析多普勒频移的产生机理。设接收机与发射机之间的距离为 d，因此发射信号延迟时间 t_d 后到达接收机；接收机以速度 v 运动，接收机运动方向与接收机到发射机连线方向之间的夹角为 γ，几何关系如图 2-25 所示。

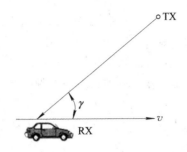

图 2-25　MS 接收机与基站发射机相对运动时的几何关系

假设发射信号为单频正弦波 $E_0 \cos(2\pi f_c t + \varphi_0)$ 的简单情况，则接收信号为

$$E(t) = E_0 \cos[2\pi f_c(t - t_d) + \varphi_0] = E_0 \cos\left[2\pi f_c\left(t - \frac{d - vt\,\cos\gamma}{c}\right) + \varphi_0\right]$$
$$= E_0 \cos[\varphi(t)]$$

式中，$\varphi(t)$ 为接收信号的总相位，这个相位的时间导数就是接收信号的瞬时频率。因此，可以得出接收信号的瞬时频率为

$$f = \frac{1}{2\pi}\frac{\mathrm{d}\varphi}{\mathrm{d}t} = f_c\left(1 + \frac{v\,\cos\gamma}{c}\right) = f_c + f_d$$

上式表明，接收机相对发射机的运动使得接收信号频率偏移了 f_d，这个频率偏移就是多普勒频移。由上式可以得到多普勒频移 f_d 的表达式为

$$f_d = \frac{v}{\lambda}\,\cos\gamma = \frac{v}{c}f_c\,\cos\gamma = f_{d\,\max}\cos\gamma \qquad (2-3-2)$$

其中，$f_{d\,\max} = \dfrac{v}{c}f_c$ 表示多普勒频移最大值。式(2-3-2)表明，多普勒频移的大小取决于通信系统的工作频率、接收机相对发射机的移动速度以及相对运动的方向。当接收机向着接近发射机的方向运动时，$\gamma < 90°$，多普勒频移 $f_d > 0$，这时接收信号频率高于发射频率；当接收机向着远离发射机的方向运动时，$180° > \gamma > 90°$，$f_d < 0$，接收信号频率低于发射频率。$f_{d\,\max}$ 发生在接收机沿着收发信机连线运动的情况，此时 $\gamma = 0$ 或 $180°$。对于一般的移动通信环境，$f_{d\,\max}$ 的典型数值在 1 Hz～1 kHz 之间。

例 2-6　若一个 PCS 基站发射机的发射载频为 1.9 GHz，一列动车组以 200 km/h 的速度行驶，分别求列车沿直线朝向发射机行驶和列车沿直线背向发射机行驶两种情况下，列车上移动台接收信号的载波频率。

解：已知发射信号载波频率 $f_c = 1.9$ GHz，接收机运动速度 $v = 200$ km/h ≈ 55.56 m/s。

(1) 当列车朝向基站运动时，方向角 $\gamma = 0$，移动台接收信号的载波频率为

$$f = f_c + f_d = f_c + \frac{v}{c}f_c$$

$$= 1.9\ \text{GHz} \times \left(1 + \frac{55.56}{3 \times 10^8}\right) \approx 1.900\ 000\ 352\ \text{GHz}$$

(2) 当列车背向基站运动时，方向角 $\gamma = \pi$，移动台接收信号的载波频率为

$$f = f_c + f_d = f_c - \frac{v}{c}f_c$$

$$= 1.9\,\text{GHz} \times \left(1 - \frac{55.56}{3 \times 10^8}\right) \approx 1.899\,999\,648\,\text{GHz}$$

在双线模型情况下，来自同一发射机但经过两条不同路径传播的信号，其传播方向分别与接收机运动方向成不同的角度，这使得它们具有不同的多普勒频移。运动中的接收机收到这两路信号时，这两路信号的载波频率将因多普勒频移不同而略有差别。载波频率略有不同的两路信号在接收机中形成干涉，差拍包络的频率等于两个信号载波频率之差，也就是两路多径信号的多普勒频移之差。

为便于理解，可以借助于图 2-26 所示的简化双线传播，说明两个具有不同多普勒频移的信号在接收机中的差拍情况。

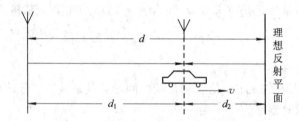

图 2-26 简化的直接路径传播与反射路径传播示意图

在图 2-26 中，反射系数 $\Gamma = -1$，直射波和反射波的多普勒频移大小相等，符号相反，多普勒频移的绝对值为 $f_{d\,\text{max}} = \frac{v}{c}f_c$，两个多普勒频移的差值为 $B_d = 2f_{d\,\text{max}} = \frac{v}{c}2f_c$。移动台接收的总信号为

$$E(f,\,t) = \frac{E_0 d_0}{d_1}\cos 2\pi f_c\left[t - \frac{d_1 + vt}{c}\right] - \frac{E_0 d_0}{d_2}\cos 2\pi f_c\left[t - \frac{2d - d_1 - vt}{c}\right]$$

$$\approx \frac{E_0 d_0}{d_1}\left\{\cos 2\pi f_c\left[\left(1 - \frac{v}{c}\right)t - \frac{d_1}{c}\right] - \cos 2\pi f_c\left[\left(1 + \frac{v}{c}\right)t + \frac{d_1 - 2d}{c}\right]\right\}$$

$$= \frac{2E_0 d_0}{d_1}\sin 2\pi f_c\left(\frac{v}{c}t - \frac{d_1 - d}{c}\right)\sin 2\pi f_c\left(t - \frac{d}{c}\right)$$

$$= \frac{2E_0 d_0}{d_1}\sin 2\pi\left(f_{d\,\text{max}}t - \frac{d_1 - d}{c}f_c\right)\sin 2\pi f_c\left(t - \frac{d}{c}\right) \qquad (2-3-3)$$

式 (2-3-3) 说明总的接收信号可以表示成两个正弦信号的乘积，这实际上是两路多径信号干涉的结果。第二个正弦信号的频率等于发射信号载波频率；第一个正弦信号频率 $f_{d\,\text{max}} = B_d/2$，是一个低频信号。这个结果相当于载频为 f_c 的信号受到了另一个频率为 $B_d/2$ 的信号的幅度调制。因此，接收机收到的信号是一个振幅时变的信号，振幅出现零点的周期为 $1/B_d$。上述两路多径信号干涉的情况如图 2-27 所示。显然，多普勒频移使接收信号频谱展宽了，并且接收信号会出现衰落深陷。

实际的无线通信环境会存在很多多径传播分量，不同多径分量的多普勒频移数值和符号可能都不相同，这些多径信号在接收机中相互干涉，总的效果是使发射信号的频谱展

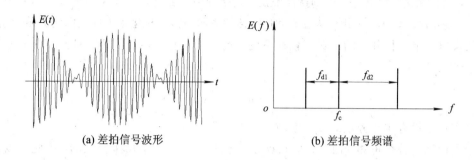

(a) 差拍信号波形　　　　　　　　　　　　(b) 差拍信号频谱

图 2-27　时变双线模型中两个不同多普勒频移信号的干涉效应

宽。使发射信号频谱展宽的最大值称为多普勒扩展 B_d。显然，图 2-26 所示情况的多普勒扩展 $B_d = 2f_{d\,max} = \dfrac{v}{c}2f$。

从图 2-27 可以看出，具有不同多普勒频移的接收信号，在接收机中相互干涉会引起衰落深陷序列。描述衰落深陷的时间尺度称为相干时间 T_c。根据上面分析的情况，可以将相干时间定义为接收信号包络由波峰到浴所经历的时间间隔。对于时变双线传播来说，由式（2-3-3）和图 2-27 可以得到这种情况的相干时间为

$$T_c = \frac{1}{B_d/2} = \frac{1}{f_{d\,max}} \qquad\qquad (2-3-4)$$

显然，接收机运动越快，多普勒扩展就越大，相干时间就越小，衰落深陷出现的就越频繁。单位时间内出现衰落深陷的次数称为信号的衰落率。

多普勒频移是无线信道的一个重要参数。一方面，多普勒频移是信道变化速率的一个度量，多普勒频移越大，信号的衰落率就会越大；另一方面，很多较小多普勒频移的信号叠加在一起，还会导致总的接收信号发生相移，引起接收信号的随机频率调制，从而破坏角度调制信号的接收。

3. 小尺度衰落的统计特性

上面基于双线模型的讨论，我们建立了多径传播和小尺度衰落的物理概念。实际上，无线传播信道上存在着大量的反射和散射物体，小尺度衰落的情况要复杂得多，需要使用统计的方法进行描述。下面就更加一般的传播情况进行分析，使用的信号仍然是频率为 f_c 的正弦波。

分析统计特性时，可以将多径传播分成两种情况，一种是有主导多径分量的情况。一般来说，当发射机与接收机之间存在视线传播（LOS）路径时，LOS 传播分量要强于其他多径分量，这时 LOS 分量成为主导分量。另一种是无主导分量的情况。当发射机与接收机之间没有 LOS 路径时，如果多径分量中没有幅度特别大的，则属于无主导分量的情况。下面先看无主导分量（比如发射机到接收机无 LOS 传播路径）的多径传播情况。

设发射信号为单频正弦波：

$$E_0(t) = |\,a_0\,| \, \exp[j(2\pi f_c t + \varphi_0)]$$

考虑这样的情形：反射体近似均匀地分布在接收机周围，反射体和发射机静止不动，接收机以速度 v 运动，信号从 N 个反射体射向在小范围内移动的接收机，反射体之间的距离

足够远，以致在接收机处所有的到达波都是均匀平面波。设第 i 个到达波为 $E_i(t)$，其绝对振幅 $|a_i|$ 在观察区域内不变，相位为 φ_i，到达波传播方向与接收机运动方向之间的夹角为 γ_i。

假设每一个多径分量的绝对振幅都不变的情况下，N 个多径波的绝对振幅的平方和为常数，即

$$\sum_{i=1}^{N} |a_i|^2 = C_p \qquad\qquad (2-3-5)$$

当多径波没有主导分量时，$|a_i| \ll C_p$。

根据前面的分析可知，由于接收机处于运动中，相位 φ_i 是快速变化的，因此可以近似认为 φ_i 是在 $[0, 2\pi]$ 内均匀分布的随机变量。

在分析接收信号时，要考虑到因接收机运动而产生的多普勒频移，这时单频连续波的第 i 路到达信号可以表示为

$$E_i(t) = |a_i| \exp j[2\pi(f_c + f_{d\max}\cos\gamma_i)t + \varphi_i + \varphi_0]$$
$$= |a_i| \exp j[2\pi f_{d\max}(\cos\gamma_i)t] \exp j(2\pi f_c t + \varphi_0) \qquad (2-3-6)$$

接收机收到的信号 $E(t)$ 是所有多径到达信号的总和，即 $E(t) = \sum_{i=1}^{N} E_i(t)$，所以

$$E(t) = \sum_{i=1}^{N} |a_i| \cos[2\pi f_{d\max}(\cos\gamma_i)t + \varphi_i] \exp j(2\pi f_c t + \varphi_0)$$
$$= \left\{ \sum_{i=1}^{N} |a_i| \cos[2\pi f_{d\max}(\cos\gamma_i)t + \varphi_i] + j\sum_{i=1}^{N} |a_i| \sin(2\pi f_{d\max}\cos\gamma_i t + \varphi_i) \right\}$$
$$\cdot \exp(2\pi f_c t + \varphi_0)$$
$$= (x + jy) \exp(2\pi f_c t + \varphi_0) \qquad (2-3-7)$$

式中：

$$\begin{cases} x = \sum_{i=1}^{N} |a_i| \cos[2\pi f_{d\max}(\cos\gamma_i)t + \varphi_i] = \sum_{i=1}^{N} x_i \\ y = \sum_{i=1}^{N} |a_i| \sin[2\pi f_{d\max}(\cos\gamma_i)t + \varphi_i] = \sum_{i=1}^{N} y_i \end{cases} \qquad (2-3-8)$$

分别为接收信号的同相分量和正交分量，它们都是许多独立随机变量的和，并且这些随机变量中没有一个是主导分量。

根据随机变量的中心极限定理，不管每一个到达多径信号振幅 $|a_i|$ 的具体概率密度函数如何，这种大量独立随机变量之和的概率密度函数都是高斯（正态）分布的。假设 x、y 的均方差分别为 σ_x、σ_y，则 x、y 的概率密度函数分别为

$$\begin{cases} P_x(x) = \dfrac{1}{\sqrt{2\pi}\sigma_x} e^{-\frac{x^2}{2\sigma_x^2}} \\ P_y(y) = \dfrac{1}{\sqrt{2\pi}\sigma_y} e^{-\frac{y^2}{2\sigma_y^2}} \end{cases} \qquad (2-3-9)$$

由式（2-3-7）可知，总的接收信号振幅为 $r = \sqrt{x^2 + y^2}$，下面来求接收信号振幅 r 的概率密度函数。

先求接收信号的概率分布函数。

由于 x、y 是两个独立的随机变量，假设 $\sigma_x = \sigma_y = \sigma$，且 x、y 都是零均值的，则 x、y 的

联合概率密度函数为

$$P(x,y) = P_x(x)P_y(y) = \frac{1}{2\pi\sigma^2}e^{-\frac{x^2+y^2}{2\sigma^2}} \qquad (2-3-10)$$

式(2-3-10)用极坐标(r,θ)表示较为方便。令$x = r\cos\theta$，$y = r\sin\theta$，其中r为接收信号的振幅，θ为对应的相位。

利用坐标变换雅可比行列式：

$$J = \begin{vmatrix} \dfrac{\partial x}{\partial r} & \dfrac{\partial x}{\partial \theta} \\ \dfrac{\partial y}{\partial r} & \dfrac{\partial y}{\partial \theta} \end{vmatrix} = r$$

则坐标变换后r、θ的概率密度函数为

$$P(r,\theta) = P(x,y)\,|J| = \frac{r}{2\pi\sigma^2}e^{-\frac{r^2}{2\sigma^2}} \quad 0\leqslant r\leqslant\infty,\ 0\leqslant\theta\leqslant2\pi \qquad (2-3-11)$$

这样经过坐标变换就将x、y的联合概率密度函数转化为r、θ的联合概率密度函数，于是得到θ的概率密度函数为

$$P_\theta(\theta) = \int_0^\infty P(r,\theta)\,dr = \frac{1}{2\pi} \qquad (2-3-12)$$

即当多径到达信号无主导分量，且均匀地从所有方向到达接收机时，接收信号的相位θ服从均匀分布。其实θ服从均匀分布的特点在式(2-3-11)中已经非常清楚，因为式(2-3-11)中r、θ的联合概率密度函数实际上与相位θ是无关的。

类似地，得到r的概率密度函数为

$$P_r(r) = \int_0^{2\pi} P(r,\theta)\,d\theta = \frac{r}{\sigma^2}e^{-\frac{r^2}{2\sigma^2}} \quad 0\leqslant r<\infty \qquad (2-3-13)$$

式(2-3-13)说明，对于多径到达信号无主导分量的情况，接收信号振幅r服从均方差为σ的瑞利分布。

瑞利分布的主要性质如下所述。

均值：

$$r_{mean} = \sigma\sqrt{\frac{\pi}{2}} \approx 1.2533\sigma$$

均方根(rms)值：

$$r_{rms} = \sqrt{2}\sigma$$

方差：

$$\overline{r^2} - (\overline{r})^2 = 2\sigma^2 - \frac{\pi}{2}\sigma^2 \approx 0.429\sigma^2$$

中值：

$$r_{median} = \sigma\sqrt{2\ln2} \approx 1.177\sigma$$

当有一个主导的多径分量存在时，比如存在一个LOS分量时，可以用类似于前面推导瑞利分布的方法来计算振幅的概率密度函数。这时振幅r和相位θ的联合概率密度函数为

$$P(r,\theta) = \frac{r}{2\pi\sigma^2}e^{-\frac{r^2+A^2-2rA\cos\theta}{2\sigma^2}} \qquad (2-3-14)$$

式中，A是主导多径分量的振幅。

由式(2-3-14)可以看出，与没有主导多径分量的瑞利分布不同，在有主导多径分量的情况下，振幅 r 和相位 θ 的联合概率密度是不可分离的，要得到振幅的概率密度，必须对相位进行积分，反之亦然。

进一步可以求得，存在一个 LOS 分量时振幅的概率密度符合莱斯分布：

$$P_r(r) = \frac{r}{\sigma^2} e^{-\frac{r^2+A^2}{2\sigma^2}} I_0\left(\frac{rA}{\sigma^2}\right) \quad 0 \leqslant r < \infty \tag{2-3-15}$$

式中，$I_0(x)$ 是 0 阶第一类修正贝塞尔函数。

4. 多径效应的多普勒频谱

前面分析了发射机与接收机之间存在相对运动时的多普勒效应。当接收机运动时，如果传播从不同的方向到达接收机，则它们产生的多普勒频移将是不同的。这就导致了接收信号频谱的扩展。多径传播的多普勒频谱直接影响接收信号的时域衰落波形，也是描述无线信道时变性的一个度量标准，这对所有无线系统都很重要。这里以发射单频正弦波来分析窄带接收信号的多普勒频谱。

当发射信号是频率为 f_c 的正弦连续波信号，且接收机处于运动状态时，参考式(2-3-2)，由于不同到达多径波具有不同的多普勒频移，因此以方位角度 γ 入射的多径波到达接收机时的瞬时频率为到达方位角的函数：

$$f(\gamma) = f_d + f_c = \frac{v}{\lambda}\cos\gamma + f_c = f_{d\max}\cos\gamma + f_c \tag{2-3-16}$$

如果有多个多径传播分量，则从接收机接收这些多径信号的角度来考虑，接收功率的概率密度函数为方位角 γ 的函数 $P_\gamma(\gamma)$，可以称 $P_\gamma(\gamma)$ 为入射波的概率密度函数。接收机对这些多径分量的接收处理相当于以接收天线的方向性对不同的多径分量进行加权。因此，以方向 γ 到达的多径传播分量需要乘以天线方向增益 $G(\gamma)$，这样接收功率谱 $S(\gamma)$ 就成为多径波到达方向角 γ 的函数。以 A 表示方向性天线的平均接收功率，则有

$$S(\gamma) = A[P_\gamma(\gamma)G(\gamma) + P_\gamma(-\gamma)G(-\gamma)] \tag{2-3-17}$$

为了求得接收多径波的功率谱，需要对式(2-3-17)进行坐标变换，将变量从方位角度 γ 变换到频率 f。为此，对式(2-3-16)求微分得到

$$\frac{df}{d\gamma} = -f_{d\max}\sin\gamma = -f_{d\max}\sqrt{1-\cos^2\gamma}$$

$$= -f_{d\max}\sqrt{1-\left(\frac{f-f_c}{f_{d\max}}\right)^2}$$

$$= -\sqrt{f_{d\max}^2 - (f-f_c)^2} \tag{2-3-18}$$

从而得到雅可比行列式为

$$J = \frac{d\gamma}{df} = \left(\frac{df}{d\gamma}\right)^{-1} = \frac{-1}{\sqrt{f_{d\max}^2 - (f-f_c)^2}} \tag{2-3-19}$$

因此变量变换后接收多径信号的多普勒频谱为

$$S(f) = S(\gamma)|J|$$

$$= \frac{A[P_\gamma(\gamma)G(\gamma) + P_\gamma(-\gamma)G(-\gamma)]}{\sqrt{f_{d\max}^2 - (f-f_c)^2}} \quad |f-f_c| \leqslant f_{d\max} \tag{2-3-20}$$

特定的多径波角度分布和天线方向增益给出特定的多普勒频谱计算公式。接收机处角

度频谱的一个广泛采用的模型是：多径波都处于水平平面内，并且均匀地从所有方向到达接收机，因此有

$$P_\gamma(\gamma) = \frac{1}{2\pi} \qquad\qquad (2-3-21)$$

这种情况对应于没有主导分量的多径传播，并且大量反射体均匀地分布在接收机周围。这时，如果天线是垂直放置的 1/4 波长单极子天线，则在水平面内有 $G(\gamma) = 1.5$，式 $(2-3-20)$ 的多普勒频谱表达式简化为

$$S(f) = \frac{1.5A}{\pi \sqrt{f_{d\,max}^2 - (f-f_c)^2}} \qquad (2-3-22)$$

式 $(2-3-22)$ 就是正弦射频信号受多普勒频移影响的经典频谱，称为 Jakes 频谱。频谱形状如图 $2-28$ 所示，这个频谱是一个典型的浴缸形状。该频谱在最小和最大多普勒频移 $\pm f_{d\,max}$ 处有奇点，奇点的出现是由于多径传播到达方向均匀分布的假设所致。在实际的无线通信环境中，散射物体是可数的，因而 γ 是离散分布的，并且 γ 是否为均匀到达视具体情况而定。

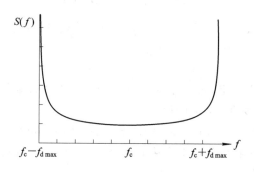

图 $2-28$　正弦连续波的多普勒频谱

不同的假设条件就得到不同的多普勒频谱模型，但 Jakes 模型是使用最广泛的经典模型。多普勒频谱的其他模型有 Aulin 谱、高斯谱和均匀谱等，这里不再具体介绍。

5. 电平通过率和平均衰落持续时间

电平通过率（LCR，Level Crossing Rate）和平均衰落持续时间（ADF，Average Duration of Fades）是衡量多径传播对无线通信系统影响的另外两个有用的参数。

前面已经解释过衰落率的概念，在无线通信课程中还使用电平通过率的概念。电平通过率 LCR 指的是在瑞利衰落情况下，接收信号包络归一化为本地信号 rms 电平 R_{rms} 后，接收信号电平沿正向每秒钟穿过某一指定门限值 R 的期望数目。这个参数描述了多径衰落使接收信号电平发生衰落深陷的频繁程度。显然，电平通过率取决于门限电平 R 的具体定义，并且与移动台的运动速度（或接收信号的多普勒扩展）相关。

设接收信号电平的时间函数为 $r(t)$，电平通过率 $N_R(r)$ 可以用式 $(2-3-23)$ 进行计算：

$$N_R(r) = \int_0^\infty \dot{r} P(r, \dot{r})\, \mathrm{d}\dot{r} = \sqrt{2\pi} f_{d\,max} \rho e^{-\rho^2} \qquad (2-3-23)$$

式中，$\dot{r}$ 是 $r(t)$ 的时间导数；$P(r, \dot{r})$ 是 r 和 $\dot{r}$ 的联合概率密度函数；$\rho = R/R_{rms}$，为特定电平 R 用衰落包络的本地 rms 幅度归一化后的值；$f_{d\,max}$ 为最大多普勒频移。

例 2-7　当移动台以 60 km/h 的速度随汽车朝向基站运动时，基站的发射频率为

900 MHz，求移动台接收信号包络均方值电平为 R_{rms} 的电平通过率。

解：已知发射信号载波频率 $f_c = 900$ MHz，移动台运动速度 $v = 60$ km/h ≈ 16.7 m/s。由题意指定门限电平 $R = R_{rms}$，因此 $\rho = R/R_{rms} = 1$，所以

$$f_{d\,max} = \frac{v}{c} f_c \approx \frac{16.7}{3 \times 10^8} \times 900 \times 10^6 \approx 50 \text{ Hz}$$

由式(2-3-23)得到电平通过率 $N_R = \sqrt{2\pi} \times 50 \times 1 \times e^{-1} \approx 46.3$ Hz。

平均衰落持续时间 ADF 定义为接收信号电平低于某一个特定电平 R 的平均时间段的值。对瑞利衰落信号，设接收信号电平 r 小于或等于指定电平 R 的概率为 $P_r(r \leqslant R)$，ADF 计算表达式为

$$\text{ADF} = \frac{P_r(r \leqslant R)}{N_r(r)} \tag{2-3-24}$$

对于无主导分量的传播情况，如果 $P(r)$ 是瑞利分布的概率密度函数，则接收信号电平 r 小于或等于指定电平 R 的概率由瑞利分布求得：

$$P_r(r \leqslant R) = \int_0^R P(r)\,dr = 1 - e^{-\rho^2} \tag{2-3-25}$$

此时，由式(2-3-23)～式(2-3-25)得到平均衰落持续时间为

$$\text{ADF} = \frac{e^{\rho^2} - 1}{\rho f_{d\,max}\sqrt{2\pi}} \tag{2-3-26}$$

由式(2-3-26)可以看出，平均衰落持续时间与最大多普勒频移成反比，说明平均衰落持续时间主要依赖于移动台运动的速度。

例 2-8　当移动台以 60 km/h 的速度随汽车朝向基站运动时，基站的发射频率为 900 MHz，假设移动台接收信号包络服从瑞利分布。求移动台接收信号包络低于中值电平的平均衰落持续时间 ADF。

解：已知发射信号载波频率 $f_c = 900$ MHz，移动台运动速度 $v = 60$ km/h ≈ 16.7 m/s，则

$$f_{d\,max} = \frac{v}{c} f_c \approx \frac{16.7}{3 \times 10^8} \times 900 \times 10^6 \approx 50 \text{ Hz}$$

由于题意指定电平为接收信号包络的中值，因此有

$$\rho = \frac{R}{R_{rms}} = \frac{1.177\sigma}{\sqrt{2}\sigma} \approx 0.832$$

由式(2-3-26)得到接收信号的平均衰落持续时间为

$$\text{ADF} = \frac{e^{0.832} - 1}{0.832 \times 50 \times \sqrt{2\pi}} \approx 9.5 \text{ ms}$$

2.3.2　多径信道的冲激响应模型

无线多径传播环境条件下，无线信道输入/输出之间满足叠加性，因而无线传播信道是线性的。当发射机、接收机与空间反射体之间相对静止时，无线传播信道是线性时不变的。然而，一般情况下，发射机、接收机与空间反射体之间总是处于相对运动状态，多径传播的不同路径就处于不断的变化中，从而使无线传播信道呈现时变的特性。换句话说，一般情况下无线传播信道是一种线性时变信道。

对于具有线性时变特性的无线信道，在短时间和短距离运动的情况下，相对运动的速度可以看作不变，可以用信道的冲激响应描述线性时变无线信道特性。

假设 v 为移动台的运动速度，在短时和短距情况下 v 是一个恒定值，以 $x(t)$ 表示发射的带通信号波形，$x(t)$ 就是无线信道的输入信号，以 $y(t)$ 表示无线信道输出端的接收信号波形，$h(t, \tau)$ 表示时变多径信道的冲激响应，其中变量 t 代表运动过程的时间变量，τ 代表在某一特定 t 值下信道的多径时延。接收信号 $y(t)$ 可以表示为发射信号 $x(t)$ 与信道冲激响应的卷积：

$$y(t) = \int_{-\infty}^{\infty} h(t, \tau) x(t - \tau) \, \mathrm{d}\tau = h(t, \tau) * x(t) \qquad (2-3-27)$$

无线信道一般是一个带宽受限的带通信道，这种信道的传输特性可以用一个等效的复数基带冲激响应来建模。

事实上，无线通信系统中的大多数信号处理都是在基带部分完成的，如编解码、调制解调等。从系统分析与设计的角度讲，建立系统的基带等效模型是很有意义的。

如果用 $h_\mathrm{b}(t, \tau)$ 表示无线信道的等效复数基带冲激响应，则 $h_\mathrm{b}(t, \tau)$ 对应的输入和输出是发送和接收信号的复包络（关于复包络的内容请参见附录 A）。如果分别以 $c(t)$、$r(t)$ 表示 $x(t)$ 和 $y(t)$ 的复包络，则接收信号 $y(t)$ 的复包络为

$$r(t) = c(t) * \frac{1}{2} h_\mathrm{b}(t, \tau) \qquad (2-3-28)$$

式（2-3-28）中的 1/2 是考虑复包络的性质加入的，目的是使基带复包络信号与实信号有相同的归一化能量。式（2-3-28）的证明见附录 B。

将冲激响应的时延按等间隔离散化为时延段 τ_i，$i = 0 \sim N-1$，N 表示可能的等间隔多径分量的最大数目，τ_i 为第 i 个多径分量的附加时延，它是第 i 次到达的多径分量相与 LOS 路径时延的时延差，相邻附加时延段之间的时延宽度均等于 $\Delta\tau = \tau_{i+1} - \tau_i$，对应的最大附加时延为 $\tau_{\max} = N\Delta\tau$。

要注意的是，多径时延等间隔离散化后，一个时延宽度 $\Delta\tau$ 内可能没有多径分量，也可能出现多个分量。只是当出现多个多径分量时，这些多径分量的附加时延相差很小，以致在 $\Delta\tau$ 时间段内不可分解，最终它们在接收机中相互干涉、矢量合成，产生一个单一幅度和相位的合成信号。

以 $a_i(t, \tau)$ 和 $\tau_i(t)$ 分别表示 t 时刻第 i 个多径分量的幅度和附加时延，如果对应某时刻 t 的附加时延 $\tau_i(t)$ 没有多径分量，则 $a_i(t, \tau) = 0$。这时，多径信道的复数基带冲激响应就可以表示为

$$h_\mathrm{b}(t, \tau) = \sum_{i=0}^{N-1} a_i(t, \tau) \exp\left[\mathrm{j}(2\pi f_\mathrm{c}\tau_i(t) + \varphi_i(t, \tau))\right]\delta\left[\tau - \tau_i(t)\right] \qquad (2-3-29)$$

式中，$\varphi_i(t, \tau)$ 表示第 i 个多径分量在信道中传播的附加相移；$\delta(\cdot)$ 为单位冲激函数。

图 2-29 示出了对复数基带冲激响应模型 $h_\mathrm{b}(t, \tau)$ 的一种直观解释。图中，t 轴为观测时间轴，t_i 为第 i 个观测时间。一个观测时间对应一次基带冲激脉冲的发射，也就是执行一次对多径传播信道的测量。如前所述，对应每一个观测时间 t_i，可能存在多个不同时延的多径分量，只是这些多径分量在同一附加时延段内到达，它们之间不可分解，所以就将它们看作一个多径分量。图 2-29 中，τ 轴为附加时延轴，τ_j 为对应观测时间 t_i 的第 j 个附加时延段。因此，对应每一个时间坐标点 (t_i, τ_j)，就有一个分量 $a_{ij}(t_i, \tau_j)$，有些附加时延段

上没有多径分量到达，在这样的附加时延段上就有 $a_{ij}(t_i, \tau_j) = 0$。

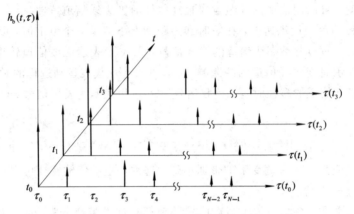

图 2 - 29　无线信道时变离散冲激响应模型图解

复数基带冲激响应 $h_b(t, \tau)$ 就是上述 N 个多径分量 $a_{ij}(t_i, \tau_j)$ 之和。

式(2 - 3 - 29)给出的线性时变多径信道冲激响应是一个非常有用的表达式，该表达式给出了发射机、接收机、空间反射体之间处于相对运动状态时，各种因素对多径信道传播特性的影响，并最终简化为基带信道的输入/输出关系。

如果发射机、接收机、空间反射体之间处于相对静止的特殊状态，则 $a_i(t, \tau)$ 和 $\tau_i(t)$ 都是与时间 t 无关的，这时线性时变多径信道简化为线性时不变多径信道，于是得到一般线性时不变多径信道的冲激响应模型为

$$h_b(\tau) = \sum_{i=0}^{N-1} a_i \exp(j\theta_i) \delta(\tau - \tau_i) \tag{2 - 3 - 30}$$

根据式(2 - 3 - 29)和式(2 - 3 - 30)，我们可以用发射机发射一个近似等于单位冲激函数的测试脉冲 $p(t)$，在接收端接收并处理经多径传播后的信号，求出不同时延段的信号电平，从而获得无线信道的复数基带冲激响应，这个冲激响应就代表了时变无线信道的宽带特性。这就是无线信道测量问题，下面将对这个问题进行具体介绍。

2.3.3　无线多径信道特性测量

1. 信道测量的必要性

无线信道统计模型的建立要通过大量的测量活动获取信道参数值，因此无线信道属性测量就成为无线通信技术研究的一项基本任务。

图 2 - 30 给出了无线信道建模的一般过程，测量工作在实际的无线传播环境中进行，测量结果放入数据库，根据对信道特性的实际假设，使用这些测量数据建立实验模型。这些测量数据也可以直接用来建模或通过环境仿真进行适当修正。

由于无线传播环境复杂多变，因此信道测量工作也是非常复杂的。为了建立与实际环境相符合的

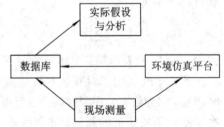

图 2 - 30　无线信道建模的一般过程

无线信道传播统计模型，一般需要对实际的无线传播环境进行现场测量，然后对实际测量

数据进行适当的处理，在此基础上建立传播模型。使用这种建模方法得到的传播模型，其优点是考虑了影响无线信道传播的各种因素，反映了无线信道的实际情况；不足之处在于所建立的统计模型只适用于针对性的区域，模型不具有一般性。

信道测量分窄带测量和宽带测量两种。窄带信道测量使用单频连续波发射信号，测量数据主要用于建立无线传播的大尺度损耗模型。宽带信道测量可以获得无线信道的宽带特性（冲激响应特性），用于建立无线传播信道的小尺度统计模型。由于无线通信系统正在向着高速率、大带宽的方向发展，因此无线信道的宽带特性测量更具有实际意义。

2. 小尺度多径测量原理

如图 2‑31 所示，无线信道测量系统主要由发射机、接收机和同步定时等部分构成。发射机产生近似于单位冲激函数的信道测量脉冲信号，该信号发射出去并经无线信道传播后，由接收机检测、存储并进行处理，获得无线信道的冲激响应特性。一个发射脉冲获得一次对应时刻的信道特性，发射一个脉冲串并接收处理后，就可以获得无线信道的时变冲激响应特性。

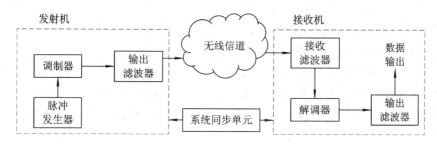

图 2‑31 无线信道的测量原理

一次测量需要以固定周期 T_{rep} 发射 N 个脉冲。在发射机端，脉冲产生器以周期 T_{rep} 产生脉宽 T_{bb} 很窄的脉冲串 $s(t)$，在脉冲持续期 T_{bb} 内可以认为信道特性是没有变化的。同时，脉冲重复周期 T_{rep} 远大于多径信道的最大附加时延扩展 τ_{max}。

$$s(t) = \sum_{i=1}^{N-1} p(t - iT_{rep}) = \sum_{i=1}^{N-1} p(t - \tau_i) \qquad (2-3-31)$$

式中：

$$p(t) = \begin{cases} 2\sqrt{\dfrac{\tau_{max}}{T_{bb}}} & 0 \leqslant t \leqslant T_{bb} \\ 0 & t = 其他值 \end{cases} \qquad (2-3-32)$$

是一个尽可能接近于单位冲激函数（获拉克函数）的基本脉冲。这样的一个宽带脉冲在无线信道输出端将产生一个与复基带冲激响应 $h_b(t, \tau)$ 相近似的输出。

在调制器中，脉冲串 $s(t)$ 与本振信号相乘实现载波调制，调制器输出经滤波后形成发射信号 $x(t)$，$x(t)$ 由天线送入无线信道。如果忽略发射机输出滤波器的影响，则发射信号为

$$x(t) = \text{Re}[s(t)\exp(2\pi f_c t)] = \text{Re}[p(t - \tau_i)\exp(2\pi f_c t - \tau_i)] \qquad (2-3-33)$$

对于这样的输入信号，低通信道输出的接收信号复包络 $r(t)$ 为 $p(t)$ 和 $h_b(t, \tau)$ 的卷积，即

$$r(t) = \frac{1}{2}\sum_{i=0}^{N-1} a_i[\exp(j\theta_i)]s(t) = \frac{1}{2}\sum_{i=0}^{N-1} a_i[\exp(j\theta_i)]p(t - \tau_i) \qquad (2-3-34)$$

对于某一给定时刻 t_0，$|r(t_0)|^2$ 称为无线信道的瞬时功率时延谱 $|h_b(t, \tau)|^2$，其值由下式

给出：

$$|r(t_0)|^2 = \frac{1}{\tau_{\max}} \int_0^{\tau_{\max}} r(t) * r^*(t)\, dt$$

$$= \frac{1}{4\tau_{\max}} \int_0^{\tau_{\max}} \mathrm{Re}\left\{ \sum_{j=0}^{N-1}\sum_{i=0}^{N-1} a_j(t_0)a_i(t_0)p(t-\tau_j)p(t-\tau_i)\exp[j(\theta_j-\theta_i)] \right\} dt$$

在上式中，由于所有多径分量均产生于测试脉冲 $p(t-\tau_i)$，因此对于所有 $j\neq i$，都有 $|\tau_j-\tau_i|\geqslant T_{bb}$，使得 $p(t-\tau_j)p(t-\tau_i)=0$，从而得到

$$|r(t_0)|^2 = \frac{1}{\tau_{\max}} \int_0^{\tau_{\max}} \frac{1}{4}\left[\sum_{k=0}^{N-1} a_k^2(t_0)p^2(t-\tau_k)\right] dt$$

$$= \frac{1}{4\tau_{\max}} \sum_{k=0}^{N-1} a_k^2(t_0) \int_0^{\tau_{\max}} p^2(t-\tau_k)\, dt$$

$$= \frac{1}{\tau_{\max}} \sum_{k=0}^{N-1} a_k^2(t_0) \int_0^{T_{bb}} \left(\sqrt{\frac{\tau_{\max}}{T_{bb}}}\right)^2 dt$$

$$= \sum_{k=0}^{N-1} a_k^2(t_0) \tag{2-3-35}$$

这个结果说明总的接收功率仅仅与多径分量各自的功率总和有关。

从上面的分析可以看出，对于一个无线时变信道，需要发射一个脉冲串对其进行测量，其中发射的每一个基本脉冲只能给出一个特定时刻的测量结果。一个特定时刻的测量结果并不能反映信道的时变特性，综合处理全部发射脉冲的测量结果才能得到无线信道的时变特性。

显然，如果上述发射测量脉冲的重复频率太低，则测量数据就不能全面反映信道时变特性。如果发射测量脉冲的重复频率太高，则会发生前一个发射脉冲的多径信号还没有接收完，后一个发射脉冲的多径信号就已经到达接收机。因而两个发射脉冲之间的多径信号将会因时延而发生重叠，或者因数据量增大而增大处理难度。这样就存在如何选择发射脉冲重复频率的问题，也就是如何选择测量周期的问题。

从另一个方面来说，对无线信道进行测量的过程，实际上就是对无线信道进行数据采样的过程，每发射一个基本测量脉冲，就相当于对信道进行一次采样。因此，可以根据奈奎斯特定理来确定无线信道的测量周期。

无线信道的时变特性产生于无线通信收发信机以及空间反射体三者之间相对运动所产生的多普勒频移。因此，信道数据采样的频率 f_{rep} 必须大于最大多普勒频移 $f_{d\max}$ 的 2 倍。由此可以得到测量发射脉冲的重复周期 T_{rep} 应该满足的条件：

$$T_{rep} \leqslant \frac{1}{2f_{d\max}} = \frac{c}{2f_c v_{\max}} \tag{2-3-36}$$

式中，c 为电磁波在自由空间的传播速率；f_c 为测量系统发射脉冲的载波频率；$v_{\max}$ 为被测无线传播环境中接收机相对电磁波来波方向运动的最大速率。

对于快速时变的无线信道，一方面要求满足式(2-3-36)，以足够快的采样频率测量信道特性；另一方面，为了防止相继发射的测量脉冲因附加时延在接收端发生重叠（关于附加时延的内容参见 2.3.4 节），还要求测量重复周期大于多径传播的最大附加时延 $\tau_{\max}$。一般这两个方面的要求是矛盾的，这时可以使用另一个限制条件：

$$2\tau_{\max} f_{d\max} \leqslant 1 \tag{2-3-37}$$

这个条件被称为二维奈奎斯特准则,满足这个要求的无线多径信道称为欠扩展信道。

实际上几乎所有的无线信道都是欠扩展的,这意味着大多数无线信道都是慢时变的,从而可以将 $h_b(t,\tau)$ 理解为给定时刻 t 的冲激响应 $h_b(\tau)$。

无线信道特性测量分为时域测量和频域测量。时域测量就是直接测量无线时变信道的冲激响应。具体测量方法包括直接 RF 脉冲系统测量和扩频相关器测量。频域测量就是直接估计无线信道的传输函数。这里只对这些方法作简单介绍。

3. 直接脉冲测量

这种测量使用的系统类似于一个双基地宽带脉冲雷达,发射机发射以窄脉冲 $p(t)$ 为基本脉冲的脉冲串,基本脉冲 $p(t)$ 的宽度越窄,测量的空间分辨率就越好。接收机使用一个带通滤波器接收信号,滤波后的信号经包络检波送给显示器或保存起来。这种方法可以提供本地功率延迟分布特性,系统比较简单,可以使用现有的商用设备;缺点是系统比较容易受干扰。实际上,由于这种测量直接将接收信号当作信道的冲激响应,因此任何干扰信号都被当作冲激响应的一部分进行处理,没有对干扰和有用信号进行区分。另外,这种系统的测量效果依赖于第一个到达的多径信号,如果第一个到达脉冲受到了衰落或被阻塞,则后面的到达脉冲将不能正确测量。

4. 扩频相关信道测量

直接脉冲测量系统的输出并不单独取决于发送脉冲波形,测量输出结果可能还包括干扰。扩频信道测量系统可以有效地消除直接脉冲测量系统中可能存在的干扰,其原理与直接扩频序列 CDMA 通信系统的原理一样。

在扩频测量系统中,用一个伪随机噪声序列 PN 同载频信号混频,从而将发射信号频谱展宽。接收机收到扩频信号后,采用与发射端相同的 PN 序列对扩频信号解扩。系统设计使发射机一端的码片时钟快于接收机时钟,当码片时钟快的 PN 序列与慢的 PN 码片相对齐时,给出最大的相关值输出。当接收到不相关的 PN 序列或其他干扰信号时,接收信号与 PN 序列混合,将使接收信号的干扰带宽扩展到 PN 序列的带宽,经滤波器滤波后基本没有输出,从而有效地消除了干扰。相关接收处理过的信号经包络检波后送给显示器或将数据存储起来。

5. 无线信道频域测量

从频域进行测量就是通过测量估计无线信道的传输函数。频域测量可以使用线性调频信号,发射信号频率随时间呈线性变化,变化范围覆盖整个待测频率范围。发射信号扫过各个不同频率时,在不同时刻对不同的频率进行测量,最后得到无线信道在整个频带上的频率特性。

2.3.4　无线多径信道特性参数

为了便于分析不同的无线传播信道,总结出一些比较通用的无线系统设计原则,于是定义了一些多径信道特性参数。这些参数都是从多径传播功率时延谱出发定义的。功率时延谱是一个基于固定时延参考量的附加时延的函数,通常以相对接收功率的时延分布关系图表示。根据式(2-3-32)和式(2-3-35),功率时延谱可以使用 2.3.3 节讨论的技术通过测量得到。图 2-32 是通过测量得到的 900 MHz 蜂窝系统室外功率时延谱。

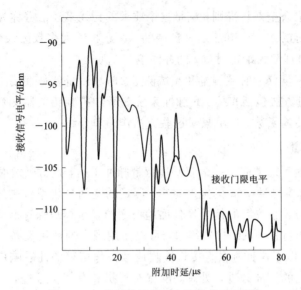

图 2-32   多径传播典型室外功率时延谱

1. 时间色散特性参数

对于无线多径传播信道来说，不同的多径信号具有不同的传播时延。一个多径分量同
LOS 路径分量之间的时延差称为附加时延。设第一个到达多径分量的附加时延为 τ_0（注意，
一般情况下，附加时延 τ_0 是具有最短传播路径的多径分量的时延，但不一定是 LOS 路径
的时延，因为在无线通信环境中 LOS 路径分量常常是不存在的），定义最大附加时延为到
达多径信号的电平从最大值衰落到指定值（一般是最小可检测多径信号电平）处的附加时延
τ_x，则最大附加时延与第一个到达多径分量时延之差称为多径时延扩展 T_d，因此有

$$T_d = \tau_x - \tau_0 \qquad (2-3-38)$$

无线信道的多径时延扩展是造成符号间干扰（ISI）的原因。对宽带无线传播的符号间
干扰，可以有一个比较直观的解释：假设无线通信发射机发射符号的时间宽度为 T_s，由于
存在多径传播，因此不同多径分量到达接收机的时间不同，这使得一个发送符号在接收端
有较长的持续接收时间（可以认为持续接收时间等于多径时延扩展 T_d），一个符号在接收
端持续的时间可能大于符号发送周期（基带信号的符号周期），也就是在时间上散开了。多
径时延扩展使得相邻的发送符号在接收端发生时间上的重叠，因而产生符号间干扰，这种
符号间干扰会造成接收机解调时的判决错误，从而直接影响通信系统的误码率。

除了多径时延扩展 T_d 外，多径信道的时间色散参数还包括平均附加时延 $\bar{\tau}$ 和 rms 时
延扩展 σ_τ，这些参数都可以从测量的功率时延谱得到。

如果 $P(\tau)$ 是归一化时延谱曲线函数，则平均附加时延 τ_m 定义为功率时延谱 $P(\tau)$ 的一
阶矩，即

$$\tau_m = \int_0^\infty \tau P(\tau)\,d\tau \qquad (2-3-39(a))$$

或者

$$\tau_m = \frac{\sum_k a_k^2 \tau_k}{\sum_k a_k^2} = \frac{\sum_k P(\tau_k)\tau_k}{\sum_k P(\tau_k)} \quad k=0,\cdots,N-1 \qquad (2-3-39(b))$$

rms 时延扩展定义为功率时延谱的二阶矩的平方根：

$$\sigma_\tau = \sqrt{\overline{\tau^2} - \tau_{\mathrm{m}}^2} \qquad (2-3-40)$$

式中：

$$\overline{\tau^2} = \int_0^\infty \tau^2 P(\tau)\, \mathrm{d}\tau \qquad (2-3-41(\mathrm{a}))$$

或者

$$\overline{\tau^2} = \frac{\sum\limits_k a_k^2 \tau_k^2}{\sum\limits_k a_k^2} = \frac{\sum\limits_k P(\tau_k)\tau_k^2}{\sum\limits_k P(\tau_k)} \quad k = 0, \cdots, N-1 \qquad (2-3-41(\mathrm{b}))$$

图 2-33 示出了平均附加时延、rms 时延扩展、最大附加时延和时延扩展之间的关系。

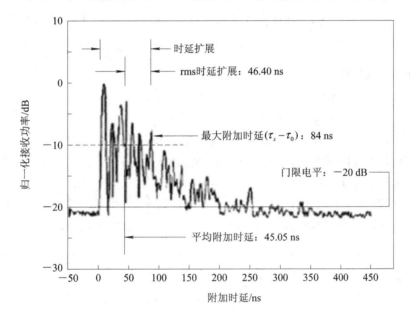

图 2-33　平均附加时延、rms 时延扩展、最大附加时延和时延扩展之间的关系

不同传播环境的时间色散参数只能由实测得到。在城市市区环境下，平均附加时延为 $1.5\sim2.5~\mu\mathrm{s}$，rms 时延扩展为 $1\sim3~\mu\mathrm{s}$，最大附加时延为 $5\sim12~\mu\mathrm{s}$，平均时延扩展为 $1.3~\mu\mathrm{s}$。这些参数在城市郊区或农村要小得多。

在无线通信系统中，可以采用均衡技术或分集技术克服时延扩展造成的符号间干扰。

2. 相干带宽

上面讨论的时延扩展是宽带无线传播的主要特性。宽带无线信道的时延扩展特性既是多径传播带来符号间干扰（ISI）的原因，也是宽带信道存在频率选择性衰落的原因。换句话说，多径传播使宽带无线信道对传输信号的不同频率成分有不同的衰落特性，即存在频率选择性衰落。

宽带无线传播的频率选择性衰落可以借助于双线传播模型进行解释。分析宽带无线系统时，一个常用的传播模型是瑞利双线等效网络模型，称为独立双射线瑞利衰落信道模型，如图 2-34 所示。一个发射信号经过两条相互独立的路径传播，两路信号在接收端线性叠加输出。图中，$\Delta\tau$ 为两条射线间的传播时延差；a_1 和 a_2 相互独立且服从瑞利分布；φ_1

和 φ_2 相互独立且在 $[0, 2\pi]$ 上服从均匀分布。注意，这里采用了带通信号的等效复包络表示，这方面的内容可以参考本书的附录。

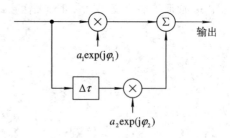

为了便于解释频率选择性衰落，这里假定发射机、接收机和空间反射物体处于相对静止状态，这时无线信道是线性时不变的。

在这种假设下，宽带无线信道的冲激响应可以表示为

图 2-34　独立双射线瑞利衰落信道模型

$$h_b(t) = a_1 e^{j\varphi_1} \delta(t) + a_2 e^{j\varphi_2} \delta(t-\tau) \qquad (2-3-42)$$

具有平坦衰落特性的窄带信道对应式(2-3-42)中 $a_2=0$ 的情况。

从式(2-3-42)冲激响应的傅里叶变换可以得到图 2-34 中等效网络的传输函数：

$$H(f) = \int_{-\infty}^{+\infty} h_b(t) e^{-j2\pi ft} \, dt = a_1 e^{j\varphi_1} + a_2 e^{j\varphi_2} e^{-j2\pi f\Delta\tau} \qquad (2-3-43)$$

该传输函数的幅度，即多径信道的幅频响应为

$$|H(f)| = \sqrt{a_1^2 + a_2^2 + 2a_1 a_2 \cos(2\pi f\Delta\tau - \Delta\varphi)} \qquad (2-3-44)$$

式中，$\Delta\varphi = \varphi_2 - \varphi_1$，是两路信号的相位差。

由式(2-3-44)可以看出，传输函数的幅度依赖于信号频率，幅度在 $[a_1-a_2, a_1+a_2]$ 上随频率变化。所以信道的传输函数是频率选择性的，这种信道就是频率选择性衰落信道。特别是在两路信号的幅度 a_1 和 a_2 接近相等时，在使 $2\pi f\Delta\tau - \Delta\varphi = (2n+1)\pi$（其中 n 是整数）的信号频率处会出现衰落深陷点，如图 2-35 所示（为明了起见，图中假设 $\Delta\varphi=0$）。两个相邻衰落深陷点的频率差为

$$\Delta f = \frac{1}{\Delta\tau} \qquad (2-3-45)$$

这个频率差称为无线多径信道的相关带宽。

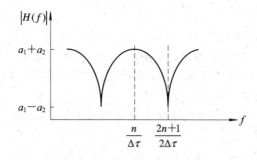

图 2-35　双射线瑞利衰落信道幅频响应

对于有频率选择性衰落深陷的信道，接收信号在包络形状和持续时间两个方面均与发射信号不同，换句话说，接收信号会同时出现幅度失真和相位失真。

实际上，多径传播环境中存在许多具有不同时延的多径分量，所以一般情况下式(2-3-45)中应该用多径时延扩展 T_d 替代时延 $\Delta\tau$。同时，如果用 B_c 表示相关带宽，则相干带宽与多径时延扩展的关系由下面的公式给出：

$$B_c = \frac{1}{T_d} \qquad (2-3-46)$$

这样，由式(2-3-46)和图2-35可以得到：当无线传播信号带宽远小于相关带宽，即小于$1/T_d$时，多径传播将不会使接收信号产生频率选择性衰落，这时称无线信道为平坦衰落(Flat Fading)信道或非频率选择性信道。如果无线传播信号带宽大于$1/T_d$，则多径传播会使接收信号产生频率选择性衰落，这时称无线信道为频率选择性(Frequency Selective)衰落信道。

应当注意，无线信道的平坦衰落或频率选择性衰落特性并不是无线信道本身的属性，而是信号带宽与无线信道多径时延扩展之间关系的属性。

频率选择性衰落指信道对传输信号的不同频率分量有不同的响应。非频率选择性衰落或平坦衰落指的是信道对信号的衰落与频率无关。存在频率选择性衰落的情况下，由于信号中的不同频率分量衰落不一致，因而会引起传输信号波形的严重失真。信号经平坦衰落信道传输后，虽然信号幅度可能发生较大范围的变化，但信号中各种频率分量发生的衰落相同，即无线信道输出信号与输入信号的频谱相同，因而衰落信号的波形不会失真。

在无线通信系统中，用以克服频率选择性衰落的技术有频率分集、扩频调制以及适当的交织和卷积编码(实际上这种处理等效于时间分集)等信号处理技术。采用这些技术可以有效地改善无线传输的可靠性，减小数据传输的误码率。这些内容将在后续章节进行介绍。

在无线通信工程领域，有时相干带宽也根据频率相关函数进行定义。

将相干带宽定义为频率相关函数大于0.9的频率间隔时，相干带宽为

$$B_c \approx \frac{1}{50\sigma_\tau} \tag{2-3-47}$$

将相干带宽定义为频率相关函数大于0.5的频率间隔时，相干带宽为

$$B_c \approx \frac{1}{5\sigma_\tau} \tag{2-3-48}$$

式中，σ_τ为rms时延扩展。

3. 多普勒扩展和相干时间

我们已经知道，无线多径传播信道是时变的，这种时变特性是由移动台与基站之间或空间反射体之间的相对运动引起的。多普勒扩展和相干时间就是用来描述无线信道的小尺度时变特性的两个参数。前面已经从物理概念上给出了多普勒扩展与相干时间的关系。这里再从工程应用的角度进一步说明。

相干时间T_c用来划分时间非选择性衰落信道和时间选择性衰落信道，也叫慢衰落信道和快衰落信道的量化参数。若发射信号的符号周期大于相干时间，那么认为接收信号经历的是快衰落；若发射信号的符号周期小于相干时间，那么认为接收信号经历的是慢衰落。

工程上相干时间有以下几种定义方法。

一种是将相干时间T_c定义为多普勒扩展在时域的表示，用于在时域描述信道频率色散的时变特性，与此对应的相干时间为最大多普勒频移$f_{d\,max}$的倒数，如式(2-3-4)给出的那样。

另一种是将相干时间定义为信道冲激响应维持不变的时间间隔的统计平均值。也就是说，在这个时间间隔内的两个到达信号的幅度衰落特性相同，这时信号经历的衰落为平坦

衰落。如果两个到达信号的时间间隔大于相干时间，则其幅度衰落特性的相关性很小，这时信号经历的衰落就是非平坦衰落。如果这个定义给出的相干时间为时间相关函数大于0.5 的时间段长度，这时相关时间近似为

$$T_c \approx \frac{9}{16\pi f_{d\,max}} \qquad\qquad (2-3-49)$$

然而，根据以上两种定义得到的相干时间 T_c 差别很大。为此，现代数字通信工程中普遍使用的相干时间的定义是取以上两种定义的几何平均，即

$$T_c = \frac{0.423}{f_{d\,max}} \qquad\qquad (2-3-50)$$

2.3.5　小尺度衰落信道类型

经过无线信道传播时，信号所经历的小尺度衰落类型取决于信号参数和信道参数之间的关系。我们可以按照信号传输所经历的衰落类型来对无线传播信道进行分类。这样，根据无线信道的相关带宽、相关时间和发送信号的调制带宽、发送信号的符号持续时间（即基带信号的符号周期）的相对关系，可以将小尺度衰落信道分为平坦衰落、频率选择性衰落、快衰落和慢衰落四种类型。其中，前两种取决于信号参数与信道时延扩展参数的关系，后两种取决于信号参数与信道多普勒扩展参数的关系。

1. 平坦衰落信道

如果发送信号的射频带宽（调制带宽）B_s 远小于无线信道相干带宽 B_c，或者发送信号的符号周期 T_s 远大于无线信道的 rms 时延扩展 σ_τ，即信道参数和发送信号参数满足如下关系：

$$\begin{cases} B_s \ll B_c \\ T_s \gg \sigma_\tau \end{cases} \qquad\qquad (2-3-51)$$

则此时的无线传播信道就是平坦衰落信道，即非色散信道或幅度变化信道。通常，如果 $T_s \geqslant 10\sigma_\tau$，则该无线传播信道是平坦衰落的。

显然，平坦衰落信道在发送信号的带宽内具有恒定的幅度增益和线性相位响应特性。因此，信号经平坦衰落信道传播后其频谱特性保持不变。在接收端，只有接收信号幅度随信道的增益起伏而变化，接收端信号幅度的概率分布一般服从瑞利分布。信号经平坦衰落信道传播后的幅度变化会引起信号的深度衰落，衰落深度有时会超过 30 dB。

2. 频率选择性衰落信道

当发送信号调制带宽大于无线信道的相干带宽，或者发送信号的符号持续时间小于无线信道的 rms 时延扩展，即信道参数和发送信号参数满足如下关系时：

$$\begin{cases} B_s > B_c \\ T_s < \sigma_\tau \end{cases} \qquad\qquad (2-3-52)$$

这时的无线传播信道就表现为频率选择性衰落信道。

信号经过频率选择性信道传播后，由于信道的频率选择性，信号的不同频率成分将获得不同的增益，信号相位也发生变化，从而使发送信号产生频率选择性衰落，导致接收端信号发生失真。

3. 快衰落信道

当无线信道的相干时间 T_c 小于发送基带信号的符号周期 T_s 时，信道的冲激响应在符号的持续时间内变化很快，这时的无线信道呈现出快衰落特性，称为快衰落信道。在快衰落信道中，接收端信号将由于多普勒扩展引起的频率色散(也叫时间选择性衰落)使接收信号失真，并且多普勒扩展越大，接收信号失真越严重。快衰落信道满足下列条件：

$$\begin{cases} T_s > T_c \\ B_s < B_d \end{cases} \tag{2-3-53}$$

式中，B_d 为多普勒扩展。

4. 慢衰落信道

无线信道呈现快衰落特性还是慢衰落特性，取决于移动台、基站、空间反射体之间的相对运动的速度，以及基带信号发送的速率。当移动台、基站、空间反射体之间的相对运动速度小时，信道的多普勒扩展就小。当信道的多普勒扩展远小于射频信号带宽时(这对应于基带信号的符号周期远小于信道的相干时间)，信道就呈现慢衰落特性，称为慢衰落信道。因此，慢衰落信道满足以下条件：

$$\begin{cases} T_s \ll T_c \\ B_s \gg B_d \end{cases} \tag{2-3-54}$$

需要注意的是，对于一个快衰落信道或慢衰落信道，它同时又可能是频率选择性衰落信道或平衰落信道。当慢衰落信道的相干带宽小于发送信号带宽时，慢衰落信道会同时呈现出频率选择性衰落，这时的信道称为频率选择性慢衰落信道；反之，当慢衰落信道的相干带宽远大于发送信号带宽时，信道称为平坦慢衰落信道。同样，如果快衰落信道的相干带宽小于发送信号带宽，则此时的信道称为频率选择性快衰落信道，反之称为平坦快衰落信道。

2.3.6　阴影衰落和衰落储备

电波传播路径上存在像独立山丘、独立的高大建筑物等大型障碍物遮挡时，就会产生电磁波的阴影。移动中的无线通信接收机一旦进入这些阴影，由于绕射损耗很大，接收天线处的信号场强中值就会下降很多，从而引起接收信号深度衰落，这种衰落称为阴影衰落。

阴影衰落不同于前面介绍的小尺度多径衰落。小尺度多径衰落是因不同多径分量在接收机中干涉产生的，结果使得接收信号在几个波长的小尺度范围内快速起伏。阴影衰落是一种在一个大的空间尺度内平均信号电平起伏的现象，因而称为大尺度衰落。阴影衰落引起的接收信号电平起伏相对缓慢，并且阴影衰落与地形地物的分布及大小有关，因而也称为慢衰落。

由于存在阴影衰落，并且不同位置周围的地物环境差别非常大，因而与发射机相同距离处的接收信号强度会有很大差别。实验研究表明，对任意的发射机与接收机距离 d，阴影衰落引起的路径损耗 $\mathrm{PL}(d)$ 为对数正态分布：

$$\mathrm{PL}(d)[\mathrm{dB}] = \overline{\mathrm{PL}(d_0)}[\mathrm{dB}] + 10n \lg \frac{d}{d_0} + X_\sigma[\mathrm{dB}] \tag{2-3-55}$$

式中，$\overline{PL}(d_0)$ 为近地参考距离 d_0 处的大尺度路径损耗；n 为路径损耗指数；X_σ 是零均值的高斯分布随机变量，单位为 dB。对数正态分布概率密度函数由式(2-3-56)给出：

$$P_x(x) = \frac{1}{\sqrt{2\pi}\sigma x} e^{-\frac{\ln x - \mu}{2\sigma^2}} \qquad (2-3-56)$$

其中，μ 是平均接收信号强度，单位为 dB；σ 是标准偏差，单位为 dB。

这样，在发射机距离 d 处的接收功率电平为

$$P_r(d)[\text{dBm}] = P_t[\text{dBm}] - PL(d)[\text{dB}] \qquad (2-3-57)$$

在无线通信系统的设计和分析过程中，式(2-3-55)～式(2-3-57)给出的模型可用于对任意位置处的路径损耗和接收功率进行计算机仿真。

实际情况中大尺度衰落和小尺度衰落都会发生。衰落产生的问题是：在给定距离的位置上可能因信号强度不够而无法正常通信。在设计无线通信系统时，为了获得足够的无线信号覆盖范围，通常使用的技术是给路径损耗或接收信号强度增加一个衰落储备，即增加一些额外的信号功率，以保证无线覆盖的边缘地带有足够的接收信号强度。这种额外增加的发射功率称为衰落储备。

在确定衰落储备时，一种方法是将瑞利分布的衰落储备与对数正态分布的衰落储备简单相加。这种方法的优点是简单；缺点是给出的衰落储备往往过大，过于保守。

从实际情况考虑，由于无线传播环境中的地形地物差别非常大，因此它们引起的大尺度衰落差别也非常大。在城市传播环境下，高大建筑周围一般还存在其他建筑物，虽然高大建筑会遮挡按 LOS 路径传播的电磁波，但周围的建筑也会反射或散射一部分电磁波到其阴影区域，因此这种高大建筑阴影中的信号电平可能不会很低，可以不考虑衰落储备。对孤立高大建筑物或孤立山丘的传播环境，其阴影区域的信号只能来自绕射，信号电平将非常弱。这种情况下，依靠衰落储备解决阴影覆盖问题往往是不现实的，很难获得可以正常通信的信号电平。对于这样的阴影区，工程上采用的解决办法一般是增设直放站或小型基站，为阴影区提供专门的无线覆盖。

工程实施中需要用衰落储备解决快衰落对无线通信的影响时，衰落储备的具体数值根据实际的传播环境确定，其典型值为 8～10 dB。

习　题

2-1　电磁波的传播方式有哪些？各有什么特点？

2-2　设电场与磁场强度的瞬时值为

$$\boldsymbol{E} = \boldsymbol{E}_0 \cos(\omega t + \varphi_e), \quad \boldsymbol{H} = \boldsymbol{H}_0 \cos(\omega t + \varphi_m)$$

试证明其坡印廷矢量平均值为

$$\boldsymbol{S}_{av} = \frac{1}{2}\boldsymbol{E}_0 \times \boldsymbol{H}_0 \cos(\varphi_e - \varphi_m)$$

其中，$\boldsymbol{E}_0 = \boldsymbol{E}_0(\boldsymbol{r})$，$\boldsymbol{H}_0 = \boldsymbol{H}_0(\boldsymbol{r})$。

2-3　借助图 2-4，证明式(2-1-2)。

2-4　判断下列电磁波的极化特性。

(1) $\boldsymbol{E}(z) = \boldsymbol{x}j E_{xm} e^{-j\beta z} + \boldsymbol{y}j E_{ym} e^{-j\beta z}$

(2) $E(z, t) = xE_m \sin(\omega t + \beta z) + yE_m \cos(\omega t + \beta z)$

(3) $E(z, t) = xE_m \sin(\omega t - \beta z) + yE_m \cos(\omega t - \beta z + 20°)$

2-5　自由空间电磁波的电场强度表达式为

$$E(z, t) = xE_m \cos\left(\omega t - \beta z - \frac{\pi}{2}\right) + yE_m \cos(\omega t - \beta z)$$

求该电场矢量末端点随时间 t 变化的轨迹在 $z=0$ 平面上的投影。

2-6　一个沿正 z 轴传播的均匀平面波由两个线极化波 E_x、E_y 合成，即

$$E_x = 3\cos(\omega t - \beta z), \quad E_y = 2\cos(\omega t - \beta z + 90°)$$

(1) 证明合成波为椭圆极化波；

(2) 求该椭圆的长短轴之比；

(3) 说明该椭圆极化波是左旋的还是右旋的。

2-7　计算最大尺寸为 1 m，工作频率为 900 MHz 的天线的远场距离。(6 m)

2-8　如果发射机的发射功率为 50 W，发射机与接收机均采用单位增益天线，无线通信系统的工作频率为 900 MHz，分别计算在自由空间距发射天线 100 m 处和 10 km 处的接收功率，以 dBm 为单位表示。(47.0 dBm，−64.5 dBm)

2-9　假设发射机功率为 50 W，工作频率为 6 GHz，接收机与发射机之间的距离为 10 km，$G_t = G_r = 1$，接收天线具有纯实数阻抗 50 Ω，并且接收机与天线理想匹配。在自由空间传播条件下计算：

(1) 接收机收到的功率；

(2) 接收机天线接收的电场强度；

(3) 接收机输入端的 rms 电压。(−81 dBm，3.9×10^{-2} V/m，2×10^{-5} Vrms)

2-10　计算单个刃形障碍物阻挡情况下的 Fresnel 参数 ν_F。已知 $d_{TX} = 200$ m，$h_{TX} = 20$ m，$d_{RX} = 50$ m，$h_{RX} = 1.5$ m，$h_{obs} = 40$ m，无线通信系统的工作频率为 900 MHz。(11.7)

2-11　给定图 2-15 所示的无线通信系统与刃形障碍物的几何关系，其中 $d_{TX} = 10$ km，$h_{TX} = 50$ m，$d_{RX} = 2$ km，$h_{RX} = 25$ m，$h_{obs} = 100$ m，无线通信系统工作频率为 $f = 900$ MHz，试求：

(1) 刃形绕射损耗；

(2) 刃形障碍物的高度 h_{obs} 为多少时引起的绕射损耗为 6 dB。(25.5 dB，4.16 m。提示：可先求得 $\theta_d = 0.0424$ rad，进而求得 Fresnel 绕射参数 $\nu_F = 4.24$，而后即可由图 2-16 查得绕射损耗。第二问确定障碍物高度时可利用相似三角形的几何关系。)

2-12　无线通信基站发射机的载波频率为 1850 MHz，分别计算移动台以 96.55 km/h 的速度按下面三种情况运动时的接收信号载波频率：

(1) 移动台沿直线朝向基站运动；

(2) 移动台沿直线背向发射机运动；

(3) 移动台的运动方向与入射波方向成直角。(1850.000 16 MHz，1849.999 834 MHz，0)

2-13　对于一个无线通信系统，当发射机处于静止、接收机处于运动状态时，试描述当接收信号的多普勒频移分别等于 0 Hz、$f_{d\max}$、$-f_{d\max}$、$0.5f_{d\max}$ 时接收机相对发射机的运动状态。

2-14　对于一个振幅为瑞利分布的信号，接收信号功率比平均功率低 20 dB、6 dB、

3 dB 或以上的概率分别是多少？（9.95×10^{-3}，0.221，0.393）

2-15　对于一个瑞利衰落信号，计算最大多普勒频移为 20 Hz、$\rho = 1$ 时的正向电平通过率。若发射机载频为 900 MHz，则此时移动台最大速率是多少？（18.44，24 km/h）

2-16　假设多径传播产生的最大多普勒频移为 200 Hz，试计算此种情况下归一化门限电平 ρ 分别等于 0.01、0.1 和 1 时的平均衰落持续时间。（19.9 μs，200 μs，3.43 ms）

2-17　计算最大多普勒频移为 20 Hz、归一化门限电平 ρ 等于 0.707 时的平均衰落持续时间。若一个二进制数字调制的比特速率为 50 b/s，则瑞利衰落为快衰落还是慢衰落？在给定数据速率的条件下，每秒误比特的平均数目是多少？假设在比特的任意部分遇到 $\rho < 0.1$ 的衰落时发生 1 个误比特。（ADF = 18.3 ms。比特周期大于平均衰落持续时间，所以信号经历瑞利快衰落。误比特的平均数目是 5 个/秒。）

2-18　载有信道测量设备的汽车以 36 km/h 的速率沿街道行驶，在 2 GHz 载频上测量信道的冲激响应。

（1）测量需要在多大的时间间隔上进行？

（2）要使无线信道仍然保持欠扩展状态，可以有多大的最大附加扩展时延？（7.5 ms，7.5 ms）

2-19　计算具有习题 2-19 图所示的功率时延谱信号的 rsm 时延扩展。（0.25 μs）

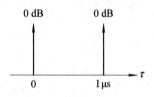

习题 2-19 图

2-20　计算习题 2-20 图所示的多径时延谱的平均附加时延、rms 时延扩展以及最大附加时延(低于最大多径分量信号强度 10 dB 视为无多径分量)。如果信道相干带宽取频率相关函数大于 0.5 的带宽值，请说明在不使用均衡器的条件下该无线信道对 AMPS 或 GSM 业务是否合适（注：AMPS 信道带宽为 30 kHz，GSM 信道带宽为 200 kHz）。（4.38 μs，21.07 μs，1.37 μs。相干带宽为 146 kHz，所以 AMPS 无均衡器可以工作，而 GSM 则需要使用均衡器。）

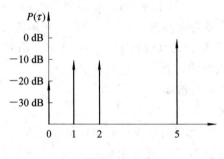

习题 2-20 图

2-21　为保证相继取样的样值之间有很强的相关性，小尺度测量需要确定适当的空间采样间隔。

（1）如果无线系统的发射频率 $f_c = 1900$ MHz，移动接收机的速率为 50 m/s，则移动 10 m 需要多少个采样点？

（2）假设上述测量可以在移动的车辆上进行，则进行这些测量需要多长时间？

（3）信道的多普勒扩展是多少？（708 个采样点，0.2 s，316.66 Hz）

2 - 22　如果相关带宽由 $B_c \approx \dfrac{1}{5\sigma_\tau}$ 给出，试证明当 $T_s \geqslant 10\sigma_\tau$ 时的信道为平坦衰落信道。

提示：注意 B_c 是通信系统的 RF 带宽，假设 T_s 为基带信号带宽的倒数。

第 3 章　均衡、分集与多天线通信技术

3.1　概　　述

由于多径衰落和多普勒频移的影响，移动无线信道极其易变，这些影响对于任何调制技术都会产生很强的负面效应。无线通信系统需要利用信号处理技术来改进恶劣无线电传播环境中的链路性能。

目前使用的抗衰落技术主要有信道编码技术、均衡技术、扩频技术和分集技术。

信道编码技术是通过在发送信息时加入冗余的数据位来改善通信链路性能的；均衡技术可以补偿时分信道中由于多径效应而产生的码间干扰(ISI)；扩频技术是依据香农定理，用频带换取信噪比来提高系统可靠性的。

对路径传输损耗，主要靠增大发射功率，以提高接收信号的场强来解决。对慢衰落所造成的接收信号功率的波动，通常借助"宏分集"来解决。

无线传输所面临的最大问题是信道的时变多径衰落，克服多径衰落主要用"微分集"，这就是通常所说的分集技术。

多天线分集接收是抗衰落的传统技术手段，但对于多天线分集发射，长久以来学术界并没有统一认识。目前已有大量理论研究表明，在一定条件下，采用多个天线发送、多个天线接收(MIMO)系统能够充分利用空间资源，在不增加系统带宽和天线总发送功率的情况下，有效对抗无线信道衰落的影响，大大提高了系统的频谱利用率和信道容量，是新一代无线通信系统采用的关键技术之一。也可以把多天线通信技术看作是分集技术的衍生，它可以有效对抗无线信道的衰落，同时成倍提高信道容量。信道容量的增长与天线数目成线性关系。

本章主要介绍均衡技术、分集技术和多天线通信技术。

3.2　均　衡　技　术

3.2.1　均衡原理

在带宽受限且时间扩散的信道中，码间干扰会使被传输的信号产生变形，从而导致接收时产生误码。码间干扰被认为是在移动通信信道中传输高速数据时的主要障碍，而均衡技术可以有效地解决码间干扰。

广义上任何用来削弱码间干扰的信号处理方法都可称之为均衡。由于信道衰落具有随机性和时变性，因此要求均衡器必须能够实时地跟踪移动通信信道的时变特性。具有这种

特性的均衡器称为自适应均衡器。

自适应均衡可分为频域均衡和时域均衡。频域均衡是使总的传输函数(信道传输函数与均衡器传输函数)满足无失真传输条件,即校正幅频特性和群时延特性。模拟通信多采用频域均衡。时域均衡是使总的冲激响应满足无码间干扰的条件,这是通过自适应算法实现的。数字通信中多采用时域均衡。

均衡器的自适应均衡算法(Adaptive Algorithm)有最小均方误差(LMSE,Lowest Mean Square Error)算法、递归最小二乘(RLS,Recursive Least Square)算法、快速递归最小二乘(Fast RLS)算法、平方根递归最小二乘(Square Root RLS)算法、梯度递归最小二乘(Gradient RLS)算法、最大似然比(Maximum Likelihood Ratio)算法、快速卡尔曼(Fast Kalman)算法等。在比较这些算法时,主要考虑算法的快速收敛特性、跟踪快速时变信道特性和小的运算量。

自适应均衡器可分为预置式均衡器工作方式和自适应均衡器工作方式。预置式均衡器工作方式在启动均衡器工作时,需要先发送测试脉冲序列,称为训练序列,用于训练均衡器的抽头系数加权算法,使均衡器收敛,即达到最佳均衡准则下的均衡。之后在数据通信过程中,不再调整抽头系数。调节的手段是调整均衡器的抽头数目和抽头系数。当抽头数目给定后,唯一的调节手段是改变抽头系数的权重。

均衡器从调整参数至形成收敛,整个过程的时间跨度是均衡器算法、结构和多径无线信道变化率的函数。为了保证能够有效地消除码间干扰,均衡器需要周期性地进行重复训练处理,以自适应地获得最佳的抽头数目和抽头系数。TDMA 系统在长度固定的时间段中传送数据,且训练序列通常在时间段的头部传送。每当收到新的时间段,均衡器将用同样的训练序列进行修正。

均衡器一般放在接收机的基带或中频部分实现。为便于理解均衡器的作用,下面采用等效基带信号的概念。将发射机基带信号输出端到接收机基带信号的输入端的部分用一个等效的基带信号来表示。这样,使用均衡器的通信系统的简化框图如图 3-1 所示。

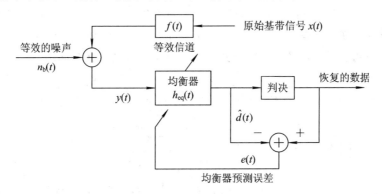

图 3-1　使用均衡器的通信系统的简化框图

图 3-1 中,$f(t)$ 是发射机、信道、接收机的射频和中频部分的合成冲激响应;接收机的基带处理部分输入端加入了自适应均衡器。如果 $x(t)$ 是原始基带信号,$f(t)$ 是等效传输信道的冲激响应,那么根据最佳检测理论,接收机设计应使等效传输信道符合最大输出信噪比准则,此时均衡器接收端收到的信号可表示为

$$y(t) = x(t) * f^*(t) + n_b(t) \qquad (3-2-1)$$

式中：$f^*(t)$ 是 $f(t)$ 的复共轭表示；$n_b(t)$ 为均衡器输入端的基带噪声；$*$ 为卷积运算符号。

设均衡器的冲激响应为 $h_{eq}(t)$，则均衡器的输出为

$$\hat{d}(t) = x(t) * f^*(t) * h_{eq}(t) + n_b(t) * h_{eq}(t)$$
$$= x(t) * g(t) + n_b(t) * h_{eq}(t) \qquad (3-2-2)$$

式中，$g(t)$ 是发射机、信道、接收机的射频和中频部分以及均衡器四部分的等效冲激响应。横向滤波式均衡器的冲激响应可以表示为

$$h_{eq}(t) = \sum_n c_n \delta(t - nT) \qquad (3-2-3)$$

式中，c_n 是均衡器的复系数。

如果假定系统中没有噪声，即 $n_b(t)=0$，则在理想情况下应有 $\hat{d}(t)=x(t)$，此时没有任何码间干扰。为了使 $\hat{d}(t)=x(t)$ 成立，$g(t)$ 必须满足下式：

$$g(t) = f^*(t) * h_{eq}(t) = \delta(t) \qquad (3-2-4)$$

若式（3-2-4）成立，则达到了均衡器的目标。从频域表示可得到

$$H_{eq}(f)F^*(-f) = 1 \qquad (3-2-5)$$

式中，$H_{eq}(f)$ 和 $F^*(-f)$ 分别为 $h_{eq}(t)$ 和 $f^*(t)$ 的傅里叶变换，式（3-2-5）表明均衡器实际上是传输信道的反向滤波器。如果传输信道是频率选择性的，那么均衡器将增强频率衰落大的频谱部分，而削弱频率衰落小的频谱部分，以使所收到的频谱的各部分衰落趋于平坦，相位趋于线性。对于时变信道，自适应均衡可以跟踪信道的变化，基本可以达到式（3-2-4）的效果。

3.2.2 均衡的分类

均衡技术分为线性均衡和非线性均衡，二者的差别在于自适应均衡的输出是否被用于反馈逻辑。线性均衡的恢复信息未被应用于反馈逻辑，这类均衡器应用于具有较好传播特性的信道，如电话线等，性能良好。非线性均衡的恢复信息被应用于反馈逻辑并影响到均衡器的后续输出。在无线信道传输中，当信道严重失真造成码间干扰，以致线性均衡器不易处理时，应采用非线性均衡。均衡器的类型、结构和算法示意图如图3-2所示。

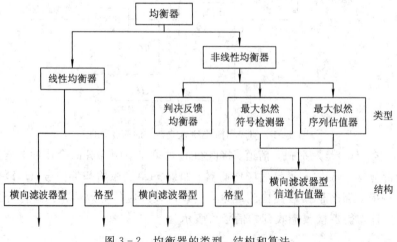

图3-2 均衡器的类型、结构和算法

3.2.3　均衡技术算法

具体数字化实现时，设 $x(t)$ 和 $\hat{d}(t)$ 的采样值为 x_k 和 $\hat{d}_k$，则均衡的目标是按照某种最佳准则，使 x_k 和 $\hat{d}_k$ 达到最佳匹配。均衡器输入端得到的序列表示为 u_k。

1. 线性均衡器

线性均衡器的作用是尽量使信道和均衡器的传输函数的乘积满足一定的准则，可以使信道滤波器级联的传输函数完全平坦，或者使滤波器输出端的均方误差最小。

线性均衡器的基本结构如图 3-3 所示。

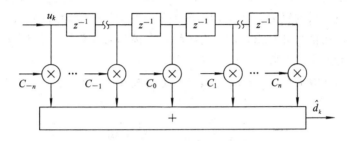

图 3-3　线性均衡器的结构

根据均衡原理，发送序列 x_k 经过信道传输，在均衡器输入端可得到序列 u_k。现在需要确定具有 $2n+1$ 个抽头的有限冲激响应滤波器（横向滤波器）的系数。此滤波器将序列 u_k 转换成序列 $\hat{d}_k$：

$$\hat{d}_k = \sum_{i=-n}^{n} c_i u_{k-i} \qquad (3-2-6)$$

它应尽可能接近序列 x_k。定义误差 ε_k 为

$$\varepsilon_k = x_k - \hat{d}_k \qquad (3-2-7)$$

使 $\varepsilon_k = 0$，这样可得迫零均衡器，或者使 $E\{|\varepsilon_k|^2\} \to \min$，这样可得最小均方误差均衡器，则对于具有 $2n+1$ 个抽头的线性均衡器，均衡器输出结果的均方误差（MSE）表示为

$$E[\varepsilon_k^2] = E\left[\left(x_k - \sum_{i=-n}^{n} c_i u_{k-i}\right)^2\right] \qquad (3-2-8)$$

均方误差是各抽头系数（权重）的函数。均方误差越小，误码率越低，均衡器性能越好。因此，所选择的抽头系数（权重）应使得 MSE 最小化。

2. 非线性均衡器

当信道中有深度频率选择性衰落时，为了补偿频谱失真，线性均衡器会对出现深度衰落的频谱部分及周边的频谱产生很大的增益，从而增加了这段频谱的噪声，以致线性均衡器不能取得满意的效果，这时采用非线性均衡器处理效果比较好。常用非线性均衡器的算法有判决反馈均衡（DFE）、最大似然序列估值（MLSE）。

1）判决反馈均衡（DFE）

判决反馈均衡（DFE）的基本思路是：一旦一个比特的信息被正确检测并判决，就可以利用该信息，并结合信道冲激响应来计算由该比特引起的码间干扰。判决反馈均衡器可由

横向滤波器来实现。横向滤波器由一个前向滤波器和一个后向滤波器组成，其中前向滤波器是一个一般的线性均衡器，如图 3-4 所示。

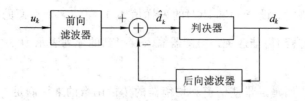

图 3-4 判决反馈均衡

接收机确定了接收符号，利用它预测前向滤波器输出中的噪声和残留的符号间干扰，然后从中减去经过一段时间延迟后的后向滤波器输出，从而消除这些干扰。其中码间干扰是基于硬判决之后的信号计算出来的，这样就从反馈信号中消除了加性噪声。因此，与线性均衡器相比，判决反馈均衡器的错误概率要小。

均衡器的前向滤波器有 $2n_1+1$ 阶（假设与上述线性均衡器一致），后向滤波器有 n_2 阶，其输出为

$$\hat{d}_k = \sum_{i=-n_1}^{n_1} c_i u_{k-i} - \sum_{j=1}^{n_2} F_i d_{k-j} \qquad (3-2-9)$$

式中，c_i 为前向滤波器的各级增益；u_k 为均衡器输入端得到的序列；F_i 为后向滤波器的各级增益；d_k 为以前由判决器判决出的信号。

此时所期望的均衡器输出为 d_k，MSE（均方误差）为

$$E[\varepsilon_k{}^2] = E[(d_k - \hat{d}_k)^2] = E\left[\left(d_k - \sum_{i=-n_1}^{n_1} c_i u_{k-i} + \sum_{j=1}^{n_2} F_i d_{k-j}\right)^2\right] \qquad (3-2-10)$$

为使得 MSE 最小，确定前向抽头系数 c_i 时，令反向抽头系数 F 为 0，并求偏导，令结果等于 0，可得相应关系式。确定反馈系数的方法与此类似。

2）最大似然序列估值（MLSE）

上面研究的均衡器结构会影响发送信号的判决。对于最大似然序列估计，从另外一个角度出发，试图确定最有可能发送的序列。通过在算法中使用冲激响应模拟器，最大似然估计检测所有可能的数据序列，并选择与信号相似性最大的序列作为输出。所以，算法所需要的计算量比较大，特别是信道时延扩展较大时。最大似然估计器是性能最好的均衡器。

最大似然序列估值（MLSE）均衡器的结构框图如图 3-5 所示。MLSE 利用信道冲激响应估计器的结果，测试所有可能的数据序列，选择概率最大的数据序列作为输出。

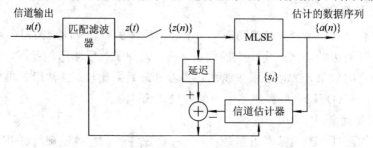

图 3-5 最大似然序列估值（MLSE）均衡器的结构框图

3.3　分　集　技　术

3.3.1　概述

　　分集技术利用多径信号来改善无线链路传播性能。由于无线信道是时变的随机多径传播信道，因此当一条无线传播路径中的信号经历深度衰落时，相对独立的其他路径中可能包含着较强的信号。分集技术把接收到的多个衰落独立的信号副本分别处理，并以适当的方式合并输出，从而达到改善接收信号质量的目的。

　　无线信号的衰落有两种：大尺度衰落（也叫慢衰落，主要是阴影衰落）和小尺度衰落（也叫快衰落或多径衰落）。针对这两种不同的衰落，常用的分集技术可以分为宏分集（Macro-diversity）和微分集（Micro-diversity）。宏分集也叫多基站分集，用于对抗阴影衰落。阴影衰落是由较大的地形、地物阴影引起的，它对不同多径分量的影响几乎相同，而且阴影衰落的相关距离很大，一般在几十米到上百米的数量级。宏分集技术就是让一个移动台可以同时接收来自不同基站的信号，从而选择一个发射信号不处于阴影区域的基站为自己服务，从根本上改善链路的信号质量。微分集用于对抗小尺度衰落。小尺度衰落是由移动台附近物体的复杂反射引起的，通过对不同多径信号分别进行接收处理，然后同相合并输出，就可以达到改善链路质量的目的。微分集技术的关键是获得衰落独立的多径信号。按照获得多径信号的不同方式，微分集技术主要有空间分集（Space Diversity）、时间分集（Time Diversity）、频率分集（Frequency Diversity）、角度分集（Angular Diversity）、极化分集（Polarization Diversity）等。微分集一般直接称为分集。

　　分集技术包括发送信号的分散传输和接收信号的合并处理两个方面。发送信号的分散传输，就是从发射天线发出的无线信号经空间反射体多次反射形成多径传播到达接收天线，从而使接收机获得衰落独立的多个发射信号副本。接收信号的合并，就是接收机接收到衰落独立多径信号后，分别对这些信号进行解调处理，然后合并输出。

3.3.2　微分集技术

1. 空间分集

　　空间分集通常使用两个或多个相隔一定距离的天线来实现，因此也称为天线分集，是一种实现简单、应用最广泛的分集技术。根据收发天线配置的不同，空间分集又可以分为接收分集（Receiver Diversity）和发射分集（Transmitter Diversity）。目前研究较多并且技术较成熟的是接收分集。

　　接收分集是通过在接收端使用多副天线接收同一信号的不同副本来实现的。如果在接收机上安装间隔一定距离的多副接收天线，当相邻接收天线的间隔足够大时，可以保证不同天线接收的信号是衰落独立的。这时，对不同接收天线的信号分别进行处理，然后再将相位对齐相加（相干相加）输出，就可以有效地增加接收信号的信噪比。

　　当在移动台上应用接收分集时，如果接收天线的间隔距离等于或大于 $\lambda/2$，则不同天线上接收的信号包络基本上就是衰落独立的。如果在基站中应用接收分集，由于丰富的散射体主要集中于移动台周围的环境中，来自移动台的发射信号基本上是从一个方向到达基站(参见图 3-6)，这时基站的分集接收天线之间必须分隔相当远的距离(通常需要大于 10λ)，才能在不同天线上获得衰落独立的接收信号。接收分集的原理框图如图 3-7 所示。

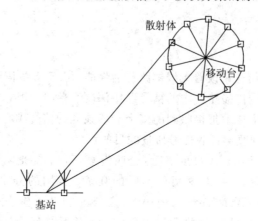

图 3-6　集中在移动台周围的散射体产生的散射波基本上从一个方向到达基站

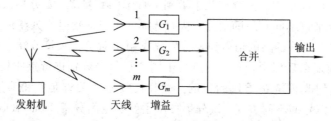

图 3-7　接收分集原理框图

发射分集是在发射端使用多副天线发射包含同一信息的信号，并在接收端用适当的信号处理方法恢复信号，从而达到空间分集的目的。在新一代移动通信系统中，基站一般会安装多副天线，当天线间距较大时，天线之间的衰落相关性是较低的，因此恰当地设计发送方式可以获得空间发射分集。空间发射分集先在发射端对所要发射的信号进行预处理，以引入接收端可以利用的分集，在接收端通过合适的检测算法获得该分集效果。已经得到深入研究与应用的发射分集有延迟发射分集、循环延迟发射分集、时间切换发射分集和频率切换发射分集等，这里不再进行深入讨论。为了改善发射分集的性能，可以将空时编码用于发射分集。空时编码可以在不牺牲带宽的情况下同时获得发射分集增益与编码增益，还可以结合多天线技术对抗衰落，提高系统的容量。

发射分集系统采用了多副发射天线，这增加了编码与调制的自由度，即空间维自由度，为了改善发射分集的性能，可以将编码与发射分集相结合。为多天线传输设计的编码叫空时(频)编码，通过对编码与发射分集进行联合优化设计，空时编码在不牺牲带宽的情况下，可以同时获得发射分集增益和编码增益。空时编码技术还可以同多天线接收结合一起来对抗多径衰落，提高系统容量。发射端和接收端同时使用多副天线的无线通信系统称为多输入多输出(MIMO，Multiple Input Multiple Output)系统。MIMO 系统能够利用多径效应实现大容量数据传输，因而成为新一代移动通信系统的基本技术之一，是近十多年来的研究热点，本章后面将详细介绍。

2. 时间分集

时间分集就是以超过信道相干时间的时间间隔重复发送信号，重复发送的信号经无线信道传播可能具有独立的衰落特性，从而产生分集效果。

时间分集可以采用以下几种方法实现：重复编码、交织和编码相结合、自动请求重传等。重复编码就是以大于相干时间的间隔重复发送信号；交织则是将一个码字的不同符号在不同时间传输，时间间隔也是要大于信道的相干时间，这样，一部分符号因衰落出错，另一部分符号则可能以较高的 SNR 到达接收机，以此降低相邻符号同时遭遇深度衰落的概率。交织将衰落可能造成的符号成串错误离散化，之后再利用编码（比如卷积编码）的纠错能力恢复出错的信号。现代移动通信系统中经常采用交织技术获得时间分集效果，比如 GSM 和 CDMA 等蜂窝系统的无线传输都采用了交织编码。CDMA 系统的 Rake 接收机也是时间分集技术的一种实现。

需要注意的是时间分集基于无线信道的时变特性，当移动台、基站以及空间相互作用体之间相对静止时，无线传播信道的时变特性消失，这时时间分集的作用也就没有了。

3. 频率分集

频率分集是将同一信号分别调制到不同的载波上进行传输，只要载波的频率间隔大于无线信道的相干带宽，就可以获得分集的效果。在第三代移动通信的长期演进（LTE）技术中，正交频分复用（OFDM）调制是其中的一项基本技术，该项技术利用频率分集提供跨越较大带宽的同步调制信号，当其中一些频道产生衰落时，组合信号仍然可以解调。

一般频率分集要求使用两部以上、频率间隔大于相干带宽的发射机同时发送同一信号，并用两部以上的独立接收机接收信号。与空间分集相比，频率分集不要求使用多副天线，但要以增加系统带宽为代价，大大降低了频谱效率，并且可能在发端需要多部发射机和多部接收机，系统设备复杂。用 OFDM 实现频率分集，可以在发射端利用 IFFT 实现 OFDM 调制，在接收端利用 FFT 解调，也不需要采用多副发射天线，是一种实现方便且成本低的频率分集方案。

频率分集的特点是：将要传输的信息扩展到较大的频谱带宽上，使用不同的频谱分量传输少量的信息，接收端通过综合不同频率分量上的信息来恢复出原始信息。

4. 角度分集

角度分集使用方向图不同的接收天线实现，也称为天线方向图分集。由于不同的多径分量到达接收天线的方向不同，放置于同一位置的两个方向图不同的天线对多径分量的增益就不同，因此多径分量在两个天线上产生的干涉效果不同，从而使两个天线上接收的信号具有统计独立的衰落特性。角度分集通常与空间分集结合使用，这种结合通常可以增强近距离放置的两个天线之间的去相关特性。

5. 极化分集

研究表明，即使发射天线只发射单一极化的信号，信道的多径传播特性也会导致去极化，因此会有两个极化方向的信号到达接收机。从第 2 章介绍的无线电波传播机制知道，反射和绕射过程与电磁波的极化方式有关，极化方式不同的信号，其衰落特性是统计独立的。因此，使用双极化天线同时接收两个极化方式的信号并分别进行处理，可以实现分集的效果，并且两个极化正交的天线可以安放在同一位置，对间距没有要求。

3.3.3　分集信号的合并

1. 合并技术

分集接收的实质，就是将接收端得到的多路衰落特性独立的信号副本进行合并，以获得最优的信号输出。一般来说，信号的合并方式如图 3-8 所示，接收机有 M 个分支（R_{xk}，$k=1,2,\cdots,M$），可以同时处理 M 路的信号副本，各分支解调处理之后，由调相电路将各支路信号调整到同相，然后相加输出到检测判决电路。

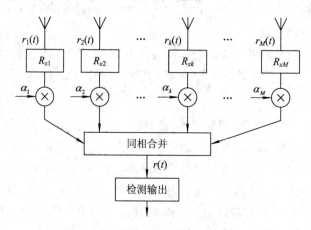

图 3-8　分集合并的信号组合框图

假设 M 个输入信号电压为 $r_1(t),r_2(t),\cdots,r_M(t)$，则合并器输出电压包络 $r(t)$ 为

$$r(t)=a_1r_1(t)+a_2r_2(t)+\cdots+a_Mr_M(t)=\sum_{k=1}^{M}a_kr_k(t) \qquad (3-3-1)$$

式中，a_k 为第 k 个分集支路的加权系数。

合并方式（Combination Fashion）有选择式合并（Selection Combining）、最大比值合并（MRC，Maximum Ratio Combining）、等增益合并（EGC，Equal-Gain Combining）等。不同合并方式的实质，就是式（3-3-1）中加权系数的取值方式不同。下面分别予以介绍。

1）选择式合并

选择式合并就是从多条分集支路中选择瞬时信噪比最强的信号输出，从而改善接收信号的瞬时信噪比和平均信噪比。图 3-9 给出了选择式分集合并改善信号质量的示意图，

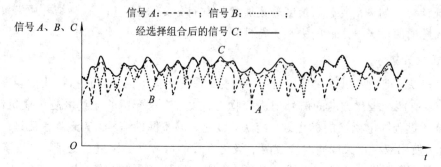

图 3-9　选择式分集合并示意图

A、B 代表两个来自同一发射源的独立衰落信号。如果在任意时刻接收机都选择其中幅度大的一个信号输出，则可得到合成信号 C。可以看出，信号 C 要明显好于信号 A 或信号 B。

选择式合并是最简单的合并方式，实现框图如图 3-10 所示，就是将图 3-8 中的"同相合并"单元换成"选择逻辑"。对于选择式合并，系统检测所有分支信号的 SNR，并将 SNR 最高的分支选为输出，也就是只有 SNR 最大的那一路加权系数选为 1，其余分集支路的加权系数均为 0。实际中，由于实时检测信噪比具有一定难度，有时也直接使用幅度电平作为选取标准。

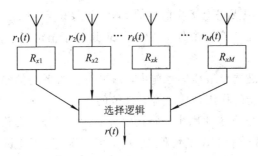

图 3-10　选择式合并原理图

下面分析选择式合并对系统性能的改进作用。

假设接收机 M 个分集支路对应 M 个独立的平坦、慢衰落瑞利信道，每一个分集支路的噪声功率都相等且为 N_0，平均信噪比 Γ 相等，第 k 个分集支路输出信号的瞬时信噪比为 γ_k、信号幅度 r_k 服从瑞利分布，则其概率密度函数为

$$P_{r_k}(r_k) = \frac{r_k}{\sigma^2} e^{-\frac{r_k^2}{2\sigma^2}} \qquad r_k \geqslant 0 \tag{3-3-2}$$

设第 k 个分集支路信号的瞬时功率为 $P_{\text{inst}} = r_k^2/2$，平均功率为 $P_{\text{m}} = \sigma^2$。利用坐标变换得到雅可比行列式：

$$\left| \frac{\mathrm{d}r_k}{\mathrm{d}P_{\text{inst}}} \right| = \frac{1}{r_k}$$

接收信号功率的概率密度函数可以写为

$$P_{P_{\text{inst}}}(P_{\text{inst}}) = \frac{1}{P_{\text{m}}} e^{-\frac{P_{\text{inst}}}{P_{\text{m}}}} \qquad P_{\text{inst}} \geqslant 0 \tag{3-3-3}$$

第 k 个分集支路的瞬时信噪比为 $\gamma_k = P_{\text{inst}}/N_0$，平均信噪比为 $\Gamma = P_{\text{m}}/N_0$，对式 (3-3-3) 利用坐标变换的方法可得 γ_k 的概率密度函数为

$$P_{\gamma_k}(\gamma_k) = \frac{1}{\Gamma} e^{-\frac{\gamma_k}{\Gamma}} \tag{3-3-4}$$

因此，对于单个分集支路 k，其瞬时信噪比 γ_k 小于某一指定门限值 γ_s 的概率 $p_{\gamma_k}(\gamma_k \leqslant \gamma_s)$ 为

$$p_{\gamma_k}(\gamma_k \leqslant \gamma_s) = \int_0^{\gamma_s} P_{\gamma_k}(\gamma_k)\, \mathrm{d}\gamma_k = \int_0^{\gamma_s} \frac{1}{\Gamma} e^{-\frac{\gamma_k}{\Gamma}}\, \mathrm{d}\gamma_k = 1 - e^{-\frac{\gamma_s}{\Gamma}} \tag{3-3-5}$$

由于所有 M 个分集支路都是统计独立的，所以 M 个分集支路上接收信号的 SNR 全部低于门限值 γ_s 的概率，就是所有支路上接收信号 SNR 低于门限值 γ_s 的概率的乘积，即

$$p_\gamma(\gamma_1, \gamma_2, \cdots, \gamma_M \leqslant \gamma_s) = \prod_{k=1}^{M} p_{\gamma_k}(\gamma_k \leqslant \gamma_s)$$

$$= \prod_{k=1}^{M} (1 - e^{-\frac{\gamma_s}{\Gamma}}) = (1 - e^{-\frac{\gamma_s}{\Gamma}})^M$$

$$= p_M(\gamma_s) \qquad\qquad (3-3-6)$$

因此，至少有一个分集支路的 SNR 高于指定门限值 γ_s 的概率为

$$p_{\gamma_i}(\gamma_i \geqslant \gamma_s) = 1 - p_M(\gamma_s) = 1 - (1 - e^{-\frac{\gamma_s}{\Gamma}})^M \qquad (3-3-7)$$

显然，所有 M 个分集支路上接收信号的 SNR 全部低于门限值 γ_s 的概率随着分集支路数 M 的增加而减小，而至少有一个分集支路的 SNR 高于指定门限值 γ_s 的概率则随着 M 的增加而增大。

由于选择式合并总是选择最佳信号输出，输出信号的平均信噪比必然提高，因此选择式分集改善无线链路性能的作用是比较容易理解的。

例 3-1　设无线通信系统使用 4 支路接收分集，每个分集支路收到一个独立的瑞利衰落信号。假如各分集支路的 SNR 平均值为 10 dB，请确定 SNR 瞬时值低于 1 dB 的概率，并与没有使用分集的简单接收机进行比较。

解：此例中有 4 个分集支路，指定门限 $\gamma_s = 1$ dB，SNR 平均值 $\Gamma = 10$ dB，因此有 $\gamma_s/\Gamma = 0.1$。

$$p_4(10 \text{ dB}) = (1 - e^{-0.1})^4 = 0.000\,082$$

假如不使用分集，则 $M = 1$，$p_1(10 \text{ dB}) = (1 - e^{-0.1})^1 = 0.095$。

可见，在没有使用分集时，SNR 低于指定门限值的概率，比采用 4 个支路分集的概率要高三个数量级。

例 3-2　一个选择式分集系统，当分集支路数分别为 1、2、3 个时，计算其输出 SNR 比每个分集支路的平均 SNR 低 5 dB 的概率。

解：指定 SNR 门限为 $\gamma_s(\text{dB}) = \Gamma - 5$ dB，即 $\gamma_s = \Gamma \times 10^{-0.5}$。

应用式(3-3-6)得到输出 SNR 低于指定 SNR 门限的概率为

$$p_M(\gamma) = p_M(\Gamma \times 10^{-0.5}) = (1 - e^{-10^{-0.5}})^M = \begin{cases} 0.27, & M = 1 \\ 7.4 \times 10^{-2}, & M = 2 \\ 5.4 \times 10^{-3}, & M = 3 \end{cases}$$

例 3-3　在例 3-2 中，假设分集支路数 $M = 2$，两个支路的平均 SNR 分别为 1.5Γ 和 0.5Γ，分析结果会有何变化。

解：在此情况下，输出 SNR 低于指定 SNR 门限 $\gamma = \Gamma \times 10^{-0.5}$ 的概率为

$$p_M(\gamma) = p_M(\Gamma \times 10^{-0.5}) = (1 - e^{-\frac{1}{1.5} \times 10^{-0.5}})(1 - e^{-\frac{1}{0.5} \times 10^{-0.5}}) = 8.9 \times 10^{-2}$$

这个结果说明，当各分集支路的平均 SNR 不相等时，分集性能会降低。

选择式合并要求为每一个分集支路设置一部接收机，设备复杂且成本高。所以一般采用扫描分集实现支路的选择，其基本操作如下：① 选择最强信号的分集支路作为合并器的输出；② 只要合并器输出信号的瞬时 SNR 不低于指定的 SNR 门限值，就保持合并器输出不变；③ 一旦合并器输出信号的瞬时 SNR 低于指定的门限值，就启动扫描电路，选择一个输出信号最强（即瞬时 SNR 最大）的分集支路作为合并器新的输出。扫描分集的原理框

图如图 3-11 所示。图中 SNR 门限设定后，如果当前支路输出不满足预置的门限要求，就进行扫描，找到一个满足门限要求的支路后，停留在该支路上并接收该支路信号，直到该支路信号又不满足要求时再重新启动扫描过程。

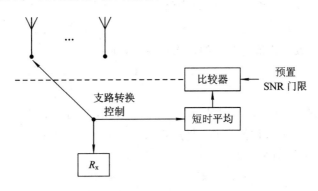

图 3-11　扫描分集的原理框图

2) 最大比值合并

选择式合并的特点是实现简单，但性能上并不是最优的，因为这种合并方法只选择了一条信号最强的分集支路，而忽略了其余 $M-1$ 条分集支路的可用信息。最大比值合并 (MRC) 则改进了选择式合并的这种不足。

分集的目的是通过改善接收信号的信噪比提高传输的可靠性。下面首先分析分集合并可以达到的最大信噪比输出。

参考图 3-8，合并器输出电压 $r(t)$ 为式 (3-3-1)，合并器输出信号的功率可假设为 $r^2(t)/2$。按前面的假设，每一个分集支路的噪声功率都相等且为 N_0，则合并器输出的总噪声功率 N_t 将是每一条分集支路噪声功率的加权和，即

$$N_t = \sum_{k=1}^{M} a_k^2 N_0 = N_0 \sum_{k=1}^{M} a_k^2 \qquad (3-3-8)$$

设合并器输出信号的 SNR 为 γ_t，结合式 (3-3-1) 和式 (3-3-8)，并应用柯西-施瓦茨不等式 (Cauchy-Schwarz Inequality)，可以得到

$$\gamma_t = \frac{[r(t)]^2}{2N_t} = \frac{\left[\sum_{k=1}^{M} a_k r_k(t)\right]^2}{2N_0 \sum_{k=1}^{M} a_k^2} \leqslant \frac{\sum_{k=1}^{M} a_k^2 \sum_{k=1}^{M} r_k^2(t)}{2N_0 \sum_{k=1}^{M} a_k^2} = \frac{\sum_{k=1}^{M} r_k^2(t)}{2N_0} = \sum_{k=1}^{M} \frac{r_k^2(t)/2}{N_0} = \sum_{k=1}^{M} \gamma_k$$

$$(3-3-9)$$

式中：

$$\gamma_k = \frac{r_k^2(t)/2}{N_0} \qquad (3-3-10)$$

为第 k 个分集支路的瞬时信噪比。

式 (3-3-9) 表明，分集合并所能够达到的最大输出信噪比 γ_t 就是各分集支路信噪比 γ_k 之和。同时，在合并器输出电压包络 $r(t)$ 表达式 (3-3-1) 中，如果取加权系数 $a_k = r_k(t)/N_0$，则同样可以得到合并器输出信号的 SNR 为

$$\gamma_t = \frac{[r(t)]^2}{2N_t} = \frac{\left[\sum\limits_{k=1}^{M} a_k r_k(t)\right]^2}{2N_0 \sum\limits_{k=1}^{M} a_k^2} = \frac{\left[\sum\limits_{k=1}^{M} \frac{r_k(t)}{N_0} r_k(t)\right]^2}{2N_0 \sum\limits_{k=1}^{M} \left[\frac{r_k(t)}{N_0}\right]^2} = \frac{\sum\limits_{k=1}^{M} [r_k(t)]^2}{2N_0} = \sum\limits_{k=1}^{M} \frac{[r_k(t)]^2}{2N_0}$$

$$(3-3-11)$$

如果用 γ_{mrc} 表示最大比值合并器的输出信噪比，则有

$$\gamma_{mrc} = \sum_{k=1}^{M} \frac{[r_k(t)]^2}{2N_0} = \sum_{k=1}^{M} \gamma_k \qquad (3-3-12)$$

所以，当各分集支路的加权系数取 $a_k = r_k(t)/N_0$ 时，合并器输出信号的 SNR 最大，由此将这种合并方式称为最大比值合并。将加权系数 $a_k = r_k(t)/N_0$ 代入式(3-3-1)中，可得到最大比值合并输出信号电压为

$$r(t) = \sum_{k=1}^{M} a_k r_k(t) = \sum_{k=1}^{M} \frac{r_k^2(t)}{N_0} \qquad (3-3-13)$$

3）等增益合并

对不同的分集信号合并方法，理论上 MRC 能够获得最大瞬时 SNR 输出。然而在实际中，要将各分集支路加权系数调整到 MRC 的准确值，工程实现复杂，难度和成本都比较高。并且，工程实现上可能存在各种局限，MRC 的信噪比改善实际上同理论分析结果往往存在较大差距。基于这些原因，提出了实现简单的等增益合并方法。

等增益合并是将各支路信号同相相加，各支路的加权系数取相等值。等增益合并接收机同时使用了全部分集支路的输出信号，性能略低于 MRC，但远优于选择式合并，并且实现起来比较简单。

2. 中断概率

中断概率(Outage Probability)是描述无线信道性能的一个重要参数，定义如下：数据以某一给定速率通过信道传输时，信道处于中断(即传输失败)状态的概率。中断概率也可以理解为信道容量小于给定容量值的概率。

分集合并的中断概率，也就是合并器输出的瞬时信噪比低于某个给定值的时间的百分比。对于选择式合并，如果给定 γ_s 为中断概率的门限，则单个分集支路的中断概率由式(3-3-5)给出，而选择式合并器输出信号的中断概率则由式(3-3-6)给出。根据式(3-3-6)，图 3-12 画出了接收天线数目变化时选择式合并中断概率的变化情况。图中横坐标为单接收支路归一化的 SNR，刻度单位为 dB；纵坐标为用百分数表示的对应 γ_s 的中断概率。

最大比值合并的瞬时输出信噪比 γ_{mrc} 是 N_R 个指数分布随机变量 γ_k 之和，根据概率论的知识，其概率密度函数服从 $2N_R$ 个自由度的 χ^2 分布，即

$$P_{\gamma_{mrc}}(\gamma_{mrc}) = \frac{1}{(N_R-1)!} \frac{\gamma_{mrc}^{N_R-1}}{\Gamma^{N_R}} e^{-\frac{\gamma_{mrc}}{\Gamma}} \qquad (3-3-14)$$

最大比值合并器输出信噪比的累积分布函数为

$$P(\gamma_{mrc} < \gamma_s) = \int_0^{\gamma_s} P_{mrc}(\gamma_{mrc}) \, d\gamma_{mrc} \qquad (3-3-15)$$

根据式(3-3-15)画出的最大比值合并器输出中断概率随 N_R 的变化情况如图 3-13

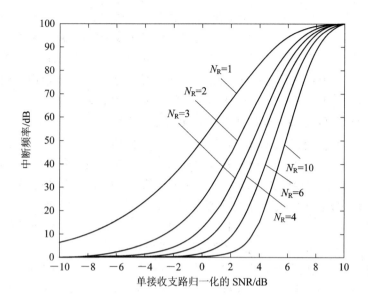

图 3-12 选择式合并中断概率随接收天线数 N_R 的变化情况

所示,图中坐标定义同图 3-12。可以看出,接收天线数 N_R 和输出信噪比门限相同的情况下,最大比值合并的中断概率要比选择式合并的中断概率小得多。比如对于 $N_R=6$ 和横坐标为 5 的情况,用最大比值合并的中断概率约等于 10%,而选择式合并的中断概率约等于50%。

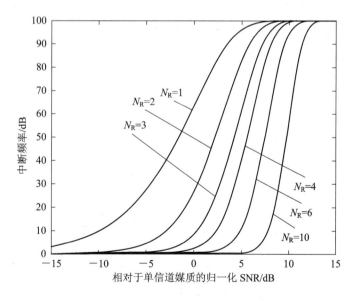

图 3-13 最大比值合并输出中断概率随接收天线数 N_R 的变化情况

3.4 多天线通信技术

上面介绍的空间分集技术需要通信系统使用多副天线,这样的通信系统称为多天线通信系统。一般情况下，无线通信系统可能在发射端和接收端同时使用多副天线，这时，在无线链路的输入端就有多个并行的无线信道输入，在无线链路的输出端也有多个无线信道输出，这样的无线通信系统称为多输入多输出（MIMO）系统。特别地，发射端使用一副天线，接收端使用多副天线时称为单输入多输出（SIMO）系统。发射端使用多副天线，而接收端只使用一副天线时称为多输入单输出（MISO）系统。发射端和接收端都用一副天线时称为单输入单输出（SISO）系统，即传统点对点无线通信系统。

以往对无线信道的研究大多集中在如何减小多径传播的不利影响，但近十多年的研究开始利用多径传播带来的好处。根据第 2 章的分析，不同多径信号可以具有独立的衰落特性，利用这种统计特点，接收机可以将不同的多径信号分开，从而形成多条并行的同频独立传输信道。MIMO 技术正是利用这个原理提高系统传输容量的。研究证明，室内传播环境下 MIMO 系统的频谱效率可以达到 $20 \sim 40$（b/s）/Hz，而使用传统技术的蜂窝系统频谱效率仅为 $1 \sim 5$（b/s）/Hz，在点到点的固定微波系统中也只有 $10 \sim 12$（b/s）/Hz。

MIMO 技术可以应用到多种系统中，如 ADSL、数字音频广播（DAB，Digital Audio Broadcasting）、WLAN、无线传感器网（WSN，Wireless Sensor Network）等。在移动通信系统中，MIMO 和 OFDM 已经成为 4G 和 5G 系统的基本技术。

3.4.1　MIMO 系统的基带信道模型

图 3 - 14 为 MIMO 系统的基本模型，系统具有 N_T 副发射天线和 N_R 副接收天线，无线信道为平坦衰落信道，$h_{ij}(t)$ 是时刻 t 从第 j 个发射天线到第 i 个接收天线的复信道系数，用以描述无线信道的衰落特性。在平坦衰落信道条件下，$h_{ij}(t)$ 是时间的函数，与频率无关。N_T 副发射天线在时刻 t 发射的基带复信号向量 $\boldsymbol{x}(t)$ 表示为

$$\boldsymbol{x}(t) = \left[\tilde{x}_1(t), \tilde{x}_2(t), \cdots, \tilde{x}_{N_T}(t) \right]^{\mathrm{T}} \qquad (3 - 4 - 1)$$

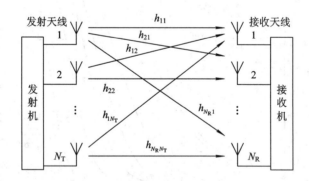

图 3 - 14　MIMO 系统的基本模型

假设 $\tilde{x}_1(t), \tilde{x}_2(t), \cdots, \tilde{x}_{N_T}(t)$ 是独立同分布的复高斯随机变量，其均值为 0，方差为 σ_x^2，则发射信号向量 $x(t)$ 的相关矩阵为

$$\boldsymbol{R}_x = E\left[\boldsymbol{xx}^{\mathrm{H}}\right] = \sigma_x^2 \boldsymbol{I}_{N_T} \qquad (3 - 4 - 2)$$

式中，$\boldsymbol{I}_{N_T}$ 是 $N_T \times N_T$ 的单位矩阵，上标 H 表示矩阵的共轭转置。当总的发射功率 P 为固定值时，P 与 N_T 及 σ_x^2 的关系为

$$P = N_T \sigma_x^2 \qquad (3 - 4 - 3)$$

N_R 副接收天线上接收到的基带复信号向量 $r(t)$ 表示为

$$r(t) = [\tilde{r}_1(t), \tilde{r}_2(t), \cdots, \tilde{r}_{N_R}(t)]^T \tag{3-4-4}$$

其中，$\tilde{r}_i(t)$ 为第 i 个接收天线上收到的复信号，即

$$\tilde{r}_i(t) = \sum_{j=1}^{N_{N_T}} h_{ij}(t)\tilde{x}_{ij}(t) + \tilde{w}_i(t) \quad i = 1, 2, \cdots, N_R; \quad j = 1, 2, \cdots, N_T \tag{3-4-5}$$

$N_R \times N_T$ 阶信道矩阵（Complex Channel Matrix）为

$$H(t) = \begin{bmatrix} h_{11}(t) & h_{12}(t) & \cdots & h_{1N_T}(t) \\ h_{21}(t) & h_{22}(t) & \cdots & h_{2N_T}(t) \\ \vdots & \vdots & & \vdots \\ h_{N_R1}(t) & h_{N_R2}(t) & \cdots & h_{N_RN_T}(t) \end{bmatrix} \tag{3-4-6}$$

信道矩阵 $H(t)$ 的 $N_R \times N_T$ 个元素是具有 0 均值、单位方差的独立同分布复随机变量，服从如下复分布：

$$h_{ij}: N(0, 1/\sqrt{2}) + jN(0, 1/\sqrt{2}), \quad i = 1, 2, \cdots, N_R; \quad j = 1, 2, \cdots, N_T \tag{3-4-7}$$

其中 $N(\cdots)$ 表示实高斯分布。由此可知，幅度 $|h_{ij}(t)|$ 服从瑞利分布，$|h_{ij}(t)|^2$ 服从 χ^2 分布，并且

$$E[|h_{ij}(t)|^2] = 1 \tag{3-4-8}$$

假定信道是准静态的，即 $h_{ij}(t)$ 在一帧内不变，帧与帧之间独立变化，有时也将这种衰落称为块衰落。

以 $\tilde{w}_i(t)$ 表示加性复信道噪声，由加性复高斯噪声构成的复信道噪声向量 $w(t)$ 为

$$w(t) = [\tilde{w}_1(t), \tilde{w}_2(t), \cdots, \tilde{w}_{N_R}(t)]^T \tag{3-4-9}$$

信道噪声向量 $w(t)$ 的 N_R 个元素是独立同分布的复高斯随机变量，其均值为 0，方差为 σ_w^2。噪声向量 w 的相关矩阵为

$$R_w = E[ww^H] = \sigma_w^2 I_{N_R} \tag{3-4-10}$$

式中：I_{N_R} 是 $N_R \times N_R$ 阶的单位矩阵。

根据假设，$h_{ij}(t)$ 是均值为 0、方差为 1 的归一化随机变量，因此每个接收机输入的平均信噪比为

$$\rho = \frac{P}{\sigma_w^2} = \frac{N_T \sigma_x^2}{\sigma_w^2} \tag{3-4-11}$$

对于给定的噪声方差 σ_w^2，一旦总的发射功率 P 固定，则 ρ 为定值，并且同 N_R 无关。

将式（3-4-5）写成向量形式，得到

$$r(t) = H(t)x(t) + w(t) \tag{3-4-12}$$

式（3-4-12）描述了平坦衰落信道下 MIMO 系统的复基带信道模型，省掉式中的 t 可写成如下的简单形式：

$$r = Hx + w \tag{3-4-13}$$

式（3-4-13）描述的复基带信道模型如图 3-15 所示。

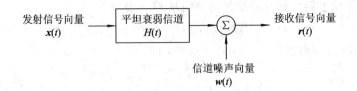

图 3-15 MIMO 系统复基带信道模型

3.4.2 接收端已知、发射端未知信道特性时的 MIMO 系统容量

接收端已知信道特性表示接收端获得了确定的信道矩阵 $\boldsymbol{H}$。一般情况下，接收端可以通过信道估计(比如利用训练序列)得到信道的状态信息，而对于发射端则要复杂一些。在 TDD 模式下，上下行链路具有互异性，发射机可以直接使用接收机估计的信道参数。但在 FDD 模式下，上下行链路差别较大，需要采用其他的技术获得信道信息。比如，基站要获得信道特性信息，可以将移动台估计得到的信道信息反馈到基站。

信道容量指的是在无差错条件下，信道能够传输的最大信息速率。系统容量就是系统中所有信道容量的总和。无线信道是随机信道，信道容量也是随机的，通常用遍历容量(Ergodic Capacity)和中断容量(Outage Capacity)来描述。遍历容量即各态历经容量，也叫平均容量或 Shannon 容量，指的是随机信道在所有衰落状态下最大信息速率的时间平均值。中断容量定义为在给定中断概率下信道能够保持的最大信息速率。

中断容量与中断概率相互对应，谈到中断容量 C_{outage}，必然有一个中断概率 p_{outage} 与之对应，反之亦然。中断概率与中断容量的关系可以通过下面的定义去理解：如果系统的信道容量小于某一个固定值 C_{outage} 的概率为 p_{outage}，即

$$p_{\text{outage}} = \text{prob}(C < C_{\text{outage}}) \qquad (3-4-14)$$

则称 p_{outage} 为中断概率，C_{outage} 为中断容量。下面根据复基带信道模型讨论 MIMO 系统的遍历容量。

1. 遍历容量

假设信道是平坦衰落的，若信道的输入为 x，输出为 r，则信道容量 C 定义为信道输入 x 和信道输出 r 之间平均互信息的最大值，即

$$C = \max_{P(x)} I(x; r) \qquad (3-4-15)$$

式中，$P(x)$ 表示输入信号 x 的概率密度函数。

传统的单天线系统(SISO)采用一副发射天线和一副接收天线($N_T = N_R = 1$)。假定发射信号的功率固定为 P，信道只受到加性高斯白噪声的干扰，接收天线的接收功率等于总发射功率，即假定 $|h| = 1$，接收天线上的噪声功率为 σ_w^2，则接收信号的平均信噪比为式 (3-4-11)，信道容量随着 SNR 按对数规律变化，即只受加性高斯白噪声干扰的信道归一化容量为

$$C = \text{lb}(1 + \rho) \text{ (b/s)/Hz} \qquad (3-4-16)$$

显然，当 SNR 较高时(即 $\rho \gg 1$)，SNR 每增加 3 dB，信道容量增加 1 (b/s)/Hz。

实际上无线信道会受到多径传播的影响而产生衰落，信道系数 h 是时变的，如果用 $|h|$ 表示信道系数的幅度，则 SISO 系统的信道容量可表示为

$$C = \text{lb}(1 + \rho |h|^2) \quad (\text{b/s})/\text{Hz} \tag{3-4-17}$$

对于多输入多输出（MIMO）系统，有 N_T 副发射天线和 N_R 副接收天线，如果发射端天线间距和接收端天线间距都足够大，则可以认为各接收天线上的信号相互独立。利用接收信息和条件信息熵的关系式，并假设发射向量 $\boldsymbol{x}$ 和接收向量 $\boldsymbol{r}$ 相互独立，可以得到

$$I(\boldsymbol{x}; \boldsymbol{r}) = H(\boldsymbol{r}) - H(\boldsymbol{r} \mid \boldsymbol{x}) = H(\boldsymbol{r}) - H(\boldsymbol{Hx} + \boldsymbol{w} \mid \boldsymbol{x})$$
$$= H(\boldsymbol{r}) - H(\boldsymbol{w} \mid \boldsymbol{x}) = H(\boldsymbol{r}) - H(\boldsymbol{w}) \tag{3-4-18}$$

由于 $H(\boldsymbol{w})$ 为常数，因此最大化 $I(\boldsymbol{x}; \boldsymbol{r})$ 等价于最大化 $H(\boldsymbol{r})$。

熵 $H(\boldsymbol{r})$ 由接收向量 $\boldsymbol{r}$ 的协方差矩阵 $\boldsymbol{R}_r$ 决定。可以证明，对于给定协方差矩阵 $\boldsymbol{R}_r$ 的接收向量 $\boldsymbol{r}$，当 $\boldsymbol{r}$ 服从 0 均值循环对称复高斯分布时，熵 $H(\boldsymbol{r})$ 最大。只有 $\boldsymbol{x}$ 服从 0 均值循环对称复高斯分布，$\boldsymbol{r}$ 才服从 0 均值循环对称复高斯分布。因此，0 均值循环对称复高斯分布是 $\boldsymbol{x}$ 的最优分布。这时可以得到

$$H(\boldsymbol{r}) = \text{lb}[\det(\pi e R_r)]$$
$$H(\boldsymbol{w}) = \text{lb}[\det(\pi e \sigma_w^2 I_{N_R})] \tag{3-4-19}$$

当发射端未知信道信息时，只能将发射功率平均地分配到各发射天线上，即各天线等功率发射相互独立的信号，此时，能最大化互信息的输入信号 $\boldsymbol{x}$ 符合 0 均值的高斯分布，$\boldsymbol{r}$ 也符合 0 均值的高斯分布，并且 $\boldsymbol{r}$ 的协方差矩阵为

$$\boldsymbol{R}_r = E[\boldsymbol{rr}^H] = E[\boldsymbol{HR}_x \boldsymbol{H}^H + \sigma_w^2 \boldsymbol{I}_{N_R}] \tag{3-4-20}$$

根据式（3-4-19）和式（3-4-20），从式（3-4-18）可以得到

$$I(\boldsymbol{x}; \boldsymbol{r}) = \text{lb}\left[\det\left(\boldsymbol{I}_{N_R} + \frac{1}{\sigma_w^2}\boldsymbol{HR}_x \boldsymbol{H}^H\right)\right] \tag{3-4-21}$$

因此，当接收端已经知道信道矩阵 $\boldsymbol{H}$ 时，MIMO 系统的容量为

$$C = \max_{\text{tr}(R_x) \leqslant P} \text{lb}\left[\det\left(\boldsymbol{I}_{N_R} + \frac{1}{\sigma_w^2}\boldsymbol{HR}_x \boldsymbol{H}^H\right)\right] \tag{3-4-22}$$

在高斯模型假设条件下，将式（3-4-2）代入式（3-4-22），得到 MIMO 系统的遍历容量为

$$C = E\left\{\text{lb}\left[\det\left(\boldsymbol{I}_{N_R} + \frac{\sigma_x^2}{\sigma_w^2}\boldsymbol{HH}^H\right)\right]\right\} \quad (\text{b/s})/\text{Hz} \tag{3-4-23}$$

式中，$E[\cdot]$ 表示对信道矩阵 $\boldsymbol{H}$ 求数学期望。利用式（3-4-11）中平均信噪比 ρ 的定义，式（3-4-23）可写成

$$C = E\left\{\text{lb}\left[\det\left(\boldsymbol{I}_{N_R} + \frac{\rho}{N_T}\boldsymbol{HH}^H\right)\right]\right\} \quad (\text{b/s})/\text{Hz} \tag{3-4-24}$$

这就是 MIMO 系统的遍历容量表达式，也称为高斯信道 MIMO 系统的对数-行列式容量公式。

式（3-4-24）对应 $N_T \geqslant N_R$，并且 $N_R \times N_R$ 矩阵 $\boldsymbol{H}^H\boldsymbol{H}$ 是满秩的情况。如果 $N_T \leqslant N_R$，并且 $N_T \times N_T$ 矩阵 $\boldsymbol{H}^H\boldsymbol{H}$ 是满秩的，则式（3-4-24）的等价形式为

$$C = E\left\{\text{lb}\left[\det\left(\boldsymbol{I}_{N_T} + \frac{\rho}{N_T}\boldsymbol{H}^H\boldsymbol{H}\right)\right]\right\} \quad (\text{b/s})/\text{Hz} \tag{3-4-25}$$

对于式（3-4-22），当 $N_T = N_R = N$，并且当 N 趋于无穷大时，C 随 N 的增大呈现渐近线性关系

$$\lim_{N \to \infty} \frac{C}{N} = 常数 \tag{3-4-26}$$

　　因此可以得出结论：在平坦衰落条件下，一个收发天线数目均为 N 的 MIMO 系统，其遍历容量近似地随 N 的增加而成比例地增加。这个结论说明 MIMO 系统的频谱使用效率将远远高于传统的无线通信系统。这就是 MIMO 技术成为新一代移动通信系统基本技术的原因所在。

　　另外还可以证明，当 N 很大时，MIMO 系统的遍历容量同 SNR 成线性关系。

　　例 3 - 4　证明：对于接收端已知信道状态的 MIMO 系统，在高信噪比情况下，信噪比每增加 3 dB，系统的容量增益为 $N = \min\{N_{\mathrm{T}}, N_{\mathrm{R}}\}$ (b/s)/Hz。

　　证明：根据对数—行列式容量公式

$$C = E\left[\mathrm{lb}\left(\det\left(\boldsymbol{I}_{N_{\mathrm{R}}} + \frac{\rho}{N_{\mathrm{T}}} \boldsymbol{H}\boldsymbol{H}^{\mathrm{H}} \right) \right) \right]$$

$$\approx E\left[\mathrm{lb}\left(\det\left(\frac{\rho}{N_{\mathrm{T}}} \boldsymbol{H}\boldsymbol{H}^{\mathrm{H}} \right) \right) \right] = E\left[\mathrm{lb}\left(\det\left(\frac{\rho}{N_{\mathrm{T}}} \boldsymbol{A} \right) \right) \right]$$

$$= E\left[\mathrm{lb}\left(\left(\frac{\rho}{N_{\mathrm{T}}} \right)^{N} \det(\boldsymbol{A}) \right) \right] = E\left[\mathrm{lb}\rho^{N} - \mathrm{lb}N_{\mathrm{T}}^{N} + \mathrm{lb}(\det(\boldsymbol{A})) \right]$$

$$(3 - 4 - 27)$$

式中，$\boldsymbol{A} = \boldsymbol{H}\boldsymbol{H}^{\mathrm{H}}$ 是一个 $N \times N$ 的矩阵，$N = \min\{N_{\mathrm{T}}, N_{\mathrm{R}}\}$。推导中应用了等式

$$\det\left(\frac{\rho}{N_{\mathrm{T}}} \boldsymbol{A} \right) = \left(\frac{\rho}{N_{\mathrm{T}}} \right)^{N} \det(\boldsymbol{A})$$

　　当信噪比 ρ 增加 3 dB 时，就是信噪比绝对值增加一倍。所以，以 2ρ 代替式(3 - 4 - 27)中的 ρ，则系统的遍历容量变为

$$C' \approx E\left[\mathrm{lb}(2\rho)^{N} - \mathrm{lb}N_{\mathrm{T}}^{N} + \mathrm{lb}(\det(\boldsymbol{A})) \right]$$

$$= E\left[\mathrm{lb}2^{N} + \mathrm{lb}\rho^{N} - \mathrm{lb}N_{\mathrm{T}}^{N} + \mathrm{lb}(\det(\boldsymbol{A})) \right]$$

$$= E\left[N + \mathrm{lb}\rho^{N} - \mathrm{lb}N_{\mathrm{T}}^{N} + \mathrm{lb}(\det(\boldsymbol{A})) \right]$$

$$= N + E\left[\mathrm{lb}\rho^{N} - \mathrm{lb}N_{\mathrm{T}}^{N} + \mathrm{lb}(\det(\boldsymbol{A})) \right] \quad \text{(b/s)/Hz} \quad (3 - 4 - 28)$$

$$\Delta C = C' - C = N \quad \text{(b/s)/Hz} \quad (3 - 4 - 29)$$

　　所以，信噪比每增加 3 dB，系统的容量增加 $N = \min\{N_{\mathrm{T}}, N_{\mathrm{R}}\}$ (b/s)/Hz。证毕。

2. 遍历容量对数—行列式公式的两种特殊情况

1）接收分集

　　在式(3 - 4 - 25)中，当 $N_{\mathrm{T}} = 1$ 时，信道矩阵退化为一个列向量 $\boldsymbol{H} = [h_1 \quad h_2 \cdots \quad h_{N_{\mathrm{R}}}]^{\mathrm{T}}$，从而系统容量公式简化为

$$C = E\left[\mathrm{lb}\left(\det\left(1 + \rho \sum_{i=1}^{N_{\mathrm{R}}} |h_i|^2 \right) \right) \right] = E\left[\mathrm{lb}\left(1 + \rho \sum_{i=1}^{N_{\mathrm{R}}} |h_i|^2 \right) \right] \quad \text{(b/s)/Hz}$$

$$(3 - 4 - 30)$$

这个公式同前面讨论的接收分集 MRC 的结论是一致的。如果系统采用选择式分集，则系统容量公式为

$$C = E\left[\mathrm{lb}(1 + \rho h_{\max}^2) \right] \text{(b/s)/Hz}, \quad h_{\max} = \max\{|h_i|\} \quad (3 - 4 - 31)$$

2）发射分集

　　在式(3 - 4 - 24)中，当 $N_{\mathrm{R}} = 1$ 时，信道矩阵退化为一个行向量 $\boldsymbol{H} = [h_1 \quad h_2 \quad \cdots \quad h_{N_{\mathrm{T}}}]$，此时系统容量公式变为

$$C = E\left[\mathrm{lb}\left(1 + \frac{\rho}{N_\mathrm{T}}\sum_{j=1}^{N_\mathrm{T}}|h_j|^2\right)\right]\ (\mathrm{b/s})/\mathrm{Hz} \qquad (3-4-32)$$

从式 $(3-4-32)$ 看出，同接收分集相比，发射分集的信道容量减小了，这是因为总的发射功率保持不变，且与发射天线数无关。

3.4.3　MIMO 系统的等效特征传输模型

通过对信道矩阵进行奇异值分解，可以进一步研究 MIMO 系统的特性。

在式 $(3-4-24)$ 中 $(N_\mathrm{T}\geqslant N_\mathrm{R})$，$\boldsymbol{H}$ 是一个 $N_\mathrm{R}\times N_\mathrm{T}$ 阶复数矩阵。根据矩阵理论，$\boldsymbol{H}$ 存在一个奇异值分解 $(\mathrm{SVD})\boldsymbol{H}=\boldsymbol{U}\tilde{\boldsymbol{D}}\boldsymbol{V}^\mathrm{H}$（上标 H 表示转置共轭），其中 $\boldsymbol{U}$ 是 $N_\mathrm{R}\times N_\mathrm{R}$ 阶酉矩阵，$\boldsymbol{V}$ 是 $N_\mathrm{T}\times N_\mathrm{T}$ 阶酉矩阵，$\tilde{\boldsymbol{D}}$ 是 $N_\mathrm{R}\times N_\mathrm{T}$ 阶矩阵。当 $N_\mathrm{T}\geqslant N_\mathrm{R}$ 时，$\tilde{\boldsymbol{D}}$ 可以写成 $\tilde{\boldsymbol{D}}=\begin{bmatrix}\boldsymbol{D}&\boldsymbol{0}\end{bmatrix}$，其中 $\boldsymbol{D}$ 是 $N_\mathrm{R}\times N_\mathrm{R}$ 阶半正定对角矩阵，其对角线元素都是 $\boldsymbol{H}$ 的奇异值。因此，$\boldsymbol{H}$ 的奇异值分解可以写成

$$\boldsymbol{H}=\boldsymbol{U}\tilde{\boldsymbol{D}}\boldsymbol{V}^\mathrm{H}=\boldsymbol{U}\begin{bmatrix}\boldsymbol{D}&\boldsymbol{0}\end{bmatrix}\boldsymbol{V}^\mathrm{H} \qquad (3-4-33)$$

并且有

$$D=\mathrm{diag}\begin{bmatrix}d_1&d_2&\cdots&d_{N_\mathrm{R}}\end{bmatrix}=\mathrm{diag}\begin{bmatrix}\sqrt{\lambda_1}&\sqrt{\lambda_2}&\cdots&\sqrt{\lambda_{N_\mathrm{R}}}\end{bmatrix} \qquad (3-4-34)$$

式中，$d_i=\sqrt{\lambda_i}$ 是矩阵 $\boldsymbol{H}$ 的第 i 个奇异值，λ_i 是 $\boldsymbol{H}$ 的自协方差矩阵 $\boldsymbol{W}$ 的第 i 个特征值，有

$$\boldsymbol{W}=\boldsymbol{H}\boldsymbol{H}^\mathrm{H} \qquad (3-4-35)$$

例 3-5　将奇异值分解应用于式 $(3-4-13)$ 的基带信道模型 $\boldsymbol{r}=\boldsymbol{Hx}+\boldsymbol{w}$，试证明：对 $N_\mathrm{R}\leqslant N_\mathrm{T}$，有

$$\bar{\boldsymbol{r}}=\begin{bmatrix}\boldsymbol{D}&\boldsymbol{0}\end{bmatrix}\bar{\boldsymbol{x}}+\bar{\boldsymbol{w}} \qquad (3-4-36)$$

式中：

$$\bar{\boldsymbol{r}}=\boldsymbol{U}^\mathrm{H}\boldsymbol{r},\quad \bar{\boldsymbol{x}}=\boldsymbol{V}^\mathrm{H}\boldsymbol{x},\quad \bar{\boldsymbol{w}}=\boldsymbol{U}^\mathrm{H}\boldsymbol{w} \qquad (3-4-37)$$

证明：根据 $\boldsymbol{r}=\boldsymbol{Hx}+\boldsymbol{w}$，得到

$$\begin{aligned}\bar{\boldsymbol{r}}&=\boldsymbol{U}^\mathrm{H}\boldsymbol{r}=\boldsymbol{U}^\mathrm{H}\boldsymbol{Hx}+\boldsymbol{U}^\mathrm{H}\boldsymbol{w}=\boldsymbol{U}^\mathrm{H}\boldsymbol{U}\begin{bmatrix}\boldsymbol{D}&\boldsymbol{0}\end{bmatrix}\boldsymbol{V}^\mathrm{H}\boldsymbol{x}+\bar{\boldsymbol{w}}\\&=\begin{bmatrix}\boldsymbol{D}&\boldsymbol{0}\end{bmatrix}\boldsymbol{V}^\mathrm{H}\boldsymbol{x}+\bar{\boldsymbol{w}}=\begin{bmatrix}\boldsymbol{D}&\boldsymbol{0}\end{bmatrix}\bar{\boldsymbol{x}}+\bar{\boldsymbol{w}}\end{aligned} \qquad (3-4-38)$$

证毕。

可以将式 $(3-4-38)$ 分解的信道模型写成标量形式：

$$\bar{r}_i=d_i\bar{x}_i+\bar{w}_i,\quad i=1,2,\cdots,N_\mathrm{R} \qquad (3-4-39)$$

根据式 $(3-4-39)$，信道矩阵 $\boldsymbol{H}$ 的奇异值分解将 $N_\mathrm{R}\leqslant N_\mathrm{T}$ 的 MIMO 无线链路变换成了 N_R 个独立并行子信道，第 i 个子信道的增益为 $d_i=\sqrt{\lambda_i}$，它决定了该子信道的数据传输能力。MIMO 系统容量就是这些独立并行的子信道容量之和。变换后的等效特征传输模型如图 3-16 所示。

例 3-6　证明 MIMO 系统的容量公式为

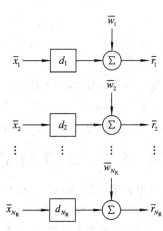

图 3-16　MIMO 系统的等效特征
传输模型 $(N_\mathrm{R}\leqslant N_\mathrm{T})$

$$C = \sum_{i=1}^{N} \mathrm{lb}\left(1 + \frac{\rho}{N_T}\lambda_i\right) \text{ (b/s)/Hz} \qquad (3-4-40)$$

式中，$N = \min(N_T, N_R)$，λ_i 是 $\boldsymbol{W} = \boldsymbol{HH}^H$ 的第 i 个特征值。

证明：首先从式(3-4-24)出发，证明当 $N_T \geqslant N_R$ 时式(3-4-40)成立。

将式(3-4-33)代入式(3-4-24)，有

$$C = \mathrm{lb}\left[\det\left(\boldsymbol{I}_{N_R} + \frac{\rho}{N_T}\boldsymbol{HH}^H\right)\right]$$

$$= \mathrm{lb}\left[\det\left(\boldsymbol{I}_{N_R} + \frac{\rho}{N_T}\boldsymbol{U\widetilde{D}V}^H\boldsymbol{V\widetilde{D}}^H\boldsymbol{U}^H\right)\right] = \mathrm{lb}\left[\det\left(\boldsymbol{I}_{N_R} + \frac{\rho}{N_T}\boldsymbol{U\widetilde{D}\widetilde{D}}^H\boldsymbol{U}^H\right)\right]$$

$$= \mathrm{lb}\left[\det\left(\boldsymbol{I}_{N_R} + \frac{\rho}{N_T}\sum_{i=1}^{N_R}\lambda_i\right)\right] = \sum_{i=1}^{N_R}\mathrm{lb}\left(1 + \frac{\rho}{N_T}\lambda_i\right) \text{ (b/s)/Hz}$$

同理，从式(3-4-25)可以证明，当 $N_T \leqslant N_R$ 时式(3-4-40)成立，此种情况下 $\boldsymbol{W} = \boldsymbol{H}^H\boldsymbol{H}$。

所以，当取 $N = \min(N_T, N_R)$ 时，MIMO 系统的容量满足式(3-4-40)。证毕。

从式(3-4-40)可以看出，如果矩阵 $\boldsymbol{W} = \boldsymbol{HH}^H$ 的 N 个特征值 λ_i 都相等，则有

$$C = N \times \mathrm{lb}\left(1 + \frac{\rho}{N_T}\lambda_i\right) \text{ (b/s)/Hz} \qquad (3-4-41)$$

这也说明 MIMO 系统容量随 $N = \min(N_T, N_R)$ 呈近似线性增长。

例3-7　一个 MIMO 系统的信道矩阵为

$$\boldsymbol{H} = \begin{bmatrix} 0.1 & 0.3 & 0.7 \\ 0.5 & 0.4 & 0.1 \\ 0.2 & 0.6 & 0.8 \end{bmatrix}$$

试计算该系统的等效特征传输模型。

解：信道矩阵 $\boldsymbol{H}$ 的奇异值分解为

$$\boldsymbol{H} = \begin{bmatrix} -0.555 & 0.3764 & -0.7418 \\ -0.3338 & -0.9176 & -0.2158 \\ -0.7619 & 0.1278 & 0.6349 \end{bmatrix}\begin{bmatrix} 1.3333 & 0 & 0 \\ 0 & 0.5129 & 0 \\ 0 & 0 & 0.0965 \end{bmatrix}$$

$$\times \begin{bmatrix} -0.2811 & -0.7713 & -0.5710 \\ -0.5679 & -3459 & 0.7569 \\ -0.7736 & 0.5342 & -0.3408 \end{bmatrix}$$

由于存在 3 个非 0 奇异值，信道矩阵 $\boldsymbol{H}$ 的秩为 3，因此存在 3 个独立并行的虚信道，信道增益分别为 $d_1 = 1.3333$，$d_2 = 0.5129$，$d_3 = 0.0965$。

注意，此例中三个信道的增益不同，增益小的信道误码率较高，或者信道容量较小。

3.4.4　发射端已知信道特性时的 MIMO 容量

平坦衰落信道的对数-行列式容量公式(3-4-24)，是在发射机没有信道信息、只有接收机知道信道状态的条件下导出的。在发射机不知道信道信息的情况下，只能将发射功率在 N_T 副发射天线间平均分配，在假设发射信号向量各元素为独立同分布复高斯随机变量的情况下，发射信号向量的协方差矩阵由式(3-4-2)给出。

一旦发射端知道信道特性，整个系统就都知道了信道状态，这时可以将信道矩阵 $\boldsymbol{H}$ 看

作一个常数矩阵，推导过程中不再需要对 $\boldsymbol{H}$ 求数学期望，问题变成如何构建使遍历容量最大化的最优相关矩阵 $\boldsymbol{R}_x$。为简化分析，考虑 $N_T = N_R = N$ 的 MIMO 系统，同对数一行列式容量公式推导过程一样，对式（3－4－22）应用矩阵恒等式 $\det(\boldsymbol{I}+\boldsymbol{A}\boldsymbol{B})=\det(\boldsymbol{I}+\boldsymbol{B}\boldsymbol{A})$，得到

$$C = \mathrm{lb}\left[\det\left(\boldsymbol{I}_N + \frac{1}{\sigma_w^2}\boldsymbol{H}\boldsymbol{R}_x\boldsymbol{H}^{\mathrm{H}}\right)\right] = \mathrm{lb}\left[\det\left(\boldsymbol{I}_N + \frac{1}{\sigma_w^2}\boldsymbol{R}_x\boldsymbol{H}^{\mathrm{H}}\boldsymbol{H}\right)\right] \text{ (b/s)/Hz}$$

$$(3-4-42)$$

显然，乘积矩阵 $\boldsymbol{H}^{\mathrm{H}}\boldsymbol{H}$ 是 Hermitian 矩阵，应用 Hermitian 矩阵的特征值分解，将 $\boldsymbol{H}^{\mathrm{H}}\boldsymbol{H}$ 对角化，有

$$\boldsymbol{U}^{\mathrm{H}}\boldsymbol{H}^{\mathrm{H}}\boldsymbol{H}\boldsymbol{U} = \boldsymbol{\Lambda} \quad \text{或} \quad \boldsymbol{H}^{\mathrm{H}}\boldsymbol{H} = \boldsymbol{U}\boldsymbol{\Lambda}\boldsymbol{\Lambda}^{\mathrm{H}} \qquad (3-4-43)$$

式中，$\boldsymbol{\Lambda}$ 是由 $\boldsymbol{H}^{\mathrm{H}}\boldsymbol{H}$ 的本征值构成的对角矩阵，$\boldsymbol{U}$ 是酉矩阵。

将式（3－4－43）代入式（3－4－42），并再次应用恒等式 $\det(\boldsymbol{I}+\boldsymbol{A}\boldsymbol{B})=\det(\boldsymbol{I}+\boldsymbol{B}\boldsymbol{A})$，得到

$$C = \mathrm{lb}\left[\det\left(\boldsymbol{I}_N + \frac{1}{\sigma_w^2}\boldsymbol{R}_x\boldsymbol{U}\boldsymbol{\Lambda}\boldsymbol{\Lambda}^{\mathrm{H}}\right)\right] = \mathrm{lb}\left[\det\left(\boldsymbol{I}_N + \frac{1}{\sigma_w^2}\boldsymbol{\Lambda}\boldsymbol{U}^{\mathrm{H}}\boldsymbol{R}_x\boldsymbol{U}\right)\right]$$

$$= \mathrm{lb}\left[\det\left(\boldsymbol{I}_N + \frac{1}{\sigma_w^2}\boldsymbol{\Lambda}\bar{\boldsymbol{R}}_x\right)\right] \quad \text{(b/s)/Hz} \qquad (3-4-44)$$

式中：

$$\bar{\boldsymbol{R}}_x = \boldsymbol{U}^{\mathrm{H}}\boldsymbol{R}_x\boldsymbol{U} \qquad (3-4-45)$$

注意到 $\boldsymbol{R}_x$ 是半正定的，故矩阵 $\bar{\boldsymbol{R}}_x$ 也是半正定的，并且两个矩阵的迹相同，即 $\mathrm{tr}(\boldsymbol{R}_x)=\mathrm{tr}(\bar{\boldsymbol{R}}_x)$，因此在 $\boldsymbol{R}_x$ 上寻求容量 C 最大化等效于在 $\bar{\boldsymbol{R}}_x$ 上寻求容量 C 最大化。

根据 Hadamard 不等式：对于任意半正定矩阵 $\boldsymbol{A}$ 皆有 $\det(\boldsymbol{A})\leqslant\prod_i A_{ii}$，式中 A_{ii} 是 $\boldsymbol{A}$ 的对角线元素，等号在 $\boldsymbol{A}$ 是对角矩阵时成立。所以，当 $\bar{\boldsymbol{R}}_x$ 是对角矩阵时有

$$\det\left(\boldsymbol{I}_N + \frac{1}{\sigma_w^2}\boldsymbol{\Lambda}\bar{\boldsymbol{R}}_x\right) \leqslant \prod_{i=1}^{N}\left(1 + \frac{1}{\sigma_w^2}\lambda_i\bar{r}_{x,ii}\right) \qquad (3-4-46)$$

式中：λ_i 是矩阵 $\boldsymbol{\Lambda}$ 的第 i 个对角线元素，即乘积矩阵 $\boldsymbol{H}^{\mathrm{H}}\boldsymbol{H}$ 的第 i 个特征值；$\bar{r}_{x,ii}$ 是矩阵 $\bar{\boldsymbol{R}}_x$ 的第 i 个对角线元素。式（3－4－46）中的等号只在 $\bar{\boldsymbol{R}}_x$ 为对角矩阵时成立，这时遍历容量 C 也最大。当式（3－4－46）取等号时，容量公式（3－4－44）为

$$C = \mathrm{lb}\prod_{i=1}^{N}\left(1 + \frac{1}{\sigma_w^2}\lambda_i\bar{r}_{x,ii}\right) = \sum_{i=1}^{N}\mathrm{lb}\left(1 + \frac{1}{\sigma_w^2}\lambda_i\bar{r}_{x,ii}\right) \qquad (3-4-47)$$

根据这个结果，在发射端知道信道状态信息的情况下，可以应用注水定理来确定发射功率在不同天线上的分配。对于 MIMO 系统，注水定理可以描述为：输入功率应该以这样一种方式来分配给不同的信道，即在高信噪比的信道发送较多的功率，而在低信噪比的信道发送较少的功率。这样，在发射总功率一定的条件下，利用已知的信道信息，可以通过注水算法充分利用发射功率，让发射端在较好的信道里传输较多的功率，在较差的信道里传输较少的功率，从而达到 MIMO 系统的总容量最大。

利用拉格朗日算子，可以得到注水算法的最优功率分配方案为

$$\bar{r}_{x,ii}^{\mathrm{opt}} = \left(\mu - \frac{\sigma_w^2}{\lambda_i}\right)^+ \qquad (3-4-48)$$

式中：$\bar{r}_{x,\,ii}^{\mathrm{opt}}$ 满足总发射功率一定的限制条件 $\sum\limits_{i=1}^{N}\bar{r}_{x,\,ii}^{\mathrm{opt}}=P$；$\mu$ 是一个保证总发射功率恒定的常数；上标"+"表示只保留等式右边为正数的项，即

$$(s)^{+}=\begin{cases} s & s>0 \\ 0 & s\leqslant 0 \end{cases}$$

令 $N_i=\dfrac{\sigma_w^2}{\lambda_i}$，$\bar{r}_{x,\,ii}^{\mathrm{opt}}=P_i$，则由式（3-4-48）得到 $P_i=(\mu-N_i)^{+}$，$\sum P_i=P$。图 3-17 给出了注水定理优化信道容量的示意图，P_i 表示在第 i 个子信道上分配的功率。根据式（3-4-47）和式（3-4-48），对应的 MIMO 链路容量的最大值为

$$C=\sum_{i=1}^{N}\mathrm{lb}\left(1+\frac{1}{\sigma_w^2}\lambda_i\bar{r}_{x,\,ii}^{\mathrm{opt}}\right)=\sum_{i=1}^{N}\mathrm{lb}\left[1+\frac{1}{\sigma_w^2}\lambda_i\left(\mu-\frac{\sigma_w^2}{\lambda_i}\right)^{+}\right]=\sum_{i=1}^{N}\mathrm{lb}\left(\frac{\mu\lambda_i}{\sigma_w^2}\right)^{+}$$

$$(3-4-49)$$

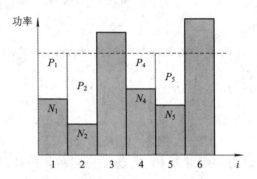

图 3-17　注水定理优化信道容量的示意图

3.4.5　MIMO 系统的空时编码技术

　　MIMO 系统在发射端和接收端同时采用了多副天线，传输性能较 SISO 系统有了大幅度的提高，既可以通过空间复用提高系统传输容量，也可以通过空间分集提高传输可靠性，或者在两者之间取一个合理的折中。实际中，不同的设计目标分别可以通过不同的空时编码方法实现。

　　空时编码是一种联合考虑信道编码、调制、发射和接收分集、同时应用多天线系统的时间维和空间维两个自由度构造码字，从而能够有效提高 MIMO 系统传输性能的编码方法。

　　空时编码可分为两类。一类是基于发射分集的空时分组编码（STBC，Space Time Block Coding）和空时网格编码（STTC，Space Time Trellis Coding）。这类方法通过在时间和空间上进行联合编码，使得在不同时刻从不同天线上发射的信号具有相关性，从而能在不牺牲带宽的条件下提高系统传输可靠性。空时网格编码将接收机信号处理技术同适合多天线发射的编码技术相结合，实现发送符号的并行传输。但是，空时网格编码的解码需要使用向量型的 Viterbi 算法，当发射天线数目确定时，解码复杂度随频谱效率的提高呈指数增长，实际应用不多。空时分组编码基于正交理论设计，接收端译码算法简单，比较实用。

　　另一类是基于空间复用的分层空时编码，也就是 Bell 实验室提出的空时分层结构（BLAST）。分层空时编码首先将信源数据分接成若干并行数据流（数量与发射天线数相

同），然后分别独立进行编码调制，并从对应的天线上发射出去，能够大幅度地提高系统的传输容量。

需要注意的是，虽然基于发射分集的空时分组编码和空时网格编码方案不能直接提高系统容量，但是通过并行信道独立、不相关地传输信息，能使信号在接收端获得分集增益，这为数据实现高阶调制创造了条件，从而间接地提高了系统容量。

1. 分层空时编码

分层空时编码也称为贝尔实验室空时分层（BLAST，Bell Laboratory Layered Space Time）结构，是由贝尔实验室提出的一种利用 MIMO 系统进行并行信息传输以提高信息传输速率的方法。2002 年 10 月第一个 BLAST 芯片在贝尔实验室问世，该芯片支持最高 $N_T \times N_R = 4 \times 4$ 的天线配置和 19.2 Mb/s 的数据速率。目前，分层空时编码技术已广泛应用于 MIMO 系统中。

1) 分层空时编码原理

分层空时编码基于空间复用技术提高系统的传输容量，其原理框图如图 3-18 所示。发送端将高速的信源数据分接为 N_T 路低速数据流，首先通过普通的并行编码器分别对这些低速数据流进行信道编码，然后再分别进行空时编码和调制，最后经 N_T 副天线发射出去。接收端采用 N_R 副天线分集接收，通过信道估计，获得信道状态信息，并由线性判决反馈均衡器实现分层判决反馈干扰消除，然后进行空时译码和信道译码恢复原始数据。

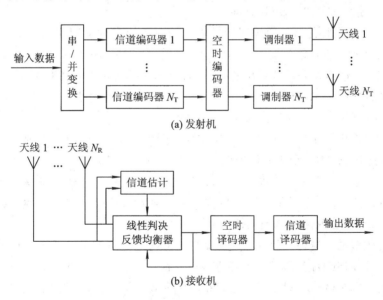

图 3-18　分层空时编码系统的原理框图

按发送端分路的方式不同，分层空时编码有水平分层空时编码（H-BLAST）、垂直分层空时编码（V-BLAST）和对角分层空时编码（D-BLAST）。下面以 $N_T = 3$ 为例来分别介绍。

参考图 3-18(a)，假设信道编码器 1 的输出为序列 $a_1, a_2, a_3, \cdots$，信道编码器 2 的输出为 $b_1, b_2, b_3, \cdots$，信道编码器 3 的输出为 $c_1, c_2, c_3, \cdots$，三种编码方案的结构如图 3-19 所示。

H-BLAST 就是将并行信道编码器的输出按水平方向进行空间编码，也就是将信道编码器 k 的输出直接送到对应的第 k 个调制器进行调制，而后经第 k 副发射天线发射出去，如图 3-19(a)所示。

信道编码器 1 输出：$\cdots a_5 a_4 a_3 a_2 a_1 \Rightarrow$ 调制器 1 $\Rightarrow$ 天线 1
信道编码器 2 输出：$\cdots b_5 b_4 b_3 b_2 b_1 \Rightarrow$ 调制器 2 $\Rightarrow$ 天线 2
信道编码器 3 输出：$\cdots c_5 c_4 c_3 c_2 c_1 \Rightarrow$ 调制器 3 $\Rightarrow$ 天线 3

(a) 水平分层

$\cdots c_4 b_4 a_4 c_1 b_1 a_1 \Rightarrow$ 调制器 1 $\Rightarrow$ 天线 1 $\cdots c_4 b_4 a_4 c_1 b_1 a_1 \Rightarrow$ 调制器 1 $\Rightarrow$ 天线 1
$\cdots c_5 b_5 a_5 c_2 b_2 a_2 \Rightarrow$ 调制器 2 $\Rightarrow$ 天线 2 $\cdots b_5 a_5 c_2 b_2 a_2 0 \Rightarrow$ 调制器 2 $\Rightarrow$ 天线 2
$\cdots c_6 b_6 a_6 c_3 b_3 a_3 \Rightarrow$ 调制器 3 $\Rightarrow$ 天线 3 $\cdots a_6 c_3 b_3 a_3 0 0 \Rightarrow$ 调制器 3 $\Rightarrow$ 天线 3

(b) 垂直分层   (c) 对角分层

图 3-19　三种分层空时编码方案结构

V-BLAST 就是将并行信道编码器的输出按垂直方向进行空间编码，也就是信道编码器 1 输出的前 $N_T = 3$ 个码元排在第 1 列，分别送到 3 副天线上发射，信道编码器 2 输出的 $N_T = 3$ 个码元排在第 2 列，分别送到 3 副天线上发射，信道编码器 3 输出的 $N_T = 3$ 个码元排在第 3 列，分别送到 3 副天线上发射，然后再发射信道编码器 1 输出的第 2 组 $N_T = 3$ 个码元、信道编码器 2 输出的第 2 组 $N_T = 3$ 个码元和信道编码器 3 输出的第 2 组 $N_T = 3$ 个码元，依次类推，如图 3-19(b)所示。

D-BLAST 就是将并行信道编码器的输出按对角线进行空间编码，而在右下角补 0，如图 3-19(c)所示。在对角分层空时编码中，信道编码器 1 输出的开始 N_T 个码元排列在第一条对角线上，信道编码器 2 输出的开始 N_T 个码元排列在第二条对角线上。一般，信道编码器 i 输出的第 j 批 N_T 个码元排列在第 $i + (j-1) N_T$ 条对角线上。编码后的码元按列由 N_T 副发射天线发射。

上述三种方案中：H-BLAST 最易于实现，但性能差，实际很少使用；D-BLAST 性能最好，可以达到 MIMO 系统理论容量，但具有 $N_T (N_T - 1)/2$ bit 的传输冗余，并且其编码与译码都比较复杂，实际应用也不多；V-BLAST 性能较 D-BLAST 差一些，但编码结构较简单，而且没有传输冗余，实际应用较多。下面介绍 V-BLAST 接收机的检测算法。

2）V-BLAST 接收机的检测算法

目前研究较多的检测译码算法主要有最大似然（ML）译码算法、迫零（ZL）译码算法、最小均方误差（MMSE）译码算法和非线性译码算法。下面分别进行介绍。

首先假设：MIMO 信道是平坦块衰落的；各个收发天线间的不同信道彼此独立，且信道系数服从均值为 0、方差为 1 的瑞利分布；信道噪声是 0 均值的复高斯噪声；接收端已知信道状态；接收信号向量 r、发射信号向量 x 和噪声向量 w 关系由式（3-4-13）给出。

（1）最大似然（ML）译码算法。

ML 译码算法是一种最佳的矢量译码算法，算法的过程就是从所有可能的发送信号集合中找到一个满足下式的信号，即选择一个使得式（3-4-13）的值最小的 x 作为发送信号的 ML 译码估计值。

$$\hat{x} = \underset{x}{\arg\min} \parallel r - Hx \parallel^2 \qquad (3-4-50)$$

ML 译码算法可以获得最小的差错概率，误码性能最好，但算法复杂，且复杂度与调制星座点数和发送天线数目成指数关系，因而在实际中应用得不多，一般作为译码算法的性能边界来衡量其他译码算法的性能。

（2）迫零（ZL）译码算法。

ZL 译码算法就是根据信道矩阵 H 计算一个加权矩阵 G（即 H 的伪逆），然后再把加权矩阵同接收信号向量相乘，得到发射信号向量的估值。算法的基本过程如下：

首先构成 N_R 维的接收信号向量 r，接着计算 $N_R \times N_T$ 维的迫零矩阵 G（H 的伪逆）：

$$G = (H^H H)^{-1} H^H \tag{3-4-51}$$

矩阵 G 的第 i 行 G_i 满足：

$$G_i H_j = \begin{cases} 1, & i = j \\ 0, & i \neq j \end{cases}$$

式中，H_j 表示矩阵 H 的第 j 列。

最后，将加权矩阵 G 同接收信号向量 r 相乘，计算发射信号向量 x 的估值向量 $\hat{x}$：

$$\hat{x} = Gr = (H^H H)^{-1} H^H r \tag{3-4-52}$$

迫零译码算法需要根据信道矩阵计算加权矩阵 G，因此接收端需要获得信道状态信息。

（3）最小均方误差（MMSE）译码算法。

MMSE 译码算法也是先计算一个加权矩阵 G：

$$G = [H^H H + \sigma_w^2 I_m]^{-1} H^H \tag{3-4-53}$$

但 G 要满足下面的关系：

$$\min E[(x - \hat{x})^H (x - \hat{x})] = \min E[(x - Gr)^H (x - Gr)]$$

对发射信号的估值则按下式计算：

$$\hat{x} = Gr = G(H^H H + \sigma_w^2 I_m)^{-1} H^H \tag{3-4-54}$$

MMSE 译码算法考虑了噪声的影响，因此具有比 ZF 译码算法更好的性能，但 MMSE 译码算法需要接收端同时获得信道信息和噪声方差才能完成对接收信号的检测译码。

（4）非线性译码算法。

前面分析的 ZF 译码算法和 MMSE 译码算法都是线性算法，相对地也存在非线性译码算法，如串行干扰消除译码算法。串行干扰消除译码算法是一个迭代的过程，其基本思想是在线性译码算法的基础上，先在接收端通过线性译码算法解调出一副发射天线上的发射符号，然后把该符号当作干扰去除掉，继续以同样的方法来解调其他的发射符号。下面具体分析以 ZF 译码算法为基础的、不进行排序的串行干扰消除译码算法过程，包括初始化和迭代两步。

第一步：初始化，即

$$\begin{cases} i = 1 \\ G = (H^H H)^{-1} H^H \\ y_1 = G_1 r \\ \hat{x}_1 = Q(y_1) \\ r_2 = r - \hat{x}_1 H_1 \\ \hat{H}_2 = H(:, i+1:N_T) \end{cases} \tag{3-4-55}$$

第二步：迭代，即

$$\begin{cases} i = 2,3,\cdots,N_T \\ \boldsymbol{G} = (\boldsymbol{H}_i^H\boldsymbol{H}_i)^{-1}\boldsymbol{H}_i^H \\ \boldsymbol{y}_i = \boldsymbol{G}_1\boldsymbol{r}_i \\ \hat{\boldsymbol{x}}_i = \boldsymbol{Q}(\boldsymbol{y}_i) \\ \boldsymbol{r}_{i+1} = \boldsymbol{r} - \hat{\boldsymbol{x}}_i\boldsymbol{H}_i \\ \hat{\boldsymbol{H}}_{i+1} = \boldsymbol{H}(:,i+1:N_T) \\ i = i+1 \end{cases} \qquad (3-4-56)$$

式中：$\boldsymbol{G}_1$ 代表矩阵第一行；$\boldsymbol{Q}(\boldsymbol{y}_i)$ 是在调制星座图中进行量化操作，即找到与星座图中距离最小的点；$\boldsymbol{H}_i$ 代表信道矩阵的第 i 列；$\boldsymbol{H}(:,i+1:N_T)$ 代表信道矩阵从第 $i+1$ 列到第 N_T 列构成的矩阵。

串行干扰消除译码算法以线性译码算法为基础，但性能要优于线性译码算法。

串行干扰消除译码算法依次对发射符号进行解调，译码符号的顺序是随机的，译码顺序不同时会产生不同的译码结果。分析译码过程可以看出，如果先解调的符号出现错误，就会增加后面干扰消除的噪声，因此会对后面的符号解调产生严重的负面影响，甚至不能正确解调，这就是非线性译码算法的错误传输问题。因而，符号译码的排序非常重要。由于信噪比大的符号的解调错误概率会比较小，所以在非线性译码过程中可以先解调信噪比大的符号，从而可以相对地减轻错误传输的影响。由此可以总结出串行干扰消除译码算法的实现过程如下：

首先，对译码符号排序，根据已知的噪声方差和信道矩阵求出相应的加权矩阵，根据加权矩阵的行范数确定解调符号的排序；其次，迫零，即用 ZF 或 MMSE 译码算法消除其他符号的干扰，从而得到所需要的解调符号估计值；然后补偿遍历发射符号星座图中的所有星座点，从中选择与解调符号之间欧氏距离最小的星座点，并将其判决为发射符号；最后是消除，即从接收信号中消除已经解调符号的影响，从而降低剩余符号的解调复杂度。重复上述过程，直到解调出所有发射符号。

2. 空时网格编码

在数字无线通信系统中，接收端是采用软判决方法完成译码的。对于最佳的软判决译码，错误概率主要取决于相邻两信号之间的欧氏距离。因此，不同信号之间的欧氏距离直接决定系统的抗衰落能力。空时网格编码（STTC，Space Time Trellis Coding）基于网格编码调制（TCM，Trellis Code Modulation）技术，通过将发射分集同网格编码调制技术相结合，增加不同信号之间的欧氏距离，从而提高系统的抗衰落性能。

传统数字传输系统中，纠错编码与调制是分别独立设计的，译码和解调也是独立完成的，纠错编码通过提高不同码组之间的汉明距离来改善码组的纠/检错能力。然而，编码输出的数字序列，在经过调制以后发射的是另一个多进制已调信号序列。对于汉明距离最佳的编码码字，在映射成非二进制的调制信号时并不一定空间距离最大，只有 BPSK 调制和 QPSK 调制的汉明距离才和欧氏距离等价，在一般的多进制调制中，两者之间不存在单调的关系。因而，汉明距离为最佳的编码码字，一般不能保证无线传输的抗衰落性能是最佳的。空时网格编码将差错控制编码、调制和发射分集进行联合设计，能够达到编译码复杂度、性能和系统传输速率的最佳折中。空时网格编码系统的原理框图如图 3-20 所示。

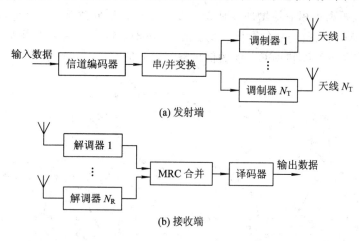

图 3-20 STTC 系统的原理框图

空时网格编码的编码过程如下（假定开始编码器处于零状态）：假设采用有 2^b 个星座点的星座图进行调制，在时刻 t 有 b 个比特的符号输入编码器，该编码器有 N_T 个不同的生成多项式决定其 N_T 个输出，这 N_T 个输出分别对应 N_T 个天线上的发送数据，此时数据已经不再是信息比特，而是调制星座图中的符号，对应到网格图上，就是编码器根据当前所处的状态和当前输入的信息序列，选择输入分支。

由于空时网格编码建立在网格编码调制技术的基础上，下面先介绍网格编码调制技术，然后再介绍空时网格编码。

1）网格编码调制

网格编码调制原理如图 3-21 所示。每个调制信号周期共有 m 个待传输数据比特输入，这 m 个信息比特经串/并变换后分成两路：一路 $k \leqslant m$ 个比特送入码率为 $k/(k+1)$ 的卷积编码器中扩展成 $k+1$ 个编码比特，这 $k+1$ 个编码比特与 2^{m+1} 个子集建立起映射关系，用于选择 2^{m+1} 个子集中的一个；另一路 $m-k$ 个未编码比特直接送往信号选择器，用来选择传送该子集中的 2^{m-k} 个信号点的一个，该信号点是被唯一确定的。

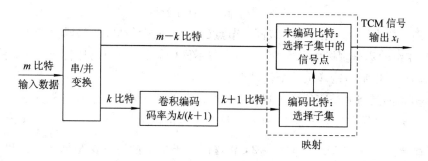

图 3-21 网格编码调制原理

实现 TCM 的第一步是构成 2^{m+1} 个点的信号星座到 2^{k+1} 个子集的一种分割。m 比特的数据输入编码器后，得到 $m+1$ 比特组成的子码，并且每一子码与信号星座图中的一个信号点对应，因此星座图中共有 2^{m+1} 个信号点。为了保证发送信号序列的欧氏距离最大化，

将这 2^{m+1} 个信号点划分成若干个子集，并使得划分后子集内信号点之间的最小欧氏距离得到最大限度的增加。每一次划分都是将一个较大的子集划分成两个较小的子集，子集内信号点之间的欧氏距离也相应地增加，即 $\Delta_0 < \Delta_1 < \Delta_2 \cdots$。划分持续进行 $k+1$ 次，直到 Δ_{k+1} 等于或大于 TCM 编码所需要的欧氏距离。当 $k=m$ 时，每个信号子集里仅包含一个信号。图 3-22 中给出了 8PSK 和 16QAM 的信号空间划分情况。

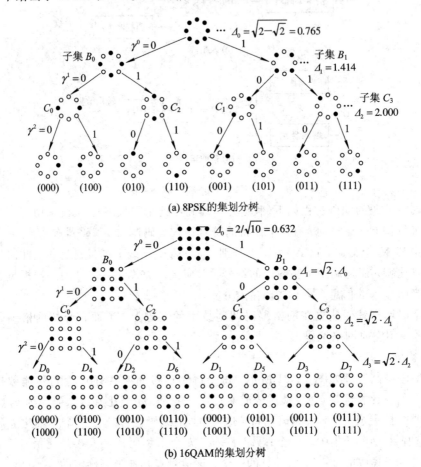

(a) 8PSK的集划分树

(b) 16QAM的集划分树

图 3-22 信号空间划分情况

在集划分树中，令同始于第 i 级同一节点的两个分支所对应的编码比特为 $\gamma^i = 0$ 或 1，在共有 $k+1$ 级的集分割树中，2^{k+1} 个子集对应不同的 $k+1$ 个编码比特 $\gamma^k, \cdots, \gamma^0$，反之，每一个编码比特也唯一地确定一个信号点子集。

图 3-22(a)是将 8PSK 信号集划分成 4 个子集的划分示意图。首先根据 $\gamma^0 = 0$ 和 $\gamma^0 = 1$ 把 8 个信号点划分成两个子集 B_0 和 B_1，每个子集包含 4 个信号点，同一子集内信号点之间的欧氏距离为 $\Delta_1 = \sqrt{2} > \Delta_0 = \sqrt{2-\sqrt{2}}$，将这两个子集中的每一个根据 $\gamma^1 = 0$ 和 $\gamma^1 = 1$ 再划分成两个子集，所以共得到四个子集：C_0、C_1、C_2 和 C_3，其中 $C_0 \bigcup C_2 = B_0$，$C_1 \bigcup C_3 = B_1$。四个子集中，各有两个信号点，它们之间的欧氏距离为 $\Delta_2 = 2 > \Delta_1 > \Delta_0$。

实现网格编码调制的第二步是选择卷积编码器，作用是限制可用的信号点序列集合，使得发送信号序列之间的最小欧氏距离大于未编码系统相邻信号点的距离。

2) 空时网格编码

参考图 3-20(a)，k 时刻有 b 个数据比特输入信道编码器，该编码器有 N_T 个输出，分别对应于 N_T 副发送天线，信道编码器输出的数据已经不再是信息比特，而是规模为 2^b 的星座点中的符号。对应到编码器的网格编码图上来说，编码器输出分支的选择取决于编码器当前的状态以及当前输入的信息比特。图 3-23 是发射天线数为 2 的空时网格编码示例，分别给出了 4PSK 星座图、4 状态网格编码图和编码器结构。原始的数据流被分成 2 个比特一组，首先映射成 4PSK 星座符号，然后进行空时网格编码。k 时刻输入的数据比特为 $b_k a_k$，$k-1$ 时刻输入的数据比特为 $b_{k-1} a_{k-1}$，$b_{k-1} a_{k-1}$ 也就是 k 时刻寄存器中存储的比特。k 时刻网格编码器的输出用 (x_1^k, x_2^k) 表示，也就是图 3-23(b) 中网格编码图右边的数字对。x_1^k、x_2^k 分别对应 4PSK 星座点，并且分别由天线 1、2 在 k 时刻同时发射出去。图 3-23(b) 中网格编码图左边的数字代表寄存器的当前状态。网格编码器的输出表达式为

$$(x_1^k, x_2^k) = b_{k-1}(2, 0) + a_{k-1}(1, 0) + b_k(0, 2) + a_k(0, 1) \qquad (3-4-57)$$

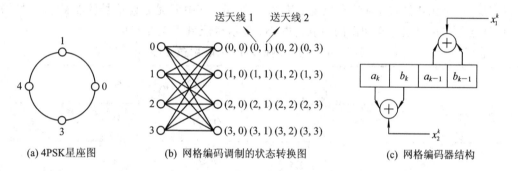

送天线 1　送天线 2

(a) 4PSK星座图　　　　(b) 网格编码调制的状态转换图　　　　(c) 网格编码器结构

图 3-23　$N_T = 2$ 的空时网格编码示例(4PSK，4 状态，2(b/s)/Hz)

假设编码器的初始状态为 0，对应的 $b_{k-1} a_{k-1} = 00$。如果此时编码器的输入为 $b_k a_k = 10$（对应十进制数 2），则编码器的输出为 $(x_1^k, x_2^k) = (0, 2)$，编码器状态在下一个时刻转移到 2（对应状态转换图上从状态 0 出发的第 3 条线），此时天线 1 发送 0，天线 2 发送 2。如果接着编码器输入 $b_k a_k = 01$（对应十进制数 1），此时对应的 $b_{k-1} a_{k-1} = 10$，则输出为 $(x_1^k, x_2^k) = (2, 1)$，编码器当前状态 2 转移到 1（对应状态转换图上从状态 2 出发的第 2 条线），此时天线 1 发送 2，天线 2 发送 1。依此类推。照此规律，当要发射的信息序列为 2、1、2、3、0、0、1 时，可以得到天线 1 发送的编码序列为 0、2、1、2、3、0、0，天线 2 发送的序列为 2、1、2、3、0、0、1。

以上是 4 状态网格编码器示例，随着编码器状态数的增加，网格编码调制状态转换图中任意两条路径的欧氏距离会有所增大，但编码的复杂度也会随之增大。

在接收端已知信道状态的条件下，目前空时网格编码的译码只能采用 Viterbi 算法完成，其译码复杂度随着传输速率的增加呈指数增加。在编码的设计方面，空时网格编码也存在困难，当状态数较大时，编码的网格图设计十分麻烦，目前一般采用计算机搜索得到。这些因素限制了空时网格编码方法的实际应用。

3. 空时分组编码

1) 空时分组编码概述

空时分组编码(STBC，Space Time Block Coding)克服了空时网格编码过于复杂的缺

点，在性能上相比略有损失，但译码复杂度要小得多，比较实用。

空时分组编码包括映射和分组编码两部分，如图 3-24 所示。映射器将来自信源的二进制数据流 $\{b_k\}$ 变换成一个新的数据块序列，每个数据块内包含多个复数符号。比如，映射器可以将二进制数据流映射成 M 元的 PSK 数据块或者是 M 元的 QAM 数据块。分组编码器将映射器产生的每个复数符号数据块转化成一个 $l \times N_T$ 的传输矩阵 $\boldsymbol{S}$，其中 l 和 N_T 分别是传输矩阵的时间维数和空间维数。传输矩阵 $\boldsymbol{S}$ 的元素由映射器产生的复数符号 $\tilde{s}_k$、其复共轭 $\tilde{s}_k^*$，以及它们的线性组合组成。

图 3-24 空时分组编码器的基本构成

以 $M=4$ 的 QPSK 调制为例，对输入的相邻双比特符号进行格雷编码，则相邻符号的编码只有一个比特翻转，其映射规则如表 3-1 所示，其中 E 是发射信号的能量，映射得到的信号点分布在以信号空间图的原点为圆心、以信号能量 E 为半径的圆上。

表 3-1 格雷编码 QPSK 映射关系表

相邻的双比特	映射的信号点坐标
10	$\sqrt{E/2}\,(+1, -1) = \sqrt{E}\mathrm{e}^{\mathrm{j}7\pi/4}$
11	$\sqrt{E/2}\,(-1, -1) = \sqrt{E}\mathrm{e}^{\mathrm{j}5\pi/4}$
01	$\sqrt{E/2}\,(-1, +1) = \sqrt{E}\mathrm{e}^{\mathrm{j}3\pi/4}$
00	$\sqrt{E/2}\,(+1, +1) = \sqrt{E}\mathrm{e}^{\mathrm{j}\pi/4}$

例 3-8 构建 $M=16$ 的 MPSK 星座映射关系。

解：16PSK 的星座映射关系可以用极坐标描述为 $\sqrt{E}\mathrm{e}^{\mathrm{j}\theta_k}$，其中 $\theta_k = (22.5k)^\circ$，$k = 1, 2, \cdots, 15$。对应的 16PSK 信号星座图如图 3-25 所示。

例 3-9 构建 $M=16$ 的 MQAM 映射关系。

解：16QAM 的星座映射关系可以用一个 4×4 矩阵描述如下：

$$\frac{1}{2}\delta_0 \begin{bmatrix} 3+\mathrm{j}3 & 1+\mathrm{j}3 & -1+\mathrm{j}3 & -3+\mathrm{j}3 \\ 3+\mathrm{j} & 1+\mathrm{j} & -1+\mathrm{j} & -3+\mathrm{j} \\ 3-\mathrm{j} & 1-\mathrm{j} & -1-\mathrm{j} & -3-\mathrm{j} \\ 3-\mathrm{j}3 & 1-\mathrm{j}3 & -1-\mathrm{j}3 & -3-\mathrm{j}3 \end{bmatrix}$$

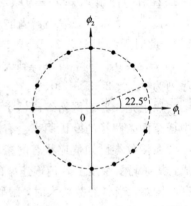

图 3-25 例 3-8 对应的 16PSK 信号星座图

式中，$\delta_0 = 2$ 为相邻两信号点间的距离。对应的 16QAM 信号星座图如图 3-26 所示。

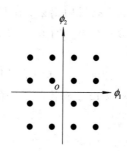

图 3 - 26　例 3 - 9 对应的 16QAM 信号星座图

2）Alamouti 发射分集方案

空时分组编码也叫正交空时分组编码，是 Tarokh 等人在 Alamouti 发射分集方案基础上根据广义正交设计原理提出的。这里先介绍 Alamouti 发射分集方案。

1998 年，Alamouti 提出了一种简单的发射分集方案，以两个发射天线发射两个正交序列实现发射分集。Alamouti 发射分集方案如图 3 - 27 所示。

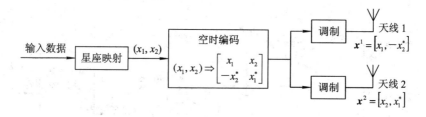

图 3 - 27　Alamouti 发射分集方案

首先，对信源输出的二进制数据比特进行星座映射。假设采用 M 进制的调制星座，把从信源来的二进制数据比特按每 $m = \mathrm{lb}M$ 个分为一组，对连续的两组数据比特进行星座映射，得到两个星座点符号 x_1 和 x_2。然后，将映射符号 x_1 和 x_2 送入空时编码器，编码器按照表 3 - 2 给出的空时编码方案对映射符号 x_1 和 x_2 编码，相当于输出如下的编码矩阵：

$$\boldsymbol{x} = \begin{bmatrix} x_1 & x_2 \\ -x_2^* & x_1^* \end{bmatrix} \qquad (3 - 4 - 58)$$

表 3 - 2　Alamouti 发射分集编码和发射序列

发射时刻	发射天线 1	发射天线 2
t	x_1	x_2
$t + T$	$-x_2^*$	x_1^*

显然，该编码矩阵满足列正交关系。即如果分别以 $\boldsymbol{x}^1$ 和 $\boldsymbol{x}^2$ 表示编码输出矩阵的两个列向量，$\boldsymbol{x}^1 = [x_1, -x_2^*]$，$\boldsymbol{x}^2 = [x_2, x_1^*]$，则两个列向量的内积为 0：

$$\langle \boldsymbol{x}^1, \boldsymbol{x}^2 \rangle = [x_1, -x_2^*][x_2, x_1^*]^{\mathrm{H}} = x_1 x_2^* - x_2^* x_1 = 0 \qquad (3 - 4 - 59)$$

由于编码矩阵的一列对应一副发射天线，因此将这种正交关系称为在空间意义上满足正交性条件。显然该编码矩阵的行也满足正交关系，对应地称为时间意义上满足正交性条件。一般，当空时编码矩阵为方阵时，它在时间和空间意义上同时满足正交性条件。如果编码矩阵不是方阵，则它只在空间意义上满足正交性条件。

最后，编码后的符号分别从两副天线发射出去：在时刻 t，天线 1 发射信号 x_1，同时天线 2 发射信号 x_2。假设符号周期为 T，在下一时刻 $t+T$，天线 1 发射 $-x_2^*$，同时天线 2 发射 x_1^*。

Alamouti 方案接收原理如图 3-28 所示。其中信道估计用以获取信道状态，译码采用最大似然算法。假设在时刻 t 发射天线 1、2 到接收天线的信道系数分别为 $h_1(t)$ 和 $h_2(t)$，并且信道是快衰落的，可得到

$$\begin{cases} h_1(t)=h_1(t+T)=h_1=|h_1|e^{j\theta_1} \\ h_2(t)=h_2(t+T)=h_2=|h_2|e^{j\theta_2} \end{cases} \quad (3-4-60)$$

式中：$|h_i|$ 和 θ_i 分别是发射天线 i 到接收天线的信道幅度响应和相位延迟；T 为符号周期。接收天线在时刻 t 和 $t+T$ 的接收信号 r_1 和 r_2 分别为

$$\begin{cases} r_1=h_1x_1+h_2x_2+n_1 \\ r_2=-h_1x_2^*+h_2x_1^*+n_2 \end{cases} \quad (3-4-61)$$

式中：n_1、n_2 分别表示信道在时刻 t 和 $t+T$ 的独立复高斯白噪声，均值为 0，每一维方差都是 $N_0/2$。

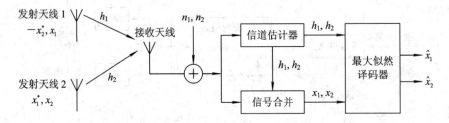

图 3-28　Alamouti 方案接收原理

3) Alamouti 空时编码的极大似然译码

假设接收机已经准确估计出信道系数 h_1 和 h_2，采用极大似然译码算法对接收信号译码，就是找出一对星座符号 $\hat{x}_1$、$\hat{x}_2$，使它们满足：

$$d^2(r_1,\ h_1\hat{x}_1+h_2\hat{x}_2)+d^2(r_2,\ -h_1\hat{x}_2^*+h_2\hat{x}_1^*)$$
$$=|r_1-h_1\hat{x}_1-h_2\hat{x}_2|^2+|r_2+h_1\hat{x}_2^*-h_2\hat{x}_1^*|^2 \to \min \quad (3-4-62)$$

将式(3-4-61)代入式(3-4-62)，极大似然译码变成

$$(\hat{x}_1,\ \hat{x}_2)=\mathrm{argmin}\{(|h_1|^2+|h_2|^2-1)(|\hat{x}_1|^2+|\hat{x}_2|^2)+d^2(\tilde{x}_1,\ \hat{x}_1)+d^2(\tilde{x}_2,\ \hat{x}_2)\}$$
$$(3-4-63)$$

式中，$\tilde{x}_1$ 和 $\tilde{x}_2$ 是根据信道系数和接收信号进行合并后得到的信号。

$$\begin{cases} \tilde{x}_1=h_1^*r_1+h_2r_2^*=(|h_1|^2+|h_2|^2)x_1+h_1^*n_1+h_2n_2^* \\ \tilde{x}_2=h_2^*r_1-h_1r_2^*=(|h_1|^2+|h_2|^2)x_2-h_1n_2^*+h_2^*n_1 \end{cases} \quad (3-4-64)$$

可以看出，在接收端已知信道系数 h_1 和 h_2 的情况下，合并信号 $\tilde{x}_1$ 和 $\tilde{x}_2$ 分别是 x_1 和 x_2 的函数，表达式中没有 x_1 和 x_2 的交叉项，这是发射端编码矩阵正交性的结果。发射信号矩阵的正交性，使得接收端由求解二维信号的最大似然译码变成了求解两个独立一维信号的最大似然译码，并且只需要进行简单的线性运算，从而大大降低了算法复杂度。根据式(3-4-64)分别解出这两个独立信号：

$$\begin{cases} \hat{x}_1 = \mathrm{argmin}\{(\,|\,h_1\,|^2 + |\,h_2\,|^2 - 1)\,|\,\hat{x}_1\,|^2 + d^2\,(\tilde{x}_1,\,\hat{x}_1)\} \\ \hat{x}_2 = \mathrm{argmin}\{(\,|\,h_1\,|^2 + |\,h_2\,|^2 - 1)\,|\,\hat{x}_2\,|^2 + d^2\,(\tilde{x}_2,\,\hat{x}_2)\} \end{cases} \quad (3\text{-}4\text{-}65)$$

若采用 MPSK 星座，所有星座点对应信号能量相等，则判决式(3-4-65)可以简化为

$$\begin{cases} \hat{x}_1 = \mathrm{argmin}\,d^2\,(\tilde{x}_1,\,\hat{x}_1) \\ \hat{x}_2 = \mathrm{argmin}\,d^2\,(\tilde{x}_2,\,\hat{x}_2) \end{cases} \quad (3\text{-}4\text{-}66)$$

式(3-4-66)即为 Alamouti 空时编码在单接收天线情况下采用 MPSK 调制和极大似然译码的判决度量。

4) 多副接收天线情况下的 Alamouti 空时编码

Alamouti 发射分集方案可以扩展到两副和多副接收天线的情况。采用多副接收天线时，需要对不同天线上接收的信号进行合并处理，发射端的编码方案仍然采用式(3-4-58)。

以 r_1^i 和 r_2^i 分别表示第 i 副接收天线在时刻 t 和 $t+T$ 接收到的信号，则有

$$\begin{cases} r_1^i = h_{i1} x_1 + h_{i2} x_2 + n_1^i \\ r_2^i = -h_{i1} x_2^* + h_{i2} x_1^* + n_2^i \end{cases} \quad (3\text{-}4\text{-}67)$$

式中：h_{ij} 表示发射天线 j 到接收天线 i 的信道系数；n_1^i 和 n_2^i 分别表示接收天线 i 在时刻 t 和 $t+T$ 接收到的噪声。根据式(3-4-64)将各副接收天线上的接收信号进行合并，就可以得到多副接收天线下的判决度量，即

$$\begin{cases} \tilde{x}_1 = \displaystyle\sum_{i=1}^{N_R} [h_{i1}^* r_1^i + h_{i2} (r_2^i)^*] = \sum_{j=1}^{2} \sum_{i=1}^{N_R} |\,h_{ij}\,|^2 x_1 + \sum_{i=1}^{N_R} h_{i1}^* n_1^i + h_{i2} (n_2^i)^* \\ \tilde{x}_2 = \displaystyle\sum_{i=1}^{N_R} [h_{i2}^* r_1^i + h_{i1} (r_2^i)^*] = \sum_{j=1}^{2} \sum_{i=1}^{N_R} |\,h_{ij}\,|^2 x_2 + \sum_{i=1}^{N_R} h_{i2}^* n_1^i + h_{i1} (n_2^i)^* \end{cases}$$

$$(3\text{-}4\text{-}68)$$

同理，根据式(3-4-65)可以得到

$$\begin{cases} \hat{x}_1 = \mathrm{argmin}\Big\{\Big[\displaystyle\sum_{i=1}^{N_R} (\,|\,h_{i1}\,|^2 + |\,h_{i2}\,|^2) - 1\Big]\,|\,\hat{x}_1\,|^2 + d^2\,(\tilde{x}_1,\,\hat{x}_1)\Big\} \\ \hat{x}_2 = \mathrm{argmin}\Big\{\Big[\displaystyle\sum_{i=1}^{N_R} (\,|\,h_{i1}\,|^2 + |\,h_{i2}\,|^2) - 1\Big]\,|\,\hat{x}_2\,|^2 + d^2\,(\tilde{x}_2,\,\hat{x}_2)\Big\} \end{cases} \quad (3\text{-}4\text{-}69)$$

5) 空时分组编码原理

空时分组编码基于正交设计理论，是 Alamouti 方案从两副发射天线到多副发射天线系统的推广。

图 3-29 为空时分组编码发射机框图，可以看出它是图 3-27 中 Alamouti 发射分集方案的直接扩展。图中的空时编码器输出矩阵 $\boldsymbol{G}$ 由下式给出：

$$\boldsymbol{G} = \begin{bmatrix} c_1^1 & \cdots & c_1^j & \cdots & c_1^{N_T} \\ c_2^1 & \cdots & c_2^j & \cdots & c_2^{N_T} \\ \vdots & & \vdots & & \vdots \\ c_P^1 & \cdots & c_P^j & \cdots & c_P^{N_T} \end{bmatrix} \quad (3\text{-}4\text{-}70)$$

矩阵 $\boldsymbol{G}$ 满足列正交关系，矩阵元素 c_i^j 为 $(x_1, x_2, \cdots, x_K)$ 及其共轭的线性组合。

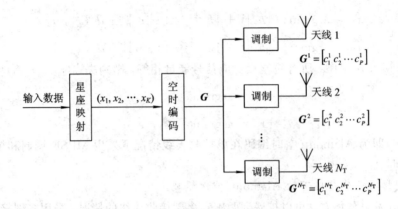

图 3-29 空时分组编码发射机框图

假设采用 M 进制调制，用 S 表示星座集合，每 $m=\mathrm{lb}M$ 个比特映射一个星座点，即一个星座符号 x_j。自信源输入的二进制信息比特，每 Km 个比特为一组进行调制（星座映射）后，可以得到 K 个符号 $(x_1, x_2, \cdots, x_K)$，再把这 K 个符号送入空时分组编码器，根据编码矩阵 G 进行正交编码，编码后的矩阵元素按列分别输出到 N_T 副发射天线上发射。矩阵中同一行的元素是分别从 N_T 副发射天线上同时发射的，在第一个时刻发射矩阵的第一行元素，第二个时刻发射矩阵的第二行元素，以此类推。而矩阵中的同一列元素则是由同一副天线在不同时刻发射的，每发射一次占用一个时间片，将编码后的矩阵全部发射出去需要占用 P 个时间片。由于每一个编码码字共使用了 K 个符号，并且从 N_T 副发射天线上完全发射出去需要占用 P 个时间片，由此可以定义空时分组编码的编码效率（简称码率）为 $R=K/P$，它表示单位时间内平均发射的调制符号个数。对于 Alamouti 空时编码，由于两个符号共占用了两个时间片发射，所以 Alamouti 空时编码的码率为 1。

6) 空时分组编码设计

空时分组编码的关键是设计正交矩阵 G，下面讨论基于正交设计的空时分组码，分别就实信号星座和复信号星座进行讨论。

(1) 实信号空时分组编码设计。

实信号空时分组编码设计，就是实正交矩阵的设计。

定义 n 维实正交方阵 G，若 $n \times n$ 矩阵 G 的每个元素都取自实信号集合 $\{\pm x_1, \pm x_2, \cdots, \pm x_n\}$，即 $x_{ij} \in \{\pm x_1, \pm x_2, \cdots, \pm x_n\}$，并规定矩阵的第一行元素是所有需要发送的符号 $(x_1, x_2, \cdots, x_n)$，其他行是第一行元素的另一种排列，但允许一些元素改变符号。研究表明，在 $n \leqslant 8$ 时，这样的正交方阵只有当 $n=2$、4、8 时才存在。并且，当把这样的方阵作为空时分组码的编码矩阵时，其码率与 Alamouti 空时编码方案相同，都为 $R=1$，即在单位时间内平均发射一个符号（对应发射天线数分别为 2、4、8）。对应的实信号编码矩阵如下：

$$G_2 = \begin{bmatrix} x_1 & x_2 \\ -x_2 & x_1 \end{bmatrix}$$

$$G_4 = \begin{bmatrix} x_1 & x_2 & x_3 & x_4 \\ -x_2 & x_1 & -x_4 & x_3 \\ -x_3 & x_4 & x_1 & -x_2 \\ -x_4 & -x_3 & x_2 & x_1 \end{bmatrix}$$

$$G_8 = \begin{bmatrix} x_1 & x_2 & x_3 & x_4 & x_5 & x_6 & x_7 & x_8 \\ -x_2 & x_1 & x_4 & -x_3 & x_6 & -x_5 & -x_8 & x_7 \\ -x_3 & -x_4 & x_1 & x_2 & x_7 & x_8 & -x_5 & -x_6 \\ -x_4 & x_3 & -x_2 & x_1 & x_8 & -x_7 & x_6 & -x_5 \\ -x_5 & -x_6 & -x_7 & -x_8 & x_1 & x_2 & x_3 & x_4 \\ -x_6 & x_5 & -x_8 & x_7 & -x_2 & x_1 & -x_4 & x_3 \\ -x_7 & x_8 & x_5 & -x_6 & -x_3 & x_4 & x_1 & -x_2 \\ -x_8 & -x_7 & x_6 & x_5 & -x_4 & -x_3 & -x_2 & x_1 \end{bmatrix}$$

（2）复信号空时分组编码设计。

定义 n 维复正交方阵 G，若 $n \times n$ 矩阵 G 的每个元素都是由 $\pm x_1$，$\pm x_2$，$\cdots$，$\pm x_n$，$\pm x_1^*$，$\pm x_2^*$，$\cdots$，$\pm x_n^*$ 等元素或由这些元素同 $\pm j (j = \sqrt{-1})$ 的乘积组成的，仍然可以假设矩阵的第一行元素为 $(x_1, x_2, \cdots, x_n)$。用这样的正交矩阵构建的空时分组编码可以获得最大的分集增益，并且接收端的最大似然译码可以分解成各独立信号的单独译码，使译码运算变得简单。Alamouti 空时编码方案，实际上可以看成是复正交矩阵在 $n=2$ 时的特殊情况。已经证明，当且仅当 $n=2$ 时，n 维复正交方阵才存在。

4. 其他空时编码

MIMO 系统空时编码技术有效地抵抗了无线信道衰落，提升了系统传输性能。但是，系统性能的提升依赖于接收机获得的信道矩阵 H 信息，或者说接收机需要获得接近理想的信道估计。虽然通过发射训练序列在接收端可以比较准确地估计出信道特性，但这给接收机的设计和实现带来了额外开销。并且，信道估计也总是存在偏差，因此会造成系统性能下降。特别是在高速移动的传播环境中，信道估计技术一般会很复杂。考虑到这些情况，人们提出了一些不需要对信道进行估计的空时编码方法。酉空时编码和差分空时编码就是两种不需要对信道进行估计的接收端解码技术。

在瑞利衰落准静态信道条件下，信道系数在 T 个符号持续时间间隔内保持不变，对于 N 个发射天线的系统，酉空时编码的发射码字矩阵 C 为 $T \times N$ 的酉矩阵，满足 $C^H C = I_N$。同时，酉空时编码也不是优化任意两个码字矩阵之间的欧氏距离，而是优化任意两个码字矩阵之间的相关矩阵的范数 $\|C_i^* C_j\|$，并使之最小化。

差分空时编码基于 Alamouti 发射分集方案，是将单天线差分调制技术扩展到多天线系统形成的，发射码矩阵具有正交性，解码方法简单。

在 MIMO 系统中，无线传输信号存在严重的多用户干扰和符号间干扰（ISI），需要接收机采用复杂的信号处理技术恢复原始信号，但出于成本、体积和节电的考虑，总是希望简化移动台设计，因此人们考虑将部分信号处理功能在发射端实现，或者在发射端进行一些能够简化接收机设计的处理。实际上，发射端如果已知 CSI，然后根据 CSI 对发射信号进行某种预处理，如预畸变、预均衡或预滤波等，可以同时消除 ISI 和多用户干扰，也简化了接收端设计。这种在发射端利用 CSI 对发射信号做预处理的方法称为预编码技术。预编码技术要求发射端必须知道 CSI。

限于篇幅，这里不对酉空时编码、差分空时编码和预编码技术做深入介绍。

3.4.6 MIMO - OFDM 技术

MIMO - OFDM 是指 MIMO 同 OFDM 技术的结合，这种结合可以解决无线通信的两个主要问题，一是有效提高频谱效率，二是有效对抗多径衰落。在采用 MIMO - OFDM 技术的系统中，每根发射天线的通路上都有一个 OFDM 调制器，每根接收天线的通路上也都有一个 OFDM 的解调器。MIMO 技术在发射端和接收端采用多天线技术，充分发掘了空间资源，在不增加频率资源和天线发射功率的情况下，能成倍地提高系统的频带利用率和系统容量。OFDM 技术则将整个带宽划分为若干相互重叠且正交的并行窄带子载波信道，从而能将频率选择性衰落信道转化为平坦衰落信道。MIMO - OFDM 技术已成为公认的下一代无线通信的核心技术。

1. OFDM 的基本原理

无线信道的数据传输有串行和并行两种方式，由于技术上的限制，以往广泛使用的是串行传输方式。然而，随着数据速率的不断提高，码间干扰变得越来越难以克服。并行传输方式就是将要传输的高速数据分解成若干并行的低速子数据流，并将这些低速的子数据流调制到不同的子载波上进行传输。由于子信道数据速率降低了，从而能够有效地对抗多径传播带来的码间干扰，OFDM 技术也就是在这样的背景下产生的。

OFDM 系统结构原理如图 3-30 所示。发射端首先对信源数据进行编码、交织和星座映射，接着将高速数据流串/并变换成并行的低速子数据流，然后将子数据流映射到 OFDM 各子载波上，最后加上循环前缀 CP(Cyclic Prefix)，再经过并/串变换形成 OFDM 发射符号发射出去。接收端进行相反处理得到原始信息数据。这种利用子载波实现并行数据传输的方式类似于传统的频分复用(FDM)，不同的是 OFDM 子载波具有正交性。

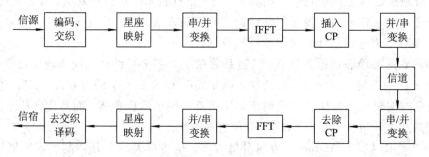

图 3-30 OFDM 系统结构原理

传统 FDM 系统中，为了避免子载波间相互干扰，子载波间留有保护间隔，造成频谱浪费。OFDM 以基带信号处理实现，方法简单且易于确保子载波间正交，并且子载波频谱有 1/2 带宽的重叠，提高了频谱利用率，如图 3-31 所示。

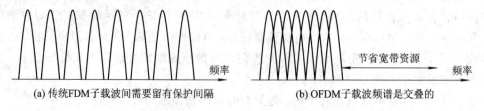

(a) 传统FDM子载波间需要留有保护间隔   (b) OFDM子载波频谱是交叠的

图 3-31   FDM 和 OFDM 的比较

一个 OFDM 符号由多个子载波叠加构成，每个子载波携带一个已调的数据符号(可以是 MPSK 或 QAM 符号等)，基本模型如图 3 - 32 所示。

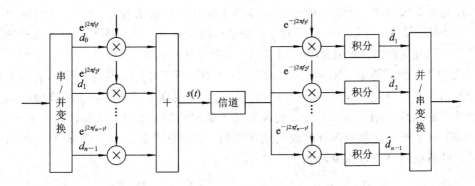

图 3 - 32   OFDM 调制与解调原理

若令 n 表示子载波个数，T 表示 OFDM 符号周期，$d_i(i = 1, 2, \cdots, n)$ 为分配给每个子载波的数据符号，$f_i(i = 1, 2, \cdots, n)$ 为第 i 个子载波的频率，Δf 为子载波频率间隔，且设 $f_1 = \Delta f$，则有 $f_i = i \cdot \Delta f = i/T$，从 $t = t_s$ 开始的 OFDM 符号可以表示为

$$s(t) = \begin{cases} \mathrm{Re}\left\{ \sum_{i=0}^{n-1} d_i \, \mathrm{rect}\left(t - t_s - \dfrac{T}{2}\right) \mathrm{e}^{\mathrm{j}2\pi f_i(t-t_s)} \right\} & t_s \leqslant t \leqslant t_s + T \\ 0 & t < t_s \text{ 或 } t > t_s + T \end{cases} \quad (3-4-71)$$

式中，矩形函数 $\mathrm{rect}(t) = 1$，$|t| \leqslant T/2$。上述 OFDM 符号通常用等效复基带信号描述为

$$s(t) = \begin{cases} \left\{ \sum_{i=0}^{n-1} d_i \, \mathrm{rect}\left(t - t_s - \dfrac{T}{2}\right) \mathrm{e}^{\mathrm{j}2\pi f_i(t-t_s)} \right\} & t_s \leqslant t \leqslant t_s + T \\ 0 & t < t_s \text{ 或 } t > t_s + T \end{cases} \quad (3-4-72)$$

一个 OFDM 符号周期内包含子载波的周期数为整数，而且相邻子载波的周期个数相差 1，这时的子载波间是正交的。由于子载波间的正交性，式(3 - 4 - 72)在周期 T 内积分时，只有第 k 个子载波的积分结果不为 0，因此可以恢复出发射信号 d_k:

$$\hat{d}_k = \frac{1}{T} \int_{t_s}^{t_s+T} \mathrm{e}^{-\mathrm{j}2\pi \frac{k}{T}(t-t_s)} \cdot \sum_{i=0}^{n-1} d_i \mathrm{e}^{\mathrm{j}2\pi \frac{i}{T}(t-t_s)} \, \mathrm{d}t = \sum_{i=0}^{n-1} d_i \cdot \int_{t_s}^{t_s+T} \mathrm{e}^{\mathrm{j}2\pi \frac{i-k}{T}(t-t_s)} \, \mathrm{d}t = d_k$$

$$(3-4-73)$$

在式(3 - 4 - 72)中，令 $t_s = 0$，且忽略矩形函数，对信号 $s(t)$ 以 T/n 的速率进行抽样，即令 $t = kT/n(k = 0, 1, \cdots, n-1)$，则有

$$s_k = s\left(\frac{kT}{n}\right) = \sum_{i=0}^{n-1} d_i \mathrm{e}^{\mathrm{j}\frac{2\pi ik}{n}} \quad 0 \leqslant k \leqslant n-1 \quad (3-4-74)$$

可见，s_k 等效为对 d_i 进行 n 点 IDFT 运算。这就是多载波调制可以应用 IDFT 实现的原因。经过 IDFT 运算，可以把频域数据符号 d_i 变换为时域数据符号 s_k，其中 s_k 是由所有子载波信号叠加后抽样而成的。同样，在接收端，OFDM 解调时可对 s_k 进行逆变换，相当于对 s_k 进行 DFT 运算以恢复原始信号:

$$d_i = \sum_{k=0}^{n-1} s_k \mathrm{e}^{-\mathrm{j}2\pi ik} \quad 0 \leqslant i \leqslant n-1 \quad (3-4-75)$$

在实际应用中，往往采用更为快捷的 IFFT/FFT 来实现 OFDM 的调制/解调。

　　加入循环前缀 CP，是为了确保在接收端子载波间仍然是正交的。为了减小多径传播造成的符号间干扰(ISI)，每个 OFDM 符号之前都加了保护间隔这一特殊结构，当保护间隔的长度超过最大多径时延时，前一个符号的多径分量只会落在下一个符号的保护间隔内，而不会对数据部分造成干扰，从而可以完全消除 ISI。但此时多径传播使得保护间隔进入到了符号积分周期内，如图 3-33(a)所示，这会破坏子载波之间的正交性，从而造成子载波干扰(ICI)。为了消除 ICI，在保护间隔内加入循环前缀(CP)，即将 OFDM 符号的后面一部分复制并粘贴到 OFDM 符号前面的保护间隔内，接收端只要截取子载波间的周期数之差为整数的部分(见图 3-33(b))，就能保证子载波间的正交性，从而消除 ICI。实际应用中，OFDM 系统是在基带部分完成上述处理的，这时只需要将 OFDM 符号尾部的一段信息复制到前面的保护间隔中，如图 3-33(c)所示。

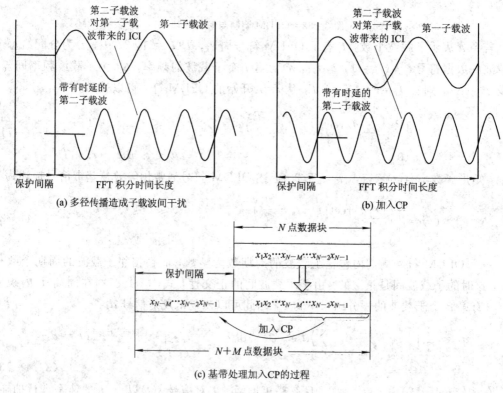

(a) 多径传播造成子载波间干扰　　　　　　　　　　　　(b) 加入CP

(c) 基带处理加入CP的过程

图 3-33　加入 CP 的原理

2. MIMO-OFDM 中的空时编码

　　MIMO-OFDM 系统主要包括基于空间复用的 MIMO-OFDM 系统(如 BLAST-OFDM)和基于空间分集的 MIMO-OFDM 系统(如 STC-OFDM)两种。如果综合考虑复用和分集，还有 SFC-OFDM、STFC-OFDM 等多种变化形式。下面介绍具有代表性的 STC-OFDM 系统原理。

　　STC-OFDM 发射端原理如图 3-34 所示。输入数据经星座映射和串/并变换后得到 n 路数据流，然后每一路数据流分别进行空时编码，编码输出都是 N_T 路信号，这样就得到 n 组包含 N_T 路信号的输出。接着对 $n \times N_T$ 路信号进行重新组合得到 N_T 组用于 OFDM 调制的信号，经 IFFT 调制处理后，送到 N_T 根天线进行发射。接收端进行相反的操作就可以获得原始信号。

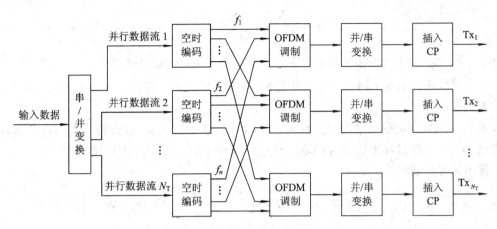

图 3-34　STC-OFDM 系统发射端原理

下面以两副发射天线和一副接收天线的 MIMO-OFDM 系统为例(见图 3-35)来介绍 STBC-OFDM 的编译码过程。

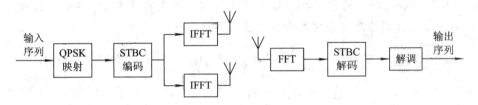

图 3-35　两副发射天线和一副接收天线的 STBC-OFDM 系统

假设信道为频率选择性的,但不具有时间选择性,且不同收发天线之间的信道特性统计独立。若 OFDM 子载波个数为 n,与频率选择性相关的多径总数为 L_P,则信道的复基带脉冲响应可以表示为

$$h_{ij}(t, \tau) = \sum_{l=0}^{L_P-1} \alpha_{ij}(l)\delta(\tau - \tau_l) \tag{3-4-76}$$

式中:τ_l 表示第 l 条路径的延时;$\alpha_{ij}(l)$ 表示脉冲响应的幅度,服从高斯分布。用 $H_{ij}(k)$ 表示第 j 根发射天线到第 i 根接收天线之间第 k 个子载波信道的频域响应,可通过对时域响应作 FFT 变换得到

$$H_{ij}(k) = \sum_{l=0}^{L_P-1} \alpha_{ij}(l) e^{-j\frac{2\pi k\tau_l}{n}} \tag{3-4-77}$$

记 $\boldsymbol{H}_{1j}$ 为 2×1 发射分集系统的信道频域响应矩阵,即

$$\boldsymbol{H}_{1j} = [H_{1j}(0), H_{1j}(1), \cdots, H_{1j}(k), \cdots, H_{1j}(n-1)] \quad j = 1, 2 \tag{3-4-78}$$

发射端映射后的数据符号可以表示为

$$\boldsymbol{S}_u = \text{diag}[s_u(0), s_u(1), \cdots, s_u(n-1)] \tag{3-4-79}$$

$$\boldsymbol{S}_{u+1} = \text{diag}[s_{u+1}(0), s_{u+1}(1), \cdots, s_{u+1}(n-1)] \tag{3-4-80}$$

式中:diag[·] 表示对角矩阵;$s_u(k)$ 为第 u 个符号周期第 k 个子载波上的符号。空时分组

编码和 IFFT 调制后的发射信号矩阵为

$$S = \sqrt{\frac{E_S}{2}} \cdot \begin{bmatrix} S_u & S_{u+1}^{\mathrm{H}} \\ S_{u+1} & S_u^{\mathrm{H}} \end{bmatrix} \qquad (3-4-81)$$

式中，$\sqrt{E_S/2}$是为了对两根天线的发射功率进行归一化，保证总能量为 E_S。在第一个符号周期内，天线 1 发射 S_u，同时天线 2 发射 S_{u+1}；在第二个符号周期内，天线 1 发射 S_{u+1}^{H}，天线 2 同时发射 S_u^{H}。

在接收端收到的信号是两根天线同一时刻发射信号的叠加。假设接收端可以获得理想的信道估计，则经过理想的载波同步、符号定时和采样，再经过去除循环前缀和 FFT 解调，输出信号可表示为

$$R = \begin{bmatrix} R_u & R_{u+1} \end{bmatrix} = \sqrt{\frac{E_S}{2}} \begin{bmatrix} H_{11} & H_{12} \end{bmatrix} \begin{bmatrix} S_u & -S_{u+1}^{\mathrm{H}} \\ S_{u+1} & S_u^{\mathrm{H}} \end{bmatrix} + \begin{bmatrix} W_u & W_{u+1} \end{bmatrix} \qquad (3-4-82)$$

式中：$R_u = [r_u(0), r_u(1), \cdots, r_u(n-1)]$，$W_u = [w_u(0), w_u(1), \cdots, w_u(n-1)]$；$R_u$ 和 R_{u+1} 分别表示连续两个符号周期内的接收符号；W_u 和 W_{u+1} 分别表示连续两个符号周期内的噪声；$w_u(k)$ 服从高斯分布，均值为 0，方差为 σ^2。

根据信道准静态特性的假设，OFDM 符号周期内信道特性不变，这时可以按照类似 Alamouti 方案的译码处理方法对 S_u 和 S_{u+1} 进行估计，即

$$\tilde{S}_u = H_{11}^{\mathrm{H}} R_u + H_{12} R_{u+1}^{\mathrm{H}} = \sqrt{\frac{E_S}{2}} (|H_{11}|^2 + |H_{12}|^2) \cdot S_u + H_{11}^{\mathrm{H}} W_u + H_{12} W_{u+1}^{\mathrm{H}}$$

$$(3-4-83)$$

$$\tilde{S}_{u+1} = H_{12}^{\mathrm{H}} R_u - H_{11} R_{u+1}^{\mathrm{H}} = \sqrt{\frac{E_S}{2}} (|H_{11}|^2 + |H_{12}|^2) \cdot S_{u+1} + H_{12}^{\mathrm{H}} W_u + H_{11} W_{u+1}^{\mathrm{H}}$$

$$(3-4-84)$$

最后，用最大似然估计算法进行判决，获得输出信号 $\hat{S}_u$ 和 $\hat{S}_{u+1}$。

3. 频率/时间选择性衰落信道中的空时频分组编码

无线信道一般同时具有频率和时间选择性，MIMO-OFDM 系统可以同时利用空间、时间和频率三维资源。利用基于 OFDM 的空时频编码(STFC-OFDM)技术可以有效地改善系统性能。STFC-OFDM 系统发射端的结构如图 3-36 所示。

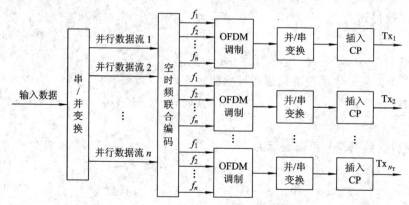

图 3-36 STFC-OFDM 系统发射端的结构

图 3 - 36 中 $f_i(i=1, 2, \cdots, n)$ 为第 i 个子载波频率，n 表示子载波个数。在 STFC - OFDM 系统中，输入数据串/并变换成 n 个子数据流，经过空时频联合编码，输出的多路并行数据流经过 OFDM 调制、并/串变换、插入循环前缀等操作，最后由 N_T 根天线发射出去。

STFC - OFDM 系统的空时频编码也可分为空时频网格编码（STFTC, Space Time Frequency Trellis Coding）和空时频分组编码（STFBC, SpaceTime Frequency Block Coding），即 STFTC - OFDM 和 STFBC - OFDM，并且 STFBC - OFDM 编译码相对简单，比较实用。

在无线通信中，用户接收到的信号可能同时受到频率选择性衰落和时间选择性衰落的影响，前面关于准静态平坦衰落信道的假设一般不再适用，STBC - OFDM 和 SFBC - OFDM 系统在强选择性衰落信道中的性能将会降低，因此提出了可以同时利用空时频三维资源的 STFBC - OFDM 方案。下面以两副发射天线和一副接收天线的发射分集系统为例进行分析。

采用两副发射天线和一副接收天线的 STFBC - OFDM 方案，可以在同时具有频率和时间选择性衰落的信道中实现串扰消除。该例中，同一子载波上两个连续的符号周期和同一符号周期内两个相邻的子载波上同时应用 Alamouti 的发射分集技术，并采用一个修正因子来保证发射编码矩阵的正交性。

图 3 - 37 和图 3 - 38 分别给出了 STBC - OFDM、SFBC - OFDM 和 STFBC - OFDM 方案中符号周期、子载波以及两副发射天线间的编码映射关系，t_1 和 t_2 表示连续的两个符号周期，f_1 和 f_2 表示相邻的两个子载波频率，Tx_1 和 Tx_2 表示两根发射天线，s_i 是数据符号。

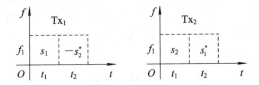

图 3 - 37　STBC - OFDM 系统中的空时分组编码

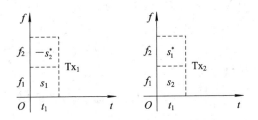

图 3 - 38　SFBC - OFDM 系统中的空频分组编码

图 3 - 39 所示的 STFBC - OFDM 方案中，Alamouti 发射分集技术被同时应用于同一子载波上两个连续的符号周期和同一符号周期内两个相邻的子载波上，保证了正交性的修正因子为 $1/\sqrt{2}$。具体编码方式为：在符号周期 t_1 内，天线 Tx_1 分别以载频 f_1 发射数据 s_1，以载频 f_2 发射数据 $-s_2^*/\sqrt{2}$，天线 Tx_2 分别以载频 f_1 发射数据 s_2，以载频 f_2 发射数据 $s_1^*/\sqrt{2}$。在符号周期 t_2 内，天线 Tx_1 以载频 f_1 发射数据 $-s_2^*/\sqrt{2}$，天线 Tx_2 以载频 f_1 发射

数据 $s_1^*/\sqrt{2}$。该方案的码率是 $2/3$。

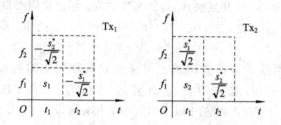

图 3-39　STFBC-OFDM 系统中的空时频分组编码

令 $s_i(i=1,2,\cdots,4n/3)$ 为数据符号，n 为子载波个数，从第 j（$j=1,2$）根发射天线发射的第 i 个 OFDM 符号表示为 $C_j[i]$，则 STFBC-OFDM 系统的编码输出可以表述为

$$C_1[i]=\begin{bmatrix} s_1 & \dfrac{-s_2^*}{\sqrt{2}} & \dfrac{-s_4^*}{\sqrt{2}} & \cdots & s_{4n/3-3} & \dfrac{-s_{4n/3-2}^*}{\sqrt{2}} & \dfrac{-s_{4n/3}^*}{\sqrt{2}} \end{bmatrix} \quad (3-4-85)$$

$$C_1[i+1]=\begin{bmatrix} \dfrac{-s_2^*}{\sqrt{2}} & \dfrac{-s_4^*}{\sqrt{2}} & s_3 & \cdots & \dfrac{-s_{4n/3-2}^*}{\sqrt{2}} & \dfrac{-s_{4n/3}^*}{\sqrt{2}} & s_{4n/3-1} \end{bmatrix} \quad (3-4-86)$$

$$C_2[i]=\begin{bmatrix} s_2 & \dfrac{s_1^*}{\sqrt{2}} & \dfrac{s_3^*}{\sqrt{2}} & \cdots & s_{4n/3-2} & \dfrac{-s_{4n/3-3}^*}{\sqrt{2}} & \dfrac{-s_{4n/3-1}^*}{\sqrt{2}} \end{bmatrix} \quad (3-4-87)$$

$$C_2[i+1]=\begin{bmatrix} \dfrac{s_1^*}{\sqrt{2}} & \dfrac{s_3^*}{\sqrt{2}} & s_4 & \cdots & \dfrac{s_{4n/3-3}^*}{\sqrt{2}} & \dfrac{s_{4n/3-1}^*}{\sqrt{2}} & s_{4n/3} \end{bmatrix} \quad (3-4-88)$$

接收端译码时，与 STBC-OFDM 和 SFBC-OFDM 采用两个数据符号不同，STFBC-OFDM 方案采用三个数据符号进行译码，包括同一子载波上的两个连续的符号和同一符号周期内相邻子载波上的另一个符号。根据 MIMO 系统模型，得到 STFBC-OFDM 的接收信号为

$$\widetilde{R}=\widetilde{H}\widetilde{C}+\widetilde{W} \quad (3-4-89)$$

式中：$\widetilde{C}$ 和 $\widetilde{R}$ 分别为发射信号向量和接收信号向量；$\widetilde{H}$ 为信道矩阵；$\widetilde{W}$ 为信道噪声向量。

$$\widetilde{R}=\begin{bmatrix} R(i,k) & R^*(i+1,k) & R^*(i,k+1) \end{bmatrix}^T \quad (3-4-90)$$

$$\widetilde{H}=\begin{bmatrix} H_1(i,k) & H_2(i,k) \\ \dfrac{H_2^*(i+1,k)}{\sqrt{2}} & \dfrac{-H_1^*(i+1,k)}{\sqrt{2}} \\ \dfrac{H_2^*(i,k+1)}{\sqrt{2}} & \dfrac{-H_1^*(i,k+1)}{\sqrt{2}} \end{bmatrix} \quad (3-4-91)$$

$$\widetilde{C}=\begin{bmatrix} C_1(i,k) & C_2(i,k) \end{bmatrix}^T \quad (3-4-92)$$

$$\widetilde{W}=\begin{bmatrix} W(i,k) & W^*(i+1,k) & W^*(i,k+1) \end{bmatrix}^T \quad (3-4-93)$$

式中，括号里左边的参数表示符号周期序数，右边的参数表示子载波序数。对式(3-4-89)两边同时乘以 $\widetilde{H}$ 的共轭转置矩阵，可得到 $\widetilde{C}$ 的估计 $\hat{C}$：

$$\hat{C}=\widetilde{H}^H\widetilde{R}=\widetilde{H}^H\widetilde{H}\widetilde{C}+\widetilde{H}^H\widetilde{W} \quad (3-4-94)$$

注意：

$$\widetilde{\boldsymbol{H}}^{\mathrm{H}}\widetilde{\boldsymbol{H}} = \begin{bmatrix} H_1(i,\,k) & H_2(i,\,k) \\ \dfrac{H_2^*(i+1,\,k)}{\sqrt{2}} & \dfrac{-H_1^*(i+1,\,k)}{\sqrt{2}} \\ \dfrac{H_2^*(i,\,k+1)}{\sqrt{2}} & \dfrac{-H_1^*(i,\,k+1)}{\sqrt{2}} \end{bmatrix}^{\mathrm{H}} \begin{bmatrix} H_1(i,\,k) & H_2(i,\,k) \\ \dfrac{H_2^*(i+1,\,k)}{\sqrt{2}} & \dfrac{-H_1^*(i+1,\,k)}{\sqrt{2}} \\ \dfrac{H_2^*(i,\,k+1)}{\sqrt{2}} & \dfrac{-H_1^*(i,\,k+1)}{\sqrt{2}} \end{bmatrix}$$

$$(3-4-95)$$

将式(3-4-95)的结果可以简单记为

$$\widetilde{\boldsymbol{H}}^{\mathrm{H}}\widetilde{\boldsymbol{H}} = \begin{bmatrix} \alpha_{\mathrm{STF1}} & \beta_{\mathrm{STF}} \\ \beta_{\mathrm{STF}}^* & \alpha_{\mathrm{STF1}} \end{bmatrix} \qquad (3-4-96)$$

式中：

$$\alpha_{\mathrm{STF1}} = |H_1(i,\,k)|^2 + \frac{|H_2(i+1,\,k)|^2}{2} + \frac{|H_2(i,\,k+1)|^2}{2} \qquad (3-4-97)$$

$$\alpha_{\mathrm{STF2}} = |H_2(i,\,k)|^2 + \frac{|H_1(i+1,\,k)|^2}{2} + \frac{|H_1(i,\,k+1)|^2}{2} \qquad (3-4-98)$$

$$\beta_{\mathrm{STF}} = H_1^*(i,\,k)H_2(i,\,k) - \frac{H_1^*(i+1,\,k)H_2(i+1,\,k)}{2} + \frac{H_1^*i(,\,i+1)H_2(i,\,k+1)}{2}$$

$$= \frac{1}{2}(\beta_{\mathrm{ST}} + \beta_{\mathrm{SF}}) \qquad (3-4-99)$$

因此，β_{STF} 实际是同一子载波上两个连续符号周期之间和同一符号周期内两个相邻子载波之间的串扰量之和，且等于 STBC-OFDM 系统中同一符号周期内两个相邻子载波之间的串扰与 SFBC-OFDM 系统中同一子载波上两个连续符号周期之间的串扰之和的 1/2。

可以对 STFBC-OFDM 系统的发射功率和 STBC/SFBC-OFDM 系统的发射功率进行比较：

$$E\big[\{\boldsymbol{C}_j^{\mathrm{ST}}(i)\}^{\mathrm{H}}\{\boldsymbol{C}_j^{\mathrm{ST}}(i)\}\big] = E\big[\{\boldsymbol{C}_j^{\mathrm{SF}}(i)\}^{\mathrm{H}}\{\boldsymbol{C}_j^{\mathrm{SF}}(i)\}\big] = \sum_{i=1}^{n}|s_i|^2 = P \qquad (3-4-100)$$

$$E\big[\{\boldsymbol{C}_j^{\mathrm{STF}}(i)\}^{\mathrm{H}}\{\boldsymbol{C}_j^{\mathrm{STF}}(i)\}\big] = \sum_{i=1}^{n/3}|s_i|^2 + \sum_{i=1}^{2n/3}\left|\frac{s_i}{\sqrt{2}}\right|^2 = \frac{2}{3}P \qquad (3-4-101)$$

可见 STFBC-OFDM 方案的发射功率仅为传统方案的 2/3。

由此看出，STFBC-OFDM 方案可以获得三个方面的好处：① 发射编码矩阵是正交的，使接收机的译码处理简单；② 同 STBC-OFDM 和 SFBC-OFDM 方案相比，能有效消除信道选择性衰落所带来的信号串扰；③ 可以获得额外的信噪比增益，以补偿编码速率的损失。

习　　题

3-1　什么是均衡技术？均衡技术的作用是什么？均衡的分类有哪些？

3-2　有哪些改善无线链路性能的抗衰落技术？这些技术是如何改善无线链路性能的？

3-3　分集技术是如何分类的？哪些分集技术可以用于接收分集？

3-4　常用的分集技术和合并技术有哪些？各有什么优缺点？

3-5 分集技术能够带来的好处有_____。(ABD)

A. 提高接收信号的信噪比

B. 增大基站的覆盖范围

C. 增大发射功率

D. 增大系统容量

3-6 下列描述中,不正确的是_____。(D)

A. 交织编码起到了时间分集的作用

B. 扩频属于频率分集技术

C. Rake 接收机利用多径传播来增强信号,可以看作是一种多径分集技术

D. 极化分集属于宏分集技术

3-7 MIMO 系统、SIMO 系统、MISO 系统与 SISO 系统的区别是什么?

3-8 在 MIMO 系统中,可以应用空间复用技术提高无线系统的传输容量,那么,应用空间分集技术可以提高系统容量吗?为什么?

3-9 对于 MIMO,下列描述中不正确的是_____。(C)

A. MIMO 系统可以在收发端之间实现多条并行的同频无线传输通道,因此可以大幅度提高系统传输容量

B. MIMO 系统收发端之间的多条并行同频无线传输通道具有统计独立的传输特性,这种统计独立的传输特性来源于丰富的多径传播环境

C. MIMO 系统是一种发射分集系统

D. MIMO 系统可以同时实现空间分集和空间复用

3-10 OFDM 是一种多载波调制,它与传统的频分复用(FDM)有何区别?为什么 OFDM 这种多载波调制可以应用 IFFT 实现?说明其实现原理。

3-11 对于 MIMO-OFDM 系统,下列描述中不正确的是_____。(C)

A. 相对于 FDM 来说,OFDM 技术的频谱利用率大大提高了,这是因为 OFDM 的子载波之间具有正交性,从而子载波之间可以是重叠的

B. OFDM 技术能够将频率选择性无线信道转化为平坦衰落信道

C. OFDM 技术必须结合 MIMO 技术实现

D. OFDM 技术能够减小多径传输造成的码间干扰(ISI)

3-12 为了实现 OFDM 子载波间的正交性,需要在发送的符号前加入循环前缀(CP),请说明其原理。

3-13 CDMA 系统采用什么接收机进行路径分集?其原理是什么?

3-14 参见图 3-3,请设计一个三抽头的线性迫零均衡器。已知输入信号 $x(t)$ 在各抽样点上的取值分别为 $x_{-1}=\dfrac{1}{4}$,$x_0=1$,$x_{+1}=\dfrac{1}{2}$,其余均为零。(三个抽头的最佳系数分别为 $C_{-1}=-\dfrac{1}{3}$,$C_0=\dfrac{4}{3}$,$C_{+1}=-\dfrac{2}{3}$)

3-15 假设无线信道为平坦、慢衰落的瑞利信道,信道仅受到噪声功率为 N_0 的加性高斯白噪声影响,第 k 个分集接收机输出信号电压幅度 r_k 符合瑞利概率分布,即 r_k 的概率密度函数为 $P_{r_k}(r_k)=\dfrac{r_k}{\sigma^2}\mathrm{e}^{-\frac{r_k^2}{2\sigma^2}}$,$r_k\geqslant 0$。试证明:第 k 个分集支路输出信号的瞬时信噪比 γ_k

也服从瑞利分布，并且 γ_k 的概率密度为 $P_{\gamma_k}(\gamma_k) = \dfrac{1}{\Gamma} e^{-\frac{\gamma_k}{\Gamma}}$。

3-16　一个两条分集支路的接收分集系统采用选择式合并，当瞬时信噪比低于平均信噪比 Γ 的 25% 时发生中断，问接收机的中断概率是多少？（约等于 2%）

3-17　试分析利用选择式合并得到的无线信道容量是多少？（$E[\text{lb}(1+\rho h_{\max}^2)]$），其中 $h_{\max} = \max\{|h_i|\}_{i=1}^{N_R}$）

3-18　考虑一个仅受加性高斯噪声（AWGN）影响的无线信道，距离发射机 d 处的接收天线的接收功率满足 $P_r(d) = P_t(d_0/d)^3$，其中 $d_0 = 10$ m。假设信道带宽 $B = 30$ kHz，AWGN 噪声功率谱密度为 $N_0 = 10^{-9}$ W/Hz，发射机发射功率为 1 W。分别计算接收机与发射机距离为 100 m 和 1 km 时的信道容量，并简单分析路径衰减指数对信道容量的影响。（152.6 kb/s，1.4 kb/s）

3-19　证明：对于 $N_T = N_R = N$ 的特殊情况，当 N 趋于无穷时，遍历容量与 SNR 成线性关系，而非对数关系。（$C \rightarrow E \sum_{i=1}^{N} \left(\dfrac{\rho}{N \ln 2}\right) \lambda_i = \left(\dfrac{\Gamma}{\ln 2}\right) \rho$，其中 $\Gamma = \dfrac{1}{N} \sum_{i=1}^{N} E[\lambda_i]$）

3-20　证明 Alamouti 空时编码矩阵 $\boldsymbol{x}$（见式（3-4-58））满足 $\boldsymbol{xx}^H = (|x_1|^2 + |x_2|^2)\boldsymbol{I}$，$\boldsymbol{I}$ 为 2×2 单位矩阵，这也是编码矩阵在空间和时间意义上同时满足正交性的另一种描述方式。

3-21　在 3-20 题的基础上，证明正交空时分组编码矩阵 $\boldsymbol{G}$ 满足 $\boldsymbol{GG}^H = (|x_1|^2 + |x_2|^2 + \cdots + |x_n|^2)\boldsymbol{I}$，$\boldsymbol{I}$ 为 $n \times n$ 单位矩阵，即正交空时分组编码矩阵同时满足空间和时间意义上的正交性。

3-22　一个采用两副发射天线的系统，采用 4 状态 QPSK 调制的网格图，当输入序列为 (11, 00, 01, 11, 00, 10) 时，求：

（1）空时网格编码器的输出序列；

（2）第一副天线发射的符号序列和第二副天线分别发射的符号序列。

（网格编码器输出 03、30、01、13、30、02，第一副天线发射序列为 0、3、0、1、3、0，第二副天线发射序列为 3、0、1、3、0、2）

第4章　移动通信网络技术

4.1　概　　述

在通信领域中，人类有一个梦想，那就是实现无论任何人在任何时间、任何地点与任何人进行任何方式的信息交流，即个人通信。这就是人类在通信领域的最高目标。近年来飞速发展的蜂窝移动通信技术正在使这一梦想逐渐变为现实。

为了提高频谱利用率和设计尽可能大的系统业务容量，公众移动通信网络都采用蜂窝结构。蜂窝通信是无线通信的主要方面，也是当前最普及的无线通信技术。在研究蜂窝网络技术时，一方面要考虑移动无线信道本身的特点，同时也需要考虑以下一些基本问题：众多电台组网时相互间的干扰（临频干扰、同频干扰、互调干扰等），小区覆盖和无线资源分配对系统性能的影响，移动用户的管理（信息保密管理、位置登记管理、越区切换管理等）以及具体的网络工程实施技术（包括基站站址选择与基站建设、无线链路预算、无线小区覆盖设计等）。

本章将对蜂窝通信网络的基础内容和网络规划问题进行介绍，以使读者对相关生产实际问题建立一个基本的概念。

4.1.1　移动通信的概念及特点

所谓移动通信，就是指通信的一方或双方在移动中实现通信。也就是说，通信中至少有一方处在运动中或暂时停留在某一非预定的位置上。其中包括移动台（汽车、火车、飞机、船舰等移动体）与固定台之间通信，移动台与移动台之间通信，移动台通过基站与有线用户通信等。

移动通信与固定点间通信相比，具有下列特点：

（1）移动通信的传输信道必须使用无线电波传播。在固定通信中，传输信道可以是无线电波，也可以是有线电缆或者光缆，但移动通信中由于至少有一方处于运动状态，所以必须使用无线电波传播。

（2）电波传播特性复杂。在移动通信系统中由于移动台不断运动，所以不仅有多普勒效应，而且信号的传播受地形、地物的影响随时发生变化，会使信号发生快衰落，即信号幅度出现快速、大幅度起伏，致使接收信号场强的瞬间变化达 30 dB 以上。因此，必须充分研究移动信道的特征，分析信号传播特性，才能合理设计各种移动通信系统。

（3）干扰多而复杂。移动通信系统除受天电干扰、工业干扰和各种噪声的干扰外，基站常有多部收、发信机同时工作，服务区内的移动台分布不均匀且位置随时在发生变化，故干扰信号的场强可能比有用信号高几十分贝(如 70～80 dB)。"远近效应"是移动通信系统的一种特殊干扰。此外，还有多部电台之间发生的邻道干扰、互调干扰以及使用相同频道而产生的同频干扰等。

(4)组网方式多样灵活。移动通信系统的组网方式可分为小容量大区制和大容量小区制两大类。大区制采用一个基站管辖和控制所属移动台，并通过基站与公共交换电话网(PSTN)相连接；小区制根据服务区域，可组成线状(如铁路、公路沿线)或面状的蜂窝网。移动通信网络组网灵活，但网络需要有很强的控制能力。

(5)对用户终端设备的要求更为苛刻。一般移动通信用户终端设备都是便携式或装载于汽车、飞机等移动体中，不仅要求操作简单，维修方便，而且要保证在振动、冲击、高低温等恶劣环境下工作。此外，还要求设备体积小、重量轻和省电等。

(6)用户量大而频率有限。如今，有限的频率资源已无法满足通信业务增长的需求。为了解决这一矛盾，研究各种提高频率利用率方法(如重复利用)和新的移动通信体制是面临的重要课题。

4.1.2　移动通信系统的基本组成

移动通信系统的主要构成如图 1-5 所示。典型的移动通信系统通常由移动台(MS)、基站子系统(BSS)、网络子系统构成。移动交换中心(MSC)是网络子系统的核心。

移动台(MS)具有通过无线接口给用户提供接入网络业务的能力。MS 包括各种终端设备(TE，Terminal Equipment)或是它们的组合以及终端适配器(TA，Terminal Adapter)等。MS 分为车载型、便携型和手持型等。

基站子系统(BSS)由可以在小区内建立无线电覆盖并与 MS 通信的基站收发信机(BTS)和基站控制器设备(BSC)组成。BSS 实现的功能包括简单的控制功能、无线传输功能及无线资源分配功能。BTS 为 MS 提供接入通信网络的无线接口，BSC 在基站与交换机之间起连接作用。一般一个 BSC 可以控制多个 BTS。

移动交换中心(MSC)控制着整个网络的工作，提供移动网与固定公众电信网的接口。MSC 还在 HLR 和 VLR 两个用户数据库的配合下对用户进行管理，对位于其服务区内的 MS 进行交换和控制，同时作为交换设备，移动交换中心具有完成呼叫接续与控制的能力。此外，移动交换中心还具有无线资源管理和移动性管理等功能。

4.1.3　移动通信的分类

移动通信的分类方法多种多样，按使用的对象可分为民用通信和军用通信；按使用环境可分为陆地通信、海上通信、空中通信；按多址方式分为频分多址、时分多址、码分多址、空分多址等；按覆盖范围可分为广域网、城域网和局域网等；按业务类型可分为电话网、数据网、多媒体网；按工作方式可分为同频单工、异频单工、同频双工、异频双工和半双工；按服务范围可分为专用网和公用网；按信号形式可分为模拟网和数字网。

常用的移动通信系统有无绳电话系统、蜂窝移动电话系统、集群移动通信系统、无中心移动通信系统、卫星移动通信系统和数据移动通信系统等。

4.2　频率复用技术和系统容量

4.2.1　频率复用技术

1. 区域划分

1) 小容量的大区制

大区制是指一个基站覆盖整个服务区，如图 4-1 所示。为了覆盖足够大的服务区域，基站天线架设要高，发射功率要大，以此来保证 MS 可以接收到基站的信号。反过来，为了让基站可以接收到 MS 发射的信号，要改善上行链路的通信条件，因为 MS 的发射功率有限，有时无法达到基站要求的发射功率。为了改善上行链路条件，可以在服务区设置若干分集接收点与基站相连，利用分集接收来保证上行链路的通信质量，也可以在基站采用全向辐射天线或定向辐射天线。

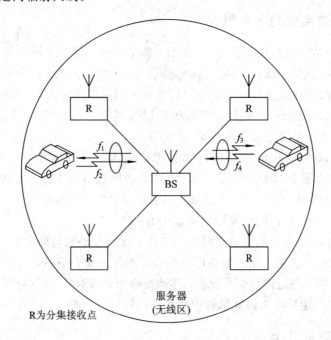

图 4-1　大区制移动通信示意图

大区制只能适用于小容量的通信网，例如用户数在 1000 以下。这种网络的控制方式简单，设备成本低，适用于中小城市、农村、工矿区以及专业部门。

2) 大容量的小区制

小区制移动通信系统的频率复用和覆盖有两种：带状服务覆盖区和面状服务覆盖区。

小区制就是把整个服务区域划分为若干个小区，每个小区设置一个基站，负责本小区内移动通信的联络和控制，同时还要在几个小区之间设置移动业务交换中心，做到统一控制各小区之间用户的通信接续，以及移动用户与市话用户的联系。小区制的示意图如图 4-2 所示。

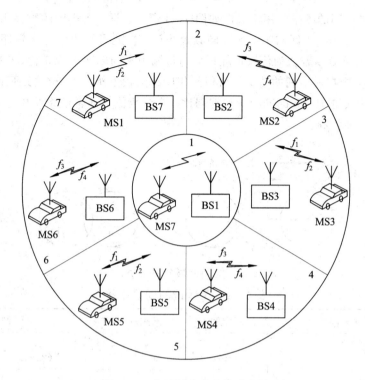

图 4-2　小区制移动通信示意图

每个小区各设一个小功率基站，发射机一般为 5～10 W，有的系统为 10～20 W，以满足无线小区内通信的需要。通过适当控制无线小区基站的辐射功率，在相隔一定距离（或小区）之后，系统可以重复使用相同频率的载频工作，且不受同频干扰的影响（即话音质量不会受到影响），从而有效地提高频谱利用率，这就是频率复用。

（1）带状网。带状网主要用于覆盖公路、铁路、海岸等条带形的业务区域，如图 4-3 所示。

基站天线若用全向辐射，则覆盖区形状是圆形的（见图 4-3(a)）。带状网宜采用有向天线，使每个小区呈扁圆形，如图 4-3(b)所示。

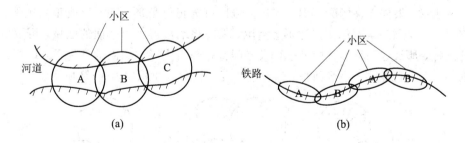

图 4-3　带状网示意图

带状网在相隔一定小区之后便可以进行频率复用。若相邻两个小区组成一个区群，则称为双频制。若以采用不同信道的三个小区组成一个区群，则称为三频制。在实际应用过程中考虑造价和频率资源，双频制频率利用率最高。但双频制的同频无线小区距离最近，因此同频干扰问题最严重。

　　设 n 频制带状网的频率复用示意图如图 4-4 所示。每一个小区的半径为 r，相邻小区的交叠宽度为 a，第 $n+1$ 区与第 1 区为同频道小区。据此可算出信号传输距离 d_S 和同频干扰传输距离 d_I 之比。若认为传输损耗近似与传输距离的四次方成正比（可参考第 2 章的双线传播模型），则在最不利的情况下可得到相应的同频干扰，如表 4-1 所示。由表可见，双频制最多只能获得 19 dB 的同频干扰抑制比，这个数值在通常的系统中是不够的，实际中一般需要采用多频制。

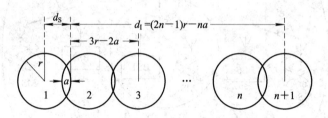

图 4-4　n 频制带状网的频率复用示意图

表 4-1　带状网的同频干扰

		双频制	三频制	n 频制
d_S/d_I		$\dfrac{r}{3r-2a}$	$\dfrac{r}{5r-3a}$	$\left(\dfrac{r}{(2n-1)r-na}\right)^2$
I/S	$a=0$	-19 dB	-28 dB	$40\lg\dfrac{1}{2n-1}$
	$a=r$	0 dB	-12 dB	$40\lg\dfrac{1}{n-1}$

　　(2) 蜂窝网。在平面区域内划分小区，通常组成蜂窝式的网络。在带状网中，小区呈线状排列，区群的组成和同频道小区距离的计算都比较简单，而在平面分布的蜂窝网中，这是一个比较复杂的问题。在平面分布的面状网中，小区分布形成密集排列，根据所覆盖的面积不同会形成多种形式的小区的叠加。

　　全向天线辐射的覆盖区是一个圆形。为了不留空隙地覆盖整个服务区平面，一个个圆形辐射区之间一定含有很多的交叠。在考虑了交叠之后，实际上每个辐射区的有效覆盖区是一个多边形。根据交叠情况不同，有效覆盖区可为正三角形、正方形或正六边形，如图 4-5 所示。可以证明，要用正多边形无空隙、无重叠地覆盖一个平面的区域，可取的形状只有这三种，那么这三种形状中哪一种最好呢？在辐射半径 r 相同的条件下，计算出三种形状的小区的邻区距离、小区面积、交叠区宽度和交叠区面积如表 4-2 所示。

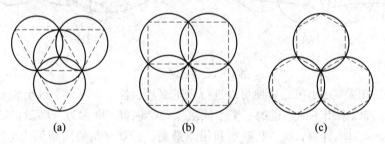

图 4-5　不同多边形的小区形状

表 4－2　三种形状的小区的特点

小区形状	正三角形	正方形	正六边形
邻区距离	r	$\sqrt{2}r$	$\sqrt{3}r$
小区面积	$1.3r^2$	$2r^2$	$2.6r^2$
交叠区宽度	r	$0.59r$	$0.27r$
交叠区面积	$1.2\pi r^2$	$0.73\pi r^2$	$0.35\pi r^2$

由表 4－2 可见，在服务区面积一定的情况下，正六边形小区的形状最接近理想的圆形，它的特点是：有最大的小区中心间距和小区覆盖面积，而交叠区域宽度和交叠区域的面积最小；对于同样大小的服务区域，用它覆盖服务区所需的基站数最少，所需频率组数最少，且各基站间的同频干扰最小，也就最经济。正六边形构成的网络形同蜂窝，因此把小区形状为六边形的小区制移动通信网称为蜂窝网。

实际上，在不同的业务区域，蜂窝小区的覆盖半径可能不同，这取决于人口密度及分布、人流活动路线和场所。一般农村地区的蜂窝网络具有较大的小区覆盖半径，而城市中心地区的蜂窝小区的覆盖半径很小。通常根据蜂窝小区的覆盖半径，蜂窝又可划分为三类：宏蜂窝（Macrocell）、微蜂窝（Microcell）和微微蜂窝（Picocell），其参数如表 4－3 所示。

表 4－3　蜂窝小区的分类

蜂窝类型	宏蜂窝	微蜂窝	微微蜂窝
蜂窝半径/km	2～20	0.4～2	＜0.4
业务密度	低到中	中到高	高
终端速度/(km/h)	＜500	＜100	＜10
适用系统	陆地移动	陆地移动	陆地移动

各类蜂窝小区的特点简述如下：

① 宏蜂窝。早期的蜂窝网络用户量较少，蜂窝小区由宏蜂窝构成，小区的覆盖半径大多为 2～20 km。由于覆盖半径较大，所以基站的发射功率较强，一般在 100 W 左右，天线架设位置也比较高。在实际的宏蜂窝内通常存在着两种特殊的微小区域：一是"盲点"区域——由于无线电波在传播过程中遇到障碍物而造成的阴影区域，使得该区域的信号强度减弱，通信质量下降；二是"热点"区域——在商业中心或交通要道等业务繁忙区域，空间业务负荷分布不均匀。为了解决"盲点"区域和"热点"区域问题，于是产生了微蜂窝小区技术。

② 微蜂窝。微蜂窝小区是在宏蜂窝小区的基础上发展起来的，覆盖半径大约为 0.4～2 km，基站发射功率较小，一般在 40 W 以下。微蜂窝小区基站天线置于相对较低的位置，一般高于地面 5～10 m。因此，微蜂窝最初被用来扩大无线电覆盖，消除宏蜂窝中的"盲点"区域。同时，由于低发射功率的微蜂窝基站允许较小的频率复用距离，每个微蜂窝

区域的信道数量较多，因此业务密度得到了巨大的增长。所以，微蜂窝也被安置在宏蜂窝的"热点"区域上，可满足该微小区覆盖与容量两方面的要求。

微蜂窝小区结构的特点是随着用户数量的增长，很容易扩容和增大服务区。原有的小区可以通过建设新的基站而分裂成更多的小区，这样小区服务面积虽然减小了，但业务量和信道数量却增加了。

③ 微微蜂窝。随着容量需求的进一步增长，运营商可按照同样的方式部署第三层或第四层蜂窝覆盖，即微微蜂窝小区。微微蜂窝实质上就是微蜂窝的一种，只是覆盖半径更小，一般小于 400 m，基站发射功率更小，大约在几十毫瓦左右，天线一般安装于建筑物内业务集中的地点。微微蜂窝是作为网络覆盖中的一种补充形式而存在的，主要用来解决商业中心、会议中心等市内"热点"区域的通信问题。

2. 区群及频率复用

1) 区群

区群(Cluster)是指使用不同频率组的一组小区。在区群之间可进行频率复用。

为了保证同信道小区之间有足够远的距离，以确保同频干扰满足系统设计要求，相邻近的若干小区都不能使用相同的信道。这些不同信道的小区就组成了一个区群，只有不同区群的小区才能进行频率复用。

区群中的小区组成应满足两个条件：一是区群之间要邻接，且无缝隙、无重叠地进行覆盖；二是邻接之后的区群应保证各个相邻同信道小区之间的距离相等。

满足上述条件的区群形状和区群内的小区数不是任意的。可以证明，区群内的小区数应满足下式：

$$N = i^2 + ij + j^2 \qquad\qquad (4-2-1)$$

式中，i、j 为正整数(且不能同时为零)。由此可算出 N 的可能取值有 1、3、4、7、9、12、13、16、19 …。相应的区群形状举例如图 4-6 所示。

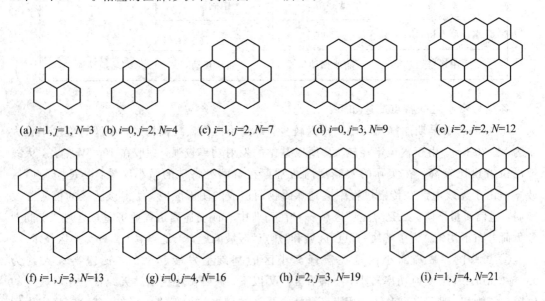

(a) $i=1, j=1, N=3$ (b) $i=0, j=2, N=4$ (c) $i=1, j=2, N=7$ (d) $i=0, j=3, N=9$ (e) $i=2, j=2, N=12$

(f) $i=1, j=3, N=13$ (g) $i=0, j=4, N=16$ (h) $i=2, j=3, N=19$ (i) $i=1, j=4, N=21$

图 4-6 区群形状举例示意图

2）同频小区及频率复用

第一代蜂窝系统采用频分多址技术，小区半径是 2～20 km。只要小区的间隔足够远并且信号之间不相互影响，相同的频率或信道就可以再次使用。图 4-7 中，由 7 个小区构成一个区群，再由若干区群覆盖一个服务区。

在区群形成的过程中要求无缝隙，且每个区群中心之间的距离相同，所以按一定的规律，可在服务区中找到同频小区。同频小区的确定方法是：先沿小区边界的垂线跨 j 个小区，再左(或右)转 60°，再跨 i 个小区，便到达同频小区，如图 4-7 所示。

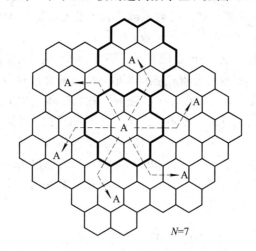

图 4-7　频率复用的说明及同频小区的确定示意图

3. 信道分配

在无线通信系统中能够合理分配有限的无线资源是非常重要的一件事情。信道的合理分配除了可以降低干扰(如邻道干扰、互调干扰)外，还会对系统的容量有一定影响。

信道分配是指将给定频率分配给一个区群中的不同小区。信道分配方式主要有三种：① 固定信道分配方式(FCA)，即为各小区分配一组预先确定的信道，小区中任何呼叫请求只能占用特定的空闲信道；② 动态信道分配方式(DCA)，即随业务量的变化动态配置各小区的全部信道；③ 固定、动态结合信道分配方式。

1）固定信道分配方式

固定信道分配方式将所有信道分成 n 组，每个小区固定使用其中的一组，并且要考虑到每组中的信道不会形成明显的干扰。固定信道分配方式主要有分区分组配置法(不产生三阶互调干扰)和等频距配置法(要求 n 值足够大)两种。

(1) 分区分组配置法。该法的原则如下：

① 尽量减小占用的总频段，以提高频段的利用率。

② 同一区群内不能使用相同的信道，以避免同频干扰。

③ 小区内采用无三阶互调的相容信道组，以避免互调干扰。

设给定的频段以等间隔划分为信道，按顺序分别标明各信道的号码为：1，2，3，…。

若每个区群有 7 个小区，每个小区需 6 个信道，则按上述原则进行分配，可得到

第一组：1，5，14，20，34，36

第二组：2，9，13，18，21，31

第三组：3，8，19，25，33，40

第四组：4，12，16，22，37，39

第五组：6，10，27，30，32，41

第六组：7，11，24，26，29，35

第七组：15，17，23，28，38，42

该法的特点是：避免了三阶互调；但未考虑同一信道组中的频率间隔，可能会出现较大的邻道干扰；每组所需信道数增加时，频谱利用率随之降低（满足无三阶互调的情况下，每组分配的信道数越多，所需总的信道数也越多，且很难达到100%的频谱利用率）。

在此简单介绍一下互调干扰。

由于带外 n 个信号的混频（多谐波或是组合频率）而产生一个出现在带内的频率分量，此分量与接收机中心频率相近时会被接收机接收，形成对有用信号的干扰，这种干扰称为互调干扰。当带外混频数为3时，称为三阶互调干扰。互调干扰最大来自三阶互调。下面讨论信道号之间满足什么条件时，才不会产生三阶互调干扰。判别无三阶互调频道组的条件是任意两个频道序号之差都不一样。采用的方法是差值阵列法。例如，按顺序对信道进行编号，在其中选取编号为①、③、④、⑪、⑰、㉒、㉖的信道为一个信道组时，利用差值阵列法讨论以下判定是否为无三阶互调信道组。差值阵列法是：将选取的编号进行相减运算，所得到的差值形成一个阵列。

①	③	④	⑪	⑰	㉒	㉖	
2	1	7	6	5	4		第一行为相邻两个编号之差
	3	8	13	11	9		第二行为相隔一个编号之差
		10	14	18	15		第三行为相隔一个编号之差
			16	19	22		⋮
				21	23		最后一行为最后一个编号和
					25		第一个编号之差

根据差值阵列法得到阵列，如方框内的数据形成的阵列，查看阵列中是否存在编号之差相同者，若没有相同数值（方框内无相同数值），则说明此频道组为无三阶互调信道组，否则存在三阶互调干扰。在上例中，方框内的编号之差没有相同者，因此该信道组是无三阶互调信道组。

（2）等频距配置法。该法按等频率间隔对信道进行配置，只要频距选得足够大，就可以有效地避免邻道干扰。

这样的频率配置可能正好满足产生互调的频率关系，但正因为频距大，干扰易于被接收机输入滤波器滤除而不易作用到非线性器件，这也就避免了互调干扰的产生。

例如，等频距配置时，可根据区群内的小区数 N 来确定同一信道组内各信道之间的频率间隔，如第一组用 $(1, 1+N, 1+2N, 1+3N, \cdots)$，第二组用 $(2, 2+N, 2+2N, 2+3N, \cdots)$ 等。若 $N=7$，则信道配置为

第一组：1，8，15，22，29，…

第二组：2，9，16，23，30，…

第三组：3，10，17，24，31，…

第四组：4，11，18，25，32，…

第五组：5，12，19，26，33，…

第六组：6，13，20，27，34，…

第七组：7，14，21，28，35，…

固定信道分配方式实现起来比较简单，但可能造成频率资源的浪费（在满足无三阶互调的情况下进行分区分组分配）。对其改进的方法是当某个小区中的所有频道已使用完，而又有新的呼叫请求时，从相邻的小区中借用空闲信道，这样在某种程度上可以提高频率利用率。

2）动态信道分配方式

固定信道配置方式只能适应移动台业务分布相对固定的情况。事实上，移动台业务的地理分布是经常发生变化的，如早上从住宅区向商业区移动，傍晚又反向移动，发生交通事故或集会时又向某处集中。固定配置信道的缺陷为：某一个小区业务量增大，原来配置的信道可能会不够用；相邻小区业务量小，原来配置的信道可能有空闲；小区之间的信道无法相互调剂，因此频率的利用率不高。

动态信道分配方式中，所有信道不是固定地分配给小区，只有用户发出呼叫时才为服务的小区分配信道。

动态信道分配时考虑的因素有：同频道复用距离，不会对本小区已使用的其他信道产生明显的干扰，以后呼叫阻塞的可能性，候选信道使用的频次等。

动态信道分配的优点是频率利用率高，可适应业务分布的动态变化；缺点是控制复杂，系统开销较大（要求 MSC 增加存储量和运算量）。

动态信道分配方式又可分为动态配置法和柔性配置法两种。

（1）动态配置法：随业务量的变化重新配置全部信道。

如果能理想地实现，则频率利用率可提高 20%～50%，但要及时算出新的配置方案，且能避免各类干扰，基站及天线共用器等装备也要能适应，这是十分困难的。

（2）柔性配置法：准备若干个备用信道，需要时提供给某个小区使用。

这种配置方法控制比较简单，只要预留部分信道都能被各基站使用，就可应付局部业务量变化的情况。这是一种比较实用的方法。

4.2.2 干扰和系统容量

在移动通信网络中存在着各种各样的干扰，如同频干扰、邻道干扰、互调干扰等。邻道干扰和互调干扰可以通过合理分配信道的方式把影响减低到最小，但对于同频干扰必须结合区群的组成及系统对载干比（载波信号功率与干扰信号功率之比）的要求等因素进行综合考虑，把同频干扰的影响降低至最低，这样才能通过频率复用的方式增加系统容量，满足需求。

1. 同频干扰

1）同频干扰的定义

同频干扰是指两个相同频率的不同信号产生的干扰。蜂窝移动通信系统中采用频率复用技术，这样同频小区之间就会存在同频干扰。若同频小区间的距离很近，则产生的同频干扰可能会很严重。

为了能够计算出同频再用的距离，必须知道射频防护比$[S/N]$。射频防护比$[S/N]$是通信质量满足规定要求时移动台接收机处的载波功率与干扰功率的比值。不同的网络、不同的话音质量要求其射频防护比也不同。例如在动态环境下，GSM 系统要求射频防护比 $[S/N]$ 大于 9 dB。

2) 影响同频再用距离的因素

影响同频再用距离的因素如下：

(1) 调制方式。

(2) 电波传播特性(一般按双线模型分析，传播损耗为 $L=\dfrac{d^4}{h_t^2 h_r^2}$)。

(3) 小区半径。

(4) 工作方式，如采用同频单工、异频双工等方式对同频再用距离也会有一定影响。

(5) 可靠通信概率。

3) 同频再用距离与小区半径之间的关系

假设基站 A 和 B 使用相同的频道，移动台 M 正在接收基站 A 发射的信号，由于基站天线高度大于移动台天线高度，因此当移动台 M 处于小区的边沿时，它从基站 A 收到的信号最弱，这时最易于受到基站 B 发射的同频道干扰。假如这时输入到移动台接收机的有用信号与同频道干扰之比等于射频防护比，则此时 A、B 两基站之间的距离即为同频再用距离，记做 D。由图 4-8 可见：

$$D = D_I + D_S = D_I + r_0 \tag{4-2-2}$$

式中，D_I 为同频道干扰源至被干扰接收机的距离；D_S 为有用信号的传播距离，即为小区半径 r_0。

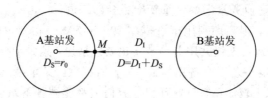

图 4-8　同频再用距离

通常，定义同频再用系数为

$$\alpha = \frac{D}{r_0}$$

同频再用系数有时也叫作同频复用因子。由式(4-2-2)可得同频再用系数为

$$\alpha = \frac{D}{r_0} = 1 + \frac{D_I}{r_0} \tag{4-2-3}$$

在此基础上，根据双线模型传播损耗公式，以 dB 为单位可表示为

$$[L] = 40\lg d - 20\lg(h_t h_r) \tag{4-2-4}$$

设干扰信号和有用信号的传播损耗中值分别用 L_I 和 L_S 表示，分别以 D_I 和 D_S 取代式 (4-2-4)中的 d 可得到

$$[L_I] = 40\lg D_I - 20\lg(h_t h_r) \tag{4-2-5}$$

$$[L_S] = 40\lg D_S - 20\lg(h_t h_r) \tag{4-2-6}$$

所以传播损耗之差为

$$[L_I] - [L_S] = 40 \lg \frac{D_I}{D_S} \quad (\text{dB}) \tag{4-2-7}$$

设 A 基站和 B 基站的发射功率均为 P_T，则移动台 M 接收机的输入信号功率和共频道干扰功率分别为

$$[S] = [P_T] - [L_S] \tag{4-2-8}$$

$$[I] = [P_T] - [L_I] \tag{4-2-9}$$

由此可得

$$[S/I] = [S] - [I] = [L_I] - [L_S] \tag{4-2-10}$$

$$\frac{D_I}{D_S} = 10^{\frac{[S/I]}{40}} \tag{4-2-11}$$

由式(4-2-2)可以得到，满足信噪比时同频再用距离 D 与小区半径 r_0 之间的关系为

$$D = (1 + 10^{\frac{[S/I]}{40}})r_0 \tag{4-2-12}$$

其中，D/r_0（同频再用距离/小区半径）称为同频复用因子。

例 4-1　若某系统的射频防护比为 8 dB，小区半径为 r_0，求同频再用距离。

解：根据式(4-2-11)可求得

$$\frac{D_I}{D_S} = \frac{D_I}{r_0} = 10^{\frac{8}{40}} = 2.6$$

则同频再用距离 $D = D_I + r_0 = 3.6r_0$。

若考虑到快衰落及慢衰落，射频防护比 $[S/I]$ 将大于 8 dB。理论分析和实验表明，按无线小区内可靠通信概率为 90% 考虑，$[S/I]$ 约需 25 dB，这样可得

$$\frac{D_I}{D_S} = 10^{\frac{25}{40}} = 4.2$$

$$D = \left(1 + \frac{D_I}{D_S}\right)r_0 = 5.2r_0$$

4) 区群中满足同频干扰条件下小区数的确定

设小区的辐射半径（即正六边形外接圆的半径）为 r，可得同信道小区中心之间的距离 d_g 为

$$d_g = \sqrt{3(i^2 + ij + j^2)} \times r = \sqrt{3N} \times r \tag{4-2-13}$$

忽略背景噪声，只考虑同频干扰，移动台接收机收到 N_I 个小区的同道干扰，其信噪比为

$$\frac{S}{I} = \frac{S}{\sum\limits_{i=1}^{N_I} I_i} \tag{4-2-14}$$

满足射频防护比时最小安全距离 D 为

$$D = (1 + 10^{\frac{[S/I]}{40}})r_0 \tag{4-2-15}$$

要求 $d_g \geqslant D$，则可得到

$$\frac{d_g}{r_0} \geqslant \frac{D}{r_0} \Rightarrow \sqrt{3N} \geqslant 1 + 10^{\frac{[S/I]}{40}} \tag{4-2-16}$$

结论：给定 $[S/I]$ 时就能确定区群中小区的数目。

例 4-2　对于一个蜂窝网，当要求射频防护比 $[S/I] = 18$ dB 时，求区群中小区数目 N

的最小值。

解：依据公式(4-2-16)可得

$$\sqrt{3N} \geqslant 1 + 10^{\frac{18}{40}}$$

整理得

$$\sqrt{3N} \geqslant 3.8$$
$$N \geqslant 4.8$$

再依据公式(4-2-1)可得 N 最小可以取 7。

5）多个干扰源时的同频干扰

如前所述，蜂窝系统中有许多小区共用相同的频段，共用相同频段的小区之间的物理距离至少应为同频再用距离。尽管我们对功率电平进行了严格的控制，以使同频信道之间不会产生问题，但是由于这些小区的信号强度不为 0，所以还是会有一些干扰存在。在一个区群大小为 7 的蜂窝系统中，在以频率复用距离为半径的圆周上，将会有 6 个同频小区，如图 4-9 所示。图中，第二层的同频小区对当前基站的影响一般可以忽略不计。

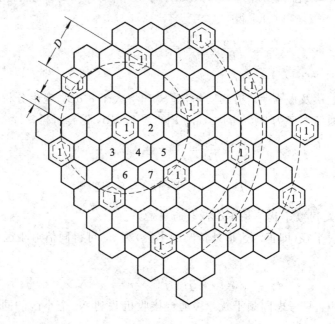

图 4-9　同频小区的多源干扰

2. 蜂窝系统的扩容

随着无线业务需求的提高，分配给每个小区的信道数最终将变得不足以支持所要达到的用户数。从这点来看，需要蜂窝设计技术给单位覆盖区域提供更多的信道以提高系统容量。在实际中，用小区分裂、裂向和微小区等方法可增大蜂窝系统容量。小区分裂允许蜂窝系统有计划地扩容。裂向用有方向的天线进一步控制干扰和信道的频率复用。微小区是将小区覆盖分散，将小区边界延伸到难以到达的地方。小区分裂通过增加基站的数量来增加系统容量，而裂向和微小区依靠基站天线的定向来减小同频干扰以提高系统容量。以下详细介绍这三种常用的提高系统容量的方法。

1) 小区分裂

小区分裂是将拥塞的小区分成更小小区的方法，每个小区都有自己的基站并相应地降低天线高度和减小发射机功率，因而能提高系统容量。这样通过设定比原小区半径更小的新小区和在原有小区间安置这些小区(叫作微小区)，小区分裂提高了信道的复用次数，增加了单位面积内的信道数目，从而增加了系统容量。

假设每个小区都按原半径的一半来分裂，如图 4-10 所示。为了用这些更小的小区来覆盖整个服务区域，应使小区数增加到大约为原来小区数 4 倍的小区。这是因为以 R 为半径的圆所覆盖的小区面积是以 $R/2$ 为半径的圆所覆盖的小区面积的 4 倍。图 4-10 为小区分裂的例子，基站放置在小区角上，假设基站 A 服务区域(灰色)内的业务量已经饱和(即基站 A 的呼叫阻塞超过了可接受值)，因此该区域需要新基站来增加区域内的信道数目，并减小单个基站的服务范围。在图 4-10 中，更小的小区是在不改变系统的频率复用计划的前提下增加的。从图 4-10 中可以看出，小区分裂只是按比例缩小了簇的几何尺寸，每个新小区的半径都是原来小区的一半。

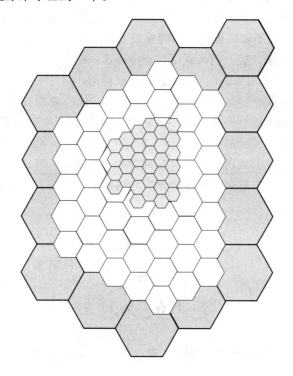

图 4-10　小区分裂示意图

对于尺寸更小的新小区，它们的发射功率也应有所下降。半径为原来小区一半的新小区基站的发射功率，可以通过检测在新的小区和旧的小区边界接收到的功率 P_r 并令它们相等来得到。这需要保证新的微小区的频率复用方案和原小区一样。

实际上，不是所有的小区都同时分裂。对于服务提供者来说，要找到完全适合小区分裂的确切时期通常很困难。因此，不同大小的小区将同时存在。在这种情况下，需要特别注意保持同频小区间所需的最小距离，因而频率分配变得更复杂。同时也要注意切换问题，使高速和低速移动用户能同时得到服务。当同一个区域内有两种规模的小区时，不能简单地让所有新小区都用原来的发射功率，或是让所有旧小区都用新的发射功率。如果所有小区都用大的发射功率，则更小的小区使用的一些信道将不足以从同频小区中分离出。另一方面，如果所有小区都用小的发射功率，则大的小区中将有部分地段被排除在服务区域之外。由于这个原因，旧小区中的信道必须分成两组：一组适应小的小区的复用需求，另一组适应大的小区的复用需求。大的小区用于高速移动通信，这样可以减小越区切换次数。

两种不同尺寸的小区中，信道组的大小取决于分裂的进程情况。在分裂过程的最初阶段，在小功率的组中信道数会少一些。然而，随着需求的增长，小功率组需要更多的信道。这种分裂过程一直持续到该区域内的所有信道都用于小功率的组中，此时小区分裂覆盖整个区域，整个系统中每个小区的半径都更小。常用天线下倾（即将基站的辐射能量集中指向地面，而不是水平方向）来限制新构成的微小区的无线覆盖。

2）裂向

如前所述，小区分裂通过增加单位面积内的信道数来获得系统容量的增加。另一种提高系统容量的方法是保持小区半径不变，而寻找办法来减小同频复用因子 D/r_0。在这种方法中，容量的提高是通过减小区群中小区的数量，从而提高频率复用次数来实现的。但是为了做到这一点，需要在不降低发射功率的前提下减小干扰。

通过使用定向天线来代替全向天线可以减小蜂窝系统中的同频干扰。由于每个定向天线辐射只指向特定的扇区，所以每个小区将只接收同频小区中一部分小区的干扰，从而减小了同频干扰，提高了系统容量，这种技术称为裂向。使用裂向技术时，同频干扰减小的程度取决于使用扇区的数目。通常一个小区划分为 3 个 120°的扇区或 6 个 60°的扇区。图 4-11(a)为采用全向辐射天线的小区，图 4-11(b)为采用 120°定向天线的小区。基站设在小区的中央，用全向天线形成圆形覆盖区时称为中心激励；基站设在每个小区六边形的三个顶点上，采用三副 120°扇形辐射的定向天线分别覆盖三个相邻小区的各三分之一区域时称为顶点激励。

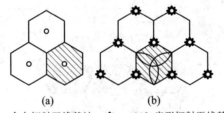

(a) 　　　　　　　　　(b)

○：全向辐射天线基站；✿：120°扇形辐射天线基站

图 4-11　全向天线基站小区和定向天线基站小区

利用裂向以后，在某个小区中使用的信道组将再分为更小的信道组，每组只在某个扇区中使用。

3）微小区

前面提到的两种方法，虽然在某种程度上提高了系统容量，但会导致系统的交换和控制链路的负荷增加。微小区可以改善上述问题。微小区是将三个或多个区域站点（发射机/接收机）与一个单独的基站相连，并且共享同样的无线设备。各微小区之间用电缆、光纤或者微波方式与基站建立连接。多个微小区与一个基站组成一个小区。当移动台在小区内行驶时，由信号最强的微小区来服务。这种方法优于裂向，因为它的天线安放在小区的边缘，并且任意基站的信道都可由基站分配给任意一个微小区，移动台在小区内从一个微小区移动到另一个微小区时还是使用一个信道，不进行信道切换。因此与裂向不同，当移动台在小区内的微小区之间行驶时不需要 MSC 进行切换。微小区方式下信道只是当移动台行驶在微小区内时使用，因此，基站辐射被限制在局部，干扰也减小了。信道根据时间和空间在各微小区之间分配，也像通常一样进行同频复用。这种技术在高速公路边上或市区开阔地带的应用效果比较好。

微小区技术的优点在于：小区可以保证覆盖半径，又可减小蜂窝系统的同频干扰，因为一个大的中心基站已由多个在小区边缘的小功率发射机（微小区发射机）来代替。同频干扰的减小提高了信号的质量，也增大了系统容量，而没有裂向引起的中继效率的下降。

4.3　移动性管理

与固定通信相比，移动通信的主要优点是用户具有可移动性。网络对用户移动过程的管理称为移动性管理。

蜂窝系统的移动性管理包括两个层面的问题：移动用户的位置管理和越区切换管理。前者确保网络知道用户在任何时候所处的位置，后者确保移动用户的通信连续性和用户对通信质量的要求。下面分别对这两个方面进行介绍。

4.3.1　位置管理

位置管理就是移动通信网络跟踪移动台的位置变化，对移动台位置信息进行登记、删除和更新的过程。移动台的位置信息存储在通信网络的归属位置寄存器 HLR 和访问位置寄存器 VLR 中。当一个移动用户首次入网时，该用户必须通过 MSC 在相应的 HLR 中登记注册，把有关的用户信息（如移动用户识别码、移动台号码以及业务类型等）全部存入这个寄存器中。移动台入网以后，其具体位置将不断变化，而且有可能漫游到远离其 HLR 的地区，这种变化的移动台位置信息就由移动台当前位置对应的 VLR 记录并传送给移动台归属位置寄存器 HLR。一旦移动台离开旧 VLR 对应的位置区，并在新 VLR 中登记，就将记录在旧 VLR 中的移动台信息删除。

位置管理涉及网络处理能力和网络通信能力。影响网络处理能力的是用户信息数据库大小、查询的频度、响应速度；网络通信能力影响传输用户位置的更新、查询信息增加的业务量及时延等。由于数字蜂窝网络的用户密度远大于早期的模拟蜂窝网络，因此位置管理已经是数字蜂窝网络的一项重要功能。这项功能应尽量少地占用网络资源。

1. 位置登记

蜂窝网的覆盖区域分为若干个位置区 LA，每个 LA 与一个 MSC 相连并有一个位置区识别码 LAI。MS 从一个位置区移到另一个位置区时，必须在对应 LA 的 VLR 中进行登记。也就是说，一旦 MS 发现其存储器中的位置识别码 LAI 与接收到的 LAI 发生了变化，便执行登记。

位置更新和寻呼信息均在空中接口的控制信道上传输。对于位置登记和寻呼，LA 越大，每次寻呼的基站数目就越多，系统的寻呼定时和位置更新开销也就越大；LA 越小，寻呼基站数少，系统的寻呼开销也越小。

位置登记过程包括登记、修改和注销三个步骤。登记就是将 MS 进入新 LA 的信息传给管理新 LA 的新 VLR 中并记录下来。修改就是在该 MS 的 HLR 中记录当前服务该 MS 的新 VLR 的 ID。注销指的是在旧 VLR 和 MSC 中删除该 MS 的相关信息。

2. 位置更新

当 MS 进入新的位置区 LA 时，系统将对其位置信息进行更新。这样，当该 MS 被呼叫时，系统将在新的 LA 内进行寻呼。在蜂窝网络中，位置更新可能采用下面三种方式。

1）基于时间的位置更新方式

基于时间的位置更新就是每隔 ΔT 的时间段，MS 周期性地更新其位置信息。ΔT 可由系统根据呼叫到达间隔的概率分布动态确定。

2）基于运动的位置更新方式

在 MS 跨越一定数量的小区边界（这个跨越的边界数量称为运动门限）以后，MS 就进行一次位置更新。

3）基于距离的位置更新方式

若 MS 离开上次位置更新时所在小区的距离超过一定的值（称为距离门限），则 MS 进行一次位置更新。最佳距离门限的确定取决于各个 MS 的运动方式和呼叫到达参数。

4.3.2 切换控制

1. 定义

切换是指移动台在通信过程中从一个 BS 覆盖区移动到另一个 BS 覆盖区，或者由于外界干扰造成通话质量下降时，将原有信道转接到一条新的空闲信道，以保持与网络持续连接的过程。切换应尽可能少出现，切换过程中应尽量保证移动用户的通信质量，使移动用户基本感觉不到。

由于无线信道的复杂性，诸如衰落、干扰、屏蔽及 MS 的运动或附近物体的运动，都会造成接收信号电平发生很大的起伏，从而成为可能触发切换的主要因素。因此，在蜂窝移动通信系统中，切换被看作是最复杂、最重要的过程之一。在切换过程中，呼叫中断的概率上升，通话质量可能下降。因此，成功切换意味着呼叫中断概率的降低，这直接关系到蜂窝通信网络的服务质量。

切换控制的目的是：在 MS 与网络之间保持一个可以接受的通信质量，保证通信的连续性。因此，切换需要实现以下功能：

（1）切换次数最小，这样可以使通信中断的概率降到最小，使各小区间的业务负荷达到平衡。

（2）通过正确选择目标小区和提高切换执行效率，以减小切换时延，平衡各小区间的业务负荷。

（3）在遇到干扰时能够保持可接受的通信质量，在恶劣的无线传输条件下能恢复并支持通信，避免 MS 与网络之间的链路发生中断。

（4）优化频率资源的使用效率。

（5）减小 MS 的功率消耗和全局干扰电平。

2. 切换的分类

1）按照切换目的分类

按照切换目的不同，可将切换分为救援切换、边缘切换和业务量切换三种类型。救援切换是指移动用户在通信过程中由于移动而离开正在服务的蜂窝小区所产生的切换。边缘切换是指系统为优化干扰电平，提高传输服务质量，改变为移动用户服务的蜂窝小区而引起的切换。业务量切换是指正在服务的蜂窝小区内发生拥塞，而邻近蜂窝小区较空闲时将部分业务转换到邻近小区所进行的切换。

2）按照通信链路的建立方式分类

当一次切换过程被触发后，通信将被转接到新的链路上，建立新的信道，同时，将原来的通信信道释放。按照新的通信链路的建立方式，可以将切换类型分为硬切换、软切换和接力切换等。

（1）硬切换。硬切换是指不同频率的 BS 或扇区之间的切换。在硬切换情况下，MS 在同一时刻只占用一个无线信道。MS 必须在指定时间内，先中断与原基站的联系，调谐到新的频率，再与新 BS 建立联系，在切换过程中可能会发生通信短时中断。

硬切换主要用于 GSM 系统，其主要优点是同一时刻 MS 只使用一个无线信道；缺点是通信过程会出现短时的传输中断，如在 GSM 系统中，硬切换时通信会有 200 ms 左右的中断时间。因此，硬切换在一定程度上会影响通话质量。由于硬切换采用"先断开，后切换"的方式，因此如果在通信中断时间内受到干扰或切换参数设置不合理等因素的影响，则将会导致切换失败，引起掉话。当硬切换区域面积狭窄时，会出现新基站与原基站之间来回切换的"乒乓效应"，影响业务信道的传输。此外，如果切换所用到的参数需要 MS 进行测量，则切换所用到的数据都是通过无线接口传送到网络的，这明显加重了无线接口的负荷。

（2）软切换。软切换是指同一频率不同 BS 之间的切换。在软切换过程中，两条链路及对应的两个通信数据流在一个相对较长的时间内同时被激活，直到 MS 进入新 BS 并测量到新 BS 的传输质量满足指标要求后，才断开与原 BS 的连接。不论是从 MS 的角度，还是从网络的角度来看，两条链路传输的都是相同的通信数据流，这保证了通信不会发生中断。

软切换采用"先建后断"的方式，MS 只有在取得与新 BS 的连接之后，才会中断与原 BS 的联系，因此在切换过程中没有中断，不会影响通话质量。由于软切换是在频率相同的 BS 间进行的，在两个 BS（或多个 BS）覆盖区的交界处，MS 同时与多个 BS 通信，起到前向业务信道和反向业务信道多径分集的作用，因而可大大减少切换造成的掉话。另外，由于软切换中 MS 和 BS 均采用了分集接收技术，有抵抗衰落的能力，同时通过反向功率控制，可以使 MS 的发射功率降至最小，从而降低了 MS 对系统的干扰。进入软切换区域的 MS 即使不能立即得到与新 BS 的链路，也可以进入切换等待的排列，从而减少了系统的阻塞率。但是，软切换同时也存在占用信道资源较多和信令复杂的问题，因此导致系统负荷加重、下行链路干扰增加、设备投资和系统背板的复杂程度增加等缺点。

（3）TD - SCDMA 系统的接力切换。TD - SCDMA 系统采用的是一种基于智能天线的接力切换方式。所谓接力切换，就是指移动用户在向另一个基站覆盖区移动的过程中，由于基站使用的是智能天线技术，因此系统可以估计用户的波束方向(DOA, Direction Of Arrival)信息。同时，TD-SCDMA 系统是上行同步的，网络可以确定用户信号传输的时间偏移，通过信号的往返时延获知用户设备(UE, User Equipment)到 Node B 的距离信息。这样，网络获得了 MS 的准确位置信息，因而系统可以确定需要切换的目标小区，两个小区的基站将接收来自同一 MS 的信号，两个小区都对此 MS 定位，并将此定位结果向基站控制器报告。基站控制器将根据此信息判断用户是否移动到另一基站的邻近区域，并将接近小区的 Node B 信息告知这个 MS。一旦进入切换区域，基站控制器将通知另一基站作好切换准备，通过一个信令交换过程，MS 就可以顺利切换到另一基站的通信信道上，完成接力切换过程。

3）按照切换涉及的网元分类

在蜂窝移动通信网络中，蜂窝小区结构对于系统用户密度有很强的适应性。同时，蜂窝小区结构也引入了越区切换。以 GSM 为例，按照越区切换涉及网元的范围不同，可将越区切换分为小区内切换、同一 BSC 不同小区之间切换、同一 MSC 不同 BSC 之间切换、不同 MSC 之间切换以及网络间切换等。

(1) 小区内切换。小区内切换发生在 MS 保持与同一 BS 的通信连接但需要改变无线信道时。当移动台仍然处于同一 BS 的服务区内，但当前所使用的无线信道的干扰电平太高时，就会进行小区内切换。

(2) 同一 BSC 不同小区内切换。MS 从一个 BS 的服务区进入到另一个 BS 的服务区，但还是处于同一个 BSC 的管辖范围内所进行的切换。

(3) 同一 MSC 不同 BSC 之间切换。BSC 间切换发生在 BS 进入到属于不同 BSC 控制的 BS 服务区时。

(4) 不同 MSC 间切换。MSC 间切换发生在 MS 进入到属于不同 MSC 中的 BSC 所管辖的基站的服务区时，这种切换也称为系统间切换。

(5) 网络间切换。网络间切换发生在 MS 从一个运营商的蜂窝移动通信网络进入到不同运营商的蜂窝移动通信网络时，这是从网络运营管理的角度来看的。

3. 越区切换准则

移动台何时切换主要是依据选定的参数来决定的，可用参数有信号强度、信噪比、误比特率等。判定何时越区切换的准则如下(参见图 4-12)：

(1) 相对信号强度准则(准则 1)：MS 在任何时间都选择具有最强接收信号的 BS。采用这种方式的缺点是易发生太多不必要的切换。

(2) 具有门限规定的相对信号强度准则(准则 2)：当前 BS 的信号低于某一给定门限，并且新 BS 信号强于当前 BS 时进行切换。此时要考虑选择合适的门限。另外，这种方式有可能产生"乒乓效应"。

(3) 具有滞后余量的相对信号强度准则(准则 3)：当前 BS 信号强度较原 BS 信号强度大过给定滞后余量时进行越区切换。这种切换方式避免了信号波动引起的"乒乓效应"。

(4) 具有滞后余量和门限规定的相对信号强度准则(准则 4)：当前 BS 的信号电平低于规定门限，并且新 BS 信号强度高于当前 BS 一个给定滞后余量时进行越区切换。

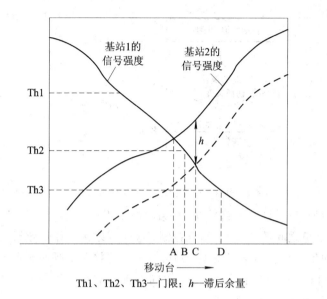

图 4－12　越区切换示意图

4．切换的基本过程

在各种蜂窝移动通信系统中，由于基站天线的辐射方向、建筑物、树木、山川和其他地形特征等原因，基站的覆盖区域是不规则的，相邻基站覆盖区域会有较多重叠部分。覆盖重叠是必需的，因为切换过程只能是移动终端在重叠区域内才进行的。当移动终端移动到基站覆盖区域的边界时，信号强度和质量开始恶化。在某一点，来自相邻基站(新基站)的信号开始比来自正在服务的基站信号更强，在原基站与移动终端之间的链路变得无法使用之前必须将通话切换到新基站，否则，就会导致呼损。

切换可以分为无线测量、网络判决和系统执行三个阶段，如图 4－13 所示。在无线测量阶段，移动终端不断搜索本小区和周围小区基站下行链路的信号强度和信噪比，同时基站也不断测量移动终端的上行链路的信号，测量结果在某些预设的条件下发送给相应的网络单元、移动终端和基站控制器，网络单元此时进入相应的网络判决阶段。在网络判决阶段，需要执行相应的切换算法，将测量结果和预先定义的门限值进行比较。在确认目标小区可以提供目前正在服务的用户业务后，网络最终决定是否开始这次切换，移动终端收到网络单元发来的切换确认命令后，开始进入系统执行阶段，移动终端通过新的基站接收或发送信号。

5．切换控制方式

越区切换控制方式主要有移动台控制的越区切换(MCHO，Mobile Controlled Hand Over)、网络控制的越区切换(NCHO，Network Controlled Hand Over)和移动台辅助的越区切换(MAHO，Mobile Assisted Hand Over)三种。

1）移动台控制的越区切换(MCHO)

MCHO 一般是低层无线系统采用的技术，它同时用于欧洲 DECT 和北美 PACS 空中接口协议。在这种方式中，MS 持续监测来自所接入的 BS 和几个切换候选 BS 的信号强度及通信质量。当信号强度低于切换准则时，MS 检测一个可用业务信道的"最佳"候选 BS，

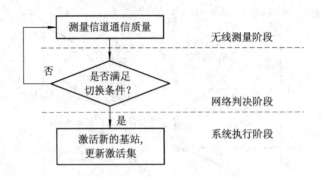

图 4 - 13　切换的三个阶段

并发出切换请求。MS 完成自动链路转换(ALT, 两个 BS 之间的切换)和时隙转换(TST, 同一个 BS 中两个信道之间的切换)的组合控制, 这样可以达到如下效果: ① 减轻网络的切换控制负荷; ② 如果无线信道突然变差, 则可以重新连接两个呼叫来保证无线连接的稳固性; ③ 控制 ALT 和 TST, 防止两个过程的同时激发。DECT 系统所需的切换时间是 $100 \sim 500$ ms, 对于 PCS 系统, 该时间可低至 $20 \sim 50$ ms。

　　2) 网络控制的越区切换(NCHO)

　　第一代蜂窝系统一般采用 NCHO, 比如 CT2 Plus 和 AMPS 系统都采用了 NCHO。在 NCHO 这种切换控制方式中, BS 监督来自 MS 的信号强度和通信质量。当这些参数低于切换阈值时, 网络发起到另一个 BS 的切换。网络要求附近所有的 BS 监测来自该 MS 的信号, 并将测量结果报告给网络。网络为切换选择一个新的 BS, 并把结果通过旧 BS 通知 MS 和新 BS, 随后执行切换过程。

　　BS 通过测量接收信号强度指示(RSSI, Received Signal Strength Indication)监测当前所有连接的通信质量, MSC 指示周围 BS 经常测量的相关链路状况。基于测量值, MSC 决定执行切换过程的时间和地点。由于网络需要收集的信令业务很重, 因此相邻 BS 不必连续地将测量报告发送回 MSC, 在 RSSI 低于一个预先设定的阈值之前也不作比较。NCHO 需要的切换时间可能达到 10 s 或更高。

　　3) 移动台辅助的越区切换(MAHO)

　　第二代蜂窝系统采用了 MAHO, 比如 GSM 和 IS - 95 CDMA 均采用 MAHO 切换策略。在 MAHO 中, MS 和 BS 共同监测链路的通信质量。例如, 监测接收信号强度指示(RSSI)值和字错误指示器(WEI)值时可由 MS 测量相邻 BS 的 RSSI 值。在 GSM 系统中, MS 每秒向 BS 传送两次测量结果。

　　在 MAHO 中, 仍然由网络(即 BS、BSC 或 MSC)决定切换执行的时间和地点。但是由于切换的测量工作部分转移到了 MS 上, 这样 MSC 就不需要连续不断地监视信号强度。因此, MAHO 切换要比 NCHO 快得多。GSM 系统切换执行的时间大约为 1 s。

　　在 MAHO 和 NCHO 系统中, 需要网络用信令通知 MS 相关的切换决策, 即由一个正在失效的链路传送切换决策信息。所以, 存在这样的可能, 即在切换决策信息传送到 MS 之前, 原通信链路已经失效。在这种情况下, 通信被迫中断。

　　6. 蜂窝网络中几个实际问题的考虑

　　在实际的蜂窝系统中, 特别是在城市中心地带或城市商业区, 这些区域是移动台比较集中的地方，而且不同用户在通话时的运动速度往往具有很大的差别。当处于同一地区的不同移动台其移动速度变化范围较大时，系统设计将会遇到许多问题。例如，在微小区高速移动的车辆只要几秒钟就驶过了一个小区的覆盖范围，并且要求在很短时间内进行切换，频繁的切换将可能对系统网络产生很大的负荷压力，而步行用户在整个通话过程中可能不需要切换。为了减小高速移动用户给网络带来的负荷压力，一种办法就是通过适当的网络设计，使得网络能够对高速和低速用户分别管理，从而将 MSC 介入切换的次数减到最小。另一种实现方案是采用伞状蜂窝小区设计。伞状蜂窝小区是一种宏小区与微小区相结合的伞状小区结构，其设计思想是用宏小区服务快速移动用户，而用微小区服务慢速移动用户。

　　蜂窝系统设计的另一个实际问题是：获得新小区基站的站址往往受到多种限制，因此站址的选择很难满足理论上的设计要求。蜂窝从概念上虽然可通过增加小区站点来增加系统容量，但实际中，要在市区内获得新的小区站点的物理位置一般来说是很困难的，往往会遇到法律或商业等非技术性的障碍。这些困难经常使得蜂窝设计者宁愿在一个已经存在基站的物理位置上安装新的基站或增加信道，而不愿去寻找新的站点位置。在这种情况下，采用的方法一般是通过使用不同高度的天线(经常是在同一个建筑物或发射台上)和不同强度的发射功率。这种设计也会形成伞状蜂窝结构。

　　从技术上来说，在一个站点上同时设置"大的"覆盖区(宏小区)和"小的"覆盖区(微小区)是可能的。只是要使用适当的算法来正确区分高速和低速用户，并将它们分别分配给宏小区基站和微小区基站管理。

　　图 4-14 举出了一个伞状宏小区和微小区同点设置的例子。伞状宏小区的方法使高速移动用户的切换次数下降到最小，同时为步行用户提供附加的微小区信道。每个用户的移动速度可能是由基站或是 MSC 来估计的，方法是计算反向话音信道上短期的平均信号能量相对于时间的变化速度。如果一个在伞状宏小区内的高速移动用户正在接近基站，而且它的速度正在很快地下降，则基站就能自己决定将用户转移到同点设置的微区中，而不需要 MSC 的干涉。

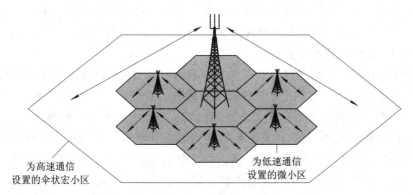

为高速通信设置的伞状宏小区　　　为低速通信设置的微小区

图 4-14　伞状小区设置

　　在微小区系统中还存在另外一个实际的切换问题，就是小区拖尾。小区拖尾由对基站发射强信号的步行用户所产生。在市区内，当用户和基站之间存在一个视线(LOS)无线路径时，就会发生这种情况。由于用户以非常慢的速度离开基站，其平均信号能量衰减不快，即使用户远离了小区的预定范围，基站接收到的信号仍可能高于切换门限，因此不作切换，这种情况会产生潜在的干扰和话务量管理问题。为解决小区拖尾问题，需要仔细调整切换门限和无线覆盖参数。

4.4　蜂窝通信网络规划

蜂窝通信网络规划是一项非常复杂的系统工程。在所有的无线通信系统中，蜂窝系统的设计、规划、工程实施和运营的难度都是最大的。从无线传播理论的研究到天馈设备指标分析，从网络能力预测到工程详细设计，从网络性能测试到系统参数调整优化，这些工作贯穿了整个网络建设的全部过程，大到总体设计思想，小到每一个小区参数。网络规划又是一门综合技术，涉及从有线到无线多方面的知识，需要积累大量的实际经验。

特别是在蜂窝移动通信应用已经非常普及并且技术上仍处于高速发展的今天，蜂窝网络的规划设计不仅要考虑当前的运营需要，还必须考虑未来的发展、扩容与技术升级。因此，无线通信技术人员需要具备移动通信网络规划设计的基础知识，并能够把握网络规划的主要过程。

4.4.1　蜂窝网络规划的主要内容

1. 业务区域的基本特点分析

一个具体蜂窝系统的网络规划首先要对需要提供服务区域的自然环境与人文特点进行分析，分析内容主要包括自然环境条件、所分配的无线频谱所处的频段、用户特点等。自然环境条件包括地形地物特点、电波传播特性等。用户特点包括用户类型、用户密度、用户移动性统计行为等。通过第2章的学习我们已经知道，无线传播环境是非常复杂的，为了使网络设计符合业务区域的自然环境特点，一般需要对具体的传播环境进行实地勘测，然后在这些分析的基础上建立业务量模型。

2. 蜂窝网络综合设计

把握了业务区域的基本特点，就基本上掌握了网络设计的资源和商业要求。在此基础上，网络综合设计要考虑整个系统的覆盖范围、小区半径、基站站址设置、频率复用方案、网络拓扑结构以及网络数据库规划等。

网络设计的目标是在满足网络商业运营要求的前提下，充分考虑业务的发展和未来网络技术升级的可能，尽可能降低网络基础设施建设的费用，为提高投资回报率奠定基础。网络设计需要考虑不同的业务区域具有不同的特点，城市郊区和农村地区业务密度较低，往往投资回报率低。因此，蜂窝网络在农村地区的设计要求一般是提供足够大的无线小区覆盖范围，而不是努力设计大的网络容量。在城市中心区域和主要的商业区域，用户密度很高，并且发展较快，需要提供的业务内容丰富，而且往往需要网络不断扩容和进行技术升级，这类区域具有较高的投资回报率。因此服务于城市中心和主要商业区的蜂窝网络设计，应主要考虑提供足够的业务容量和技术升级要求。

4.4.2　蜂窝无线网络规划流程

蜂窝网络规划流程如图4-15所示。

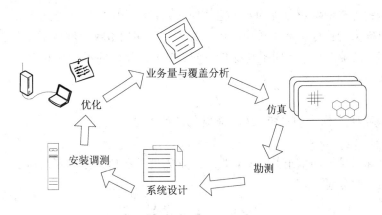

图 4 - 15　蜂窝网络规划流程

第一阶段是业务量与覆盖分析。业务量与覆盖分析的目的是为网络规划提供依据，这一阶段需要获得如下信息：成本、容量、覆盖、质量、服务等级(GoS)、可用频段、系统容量增长情况、人口分布、收入分布、固定电话使用情况等。

第二阶段是仿真。仿真即借助规划软件对一定区域内的用户分布进行站点规划，目的是确保区域内的覆盖和容量并避免干扰。

第三阶段是勘测。按照第二阶段仿真获得的理想站址，进行实地查看、测量，根据各种建站条件(包括电源条件、传输条件、电磁环境、征地情况等)将可能的站址记录下来，再综合其偏离理想站址的范围、对将来小区分裂的影响、经济效益、覆盖区预测等各方面进行考虑，推荐合适的站址方案，并确定基站附近的电磁干扰环境。

第四阶段是系统设计。根据实际基站分布和基站类型，确定系统的频率复用方案，确定各小区的运行参数。

第五阶段是安装调测。按照设计数据进行系统的安装和调测，使系统正常运行。

第六阶段是优化。随着用户的增加，网络需要不断地进行优化调整。当业务量增长到一定阶段时，网络需要扩容，于是又回到了业务量与覆盖分析阶段。

4.4.3　蜂窝系统业务量描述与业务量估计

一定区域内的业务量分布和覆盖要求是进行网络规划的依据之一。因此估计系统业务量是蜂窝网络规划的一项基础工作。

蜂窝系统业务量定义为单位时间内的呼叫时长，单位是爱尔兰(Erlang，简写为Erl)。比如，一个在 1 小时内被占用 30 分钟的信道的业务量为 0.5 Erl，一个在 1 小时内被通话占用 60 分钟的信道的业务量为 1 Erl。

一个蜂窝网络的服务质量用服务等级(GoS)表示。蜂窝系统的服务等级定义为呼叫被阻塞的概率，也称为呼损率。这个定义取决于系统对被阻塞呼叫的处理方式。第一种处理方式是：假设系统的用户数量为无限大且呼叫请求的发生概率服从泊松(Poisson)分布，当有呼叫请求接入时，如果有空闲信道则立即接入，如果没有空闲信道则呼叫被拒绝接入，并立即释放掉(即清除)，然后被阻塞的呼叫可以马上重试呼叫请求，这种处理方式称为阻塞呼叫清除。在第二种处理方式中，系统用一个队列来保存被阻塞的呼叫。在这种情况下，如果一个呼叫不能马上获得一个信道，则这个呼叫就被放入到一个队列中排队等待，这个呼叫将被延迟到有空的信道分配为止。这种处理方式称为阻塞呼叫延迟。

每个用户提供的业务量等于单位时间内的平均呼叫次数乘以呼叫的平均保持时间。如果每个用户产生的业务量、呼叫平均保持时间、单位时间内的平均呼叫次数分别用 A_u、H 和 λ 表示，则

$$A_u = \lambda H \tag{4-4-1}$$

对于一个有 U 个用户的系统，流入系统的总话务量 A 为

$$A = A_u U \tag{4-4-2}$$

如果这个蜂窝系统的信道数为 C，并假设业务量是在信道之间平均分配的，则每个信道平均应承担的业务量 A_c 为

$$A_c = \frac{A}{C} = \frac{A_u U}{C} \tag{4-4-3}$$

但是，由于系统的容量是有限的，实际上用户的呼叫请求并不一定都能获得服务。因此流入系统的业务量并不等于系统所承载的业务量。当流入的业务量超过系统容量时，呼叫将被阻塞或延迟。一个蜂窝系统最大可能承载的业务量取决于系统的信道数 C。

对于采用阻塞呼叫清除处理方式的蜂窝系统，呼叫阻塞概率用爱尔兰 B 公式计算：

$$P_r[\text{阻塞}] = \frac{\dfrac{A^C}{C!}}{\displaystyle\sum_{k=0}^{C} \dfrac{A^k}{k!}} \tag{4-4-4}$$

爱尔兰 B 公式也表征了阻塞呼叫清除系统的 GoS。

对于采用阻塞呼叫延迟处理方式的蜂窝系统，阻塞呼叫被延迟的概率用爱尔兰 C 公式计算：

$$P_r[\text{延迟} > 0] = \frac{A^C}{A^C + C!\left(1 + \dfrac{A}{C}\right)\displaystyle\sum_{k=0}^{C-1} \dfrac{A^k}{k!}} \tag{4-4-5}$$

蜂窝系统业务量的分布一般是随时间和空间的变化而变化的。在市区商业地带，每天的下班前高峰时段内业务量高度集中，而当用户下班后，业务量就会转移到居民生活区或休闲地带。另外，不同的人群提供的业务量也是不同的。一般城市居民提供的业务量是 0.02 Erl，城市流动人口提供的业务量是 0.1 Erl，过往汽车提供的业务量是 0.2 Erl。下面通过一个地区业务量的估计例子来具体说明业务量的估计方法。

例 4-3 假设一个人口为 1500 的县级城市，预计在未来 5 年中每年新增人口 1000，预测蜂窝电话普及率为 5%。在每天的商业及文化活动高峰期，外部进入该城市的人数可能高达 5000，来访人群中使用蜂窝电话的人数估计占 8%，未来 5 年内，预计来访人数增长率为 20%。该城市主要道路的交通汽车流量为 500 辆/小时，其中 10% 的汽车使用蜂窝电话，并假设这个数值在 5 年内保持恒定。假设移动电话普及率的年增长率为 2%，根据上述数据计算 5 年内各年的业务量。

解：根据上面给出的不同人群提供的业务量范围，5 年内各年的业务量分别计算如下：

第一年业务量：$1500 \times 5\% \times 0.02 + 5000 \times 8\% \times 0.1 + 500 \times 10\% \times 0.2 = 51.5$ Erl

第二年业务量：$2500 \times 7\% \times 0.02 + 5000 \times 1.2 \times 10\% \times 0.1 + 500 \times 12\% \times 0.2 = 75.5$ Erl

第三年业务量：$3500 \times 9\% \times 0.02 + 5000 \times 1.2^2 \times 12\% \times 0.1 + 500 \times 14\% \times 0.2 = 106.7$ Erl

第四年业务量：$4500×11‰×0.02+5000×1.2^3×14‰×0.1+500×16‰×0.2=146.86$ Erl

第五年业务量：$5500×13‰×0.02+5000×1.2^4×16‰×0.1+500×18‰×0.2=198.188$ Erl

4.4.4　蜂窝无线网络设计

无线网络设计中最重要的是进行网络基站布局的设计。具体内容包括：

（1）根据总的可用频带宽度决定频率复用方式。

（2）根据经验估算网络所需的基站数量。

（3）确定基站的理论位置。

（4）估算网络容量。

（5）假定基站的有关参数（网络层次结构、发射功率、天线类型、挂高、方向、下倾角等）。

在确定网络基站布局的基础上，对频率、邻区进行规划，再处理相关的小区数据，从而完成整个规划过程。

1. 基站站址设计

基站站址设计一般需要满足以下要求：

（1）站址应尽量以满足合理的小区结构为目标，利用电子地图和纸件地图（最好带有地物、地势信息）综合分析，在选取基站站址的过程中要求有备用站址。这需要考虑网络的整体结构，主要从覆盖、抗干扰、话务均衡等方面进行筛选。在实际情况下，有可能要求运营商就所选站点和业主协商，一般站址范围应在蜂窝基站半径的 1/4 区域内，可在此范围内多选几个站址备用。

在建网初期建站较少时，一般应将站址选在用户最密集地区的中心。站址的设计与选择应首先重点保证政府机关所在地、机场、火车站、新闻中心、主要酒店等特殊区域的良好通话并避免对该类区域的重叠覆盖；其他需要覆盖的地区可根据标准蜂窝结构来设计站址；郊区、公路和农村等广覆盖区域的选址则不受蜂窝小区限制。

（2）在不影响基站布局的情况下，尽量选择现有的电信楼、邮电局作为站址，使其机房、电源、天线塔等设施得以充分利用。

（3）将天线的主瓣方向指向高话务密度区，可以加强该地区的信号强度，从而提高通话质量；将天线的主瓣方向偏离同频小区，可以有效地控制干扰。在市区，相邻扇区天线交叉覆盖深度应不超过 10%；对于市郊、城乡等地区，覆盖区之间的交叉覆盖深度不能太深，扇区方向夹角不小于 90°。设计时还必须注意载波数与小区的对应关系，在高密度的小区配置有较多的载波数。在进行方位角设计时，不仅要依据各个基站周围区域的话务分布来确定其方位角，更应从整个网络的角度来考虑。一般情况下，建议在市区各个基站的三扇区采用尽量一致的方位角，以避免日后小区分裂时带来网络规划的复杂性。为防止越区覆盖，密集市区应避免天线主瓣正对较直的街道。城郊结合部、交通干道等地域要根据覆盖目标对天线方位进行调整。

（4）城市市区或郊区的海拔很高的山峰（与市区海拔高度相差 200～300 m 以上）一般不作为站址，这一方面是为防止出现同频干扰，同时也避免在本覆盖区内出现弱信号区，另一方面也是为了减少工程建设的难度，方便维护。

（5）新建基站应建在交通方便、市电可用、环境安全及少占良田的地方。避免在大功率无线电发射台、雷达站或其他干扰源附近建设基站。干扰场强不应超过基站设备对无用辐射的屏蔽指标。

（6）站址设计应远离树林处，以避开接收信号的衰落。

（7）设计的站址必须保证与基站控制器之间传输链路的良好连接。

（8）在山区、岸比较陡或密集的湖泊区、丘陵城市及有高层金属建筑的环境中选择站址时，要注意时间色散影响，将基站站址选择在离反射物尽可能近的地方，或当基站选在离反射物较远的位置时，将定向天线背向反射物。这样可以减小强反射物对基站覆盖范围的影响。

2. 基站工程参数设计

在完成站址设计后，需要对各基站的工程参数进行确定。工程参数包括基站天线位置的经纬度、架设高度、天线方向性、增益、方位角、下倾角、馈线型号、基站各小区的发射功率。这项工作需要通过实地勘测来完成。勘测前要熟悉工程概况，收集跟项目相关的各种资料，包括各种工程文件、背景资料、现有网络情况、当地地图等，并准备好合同配置清单、最新的网络规划基站勘测表。

工具方面要准备好数码相机、GPS、指南针、尺子、便携电脑等。勘测中需要注意：使用 GPS 定位基站经纬度时，不要让人围着 GPS，尽量使定位精度＜30 m；详尽记录基站周围环境，如站址周围的楼层分布、有无强干扰设施、共站址设备等，最好用相机将周围环境记录下来，一方面确定天线参数，另一方面用于防止在基站数目较多的情况下忘却。使用指南针时要防止靠近铁磁物质，避免磁化导致测量偏差过大等。

勘测是最终确定基站布局的重要步骤。基站的现场勘测包括光测、频谱测量和站址调查。光测的主要目的是验证基站周围是否有造成电波反射的障碍物，如高大建筑物等。频谱测量的目的是了解目前及近期内基站和天线周围的电磁环境是否良好。站址调查则侧重于天线和设备的安装条件、电力供应、自然环境等。

下面重点介绍一下天线的安装与设计。

1）天线安装环境

安装环境可分为天线附近环境和基站附近环境。对于天线附近环境，主要考虑天线之间的隔离度和天线受铁塔、楼面的影响。对于基站附近环境，则主要考虑 500 m 以内高层建筑物对传播的影响。

将定向天线安装在墙面上，天线的传送方向最好垂直于墙面，如果必须调整其方向角，则天线传送方向与墙面的夹角要求大于 75°。这时候，只要天线的前后比大于 20 dB，其反方向由墙面反射的信号对辐射方向的信号影响就极小，如图 4-16 所示。

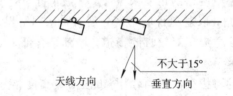

图 4-16　天线安装时与墙面的夹角

为获得最理想的覆盖范围，天线周围净空要求为 50～100 m。对 900 MHz 的 GSM 来说，在此距离的第一菲涅耳区半径约为 5 m，这意味着基站天线底部要高出周围环境 5 m。巧妙利用周围建筑物的高度可以得到我们想要的基站覆盖范围。天线周围净空要求如图 4-17 所示。

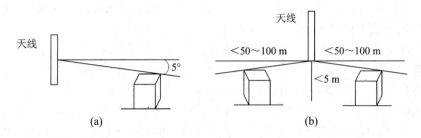

图 4-17　天线净空要求

基站天线在安装时，还应该注意其在覆盖区是否会产生较大的阴影。安装时应尽量避开阻挡物。当利用大楼顶面安装定向天线时，必须注意避免大楼的边沿阻挡波束辐射，应尽量靠近大楼边沿安装，这样可以减少阴影的形成。由于天面(建筑物顶部朝天的一面)的复杂性，当天线必须在离开大楼边沿较远的地方安装时，天线应尽量架设在离天面较高的地方。此时工程上必须考虑楼面的承载和天线的迎风受力问题。表 4-4 所示为 GSM900、GSM1800 情况下天线距离天面高度的建议值。

表 4-4　天线距离天面高度的建议值

	天线到大楼的边沿距离/m	天线到大楼的天面距离/m
GSM900	0~1	0.5
	1~10	2
	10~30	3
	>30	3.5
GSM1800	0~2	0.5
	2~10	1
	>10	2

2) GSM 系统中天线隔离度

为避免交调干扰，GSM 基站的收、发信机必须有一定的隔离，即 Tx-Rx 为 30 dB，Tx-Tx 为 30 dB。这同样适用于 GSM900 和 GSM1800 共站址的系统。天线隔离度取决于天线辐射方向图和空间距离及增益，通常不考虑电压驻波比引入的衰减。其计算如下：

垂直排列布置时：

$$L_v = 28 + 40 \lg \frac{k}{\lambda} \text{ (dB)}$$

水平排列布置时：

$$L_v = 22 + 20 \lg \frac{d}{\lambda} - (G_1 + G_2) - (S_1 + S_2) \text{ (dB)}$$

其中，L_v 为隔离度要求；λ 为载波的波长；k 为垂直隔离距离；d 为水平隔离距离；G_1、G_2 分别为发射天线和接收天线在最大辐射方向上的增益（dBi）；S_1、S_2 分别为发射天线和接收天线在 90°方向上的副瓣电平（dBp，相对于主波束，取负值）。通常 65°扇形波束天线 S 约为-18 dBp，90°扇形波束天线 S 约为-9 dBp，120°扇形波束天线 S 约为-7 dBp，这可以根据具体的天线方向图来确定。采用全向天线时，S 为 0。

GSM900 和 GSM1800 两种系统的天线架设应满足以下要求：

（1）采用定向天线时，同一系统内，同扇区两天线水平隔离间距≥4 m，不同扇区两天线水平间距≥0.5 m；两系统间，同扇区两天线同方向时，天线水平隔离间距≥1 m，天线垂直隔离间距≥0.5 m，天线底部距楼顶围墙≥0.5 m，天线下沿和天线面向方向上楼顶的连线与水平方向的夹角＞150°，两天线支架连线与天线方向的夹角应在表 4-5 所示的范围内。

表 4-5　天线支架连线与天线方向的夹角

天线水平面波束宽度	60°～70°	90°	120°
天线支架连线与天线方向的夹角	＞40°～45°	＞55°	＞70°

（2）采用全向天线时，天线水平间距≥10 m，或天线垂直间距≥0.5 m，天线下沿距楼顶围墙≥0.5 m。

3）GSM、CDMA 基站天线隔离度

分析 CDMA 与 GSM 系统之间的干扰，需要根据两种系统工作频率的关系及发射、接收特性来具体研究其干扰情况。两种系统之间的干扰主要表现在三个方面：杂散干扰、阻塞干扰和互调干扰。在三种不同的干扰中，杂散干扰是最主要的，影响也最大，是网络设计中需要重点考虑的方面。由于互调干扰和阻塞干扰比杂散干扰小，在此不作讨论。下面以 CDMA2000-1X 对 GSM900 的杂散干扰为例来进行说明。

目前，CDMA2000-1X 和 GSM900 的频段如表 4-6 所示。

表 4-6　CDMA2000-1X 和 GSM 的频段

	BTS 发射/MHz	BTS 接收/MHz
GSM900	935～960	890～915
CDMA2000-1X	870～880	825～835

由于两个系统之间的间隔太近，因此极易造成相互干扰，其中主要是 CDMA2000-1X 的发射会干扰 GSM900 的接收。CDMA 带外泄漏信号落在 GSM 接收机信道内，提高了 GSM 接收机的噪声电平，使 GSM 上行链路性能变差，从而减小了单基站的覆盖范围，网络质量变差。如果两个基站之间没有足够的隔离或者干扰基站的发送滤波器没有提供足够的带外衰减，那么落入被干扰基站接收机带宽内的信号就可能很强，并导致接收机噪声门限增加。系统性能降低的程度依赖于干扰信号强度，而这又是由干扰基站发送单元的性能、被干扰基站接收单元的性能、频带间隔、天线间距等因素决定的。图 4-18 是一个干扰模型示意图。

从图 4-18 可以看出，从干扰源基站的功放输出的信号首先被发送滤波器滤波，然后因两个基站间有一定的隔离而得到相应的衰减，最后被被干扰基站的接收机所接收。到达

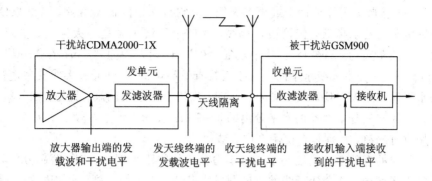

图 4 - 18　干扰模型示意图

被干扰基站的天线端的杂散干扰功率可以表示为

$$I_b = P_{\text{TX-AMP}} - I_{\text{isolation}} + 10\lg\frac{\text{WB}_{\text{interfered}}}{\text{WB}_{\text{interfering}}} \tag{4-4-6}$$

其中，I_b 为被干扰基站接收天线端接收到的干扰电平（dBm）；$P_{\text{TX-AMP}}$ 为干扰源功放输出功率（dBm）；$I_{\text{isolation}}$ 为两基站天线间的隔离度（dB）；$\text{WB}_{\text{interfered}}$ 为被干扰基站信号带宽；$\text{WB}_{\text{interfering}}$ 为干扰信号可测带宽，也可以理解成杂散辐射定义带宽。在计算对被干扰基站的干扰电平时要考虑到两者之间带宽的差异及转换。

利用式（4 - 4 - 6）可求得干扰基站天线与被干扰基站天线之间应具有的最小隔离度。假设 CDMA2000 - 1X 发射频点为高端的最后一个频点，即 878.49 MHz。标准要求 CDMA2000 - 1X 功放输出落在 890～915 MHz 频段内的杂散电平≤-13 dBm/100 kHz。具体降低 CDMA2000 - 1X 输出杂散的办法是针对每一个发射频点，用一个带宽只有 1.23 MHz 的限带滤波器进行滤波，然后合路输出到发射天线，这种限带滤波器在带外有很大衰减，在 890 MHz 处的衰减可以达到 56 dB，在 909 MHz 处的衰减可以达到 80 dB。这里考虑最坏的情况，即 CDMA 系统的最高端对 GSM 系统最低端频率的干扰，则有

$$I_{\text{isolation}} = (-13\ \text{dBm}/100\ \text{kHz}) - 56 - I_b + 10\lg(200\ \text{kHz}/100\ \text{kHz}) \tag{4-4-7}$$

GSM 基站的接收灵敏度是 -104 dBm，载干比要求是 9 dB，根据移动通信设计的惯例，为了保证灵敏度恶化不超过 0.5 dB，杂散干扰应低于噪声基底 10 dB，则允许的最大杂散干扰，即 I_b 的最大值为

$$I_b = -104 - 9 - 10 = -123\ \text{dBm}/200\ \text{kHz}$$

这就要求其他系统落在 GSM 接收机的杂散或互调干扰要小于此值，这样才不会对 GSM 系统造成严重干扰。因此可以得到

$$\begin{aligned} I_{\text{isolation}} &= (-13\ \text{dBm}/100\ \text{kHz}) - 56 - I_b + 10\lg(200\ \text{kHz}/100\ \text{kHz}) \\ &= 57\ \text{dBm}/200\ \text{kHz} \end{aligned} \tag{4-4-8}$$

也就是说，不管 CDMA 天线和 GSM900 天线是否共站址，它们之间都要保证有 57 dBm 的隔离。

减小干扰的办法有多种：使天线具有足够的空间距离，滤除发射机带外信道噪声等。在使用后一种办法时，滤波器可放置在不同设备中，如接收机、双工器、隔离器等。

4）天线安装间距

分集技术是对抗衰落最为有效的措施之一。在水平面内两副天线相距 10 个波长可使

衰落降低。虽然接收分集需要两个或更多天线，但它显著地降低了衰落，其结果使对移动台发射功率电平的要求降低，传输质量提高，对整个系统来说是一大优点。空间分集时，两根接收天线的距离为 $12\lambda \sim 18\lambda$。其中，在 900 MHz 时，$\lambda = 0.32$ m；在 1800 MHz 时，$\lambda = 0.16$ m。一般取分集天线水平间隔等于天线有效高度的 0.11 倍。天线安装越高，其分集天线的水平间距越大，但天线间隔为 6 m 时，在塔上安装很困难。另外，在分集接收中，要求垂直分离为同一分集增益的水平分离的 5～6 倍。实际工程中一般不采用垂直分集，但是经常采用垂直隔离，特别是在使用全向天线时。

当分集天线的有效架设高度小于 30 m，分集天线间距小于 3 m 时，两副分集天线互相处于对方的近场区内，这会使天线的方向图发生畸变。为了使两副天线相互影响造成的天线方向图起伏不超过 2 dB，分集距离在任何天线有效高度情况下都应大于 3 m。

另外，在采用空间分集时，需要注意分集天线的空间分集距离与实际安装距离之间的关系，特别是不能简单地认为实际安装距离就是空间分集距离，如图 4-19 所示。

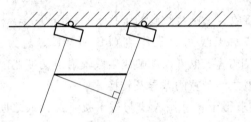

————： 空间分集距离(对 GSM 为 4～5 m)；

————： 实际安装距离

图 4-19　定向天线空间分集距离示意图

表 4-7 和表 4-8 为 GSM 全向天线和定向天线间距要求(假设天线间没有阻挡。实际工程中，例如两副全向天线之间大都有铁塔塔身阻挡，水平隔离度距离要求可以显著降低)。

表 4-7　GSM 全向天线间隔要求

隔离度要求：TX-TX、TX-RX 为 30 dB			
	垂直间距(推荐)	水平间距	备　注
GSM900：TX-TX，TX-RX	≥0.5 m	增益=10 dBi：10 m	天线距塔体 2 m
GSM1800：TX-TX，TX-RX	≥0.25 m	增益=10 dBi：5 m	天线距塔体 2 m
GSM900+GSM1800：TX-TX，TX-RX	≥0.5 m	增益=10 dBi：1 m	天线距塔体 2 m
分集要求：			
GSM900：RX-RX	—	≥4 m(推荐 6 m)	天线距塔体 2 m
GSM1800：RX-RX	—	≥2 m(推荐 3 m)	天线距塔体 2 m

表 4 - 8 GSM 定向天线间隔要求

隔离度要求：TX - TX、TX - RX 为 30 dB			
同一扇区天线	垂直间距	水平间距	备 注
GSM900：TX - TX，TX - RX	≥0.5 m	4 m	在天线向前方向无铁塔结构的影响
GSM1800：TX - TX，TX - RX	≥0.25 m	2 m	在天线向前方向无铁塔结构的影响
相邻扇区天线（均放在同一平台）	垂直间距	水平间距	备注
GSM900＋GSM1800：TX - TX，TX - RX	…	≥0.5 m	
GSM1800：TX - TX，TX - RX	…	≥0.5 m	
分集要求：			
GSM900：RX - RX	…	≥4 m（推荐 6 m）	在天线向前方向无铁塔结构的影响
GSM1800：RX - RX	…	≥2 m（推荐 3 m）	在天线向前方向无铁塔结构的影响

GSM900 和 GSM1800 的安装形式比较灵活，但是无论采用何种形式，GSM900 天线和 GSM1800 天线应满足前面提到的各自的隔离间距要求。

3. 链路预算

在确定基站的工程参数后，需要进行链路预算才能进一步估算其覆盖范围。这时必须考虑所选用基站设备的灵敏度。要设计一个性能优良的蜂窝系统，首先应该做好功率预算，使覆盖区内的上行信号与下行信号达到平衡。否则，如果上行信号覆盖大于下行信号覆盖，则小区边缘下行信号较弱，容易被其他小区的强信号"淹没"；如果下行信号覆盖大于上行信号覆盖，则移动台被迫守候在该强信号下，因上行信号太弱，导致话音质量不好。当然，平衡并不是绝对的相等。通过 BTS 与 BSC 之间的 Abis 接口上的测量报告，可以很清楚地判断上下行是否达到平衡，一般上下行电平差值为基站接收机和手机接收机灵敏度的差值时就认为达到了平衡。但是由于上下行信道的衰落特性不完全一致，以及接收机噪声恶化性能差异等其他一些因素，这个差值一般会波动 2～3 dB。

1）链路预算模型

图 4 - 20 所示为链路预算模型。

计算上下行链路平衡时，有一个很重要的器件——塔顶放大器（简称塔放）需要考虑。由于基站接收系统的有源器件和射频传输导体中的电子热运动引起的热噪声，降低了系统接收的信噪比（S/N），从而限制了基站接收灵敏度的提高，降低了通话质量。塔顶放大器的原理就是通过在基站接收系统的前端（即紧靠接收天线的地方）增加一个低噪声放大器来实现对基站接收机性能的改善。

塔放从技术原理上用来降低基站接收系统噪声系数，从而提高服务区内的服务质量，改善基站的接收性能。塔放对上行链路的贡献需要根据塔放自身的低噪放大器性能来区分，而不能只看其增益的大小。一般来说，增加了塔放的上下行链路平衡，需要根据其实际灵敏度的测试方法进行修正计算。

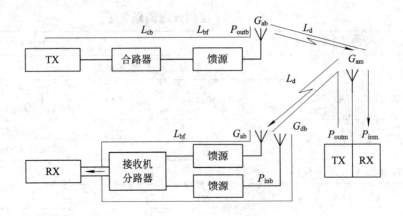

图 4-20　链路预算模型

（1）无塔放情况。无塔放时以机柜顶双工器输入口为灵敏度参考点。对下行信号链路，假设基站发射机输出功率为 P_{outb}，合路器损耗为 L_{cb}，馈线损耗为 L_{bf}，基站天线增益为 G_{ab}，空间传输损耗为 L_d，移动台天线增益为 G_{am}，移动台接收电平为 P_{inm}，衰落余量为 M_f，移动台侧噪声恶化量为 P_{mn}，则有

$$P_{inm} + M_f = P_{outb} - L_{cb} - L_{bf} + G_{ab} - L_d + G_{am} - P_{mn} \qquad (4-4-9)$$

对上行信号链路，假设移动台发射机输出功率为 P_{outm}，基站分集接收增益为 G_{db}，基站接收电平为 P_{inb}，基站侧噪声恶化量为 P_{bn}，根据互易定理，天线收发增益相同，则有

$$P_{inb} + M_f = P_{outm} + G_{am} - L_d + G_{ab} + G_{db} - L_{bf} - P_{bn} \qquad (4-4-10)$$

一般地，$P_{mn} \approx P_{bn}$，整理得到

$$P_{outb} = P_{outm} + G_{db} + (P_{inm} - P_{inb}) + L_{cb} \qquad (4-4-11)$$

（2）有塔放情况。有塔放时以塔放输入口为灵敏度参考点，不需要考虑上行链路的馈线损耗因素，这时式（4-4-11）可以演变为

$$P_{outb} = P_{outm} + G_{db} + (P_{inm} - P_{inb}) + L_{cb} + L_{bf} \qquad (4-4-12)$$

2）基站灵敏度测试点

（1）灵敏度定义。接收机灵敏度是指接收机在满足一定的误码率性能条件下接收机输入端需输入的最小信号电平。测量接收机灵敏度是为了检验接收机射频电路、中频电路及解调、解码器电路的性能。衡量接收机误码性能主要有误帧率（FER）、残余误比特率（RBER）和误比特率（BER，也称为误码率）三个参数。当接收机中的误码检测功能显示一个帧中有错误时，该帧就被定义为删除帧。误帧率（FER）定义为被删除的帧数目占接收帧总数之比。对全速率话音信道来说，误帧率通常是因为 3 比特的循环冗余校验（CRC）检验出错误或其他处理功能引起误帧指示（BFI）产生的。

残余误比特率（RBER）定义为那些没有被定义为删除帧中的误比特率，即那些检测为"好"的帧中错误比特的数目与"好"帧中传输的总比特数之比。误比特率（BER）定义为接收到的错误比特数与所有发送的数据比特总数之比。

由于信道误码率的随机性，对接收机误码率的测量常采用统计测量法，即对每一信道采取多次抽样测量。在一定的抽样测量数目下，每个测量得到的误码率在一定的测试误码限制范围内，则认为该信道的误码率达到规定的误码率要求。

接收机灵敏度的测量可通过在接收机输入灵敏度电平时，测量接收机的误码率是否达到规定要求的方法来测试。根据传播条件的不同，对接收机灵敏度规定了两种条件下的参考灵敏度电平要求：静态参考灵敏度电平和多径参考灵敏度电平。接收机的静态参考灵敏度电平是一个标准的测试信号加在接收机输入端的信号电平，此时在接收机解调和信道解码后产生的数据，其误帧率（FER）、残余误比特率（RBER）和误比特率（BER）优于或等于某一特定类型信道（如 FACCH、SDCCH、RACH、TCH 等）在静态传播条件下的规定值。接收机多径参考灵敏度电平是一个标准的测试信号加在接收机输入端的信号电平，此时接收机在解调和信道解码之后产生的数据，其误帧率（FER）、残余误比特率（RBER）和误比特率（BER）优于或等于某一特定类型信道（如 FACCH、SDCCH、RACH、TCH 等）在多径传播条件下的规定值。典型的多径传播条件有 TU50（城市环境下，MS 运动速度为 50 km/h）、RA250（农村环境下，MS 运动速度为 250 km/h）、HT100（丘陵环境下，MS 运动速度为 100 km/h）等。

此外，理解灵敏度定义还要注意无分集灵敏度、有分集灵敏度、跳频与不跳频状态下的误码和误帧指标的差异。

（2）有塔放时灵敏度测试点。有塔放时基站灵敏度的测试如图 4-21 所示。

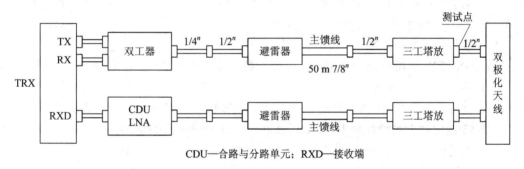

CDU—合路与分路单元；RXD—接收端

图 4-21　有塔放时基站灵敏度的测试

（3）无塔放时灵敏度测试点。无塔放时基站灵敏度的测试如图 4-22 所示。

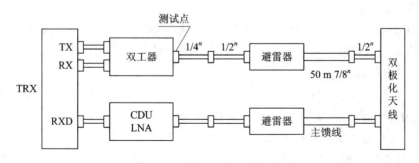

图 4-22　无塔放时基站灵敏度的测试

4. 无线小区覆盖范围设计

在实际工程规划中，决定基站有效覆盖范围的因素有：基站有效发射功率、使用的工作频段（900 MHz 与 1800 MHz）、天线的类型和位置、功率预算情况、无线传播环境以及覆盖指标要求。下面结合蜂窝通信网的服务质量指标要求（由表 4-9 给出），并通过实例从理论上给出各种覆盖要求下的基站覆盖范围。

表 4 - 9　蜂窝通信网的服务质量指标要求

应用环境	最小接收功率/dBm	其　他　指　标
手机收、大楼室内	−70	手机灵敏度为−102 dBm，快衰落保护为 3 dB，慢衰落保护（市内）为 7 dB（慢衰落标准偏差室内为 7 dB，室外为 8 dB，覆盖区内可通率为 90%），穿入损耗为 18 dB，干扰噪声为 2 dB，环境噪声保护为 2 dB
手机收、小卧车内或市区一般建筑物的一层室内	−80	手机灵敏度为−102 dBm，快衰落保护为 3 dB，慢衰落保护为 5 dB，穿入损耗为 10 dB，干扰噪声为 2 dB，环境噪声保护为 2 dB
室外	−90	手机灵敏度为−102 dBm，快衰落保护为 3 dB，慢衰落保护为 5 dB，干扰噪声为 2 dB，环境噪声保护为 2 dB

假设：

(1) GSM900 系统和 GSM1800 系统的基站天线高度都为 30 m。

(2) GSM900 系统中 2 W(33 dBm)移动台的灵敏度为−102 dBm，GSM1800 系统中 1 W(30 dBm)移动台的灵敏度为−100 dBm。

(3) 移动台天线高度为 1.5 m，增益为 0 dB。

(4) GSM900 使用合路分路器 CDU 时，灵敏度为−110 dBm，GSM1800 灵敏度为−108 dBm。

(5) 合路分路器 CDU 插损为 5.5 dB，简单合路单元 SCU 插损为 6.8 dB。

(6) 65 度定向天线增益为 13 dBd(GSM900)、16 dBd(GSM1800)。

(7) 馈线长 50 m，损耗为 4.03 dBm/100 m(900 MHz)、5.87 dB/100 m(1800 MHz)。

(8) 选用 Okumura 传播模型。

(9) 中等城市环境。

计算结果如下：

(1) GSM900 系统在市区室外覆盖半径。手机最小接收电平 $P_{mr}=-90$ dBm。覆盖半径应以基站 TRX 的最大发射功率来计算。GSM900 TRX 的最大发射功率 $P_{bt}=40$ W(46 dBm)。

基站天线有效辐射功率为

$$P_{EIR} = P_{bt} - L_{com} - L_{bf} + G_{ab} = 46 - 5.5 - 2.01 + 13 + 2.15 = 53.64 \text{ dBm}$$

其中，L_{com} 为合路器损耗，L_{bf} 为馈线损耗，G_{ab} 为基站天线增益。假设条件中 G_{ab} 的单位是 dBd，上式中计算需将单位转换为 dBi，所以加上 2.15。

允许的最大传播损耗为

$$L_p = P_{EIR} - P_{mr} = 53.64 - (-90) = 143.64 \text{ dB}$$

Okumura 传播模型可以写为

$$L_p = 69.55 + 26.16 \lg f - 13.82 \lg h_b + (44.9 - 6.55 \lg h_b) \lg d - A_{hm}$$

(4 - 4 - 13)

$$A_m = (1.1 \lg f - 0.7) h_m - (1.56 \lg f - 0.8) = 0.02 \text{ dB} \qquad (4 - 4 - 14)$$

其中，h_b 为基站天线高度，h_m 为手机天线高度，$f=900$ MHz。把各已知项代入上式，解得

$d=3.1$ km。

(2) GSM900 在市区大楼室内。手机最小接收电平 $P_{mr}=-70$ dBm，允许的最大传播损耗为

$$L_p = P_{EIR} - P_{mr} = 53.64 - (-70) = 123.64 \text{ dB}$$

故 $d=0.84$ km。

这说明虽然基站可以覆盖半径为 3.1 km 的区域，但对于离基站 840 m 外的大楼一层建筑物内的用户，接收质量就不符合要求了。

(3) GSM900 在郊区覆盖半径。手机最小接收电平 $P_{mr}=-90$ dBm，允许的最大传播损耗为

$$L_p = P_{EIR} - P_{mr} = 53.64 - (-90) = 143.64 \text{ dB}$$

Okumura 传播模式在郊区应修正为

$$L_p = 69.55 + 26.16 \lg f - 13.82 \lg h_b + (44.9 - 6.55 \lg h_b)\lg d$$
$$- A_{hm} - 2\left[\lg\left(\frac{f}{28}\right)\right]^2 - 5.4 \tag{4-4-15}$$

故 $d=6.03$ km。

可见，同样的基站配置，郊区的基站覆盖半径要比市区的好。

(4) GSM1800 在市区室外覆盖半径。手机最小接收电平 $P_{mr}=-90$ dBm。由于 GSM1800 TRX 的最大发射功率为 40 W(46 dBm)，覆盖半径以 TRX 的最大发射功率来计算。

$$P_{EIR} = P_{bt} - L_{com} - L_{bf} + G_{ab} = 46 - 5.5 - 2.93 + 16 + 2.15 = 55.72 \text{ dBm}$$
$$L_p = P_{EIR} - P_{mr} = 55.72 - (-90) = 145.72 \text{ dB}$$

对于 1800 MHz，Okumura 传播模型可以写为

$$L_p = 46.3 + 33.9 \lg f - 13.82 \lg h_b + (44.9 - 6.55 \lg h_b)\lg d - A_{hm} \tag{4-4-16}$$

令 $f=1800$ MHz，把各已知项代入上式，解得 $d=1.86$ km。

(5) GSM1800 在市区大楼室内。手机最小接收电平 $P_{mr}=-70$ dBm，允许的最大传播损耗为

$$L_p = P_{EIR} - P_{mr} = 55.72 - (-70) = 125.72 \text{ dB}$$

$d=0.50$ km。

这说明虽然基站可以覆盖半径为 1.7 km 的区域，但对于离基站 500 m 外的大楼一层建筑物内的用户，接收质量就不符合要求了。上述计算结果归纳如表 4-10 所示。

表 4-10　不同环境下的基站覆盖范围

应用环境		TRX 发射功率/W	手机最小接收功率/dBm	覆盖半径/km
GSM900	大楼室内	40	-70	0.75
	市区室外	40	-90	2.80
	郊区	40	-90	5.40
GSM1800	大楼室内	40	-70	0.46
	市区室外	40	-90	1.70

从表中可以清晰地看出，GSM1800 的覆盖范围较 GSM900 小，市区的基站覆盖范围较郊区小。

5. 容量分配

1）话音信道配置

基站容量指一个基站或一个小区应配置的信道数，分为无线话音信道数与控制信道数。根据基站区或小区范围及用户密度分布计算出用户总数，再按照无线信道呼损率指标及话务量用爱尔兰 B 公式（或查爱尔兰 B 表），即可求得应配置的话音信道数。

（1）根据规划区内 GSM 网目前允许使用的频率宽度和频率复用方式，可以得出一个基站能配置的最大载频数。

（2）每个载频有 8 个时隙信道，减去控制信道数后，得出每个基站可配置的最大话音信道数。

（3）根据话音信道数和呼损率指标（一般高话务密度区取 2%，其余地区取 5%），用爱尔兰 B 公式，得出一个基站能承载的最大话务量（爱尔兰数）。

（4）用该爱尔兰数除以平均用户忙时话务量，得到一个基站可满足的最大用户数。

（5）由用户密度数据可求得该基站的覆盖面积。

（6）当不同用户密度分布的区域划定之后，就可由该用户密度分布区域的面积及上述求得的一个基站的实际覆盖面积算出应设置的基站数。

（7）重要地方需要考虑基站的备份以及载频互助功能的实现，如重要县城至少需要两个基站，而重要扇区至少需要两个载频。

（8）对于可能的突发话务量区域（比赛场地、季节性旅游胜地等），要从设备（载频、微蜂窝等）资源、频率资源方面进行一定预留。

（9）漫游比例、用户移动因素、新业务发展（GPRS、WAP、SMS 等）、行业竞争、费率变化、单向收费、经济增长等也需要作为动态因素考虑在内。

（10）基站配置还要结合 Abis 接口传输，如 Abis 接口 15∶1、12∶1 的运用和级联等，尽量在满足容量的同时节约传输。

（11）积极采用微蜂窝加分布式天线系统解决市内覆盖和容量，采用经济的微基站解决农村、公路等的覆盖，传输用 HDSL 解决。

（12）预留一定载频、微蜂窝和微基站用于新兴区域覆盖并供优化期间选用。

（13）在一些特殊地区，可以采用全向/定向混合小区组成的基站，发挥全向、定向小区各自的覆盖和容量优势。此时需要注意全向、定向天线的隔离度，最好采取分层安装，而在话务控制上也可以采用分层算法来控制。

（14）对于话务量要求极少而覆盖要求较多的部分公路，可以采取单载频微基站＋功分器＋两副定向天线的 0.5＋0.5 小区组网方式。计算网络可承担的话务密度应采用爱尔兰话务模型。根据实际情况呼损率采用 2%或 5%。表 4－11 为爱尔兰 B 表。

表 4 - 11　爱尔兰 B 表

每小区载频数	TCH 数	话务量/Erl	
		2%	5%
1	6	2.27	2.96
2	14	8.2	9.73
3	21	14.03	16.18
4	29	21.03	23.82
5	36	27.33	30.65
6	44	34.68	38.55
7	52	42.1	46.53
8	59	48.7	53.55
9	67	56.25	61.63
10	75	63.9	69.73

从表 4 - 11 中可以看出，小区的载频数越多，呼损率越大，每个业务信道(TCH)可承担的话务量越大，TCH 信道的利用率越高。

信道利用率是评价规划设计质量的重要指标。如果某个基站用户数过少，则建设单位一般考虑推迟建设该基站。由于受小区覆盖范围和可用频率带宽的限制，必须合理规划小区的容量，尽可能在保证良好话音质量的前提下提高信道的利用率。在进行双频网络建设而考虑两者间的话务分担问题时，就可以利用较为宽松的频率带宽来实现信道的高利用率。

在实际运用中发现，基站小区的实际每线(TCH)话务量达到爱尔兰 B 表所给出的每线(TCH)话务量(2%呼损率)的 85%～90%时，该基站小区出现拥塞的概率显著增加。因此，我们一般以爱尔兰 B 表所给出的话务量的 85%作为计算网络可承担的话务密度的依据。这些话务容量的预测数据需要在网络建设的过程中逐步统计并加以完善。

例 4 - 4　某本地网需要进行扩容，根据业务发展并结合人口增长和普及率预测，在两年后用户将达到 10 万。仅仅考虑漫游因子(根据话务量统计及发展趋势)10%、移动因子(主要指用户在本地网内小范围移动而不是漫游)10%、动态因子 15%(考虑突发话务量)，得到需要的网络容量为 $10 \times (1 + 10\% + 10\% + 15\%) = 13.5$ 万。但是考虑到拥塞，我们一般以爱尔兰 B 表所给出的话务量的 85%作为计算网络可承担的话务密度的依据，所以，最终网络的设计容量为 $13.5/85\% \approx 15.88$ 万，约 16 万。

2) 控制信道配置

(1) 独立专用控制信道(SDCCH)分配。在 GSM 蜂窝系统中，独立专用控制信道 SDCCH 用于在指派业务信道 TCH 前传递系统信息，如用户鉴权、登记及呼叫接续信令等内容。在 GSM 系统中，一般呼叫建立过程、位置更新过程等的大部分时间中，移动台工作在 SDCCH 信道上。表 4 - 12 为 SDCCH 建议配置原则。

表 4 - 12　SDCCH 建议配置原则

TRX 数	一般配置 (SDCCH/8＋SDCCH/4)	位置区边缘配置	一般配置（采用 Immediate ass. on TCH）
1	SDCCH/4	SDCCH/4	SDCCH/4
2	SDCCH/8	SDCCH/8	SDCCH/4
3	SDCCH/8＋SDCCH/4	SDCCH/8＋SDCCH/4	SDCCH/8
4	SDCCH/8＋SDCCH/4	2＊SDCCH/8	SDCCH/8
5	2＊SDCCH/8	2＊SDCCH/8	SDCCH/4＋SDCCH/8
6	2＊SDCCH/8	2＊SDCCH/8＋SDCCH/4	2＊SDCCH/8
7	2＊SDCCH/8＋SDCCH/4	3＊SDCCH/8	2＊SDCCH/8
8	3＊SDCCH/8	3＊SDCCH/8	SDCCH/4＋2＊SDCCH/8

归纳 SDCCH 信道的话务模型非常困难，特别是分层网和短消息等大量运用后，变更几乎不可能。幸运的是，目前部分厂商设备支持 SDCCH 动态分配功能。SDCCH 信道动态分配能够动态调整 SDCCH 的容量，减少 SDCCH 信道拥塞的发生，降低 SDCCH 信道初始配置对系统性能的影响，增大系统容量。该功能主要包括：SDCCH 到 TCH 信道的动态分配和 SDCCH 到 TCH 信道的恢复。利用动态分配算法，根据输入参数来决定是否进行动态分配：在某一时刻，若小区的 SDCCH 信道比较忙，且空闲 TCH 信道的数目大于一定值，则根据相应的设置将空闲的 TCH 信道转换成 SDCCH 信道；过一段时间，若小区的 SDCCH 信道比较空闲，则 BSC 将动态分配的 SDCCH 信道恢复成 TCH 信道。

（2）CCCH 分配。公共控制信道主要包含准许接入信道（AGCH）、寻呼信道（PCH）和随机接入信道（RACH），其功能是发送准许接入（即立即指配）和寻呼消息，每个小区的所有业务共用 CCCH 信道。CCCH 信道可以与 SDCCH 共用一个物理信道（一个时隙），也可以独用一个物理信道。有关 CCCH 信道的参数包括：CCCH 配置、接入允许保留块数、相同寻呼间帧数编码。

① CCCH 配置：指定 CCCH 信道配置的类型，即是否与 SDCCH 信道合用一个物理信道。对于小区中有 1～2 个 TRX 的情况，建议 CCCH 信道占用一个物理信道且与 SDCCH 共用；对于 3 个或 4 个 TRX，建议 CCCH 信道占用一个物理信道且不与 SDCCH 信道共用；对于 4 个以上 TRX，建议根据实际情况计算 CCCH 中寻呼信道的容量，进行具体配置。

② 接入允许保留块数：决定寻呼信道和接入允许信道在 CCCH 上占用的比例。接入允许保留块数与 CCCH 配置两个参数决定了接入允许信道的容量。接入允许保留块数的取值原则是：在保证接入允许信道不过载的情况下，应尽可能减少该参数以缩短移动台响应寻呼的时间，提高系统的服务性能。

③ 相同寻呼间帧数编码：确定将一个小区中的寻呼组分配成多少寻呼子信道，从而与 CCCH 信道配置、接入允许保留块数共同确定一个小区的寻呼子信道的总数。由于每个移动用户（即对应每个 IMSI）都属于一个寻呼组，在每个小区中每个寻呼组都对应于一个寻呼子信道，因此移动台根据自身的 IMSI 可计算出它所属的寻呼组，进而计算出属于该寻

呼组的寻呼子信道位置。在实际网络中，移动台只收听它所属的寻呼子信道，而忽略其他寻呼子信道的内容。

习　题

4-1　什么是移动通信？移动通信的特点有哪些？

4-2　移动通信系统由哪几部分组成？各自的功能是什么？

4-3　根据蜂窝小区的覆盖半径，蜂窝可划分为哪几类？分别有什么特点？

4-4　当一个蜂窝系统的可用频带宽度一定时，为了增加系统容量可以采用的办法是＿＿＿＿＿＿＿＿。（A）

A. 采用小区分裂及频率复用，并适当增加每小区的载频数

B. 增加基站发射功率，并增加每小区的载频数

C. 减少基站发射功率，并增加每小区的载频数

D. 大量增加基站数目，并增加基站发射功率

4-5　简述 MS 在不同 MSC/VLR 业务区内两个小区间的位置更新过程。

4-6　下列几种切换方式中，属于 TD-SCDMA 应用的切换方式是＿＿＿＿＿＿＿＿。（C）

A. 硬切换　　　　B. 软切换　　　　C. 接力切换　　　　D. 无切换

4-7　数字移动通信系统采用＿＿＿＿＿＿＿＿才具有软越区切换功能。（D）

A. 空分多址方式　B. 时分多址方式　C. 频分多址方式　D. 码分多址方式

4-8　蜂窝网络基站布局的设计具体内容有哪些？

4-9　一个频分双工蜂窝电话系统，信道单工带宽为 25 kHz。为这个蜂窝系统分配 33 MHz 的无线频谱带宽，当采用区群大小分别为 $N=4$、$N=7$ 和 $N=12$ 的频率复用方案时，求对应每小区的可用信道数量。（165，95，55）

4-10　一个蜂窝系统，为了获得良好的通话效果，要求接收信噪比为 15 dB，假设无线信道传播的路径衰减指数为 $n=4$，试计算获得最大系统容量时的区群大小。（7）

4-11　确定蜂窝小区形状的原则主要有两个：一是覆盖整个服务区域时相邻小区既不会产生重叠也不会留下间隙；二是使蜂窝小区的面积最大，使得覆盖整个服务区时所用的小区数目最小。根据第一个原则，可以选用的小区形状有三个，即正三角形、正方形和正六边形。根据第二个原则，在小区覆盖半径相等的情况下，正六边形具有最大的面积。试利用几何关系证明正六边形具有最大面积。

4-12　设某小区制蜂窝通信网，每个区群有 4 个小区，每个小区有 5 个信道。试用分区分组配置法完成区群内小区的信道配置。

4-13　某蜂窝通信网的小区辐射半径为 6 km，根据同频干扰已知的要求，同频道小区的距离应大于 24 km，那么该蜂窝通信网组成区群时，区群中小区的最少数目是多少？试画出对应的区群结构，对每个小区以等间隔信道配置法对信道进行配置。（7）

4-14　什么是互调干扰？判别信道序号组 1、3、8、11、12 是否为无三阶互调信道组。（是）

4-15　若某蜂窝系统的射频防护比为 12 dB，则同频道再用距离最小为多少（小区半径为 r）？（2r）

4-16　若某蜂窝系统的射频防护比为 12 dB，则区群中小区数目 N 最少为多少？（3）

4-17　系统的频谱带宽为 1.25 MHz，信道带宽为 25 kHz，FDMA 蜂窝系统中频率复用的小区数为 7，频谱带宽相同，信道带宽为 200 kHz。TDMA 蜂窝系统中，频率复用小区数为 4，每载波时隙数为 8。对这两个系统的容量进行比较，系统容量以"信道数/小区"形式表示。

第 5 章　无线通信系统与网络

当前在用和即将广泛应用的无线通信系统很多，并且大多已经形成被人们广泛接受的系统标准。本章将对其中主要的几种无线通信系统的构成与原理分别进行简单介绍，目的是使读者对这些系统有一个概要性的了解。

5.1　GSM 移动通信系统

5.1.1　概述

GSM 是 Global System for Mobile Communication(全球移动通信系统)的缩写，是由欧洲电信标准化协会(ETSI，European Telecommunication Standardization Institute)提出的第二代数字蜂窝移动通信系统标准。经过多年的发展，GSM 目前包括 GSM900、DCS1800 和 PCS1900 三个不同频段的系统，用户遍及欧洲、亚洲、非洲、美洲、大洋州的130 多个国家和地区。可以说，GSM 是目前世界上使用最广、用户数最多、发展最成功的无线系统标准。

GSM 采用 FDD 双工方式和 TDMA/FDMA 多址接入方式，以语音业务为主，也支持无线的数据业务。GSM 的总体结构如图 5-1 所示。

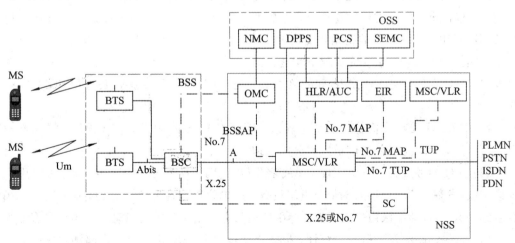

OSS—运营支持子系统；BSS—基站子系统；NSS—网络子系统；NMC—网络管理中心；DPPS—数据后处理系统；
SEMC—安全性管理中心；PCS—用户识别卡个人化中心；OMC—操作维护中心；MSC—移动业务交换中心；
VLR—访问用户位置寄存器；HLR—归属用户位置寄存器；AUC—鉴权中心；EIR—移动设备识别寄存器；
BSC—基站控制器；BTS—基站收发信机，也叫基地台；PDN—公用数据网；PSTN—公共电路交换网；
ISDN—综合业务数字网；MS—移动台

图 5-1　GSM 的总体结构

由图 5-1 可见，GSM 由三个子系统组成，即运营支持子系统（OSS）、网络子系统（NSS）和基站子系统（BSS）。

BSS 负责管理 MS 与 MSC 之间的无线传输通道。MS 是用户直接使用的设备，也称为用户设备。NSS 完成系统的交换功能以及与其他通信网络（如 PSTN）之间的通信连接。MSC 是 NSS 的中心单元，控制着所有 BSC 之间的业务。运营支持子系统 OSS 是仅提供给负责 GSM 网络业务设备运营公司的一个子系统，该子系统用来支持 GSM 网络的运营及维护，其主要功能包括三个方面：① 维护特定区域中所有的通信硬件和网络操作；② 管理所有收费过程；③ 管理网络中的所有移动设备。OSS 支持一个或多个操作维护中心（OMC），操作维护中心用于管理网络中的所有 MS、BTS、BSC 和 MSC 的性能，负责调整所有基站参数和网络计费过程。GSM 网络中的每一个任务都由一个特定的 OMC 负责。OSS 与其他 GSM 子系统内部相连，允许系统工程师对 GSM 的所有方面进行监视、诊断和检修。

无线子系统包括基站子系统（BSS）和移动台（MS）两部分。

MS 包括存储用户个人信息的 SIM 卡和实现移动通信的物理设备两部分。SIM 卡上存储用户特有的个人信息，包括实现鉴权和加密的信息、享有的业务类型等。物理设备是实现通信功能的设备，这部分设备对所有用户都是相同的，可以是手持机、车载机等。没有 SIM 卡，GSM 移动台就无法接受网络服务。

基站子系统（BSS）包括基站控制器（BSC）和基站收发信机（BTS）两部分。每个 BSS 包括多个 BSC，BSC 经过一个专用线路或微波链路连接到 MSC。一般情况下，一个 BSC 可以控制多个 BTS。BSC 与 BTS 之间的接口叫作 Abis 接口，BSC 与 MSC 之间的接口叫作 A 接口。按标准规定，Abis 接口是标准化接口，但实际上不同制造商所生产设备的 Abis 接口略有不同，所以一般情况下 GSM 运营商只能采用同一个制造商提供的 BTS 和 BSC 设备。A 接口也是规定的标准化接口，这个接口采用 7 号信令协议，A 接口允许业务提供商使用不同制造厂家提供的基站和交换设备。

基站控制器（BSC）主要完成如下功能：

（1）接口管理。支持与 MSC 间的 A 接口、与 BTS 间的 Abis 接口及与 OMC 间的X.25 接口。

（2）BTS 与 BSC 之间的地面信道管理。BSC 对 BTS 间的无线信令链路、操作维护链路进行监测，并对无线业务信道进行分配管理。

（3）无线参数及无线资源管理。无线参数包括 BTS 载频频率、空中接口是否应用了非连续接收/发射、移动台接入网最小电平设置、逻辑信道与物理信道的映射关系等。无线资源管理（RRM）包括小区内信道配置、专用信道与业务信道的分配管理、切换资源管理等。

（4）无线链路测量与话务量统计。根据移动台和 BTS 送上的无线链路测量报告，决定是否需调整 BTS 和移动台功率，或决定是否需要切换。通过对业务信道的阻塞率、呼叫成功率、越区切换频度等作出统计，为系统扩容和小区分裂等提供依据。

（5）控制小区切换。根据小区功率电平、语音质量及干扰情况，选择切换的目的对象。同一 BSC 控制的小区间切换由 BSC 完全控制，而不同 BSC 控制的小区间切换则由 MSC

控制完成。

（6）支持呼叫控制。通过移动交换中心实现话路连接，还可提供主、被叫排队机制。

（7）操作与维护。收集 BSC 及 BTS 告警，并传至 OMC，同时更新自身内部资源表，配合 OMC 实现对 BSS 的软件升级。

BTS 是服务于某蜂窝小区的无线收发信设备，实现 BTS 与 MS 空中接口的功能。BTS 主要分为基带单元、载频单元和控制单元三部分。基带单元主要用于语音和数据速率适配以及信道编码等；载频单元主要用于调制/解调与发射机/接收机间的耦合；控制单元则用于 BTS 的操作与维护。

网络子系统（NSS）主要由移动业务交换中心（MSC）、访问用户位置寄存器（VLR）、归属用户位置寄存器（HLR）、鉴权中心（AUC）、移动设备识别寄存器（EIR）等几部分构成。

MSC 是整个 GSM 网络的核心，完成或参与 NSS 的全部功能，协调与控制整个 GSM 网络中 BSS、OSS 的各个功能实体。

MSC 提供各种接口，如与 BSC 的接口，与内部各功能实体的接口，与 PSTN、ISDN、PSPDN、PLMN 等其他通信网络的接口，并实现各种相应的管理功能。MSC 还支持一系列业务——电信业务、承载业务和补充业务。除此之外，MSC 还支持位置登记、越区切换和自动漫游等其他网络管理功能。

VLR 是服务于其控制区域内移动用户的一个寄存器，存储着进入其控制区域内已登记移动用户的相关信息，为已登记的移动用户提供建立呼叫接续的必要条件。当某用户进入一个 VLR 控制的特定区域中时，移动用户要在该 VLR 上登记注册。然后，此 VLR 会通过相连 MSC，将这个用户的必要信息通知该移动用户的归属用户位置寄存器（HLR），同时从移动用户的 HLR 获取该用户的其他信息。一旦用户离开这个区域，此用户的相关数据将从该 VLR 中删除。

HLR 用于存储每一个相同 MSC 中所有初始登记注册用户的个人信息和位置信息，包括用户识别号码、访问能力、用户类别和补充业务等数据，由它控制整个移动交换区域乃至整个 PLMN。其中，位置信息由移动用户当前所在区域的 VLR 提供，用于为呼叫该用户时提供路由，因此 HLR 中存储的用户位置信息是经常更新的。

AUC 存储着移动用户的鉴权信息和加密密钥，主要是为了防止非授权用户接入系统和防止无线接口中数据被窃。

EIR 存储着移动设备的国际移动设备识别码（IMEI），通过核查三种表格（白名单、灰名单、黑名单）使得网络具有防止非授权用户设备接入、监视故障设备的运行和保障网络运行安全的功能。

5.1.2　GSM 无线子系统的结构原理

1. 无线子系统的硬件结构

图 5-2 显示了无线子系统的网络结构及其与基站控制器（BSC）的连接关系。无线子系统 BSS 包括如下几部分。

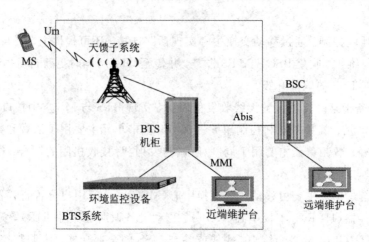

图 5-2　无线子系统的网络结构示意图

1) 基站收发信机(BTS)

BTS 通过 Abis 标准接口与 BSC 互连,通过 Um 接口与 MS 通信,主要完成 Um 接口协议和 Abis 接口协议的处理,从而实现 BSC 与 MS 之间的信息转换。BTS 主要由公共子系统、载频子系统、射频前端子系统和天馈子系统四个功能子系统组成。一种典型 BTS 的逻辑功能框图如图 5-3 所示。图中,BTS 中有 4 类总线,分别是数据总线(DBUS)、控制总线(CBUS)、时钟总线(TBUS)和跳频总线(FHBUS)。BTS 与 BSC 的连接线路采用符合

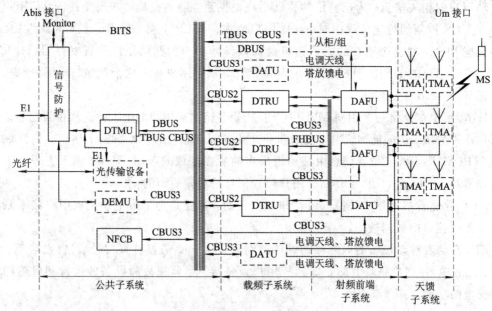

DTRU—收发信机模块(Double Transceiver Unit);
TMA—塔顶放大器(Tower Mounted Amplifier);
DATU—天线与塔放控制单元(Antenna and TMA Control Unit for DTRU BTS);
DAFU—射频前端单元(Antenna Front-end Unit for DTRU BTS);
DEMU—环境监控单元(Environment Monitoring Unit for DTRU BTS);
DTMU—定时/传输和管理单元(Transmission&Timing & Management Unit for DTRU BTS);
BITS—大楼综合定时供给系统(Building Integrated Timing Supply)

图 5-3　典型 BTS 的逻辑功能框图

欧洲标准的传输速率为 2.048 Mb/s 的 E1 接口线缆。下面对 BTS 的不同部分分别进行介绍。

（1）公共子系统。BTS 的公共子系统内配置有：定时/传输和管理单元（DTMU）、环境监控单元（DEMU）、天线与塔放控制单元（DATU）。信号防护部分主要完成进出机柜信号的防雷保护，包括 E1 信号、监控信号、开关量信号等扩展信号的防雷保护。

BTS 的公共子系统提供基准时钟、电源、传输接口、维护接口和外部告警采集接口。BTS 的公共子系统主要包括如下功能：E1 信号接入和防雷，环境告警采集和监控，基站时钟供给，信号防雷，开关量接入和电调天线控制及塔放馈电。

（2）载频子系统。载频子系统分为基带部分和射频部分，主要完成基带信号处理、射频信号的收发处理、功率放大、支持发射分集和接收分集等功能。

基带处理部分完成信令处理、信道编译码、交织和反交织、调制与解调等功能。射频发送部分完成两个载波基带信号到射频信号的调制、上变频、滤波、射频跳频、信号放大、合路输出等功能；射频接收部分完成两个载波的射频信号分路、接收分集、射频跳频以及解调等功能。

（3）射频前端子系统。射频前端子系统通过 CBUS3 总线与 DTMU 通信，完成多载波合路输出、收发信号双工、前端低噪声放大器增益控制、支持在线软件升级等功能。

（4）天馈子系统。天馈子系统的主要功能是作为射频信号发射和接收的通道，由天线、馈线、跳线和塔顶放大器等组成，其连接关系如图 5-4 所示。

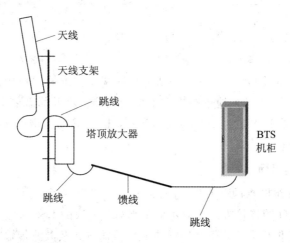

图 5-4　天馈子系统的连接示意图

天线是发射的最后端和接收的最前端，天线的类型、增益、方位角、前后比都会影响系统性能，网络设计者可根据用户量、覆盖范围等进行选择。天线是一种转换器，它将馈线中传输的电磁能量转换为在空间中传播的电磁波，同时也将在空间中传播的电磁波转换为馈线中传输的电磁能量。在移动通信系统中使用的基站天线一般为由基本单元振子组成的天线阵列。

为减少传输损耗，BTS 采用低损耗射频电缆。主馈线电缆有 7/8 英寸、5/4 英寸等多种规格可供选择。天线到馈线、天线到塔放、机柜到避雷器之间采用 1/2 英寸超柔电缆连接。

塔顶放大器简称塔放（TMA），是一种安装在天线塔顶上的低噪声放大器模块，主要功能是将天线接收到的上行信号在经过馈线传输衰耗之前进行放大，这样可以提高基站系统的接收灵敏度，增大系统的上行覆盖范围，保证双密度双工单元（DDPU，Dual Duplexer Unit for DTRU BTS）天馈系统接口的接收灵敏度；也可以有效降低手机的发射功率，提高通话质量。塔顶放大器为可选件，一般选配三工塔放，紧靠天线安装。三工塔放由三工滤波器、低噪声放大器和馈电三部分组成，如图 5-5 所示。三工塔放同时具备收发双工与塔顶放大器供电的功能。三工滤波器实际上可以看成是图中两个双工滤波器合二为一的器件。从天线来的信号首先经三工滤波器滤除带外干扰，然后由低噪声放大器将接收的弱信号放大，再用低损耗电缆将放大后的信号送到室内单元。

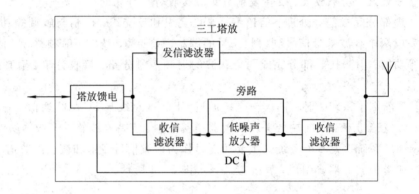

图 5-5　三工塔放的原理框图

2）BSS 的操作维护子系统

操作维护子系统通过 OMC 提供对基站进行远端操作维护的功能，或是通过人机接口（MMI）终端提供对 BSS 进行本地近端操作维护的功能。两者都需要 BSS 操作维护程序的支持。操作维护程序是 BSS 软件的公共控制部分，是 BSS 操作维护功能的核心，BSS 的其他各部分程序均有与它的接口。

2. 无线子系统的组网

无线子系统 BSS 组网指的是 BTS 与 BSC 的网络连接关系。由于一个 BSC 可以控制多个 BTS，因此它们之间的连接方式就有不同的形式。一般的 BSS 都内置多种传输方式，可以有 E1、STM-1 等传输方式，还有外置的卫星传输方式及微波传输方式等，从而提供灵活的组网方式。BSS 组网方式按网络拓扑可以分为星型组网、链型组网、树型组网和环型组网。

1）星型组网

星型组网适用于一般的应用场合，在城市人口稠密的地区这种组网方式尤为普遍。星型组网方式的优点是组网中每个 BTS 都有 E1 线直接和 BSC 相连，这种组网方式简单，维护、工程施工、扩容等都很方便。由于信号经过的环节少，因此线路可靠性较高。星型组网的缺点是对传输线的需要量比其他组网方式大。星型组网示意图如图 5-6 所示。

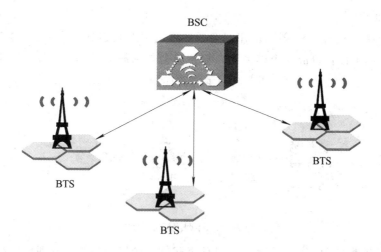

图 5-6 星型组网示意图

2）链型组网

链型组网示意图如图 5-7 所示。链型组网适用于呈带状分布的业务区域，或用户密度较小的特殊地区，如高速公路沿线、铁路沿线等。链型组网方式可以降低传输设备成本、工程建设成本和传输链路租用成本。但链型组网信号经过的环节较多，线路可靠性较差；上级 BTS 的故障可能会影响下级 BTS 的正常运行；链型组网对串联的级数有限制，串联的节点数一般要求不超过 5 级。

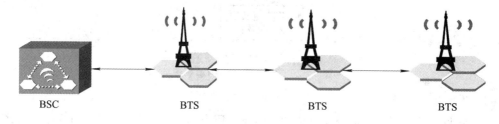

图 5-7 链型组网示意图

3）树型组网

树型组网方式适用于网络结构、站点及用户密度分布较复杂的情况，比如大面积用户与热点地区或小面积用户交错的地区。树型组网传输线的消耗量小于星型组网。由于信号经过的环节多，因此树型组网线路可靠性相对较低，工程施工难度较大，维护相对困难；上级 BTS 的故障可能会影响下级 BTS 的正常运行；扩容不方便，可能会引起对网络的较大改造；树型组网对串联的级数有限制，一般要求串联不超过 5 级，即树的深度不要超过 5 层。树型组网示意图如图 5-8所示。

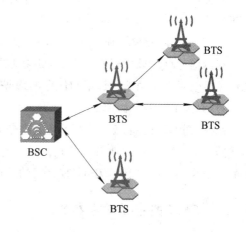

图 5-8 树型组网示意图

4）环型组网

环型组网方式适用于一般的应用场合。环型组网有较强的自愈能力，如果某处的 E1 损坏，则环型网可以自愈成一个链型网，业务不会受到任何影响。一般情况下，只要路由允许，都应尽可能组建环型网。环型组网示意图如图 5-9 所示。

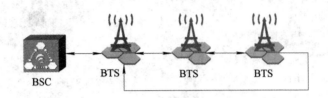

图 5-9　环型组网示意图

在实际的工程应用中，往往是以上各种组网方式的综合使用。合理地应用各种组网方式，可以在提供合格的服务质量的同时，节省大量的传输设备投资。

3. BTS 软件结构

BTS 软件结构示意图如图 5-10 所示。

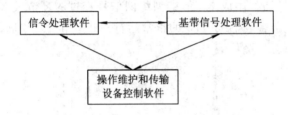

图 5-10　BTS 软件结构示意图

1）信令处理软件

BTS 和 BSC 之间传送的不仅有语音和数据，还有信令。信令处理是 BTS 业务处理的核心内容，以载波为单位完成 BTS 的绝大部分业务处理功能。信令处理软件运行于 DTRU 上。

2）基带信号处理软件

基带信号处理软件运行于 DTRU 上，并与 DTRU 数字信号处理部分的硬件电路一起实现无线信道上的语音、数据和信令的编码、译码以及接收信号的解调工作。

3）操作维护和传输设备控制软件

操作维护软件运行于 DTMU 上，这是 BTS 软件的公共控制部分，也是 BTS 操作维护功能的核心，BTS 的其他各部分软件均有与它的接口。传输设备控制软件作为操作维护软件的一个模块，控制 BSC 和 BTS 之间的地面传输链路。

5.1.3　GSM 的主要规格参数

GSM 的主要规格参数如表 5-1 所示。

表 5-1　GSM 的主要规格参数

特　性		GSM900	DCS1800
发射频带 /MHz	基站	935～960	1805～1880
	移动台	890～915	1710～1785
双工间隔/MHz		45	95
信道载频间隔/kHz		200	200
小区半径 /km	最小	0.5	0.5
	最大	35	35
多址接入方式		TDMA/FDMA	TDMA/FDMA
调制		GMSK	GMSK
单载频数据传输速率/(kb/s)		270.833	270.833
全速率 语音编译码	比特率/(kb/s)	13	13
	误差保护	9.8	9.8
语音编码算法		RPE-LTP	RPE-LTP
信道编码		具有交织脉冲检错和1/2 编码率卷积码	具有交织脉冲检错和1/2 编码率卷积码

1. TDMA/FDMA 多址接入方式

GSM 采用 TDMA/FDMA 多址方式和 FDD 的双工方式，在 25 MHz 的频段中共分 125 个射频信道，去掉上下各一个 100 kHz 的保护带宽，实际可用的射频信道是 124 个。这 124 个射频信道以绝对射频信道号(ARFCN)标识。一个 ARFCN 代表一对前向和反向射频信道。对 GSM900，前向和反向信道的频率间隔为 45 MHz；对 DCS1800 和 PCS1900，前向和反向信道的频率间隔为 95 MHz。每载频带宽为 200 kHz。每载波都在时间上划分成时隙(TS)，一个时隙号码和 ARFCN 相结合构成前向链路和反向链路中的一个物理信道。一个时隙的时间宽为 0.577 ms，8 个时隙构成一个 TDMA 帧，一个 TDMA 帧长为 4.615 ms。GSM 中物理信道、时隙、帧之间的关系如图 5-11 所示。

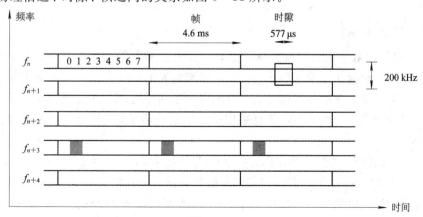

图 5-11　TDMA/FDMA 接入方式

2. 信道频率与绝对射频信道号之间的关系

1) GSM900

共 124 个可用射频信道，ARFCN 为 1～124。按照国家规定，中国移动通信公司占用 890～909/935～954 MHz，中国联合通信公司占用 909～915/954～960 MHz。频率与 ARFCN(n)的关系如下：

基站收：

$$f_1(n) = 890.2 + (n-1) \times 0.2 \quad (\text{MHz})$$

基站发：

$$f_2(n) = f_1(n) + 45 \quad (\text{MHz})$$

2) DCS1800

共 374 个频点，ARFCN 为 512～885。频率与 ARFCN(n)的关系如下：

基站收：

$$f_1(n) = 1710.2 + (n-512) \times 0.2 \quad (\text{MHz})$$

基站发：

$$f_2(n) = f_1(n) + 95 \quad (\text{MHz})$$

3. 调制方式

GSM 采用 0.3GMSK 调制方式。其中，0.3 表示高斯脉冲成形滤波器的 3 dB 带宽与比特周期的乘积(即 BT_b=0.3)。通过使载波频率偏移±67.708 kHz 来表示二进制中的 0 和 1。GSM 信道速率为 270.833 kb/s，其频谱利用率为 1.35 (b/s)/Hz。

5.1.4　GSM 逻辑信道

GSM 中，一个时隙构成一个物理信道。这个物理信道在不同的时间可用来传送不同功能的数据。换句话说，就是 GSM 中的物理信道，在不同的时间可以映射为不同的逻辑信道。GSM 逻辑信道可以分为业务信道(TCH)和控制信道(CCH)。业务信道携带的是用户的数字化语音或数据。无论是上行还是下行链路，业务信道都有同样的功能和格式。控制信道在 MS 和基站之间传输信令和同步信息。在上下行链路之间，不同的控制信道格式可能是不同的。

1. 业务信道(TCH)

TCH 携带用户数字化语音或数据信息，可分为全速率信道或半速率信道两大类。全速率传送时，用户数据在一个时隙中传送。半速率传输时，两个用户的业务数据映射到同一个时隙上，但是采用隔帧传送的方式，因此两个半速率的用户可以共享同一个时隙，只是每隔一帧交替发送。目前 GSM 还是采用全速率信道传送，编码速率降低后可能采用半速率信道传送。

在 GSM 中，TCH 数据不会在作为广播信道频点的 TDMA 帧上传播。此外，TCH 复帧(包含 26 个 TDMA 帧)在第 13 帧和第 26 帧中会插入慢速辅助控制信道(SACCH)数据或空闲帧(IDLE)。如果第 26 帧中包含 IDLE 数据位，则为全速率 TCH；如果包含 SACCH 数据位，则为半速率 TCH。

TCH 复帧结构如图 5-12 所示。

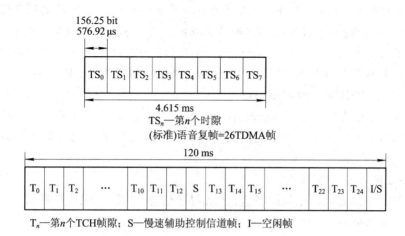

图 5 - 12　业务信道复帧结构

2. 控制信道(CCH)

控制信道用于传送系统的信令和同步信号。GSM 中有三种主要的控制信道:广播信道(BCH,Broadcast CHannel)、公共控制信道(CCCH,Common Control CHannel)和专用控制信道(DCCH,Dedicated Control CHannel)。控制信道复帧包含 51 个 TDMA 帧。CCH 复帧结构如图 5 - 13 所示。

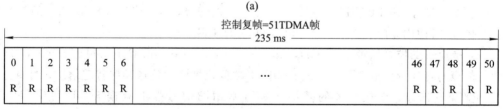

图 5 - 13　控制信道复帧结构

1) 广播信道(BCH)

BCH 在一个小区的指定 ARFCN 的前向链路的特定帧 TS0 中发送。BCH 仅使用前向链路,是一种一点对多点的单方向控制信道,用于给小区内的移动用户提供同步信息,同时也被邻接小区的移动用户监测。所以,接收电平和 MAHO(Mobile Assistant Hand Over)判决可以来自小区外的用户。GSM 中有以下三种类型的 BCH。

（1）频率校正信道（FCCH，Frequency Correction CHannel）：该信道用于使 MS 的频率与基站的频率同步。FCCH 在控制复帧的第 0 帧发送，每隔 10 帧重复一次。

（2）同步信道（SCH，Synchronization CHannel）：传送供 MS 进行同步和对基站进行识别的信息。SCH 紧接在控制复帧的 FCCH 帧后发送，每隔 10 帧重复一次，载有 MS 帧同步、BTS 识别、BSIC 码、时间提前量等。

（3）广播控制信道（BCCH，Broadcast Control CHannel）：传送 BTS 的一般信息，如小区和网络的特征、小区内其他可用的信道等。在控制复帧的第 2 帧到第 5 帧发送 BCCH 数据。

2）公共控制信道（CCCH）

CCCH 用以发送普遍使用的控制信息，如寻呼信息、信道分配信息和用户请求接入信息。CCCH 可分为以下三种类型。

（1）寻呼信道（PCH）：是一个前向信道，用于使基站寻呼 MS，通知 MS 有来自网络的呼叫。MS 在随机接入信道（RACH）上予以响应，传送被呼用户的 IMSI（国际移动用户识别码），有时可能采用 TMSI（临时移动用户识别码），并要求 MS 在 RACH 上回应和提供鉴权信息，短消息也在 PCH 上传送。

（2）随机接入信道（RACH）：是一个反向信道，用于 MS 对 PCH 的回应，或随机提出入网申请，即请求分配独立的专用控制信道（SDCCH）。

（3）接入认可信道（AGCH）：是一个前向信道，用于使基站对移动台的随机接入请求作出应答，即给移动台分配一个 SDCCH 或直接分配一个 TCH。

3）专用控制信道（DCCH）

GSM 中有三种类型的专用控制信道，和 TCH 一样，它们也是双向传送的，在上下行链路中有相同的功能和格式，并可存在除了 BCH ARFCN 的 TS0 之外的任何时隙中。这三种信道如下：

（1）独立专用控制信道（SDCCH，Standalone Dedicated Control CHannel）。在 BTS 认可 MS 的接入请求之后，BTS 和 MSC 需要一段时间来验证移动台身份并为它分配业务信道。在这段时间内，SDCCH 用于保持 MS 和 BTS 的连接，传送连接 MS 和 BTS 的信令数据。SDCCH 可使用专门的物理信道，也可和 BCH 共用。

（2）慢速辅助控制信道（SACCH，Slow Associated Control CHannel）。SACCH 是一个双向的点对点控制信道，用于在 MS 和 BTS 之间周期性地传送某些特定信息，例如功率和帧调整控制信息、正在服务的基站和邻近基站的信号强度数据等（用于 MAHO）。SACCH 可以与一个 TCH 联用，也可以与一个 SDCCH 联用。与 TCH 联用时用 SACCH/T 表示，与 SDCCH 联用时用 SACCH/C 表示。

（3）快速辅助控制信道（FACCH，Fast Associated Control CHannel）。该信道传送的信息基本上与 SDCCH 的相同。当没有为移动用户分配 SDCCH，但需要处理紧急事务（如切换请求等）时，FACCH 通过从业务信道"偷"帧来实现。若 TCH 中的两个 stealing bit（偷帧比特）被置位，则表明这个时隙中包含 FACCH，而不是 TCH。

5.1.5　GSM 帧结构

带宽为 200 kHz 的 GSM 射频信道在时间上划分成宽度约为 576.92 μs 的等间隔时隙

TS(Time Slot)，每个时隙等效于 156.25 bit 信息的时间长度。

GSM 是采用缓存-突发方法来发送数据并实现通信的，每一个需要传送的数据（包括用户信息数据和系统信息数据）都在指定的时隙中传送，一个时隙中传送的数据称为数据突发序列。

GSM 每 8 个时隙组成一帧，GSM 帧在射频信道上是周期性发送的。不同功能的信息数据都安排在指定帧的指定时隙发送。换句话说，GSM 的一个时隙构成一个物理信道。这样，每个 GSM 射频信道形成 8 个物理信道，因此 GSM 共有 8×124＝992 个物理信道。物理信道与逻辑信道的关系是映射关系，前面介绍的各种逻辑信道都是映射在这些物理信道上传送的。

GSM 帧的时长为 8×0.57692≈4.615 ms，包括 8×156.25＝1250 bit，因此 GSM 的帧速率为 216.66 帧/秒，一个射频信道的数据速率约为 270.833 kb/s，而单个时隙的数据速率（即每个用户信道数据速率）为 33.85 kb/s。

例 5 - 1　GSM 使用每帧包含 8 个时隙的帧结构，并且每一时隙包含 156.25 bit 的信息数据，一个射频信道的数据传送速率为 270.833 kb/s，试求：

（1）一个比特的时长；

（2）一个时隙长；

（3）一个帧的时长；

（4）占用一个时隙的用户在两次发射之间必须等待的时间。

解：（1）一个比特的时长为

$$T_\mathrm{b} = \frac{1}{270.833 \text{ kb/s}} \approx 3.692 \ \mu\mathrm{s}$$

（2）一个时隙长为

$$T_\mathrm{slot} = 156.25 \times T_\mathrm{b} \approx 0.577 \text{ ms}$$

（3）帧长为

$$T_\mathrm{f} = 8 \times T_\mathrm{slot} = 4.616 \text{ ms}$$

（4）占用一个时隙的用户必须等待 4.616 ms，在一个新帧到来之后才可进行下一次发射。

多个 TDMA 帧构成复帧。GSM 中有两种复帧：第一种是 26 帧的业务复帧，每个业务复帧包含 26 个 TDMA 帧，时长为 120 ms，用于 TCH、FACCH 和 SACCH；第二种是 51 帧的控制复帧，控制复帧包含 51 个 TDMA 帧，时长为 235 ms，用于 BCCH、CCCH 和 SDCCH。

多个复帧构成超帧。超帧由 51 个 26 帧的业务复帧或者由 26 个 51 帧的控制复帧组成，因此一个超帧包含 51×26＝1326 个 TDMA 帧，共占 6.12 s 的时间长度。

2048 个超帧构成超高帧。一个超高帧包含 2 715 648 个 TDMA 帧，共占 12 533.76 s（3 小时 28 分 53 秒 760 毫秒）。传输一个完整的超高帧大约需 3.5 小时，这对 GSM 来说是很重要的。因为用户数据的加密算法是在精确帧数的基础上进行的，而加密算法以 TDMA 帧号为一个输入参数。所以，只有使用超高帧提供的大帧数才能保证提供充分的保密性。

图 5 - 14 示出了 GSM 中时隙、帧、复帧、超帧和超高帧的格式，以及这些时帧之间的关系与分层结构。

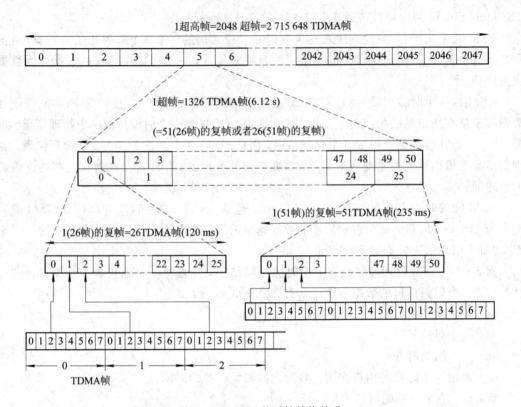

图 5-14　GSM 的时帧结构关系

GSM 规定了五种数据突发序列格式，如图 5-15 所示。

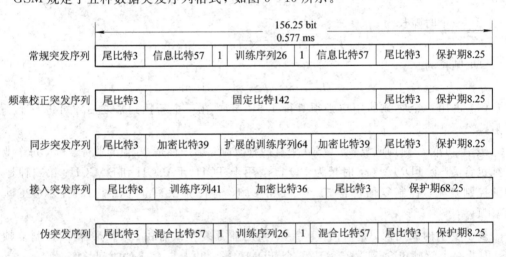

图 5-15　GSM 中的数据突发序列格式

常规突发序列用于前向和反向链路的 TCH 和 DCCH。频率校正突发序列用来广播前向链路上的频率控制信息，允许移动用户将内部频率标准和基站的精确频率进行同步。同步突发序列用来广播前向链路上的定时信息，调整 MS 的时间基准，使得基站接收到的信号与基站时钟同步。接入突发序列用于在反向链路上为 MS 传输提供入网申请。伪突发序列用于填充前向链路上未使用的时隙。

　　图 5-15 中五种常规突发类型的数据结构均包括起始和结束的尾比特，这两个尾比特并不传送数据，而是用来提供等效的时间段。之所以在突发数据结构的两端分别提供一个等效时间段，是考虑到各种电路都有一个暂态过程，在无线信道上进行突发传输时，载波电平从初始值上升到正常值需要一段上升时间。突发结束时，载波电平从正常值下降到零也需要一段下降时间。起始和结束的尾比特的作用是允许载波功率在此时间段内上升或下降到规定的数值。

　　突发的最后 8.25 bit 给出一段等效长度的保护时间。这是由于不同的 MS 与基站的距离不同，设置这个保护时间用以防止不同 MS 的突发序列在基站接收机中产生重叠。

　　在常规突发的 156.25 bit 中，有 114 bit 为信息比特，它们位于接近突发序列始端和末端的两个 57 bit 序列中。中间段为 26 bit 的均衡器训练序列，MS 或基站接收机的自适应均衡器使用该训练序列分析无线信道特性，在此基础上调整均衡器参数，以获得最佳的接收与解调。常规突发序列中间段的两端各有一个偷帧标志的控制比特，这两个标志用来区分在同一物理信道上的时隙中包含的是 TCH 数据还是 FACCH 数据。

　　例 5-2　如图 5-15 所示，GSM 的一个常规突发序列由以下几部分构成：6 个尾比特、8.25 个保护期、26 个训练序列、2 个控制比特、两组各 57 bit 的信息数据。求 GSM 的帧效率。

　　解：一个时隙有

$$6 + 8.25 + 26 + 57 \times 2 + 2 = 156.25 \text{ bit}$$

　　一个帧有

$$8 \times 156.25 = 1250 \text{ bit}$$

　　每帧的系统开销为

$$b_{OH} = 8 \times (6 + 8.25 + 26 + 2) = 338 \text{ bit}$$

所以帧效率为

$$P_f = \left(1 - \frac{338}{1250}\right) \times 100\% = 72.96\%$$

　　频率校正突发中间的 142 个固定比特实际上均为 0，相应发送的射频是一个与载波有固定频偏的单频正弦波，这个正弦波用于校正移动台的载波频率。

　　同步突发中的两段 39 bit 的加密数据用于传送 TDMA 帧号和基站识别码(BSIC)。其中，TDMA 帧号用作用户信息加密算法的一个输入参数；基站识别码用于移动台进行信号强度测量时区分使用同一个载频的基站。同步突发中的训练序列较长，这有利于分析信道特性和使移动台与基站的时帧结构同步。

　　接入突发的数据与其他突发格式有较大的差异。接入突发起始尾比特是 8 bit，保护时间为 68.25 bit，这两个时间都比较长。这主要是考虑基站开始接收接入请求时的状况具有偶然性，既不知道确切的接收时间，也不知道移动台发射的功率电平、载波频率、移动台与基站之间的距离等参数，因此留有较长的起始时间和保护时间以减小接入突发落入其他时隙的可能，提高基站解调的成功率。接入突发的训练序列比较长，目的是使基站能够检测出尚未同步的移动台的信息。

　　在一个 GSM 帧中，每个 GSM 用户单元用一个时隙来发送业务数据，用一个时隙来接收，其余 6 个空闲时隙可以用来检测自己及相邻基站的信号强度，这有利于控制越区切换时机。

为了更好地理解 TCH 和各种 CCH 是如何工作的，下面简要说明 GSM 中 MS 发出呼叫并建立通信的过程。

用户开机后，MS 监测 BCH，通过接收 FCCH、SCH、BCCH 的信息，MS 同步到就近的基站。

为了发出呼叫，用户首先要拨号，并按压 GSM 手机上的发射按钮。MS 用基站指定的随机接入信道发射 RACH 数据突发序列。然后，基站以 CCCH 上的 AGCH 信息来对 MS 作出响应，CCCH 为 MS 指定一个新的信道作为 SDCCH。这时，正在监测 CCCH 中 TS0 的移动用户将从 AGCH 接收到基站为它指定的绝对 ARFCN 和 TS，这一新的 ARFCN 和 TS 对应的就是分配给该 MS 的独立专用控制信道(SDCCH)，MS 转移到这个 SDCCH 上。一旦转接到 SDCCH，MS 首先等待传给它的 SACCH 帧(最大等待持续 26 帧或 120 ms)，该帧告知 MS 要求的定时提前量和发射机功率。

基站根据 MS 最初接入请求时在 RACH 上传输的数据，能够决定出合适的定时提前量和功率级，并通过 SACCH 向 MS 发送适当的定时提前量和功率级数据。一旦 MS 接收和处理完 SACCH 中传送的定时提前量和功率级信息，它就可以根据业务需要发送常规突发序列信息了。在 SDCCH 传送 MS 与基站间交互信息期间，还同时配合 MSC 处理对该用户进行的鉴权操作。该期间 PSTN 网络会将被叫方连接到该 MSC，该 MSC 会将语音通路连接到为 MS 服务的基站。几秒钟后，基站就命令 MS 从当前 SDCCH 转到指定 ARFCN 和 TS 的一个 TCH 上。一旦接到 TCH，就进入正常的通话状态，语音在上下行链路上传送，呼叫建立成功，SDCCH 被清空。

当 MS 被呼叫时，其过程与上述过程类似。

5.1.6　语音编码和信道编码

图 5-16 给出了语音在 GSM 移动台中处理后送至发送端的过程。

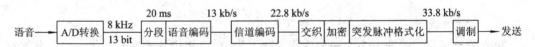

图 5-16　GSM 移动台中的语音处理过程

1. 语音编码

GSM 采用规则脉冲激励－长期预测编码(RPE-LTP)的语音编码方式，其处理过程是先对模拟语音信号进行 8 kHz 抽样，按每 20 ms 为一帧进行处理，每帧分为 4 个子帧，每个子帧长 5 ms，输出 RPE-LTP 的纯比特率为 13 kb/s。

2. 信道编码

语音编码器输出为每 20 ms 一帧，一帧中含有 260 bit。信道编码时，首先将这 260 bit 数据按照重要性分成三类，三类信息分别为 I_a 类 50 bit、I_b 类 132 bit 和 II 类 78 bit。I_a 类是最重要的，I_b 类第二重要，II 类是不重要的。重要的信息进行重点保护，不重要的信息未受到任何保护。

为了提高编码效率，按重要性对这三类数据分别进行不同的冗余处理，处理过程如图 5-17 所示。

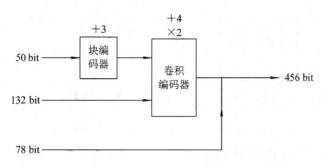

图 5-17　信道编码过程

在块编码器中，用循环冗余校验(CRC)码对最重要的 I_a 类 50 bit 进行编码，引入 3 个奇偶校验比特，然后送入卷积编码器。在卷积编码器中， I_b 类 132 bit 与来自块编码器的53 bit 重新排序，并在其后附加 4 个尾比特，产生一个 189 bit 的数据块。之后对该数据块进行比率为 1/2、约束长度为 5 的卷积编码，产生 378 bit 的序列。最后加上没有增加任何保护的 II 类 78 bit 数据形成 456 bit 数据块输出。经信道编码之后，总的输出数据速率为456 bit/20 ms=22.8 kb/s(相当于 13 kb/s 的原始数据+9.8 kb/s 的奇偶校验和信道编码)。

例 5-3　假设半速率语音编码器在 20 ms 的抽样时间段上完成语音编码，编码器的输出为 120 bit。其中， I_a 类 30 bit 是最重要的， I_b 类为 60 bit，II 类为 30 bit。假设进行半速率信道编码，信道编码器的输出速率为多少？其中纠错编码速率为多少？

解：依据图 5-17 所示的信道编码原理， I_a 类数据 30 bit 加上 3 个奇偶校验比特后为33 bit，之后与 I_b 类 60 bit 加上 4 个尾比特后进行卷积编码，得到 194 bit。最后加上 II 类30 bit 形成 224 bit 的数据块输出，经信道编码之后，信道编码器总的输出速率为

$$\frac{224 \text{ bit}}{20 \text{ ms}} = 11.2 \text{ kb/s}$$

其中，纠错编码的速率为

$$11.2 \text{ kb/s} - \frac{120 \text{ bit}}{20 \text{ ms}} = 5.2 \text{ kb/s}$$

3. 交织

信道编码输出的是一系列有序的语音帧，传输过程中会由信道衰落等因素造成突发性的、连续的比特错误，GSM 采用交织技术来减小突发错误的影响。交织技术的实质是时间分集，就是将要传输的数据码重新排序，重新排序的结果使得突发差错时产生的成串错误的比特位来自交织前信道编码不同的位置。在接收端去交织后，数据编码恢复了原来的顺序，从而连续的突发差错就变成了离散的随机差错，而随机差错可以用卷积编码等信道编码技术进行纠正。GSM 中同时采用了比特交织和块交织两种方法。

比特交织如图 5-18 所示。信道编码输出的 456 bit 按行的顺序写入一个矩阵，每行8 bit，然后按列读出，从而将一个语音帧的 456 bit 分成了 8 个完成比特交织的子块，每个子块 57 bit，矩阵的列数就是交织深度。

块交织是在相邻不同语音帧之间进行的。现假设有三个语音帧，如图 5-19 所示。在GSM 的一个突发脉冲序列(即 TDMA 帧的一个物理时隙)中，包括一个语音帧中的两组业务数据，如图 5-20 所示。图中，前后 3 个尾比特用于消息定界，中间是 26 个训练比特，

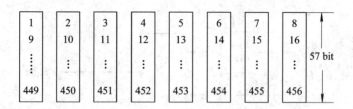

图 5-18　比特交织

训练比特的左右各 1 个比特作为"偷帧标志"。一个突发脉冲序列携带有两段 57 bit 的语音数据，就是说一个时隙恰好发送两个比特交织后的子块。

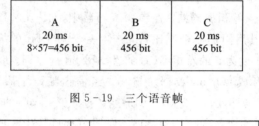

图 5-19　三个语音帧

3	57	1	26	1	57	3

图 5-20　语音突发序列的结构

　　根据 GSM 一个突发脉冲序列中数据的结构特点，块交织是在完成了比特交织的两个语音帧共 912 bit 语音数据之间进行的。块交织时，第 n 个语音帧的子块 1 与第 $n+1$ 个语音帧的子块 1 分别放在 TDMA 帧指定时隙的两段 57 bit 语音数据的位置；第 n 个语音帧的子块 2 与第 $n+1$ 个语音帧的子块 2 分别放在下一个 TDMA 帧中对应时隙的两段 57 bit 语音数据的位置；以此类推。这样，块交织后就将 912 bit 数据分散到了 8 个 TDMA 帧的同一时隙中并周期性地发送出去。

　　图 5-21 给出了交织的处理过程。

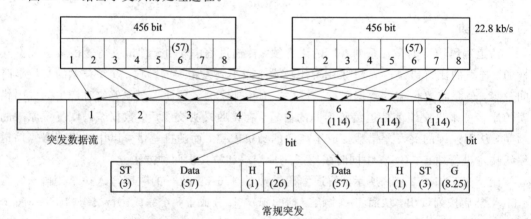

图 5-21　交织的处理过程示意图

　　对于交织技术，交织深度越大，离散度就越大，抗突发差错能力就越强。但从上面的讨论可以看出，交织处理过程会产生时延，交织深度越大，交织编码处理时间就越长，产生的时延就越大。因此，通过交织处理提高抗差错能力是以增加处理时延为代价的，这也是交织编码属于时间分集技术的原因。所有的交织器都有一个固定时延，实际中，所有的无线数据交织器的时延都不超过 40 ms，GSM 中是 37.5 ms，这种时延是人们可以忍受的。

5.2　CDMA 蜂窝移动通信系统

码分多址(CDMA)比 TDMA 和 FDMA 具有更多优越性。

CDMA 系统的特点如下：

(1) 系统容量大。理论上，CDMA 蜂窝移动网比模拟蜂窝网的容量大 20 倍，实际比模拟网大 10 倍，比 GSM 大 4~5 倍。在 CDMA 系统中，不同的扇区也可以使用相同的频率，若小区使用 120°定向天线，则干扰减为 1/3，但整个系统所提供的容量可提高约 3 倍，并且小区容量将随着扇区数的增大而增大。

(2) 系统具有"软容量"的特性。CDMA 系统可以对系统容量进行灵活配置。CDMA 系统是一个自干扰系统，用户数和服务等级之间有着很灵活的关系，用户数的增加相当于背景噪声的增加，会造成语音质量的下降。如果能控制好用户的信号强度，则在保持高质量通话的同时，也可以容纳更多的用户。

体现软容量的另一种形式是小区呼吸功能。所谓小区呼吸功能，是指各个小区的覆盖大小可动态变化。当相邻两个小区负荷一轻一重时，负荷重的小区通过减小导频发射功率，使本小区的边缘用户由于导频强度不足切换到邻小区(负荷轻的小区)。这样使负荷分担，不会因负荷过重而增加呼损，相当于增加了系统容量。

(3) 通话质量好。CDMA 系统的声码器可以动态地调整数据传输速率，并根据适当的门限值选择不同的电平级发射。

目前 CDMA 系统普遍采用 8 kb/s 的可变速率声码器。可变速率声码器的一个重要特点是使用适当的门限值来决定所需速率。门限值随背景噪声电平的变化而变化，即使在喧闹的环境下，也能得到良好的语音质量。

(4) 具有"软切换"功能。CDMA 移动通信系统使用软切换和更软切换。软切换就是当移动台越区离开原基站的覆盖区需要跟一个新的基站建立连接时，"先连接再断开(make before break)"，先不中断与原基站的联系。MS 在切换过程中与原小区和新小区同时保持通话，以保证电话的畅通。软切换只能在具有相同频率的 CDMA 信道间进行。更软切换是移动台在同一基站的不同扇区的切换，切换过程不涉及移动交换中心。

(5) 频率规划简单。因为用户按不同的序列码区分，所以不同 CDMA 载波可在相邻的小区内使用，网络规划灵活，扩展简单。

(6) 保密性强，通话不易被窃听。CDMA 信号的扩频方式提供了高度的保密性，CDMA 码是个伪随机码，而且共有 4.4 万亿种可能的排列，因此，要破解密码或窃听通话内容是很困难的。

5.2.1　IS - 95 CDMA 系统

在 CDMA 技术的标准化历程中，IS - 95 是 CdmaOne 系列标准中最先发布的标准，

IS-95 及其相关标准也是最早商用的基于 CDMA 技术的移动通信标准。IS 的全称为 Interim Standard，即暂时标准。CDMA IS-95A/B 是第二代移动通信技术体制标准。IS-95A 是 1995 年发布的，主要在北美应用。IS-95B 是对 IS-95A 标准的增强，并完全与之兼容。它在 IS-95A 的基础上，通过对物理信道的捆绑，实现了比 IS-95A 更高的数据传输速率(64 kb/s)。

　　IS-95 是一种直接序列扩频的 CDMA 蜂窝系统。在这种无线蜂窝系统中，同一小区内的用户可以使用相同的射频信道，邻近小区的用户也可以使用相同的射频信道，因此 CDMA 系统完全取消了对频率规划的要求。IS-95 信道在每个单向链路上占用 1.25 MHz 的频谱宽度。IS-95 系统具有语音激活功能，因此用户数据速率是实时变化的。IS-95 系统的声码器是 Qualcomm 公司设计的码激励线性预测编码器(QCELP)。这种编码器实际上是一种可变速率的语音编码器，它能够根据语音信号中的语音活动和能量状态，针对每个 20 ms 语音帧，在三种或是四种可用的数据速率(13.3 kb/s、6.2 kb/s、1 kb/s 和 2.7 kb/s)中动态地选择一种来实现语音编码。

　　IS-95 系统的网络结构如图 5-22 所示。与 GSM 网络类似，CDMA 网络也是由无线子系统、网络子系统和运营支持子系统构成的。

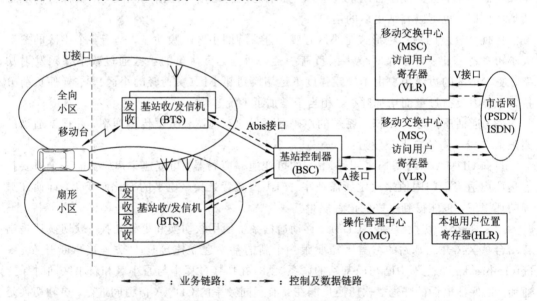

图 5-22　IS-95 系统的网络结构

　　移动交换中心(MSC)也称为移动电话交换局(MTSO)，是网络子系统的核心。MSC 在归属用户位置寄存器(HLR)、访问用户位置寄存器(VLR)、操作维护中心(OMC)以及鉴权中心等设备的配合下完成对网络的控制和对用户的管理。无线子系统包括基站子系统和移动台，基站子系统又可分为基站控制器(BSC)和基站收/发信机(BTS)。

　　IS-95 系统的空中接口是美国 TIA(电气工业协会)于 1993 年公布的双模式(CDMA/AMPS)的标准，简称 Q-CDMA 标准，主要参数如表 5-2 所示。

表 5－2　IS－95 系统主要规格参数

特　　　性		IS－95
发射频带 /MHz	基站	869～894
	移动台	824～849
双工间隔/MHz		45
信道载频间隔/kHz		1.25
码片速率/(Mc/s)		1.2288
扩频方式		DS(直接序列扩频)
信道数		64(64 个正交 Walsh 函数组成 64 个码分信道)
多址接入方式		CDMA
调制		QPSK(前向)，OQPSK(反向)
单载频数据传输速率/(kb/s)		270.833
全速率 话音编译码	比特率/(kb/s)	13
	误差保护	9.8
语音编码算法		CELP
信道编码		1/2 编码率卷积码(前向) 1/3 编码率卷积码(反向)
分集方式		RAKE 接收技术

5.2.2　IS－95 系统的无线传输

　　IS－95 系统在基站到 MS 的传输(前向传输)方向上设置了导频信道、同步信道、寻呼信道和前向业务信道，MS 到基站的传输(反向传输)方向上设置了接入信道和反向业务信道，如图 5－23 所示。下面对其分别进行介绍。

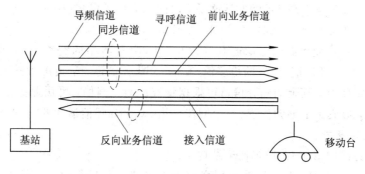

图 5－23　CDMA 蜂窝系统的信道示意图

1. 前向信道

1) 前向逻辑信道

　　前向逻辑信道由导频信道(Pilot Channel)、同步信道(Synchronizing Channel)、寻呼信道(Paging Channel)和前向业务信道(Traffic Channel)等组成，如图 5－24 所示。

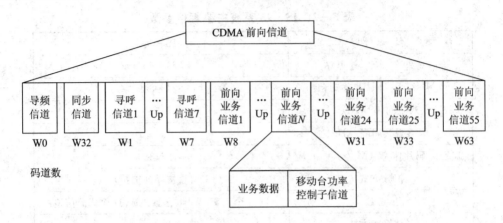

图 5-24　前向码分物理信道与逻辑信道之间的映射关系

（1）导频信道。导频信道传输由基站连续发送的导频信号。导频信号是一种无调制的直接序列扩频信号，可令 MS 迅速而精确地捕获信道的定时信息，并提取相干载波进行信号的解调。基站向所有 MS 提供基准，MS 可通过对周围不同基站的导频信号进行检测和比较，决定什么时候需要进行越区切换。它占用物理信道的 W0。

（2）同步信道。同步信道主要传输同步信息。移动台利用此同步信息进行同步调整，一旦同步完成，MS 通常不再使用同步信道，但当设备关机后重新开机时，还需要重新进行同步。当通信业务量很多，所有业务信道均被占用时，同步信道也可临时改作业务信道使用。它占用物理信道的 W32，速率为 1.2 kb/s。

（3）寻呼信道。寻呼信道在呼叫接续阶段传输寻呼移动台的信息。移动台通常在建立同步后，立即选择一个寻呼信道（也可以由基站指定）来监听系统发出的寻呼信息和其他指令。在需要时，寻呼信道也可以改作业务信道使用，直至全部用完。寻呼信道占用物理信道的 W1~W7，速率可为 9.6 kb/s、4.8 kb/s。

（4）前向业务信道。前向业务信道用于传输用户信息。业务速率可以逐帧（20 ms）改变，由于使用的声码器具有语音激活功能，因此前向业务信道可以动态地适应通信者的语音特征，如有语音时速率高，停顿时速率低。前向业务信道最多有 63 个业务信道，且有四种传输速率（9.6 kb/s、4.8 kb/s、2.4 kb/s、1.2 kb/s）。

前向逻辑信道可使用的码分信道最多为 64 个。一种典型的配置是：1 个导频信道、1 个同步信道、7 个寻呼信道（允许的最多值）和 55 个业务信道。信道配置并不是固定的，其中导频信道一定要有，其余的码分信道可根据情况配置。例如，可用业务信道取代寻呼信道和同步信道，形成 1 个导频信道、0 个同步信道、0 个寻呼信道和 63 个业务信道的配置。

2）前向信道传输

图 5-25 为前向 CDMA 逻辑信道结构图。

（1）语音编码。CDMA 声码器是可变速率声码器，可工作于全速率和 1/2、1/4、1/8 速率，且有速率 1 和速率 2 两种声码器。速率 1 声码器是工作于 9.6 kb/s 数据流的 8 kb/s 声码器，包含 9.6 kb/s、4.8 kb/s、2.4 kb/s 和 1.2 kb/s 四种速率。速率 2 声码器是工作于 14.4 kb/s 数据流的 13.3 kb/s 声码器，包含 14.4 kb/s、7.2 kb/s、3.6 kb/s 和 1.8 kb/s 四种速率。

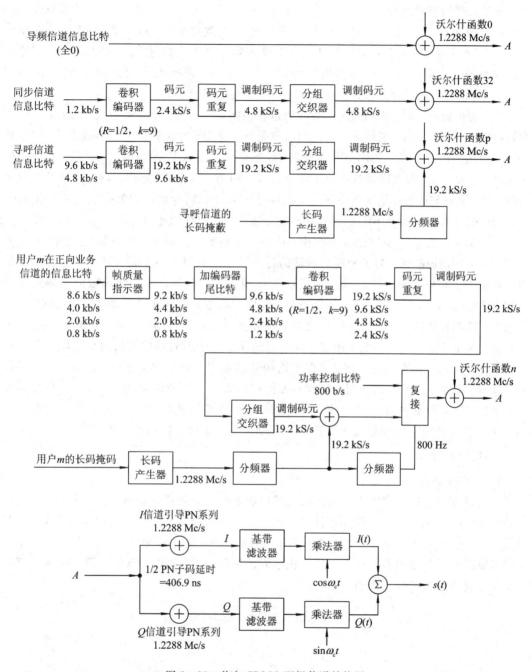

图 5 - 25　前向 CDMA 逻辑信道结构图

（2）卷积编码。卷积编码通过提供纠错/检错能力为信息比特提供保护。在前向链路，同步信道、寻呼信道和前向业务信道中的信息在传输前都要进行卷积编码。其编码码率为 1/2，约束长度为 9。

（3）码元重复。码元重复就是根据需要重复要发送的数据，数据重复的作用是基于时间分集的原理，为抵抗无线信道的衰落特性提供附加措施，因此可增强接收的可靠性。其中，速率 1 产生 19.2 kb/s 的速率，速率 2 产生 28.8 kb/s 的速率。从图 5 - 25 中可以看出，导频信道没有该过程。

（4）分组交织。前向业务信道和寻呼信道交织宽度为 20 ms，在调制码元速率为 19 200 码元/s 时，等于 384 调制比特的宽度输入到 24×16 的矩阵中。同步信道交织宽度为 26.666 ms，在码元速率为 4800 码元/s 时，等于 128 个调制宽度，交织器阵列为 16 行× 8 列。三种信道的码元都是按列写入阵列的，交织后按行读出。

（5）数据掩码。数据掩码只用于寻呼信道和前向业务信道，反向信道没有数据掩码，主要提供安全性和保密性。长码掩码与使用前向业务信道 MS 的电子串号 ESN 联合使用，长码掩码的周期大约为 40 天。长码掩码根据具体 MS 的电子串号 ESN 而改变，可提供额外的安全保障。在发送端，数据掩码对从分组交织器输出的 19.2 kS/s 调制码元与一个随机序列进行模 2 加。数据掩码使用的随机序列是由长码的每 64 个比特片取出的第一个比特片组成的。由于长码的速率是 1.2288 MHz，所以进行数据扰码的随机序列速率为 19 200 码元/秒。

（6）功率控制子信道。在 CDMA 中，使用功率控制子信道技术来避免"远近效应"。

（7）正交信道扩频。为了使前向传输的各个信道之间具有良好的正交性，在前向信道中传输的所有数据都要用六十四进制的沃尔什函数进行扩频。沃尔什函数的子码速率为 1.2288 Mc/s，并以 52.083 μs 为周期重复，此周期就是前向业务信道调制码元的宽度。

（8）四相扩频调制。在正交扩展之后，各种信号都要进行四相扩展。四相扩展所用的序列称为引导 PN 序列（短码）。引导 PN 序列的作用是给不同基站发出的信号赋以不同的特征，便于移动台识别所需的基站。在不同的基站使用相同的 PN 序列，但各自采用不同的时间偏置。由于 PN 序列的相关特性在时间偏移大于一个子码宽度时，其相关值就等于 0 或接近于 0，因而移动台用相关检测法很容易把不同基站的信号区分开来。在一个 CDMA 蜂窝系统中，时间偏置可以再用。CDMA 前向信道调制采用 QPSK。

2. 反向信道

1）反向逻辑信道

反向链路中的逻辑信道由接入信道和反向业务信道等组成。如图 5-26 所示，在反向 CDMA 信道上，基站和用户使用不同的长码掩码区分每个接入信道和反向业务信道。当长码掩码输入长码发生器时，会产生唯一的用户长码序列，其长度为 $2^{42}-1$。对于接入信道，不同基站或同一基站的不同接入信道使用不同的长码掩码，而同一基站的同一接入信道用户所用的接入信道长码掩码则是一致的。

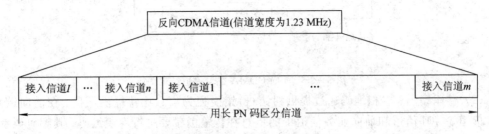

图 5-26 反向链路中的逻辑信道

图 5-27 是反向 CDMA 逻辑信道结构图。网内 MS 可随机占用接入信道发起呼叫和传送应答信息。反向业务信道与前向业务信道一样，用于传送用户业务数据，同时也传送信令信息，如功率控制信息。

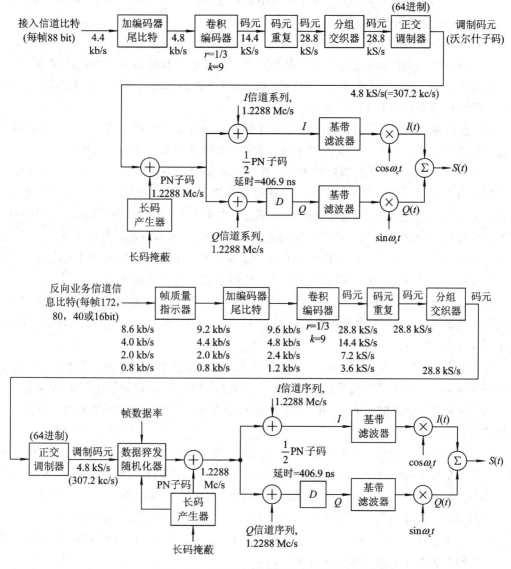

图 5-27　反向 CDMA 逻辑信道结构图

反向链路最多支持 62 个不同的业务信道和 32 个不同的接入信道。1 个(或多个)接入信道与 1 个寻呼信道相对应，1 个寻呼信道至少对应 1 个，最多可对应 32 个反向 CDMA 接入信道，标号从 0 到 31。

接入信道和反向业务信道的区别是：接入信道调制中没有加 CRC 校验比特，反向业务信道也只对数据速率较高的 9600 b/s 和 4800 b/s 两种速率使用 CRC 校验；接入信道发送速率是固定的，而反向业务信道可以选择不同的速率发送。

(1) 接入信道。接入信道是一个传送 MS 随机接入请求信息的 CDMA 信道，与一个特定寻呼信道相连的多数 MS 可以同时尝试使用一个接入信道。MS 在接入信道时发送信息的速率固定为 4.8 kb/s，接入信道帧长度为 20 ms。仅当系统时间为 20 ms 的整数倍时，接入信道帧才可能开始传输。每个接入信道由一个不同的长 PN 码区分。

(2) 反向业务信道。反向业务信道用于在呼叫建立期间传输用户信息和信令信息。

　　反向业务信道支持两种速率。速率 1 包括四种速率：9.6 kb/s、4.8 kb/s、2.4 kb/s 和 1.2 kb/s。速率 2 包括四种速率：14.4 kb/s、7.2 kb/s、3.6 kb/s 和 1.8 kb/s。

　　2）反向信道传输

　　（1）声码器。信源编码是为了减小语音冗余度，降低语音传输需要的比特速率，可工作在全速率、1/2、1/4 和 1/8 速率的可变模式。速率 1 声码器的全速输出速率为 9.6 kb/s，速率 2 的全速输出速率为 14.4 kb/s。

　　（2）卷积编码。接入信道和反向业务信道所传输的数据都要进行卷积编码。卷积编码就是串行延时数据序列所选抽头的模 2 加。卷积码的码率为 1/3，约束长度为 9。

　　（3）码元重复。反向业务信道的码元重复办法和前向业务信道一样。当工作在速率 1，数据速率为 9.6 kb/s 时，码元不重复；当数据速率为 4.8、2.4 和 1.2 kb/s 时，码元分别重复 1 次、3 次和 7 次（每一码元连续出现 2 次、4 次和 8 次）。这样就使得各种速率的数据都变换成每秒 28 800 个码元。这里不同的地方是重复的码元不是重复发送多次，相反，除去发送其中的一个码元外，其余的重复码元全部被删除。在接入信道上，因为数据速率固定为 4.8 kb/s，所以每一码元只重复 1 次，而且两个重复码元都要发送。

　　（4）块交织。块交织的功能与前向信道相似。所有码元在重复之后都要进行块交织。块交织的跨度为 20 ms。交织器组成的阵列是 32 行×18 列（即 576 个单元）。编码符号以列顺序写入阵列，以行顺序读出。

　　（5）可变数据率传输。在反向 CDMA 信道上传输的是可变速率数据。当数据速率小于 9.6 kb/s 时，码元的重复引入了冗余量。为了减少 MS 的功耗和减小它对 CDMA 信道产生的干扰，对交织器输出的码元用一时间滤波器进行选通，只允许输出所需码元，删除其他重复的码元。

　　（6）正交多进制调制。在反向 CDMA 信道中，把交织器输出的码元每 6 个作为一组，用六十四进制的沃尔什函数之一（称调制码元）进行传输。调制码元的传输速率为 28 800/6 = 4.8 kb/s。调制码元的时间宽度为 1/4800≈208.333 μs。每一调制码元含 64 个子码，因此沃尔什函数的子码速率为 64×4800 = 307.2 kb/s，相应的子码宽度为 3.255 μs。

　　（7）直接序列扩频。反向业务信道用速率为 1.2288 Mb/s 的长码 PN 序列来扩频。每个沃尔什码片由 4 个长码 PN 码片来扩频。

　　长码的各个 PN 子码是用 42 位的掩码和序列产生器的 42 位状态矢量进行模 2 加而产生的。整个 CDMA 系统中所用到的长码序列只有一个，但是 CDMA 系统通过不同的掩码给每个信道分配一个不同的初相。

　　用于长码产生器的掩码根据 MS 用于信息传输的信道类型而改变。当在反向业务信道传输时，移动台要用到两个掩码中的一个：一个是公开掩码，另一个是私用掩码。这两个掩码都属于该 MS 所独有。

　　（8）四相扩展。反向 CDMA 信道四相扩展所用的序列与前向 CDMA 信道所用的 I 与 Q 导频 PN 序列相同。经过 PN 序列扩展之后，Q 支路的信号要经过一个延迟电路，把时间延迟 1/2 个子码宽度（409.901 ns），再送入基带滤波器。信号经过基带滤波器之后，进行四相调制。

　　CDMA 反向信道采用 OQPSK 调制，Q 导频 PN 序列扩频的数据相对于 I 导频 PN 序列扩频的数据将延时半个 PN 子码的时间。OQPSK 调制适用于功率效率高、非线性、完全饱和的 C 类放大器,有助于节省移动台的功耗。

5.2.3　CDMA 系统的功率控制

在 CDMA 系统中,如果小区中所有用户均以相同功率发射,则靠近基站的 MS 到达基站的信号就会比较强,离基站远的 MS 到达基站的信号就会比较弱,这样有可能导致强信号掩盖弱信号,从而降低 CDMA 系统的用户容量。这就是移动通信中的“远近效应”问题。因为 CDMA 系统中所有用户共同使用同一频率,是一个自干扰系统,这样任何一个移动台的发射信号对其他移动台来说都是干扰源,所以 CDMA 系统总是力求使每个用户的发射信号在到达基站接收机时具有相同的功率电平。CDMA 功率控制的目的就是克服远近效应,使系统既能维持高质量通信,也不降低系统容量。

功率控制的原则是当信道的传播条件突然改善时,功率控制应做出快速反应(在几微秒时间内),以防止信号突然增强而对其他用户产生附加干扰;相反,当传播条件突然变坏时,功率调整的速度可以相对慢一些。也就是说,宁愿使单个用户的信号质量短时间恶化,也要防止这个用户的功率调整对其他用户造成干扰。

功率控制分为前向功率控制和反向功率控制两种。

1. 前向功率控制

前向功率控制也称下行链路功率控制,用于调整基站向移动台发射的功率,使任何一个 MS 无论处于小区中的任何位置,收到基站信号的电平都刚刚达到信干比所要求的门限值。因此基站必须控制发射功率,给每个用户的前向业务信道都分配适当的功率。采用前向功率控制可以避免基站向近距离的 MS 发射过大的信号功率,也可以防止或减少由于 MS 进入传播条件恶劣或背景干扰过强的地区而发生误码率增大或通信质量下降的现象。前向功率控制示意图如图 5 - 28 所示。

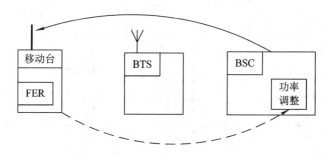

图 5 - 28　前向功率控制示意图

基站通过 MS 提供的对前向 FER(误帧率)的报告决定是增加还是减少发射功率。MS 的报告可为定期报告和门限报告。定期报告就是隔一段时间汇报一次,门限报告就是当 FER 达到一定门限值时才报告。FER 门限值是由运营商根据对话音质量的不同要求而设置的。MS 中两种报告方式可同时存在,也可只用其中一种,或者两种都不用,这可根据运营商的具体要求进行设定。基站系统根据 MS 提供的报告,缓慢地减少对每一个移动台的前向链路发射功率,若移动台检测到 FER 增大,则请求基站系统增大前向链路发射功率。

2. 反向功率控制

反向功率控制也称上行链路功率控制,其目的是使所有 MS 无论在小区的什么位置,信号到达基站接收机时,都具有相同的电平值,且刚刚达到基站对 MS 的信噪比要求的门限值。

反向功率控制分为开环功率控制和闭环功率控制两种。

1) 开环功率控制

开环功率控制是指完全由 MS 自己进行控制。CDMA 系统中的每一个 MS 时刻计算从基站到 MS 的路径衰耗,若 MS 接收到的信号很强,则表明离基站很近或有一个特别好的传播路径。这时 MS 可降低它的发射功率,而基站依然可以正常接收。相反,当 MS 接收的来自基站的信号很弱时,MS 就会增加发射功率,以抵消衰耗。

开环功率控制只是对发送电平的粗略估计,因此它的反应时间要恰当,不应太快,也不应太慢。如反应太慢,则在开机或进入阴影、拐弯效应时,开环起不到应有的作用;如果反应太快,则将会由于前向链路中的快衰落而浪费功率。

2) 闭环功率控制

CDMA 系统的前向、反向信道分别占用不同的频段,收、发间隔为 45 MHz。这使收、发两个频道衰减的相关性很弱,在整个测试过程中,收、发两个频道衰减的平均值应该相等,但在具体某一时刻,则很可能不等。为了能估算出瑞利衰落信道下对 MS 发射功率的调节量,采用闭环功率控制的方法,随时命令 MS 调整发射功率(即闭环调整)。闭环功率控制过程如图 5-29 所示。

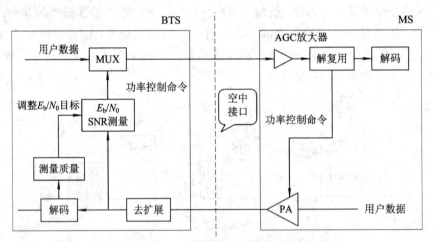

PA—功率放大器;AGC—自动增益控制

图 5-29　反向闭环功率控制示意图

BTS 对从 MS 收到的信号进行 E_b/N_0 测量,测量结果如果大于所需门限值,则发送"下降"命令(步长 1 dB);如果小于门限值,则发送"上升"命令(步长 1 dB)。MS 根据收到的命令调整本身的发射功率,直到最佳。

在闭环功率控制中,基站起着非常重要的作用。在对反向业务信道进行闭环功率控制时,MS 将根据在前向业务信道上收到的有效功率控制比特(在功率控制子信道上)来调整其平均输出功率。功率控制比特("0"或"1")是连续发送的,功率控制比特发送周期为

1.25 ms，即 800 b/s。"0"表示 MS 增加平均输出功率，"1"表示 MS 减少平均输出功率。每个功率控制比特使 MS 增加或减少功率 1 dB。

5.2.4　CDMA 系统的软切换

在 CDMA 系统中，信道切换包括如下三种：硬切换、软切换和更软切换。硬切换发生在使用不同载频的两个 CDMA 基站之间。CDMA 的硬切换过程和 GSM 的硬切换大体相似。软切换发生在具有相同载频的 CDMA 基站之间。软切换过程中原小区基站和新小区（一个或多个）基站都为要切换的 MS 提供服务，保持呼叫不间断，如图 5-30 所示。更软切换是一种发生在同一基站的不同扇区的切换，发生在两个扇区或三个扇区之间，这种类型的切换只发生在小区内，而不涉及移动交换中心，如图 5-31 所示。

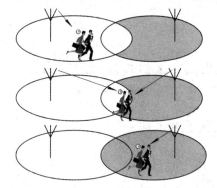

图 5-30　软切换示意图

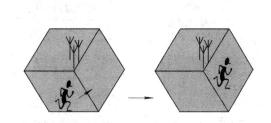

图 5-31　更软切换示意图

软切换的具体过程包含三个阶段：MS 与原小区基站保持通信链路；MS 与原小区基站保持通信链路的同时，与新的目标小区（一个或多个小区）的基站建立通信链路；MS 只与其中的一个新小区基站保持通信链路，切换结束。软切换可以减小呼叫中断的可能性，并减少在切换过程中切换信令的乒乓效应。软切换的具体工作过程如下：

在呼叫建立过程中，MS 被提供了一套切换门限电平的上限和下限值集合。实现软切换的前提条件是 MS 能够不断地测量原基站和相邻基站导频信道的信号强度，并把测量结果通知 MSC。

当 MS 测量到相邻小区基站的导频信号强度大于上门限值时，MS 将所有高于上门限的导频信号信息报告给 MSC，并将发送这些导频信号的基站作为切换的候选者。这时，MS 进入软切换区。

MSC 通过原小区基站向 MS 发送一个切换导向指令，MS 根据切换导向指令，跟踪（一个或多个）新的目标小区的导频信号，将这些导频信号作为有效者（或激活者）。同时，MS 在反向信道上向所有激活者的基站发送一个切换完成的信息。这时，MS 在保持与原小区基站链路的同时，与新小区基站建立了链路。因此，在此阶段 MS 的通信是多信道并行的。

当原小区基站的导频信号强度低于下门限时，MS 切换定时器开启计时，计时期满，MS 向基站发送导频信号强度的测量数据。基站向 MS 发送一个切换导向指令，依此切换导向指令，MS 拆除与原小区的链路，保持一个新小区的链路，并向基站发送一个切换完成的信息。这时，就完成了越区软切换的全过程。

5.2.5　RAKE 接收技术

RAKE 的概念是由 Price R. 和 Green P. E. 在 1958 年发表的《多径信道中的一种通信技术》一文中提出的。这种技术主要是适合于直接序列扩频通信系统的接收信号处理技术。RAKE 接收技术可以实现多径分集，是上述分集方式中微分集方式的一种——路径分集。RAKE 接收技术应用于 CDMA 系统。

CDMA 接收机通过合并多径信号来改善接收信号的信噪比。其实 RAKE 接收机完成的是：通过多个相关检测器获取多径信号中的各路信号，并把它们合并在一起。图 5 - 32 所示为一个 RAKE 接收机原理图，它是专为 CDMA 系统设计的分集接收机。其理论是：当传播时延超过一个码片周期时，多径信号可以看成是不相关的。

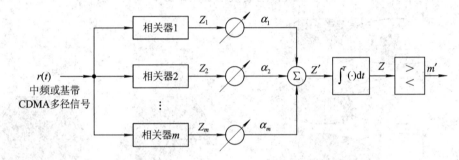

图 5 - 32　m 支路 RAKE 接收机原理图

RAKE 接收机利用多个相关器分别检测多径信号中最强的 m 个支路信号，并按一定的规则进行合并，把矢量合并为代数求和，以提供优于单路相关器的信号检测，在此基础上进行解调和判决。

在室外环境中，多径信号间的延迟通常较大，如果码片速率选择得当，那么 CDMA 扩频码的良好的自相关特性可以确保多径信号相互间表现出较好的非相关性。

假定 CDMA 接收机有 m 个相关检测器，这些检测器的输出经过线性叠加，即加权后，用来进行信号判决。假设相关器 1 与信号中的最强支路 m_1 同步，而另一相关器 2 与另一支路 m_2 同步，且 m_2 比 m_1 落后 τ_1。这里相关器 2 与支路 m_2 的相关性很强，而与 m_1 的相关性很弱。如果接收机中只有一个相关器，那么当其输出被衰落扰乱时，接收机无法作出纠正，从而使判决器作出大量误判。在 RAKE 接收机中，如果一个相关器的输出被扰乱了，则还可以用其他支路作出补救，并且通过改变被扰乱支路的权重，还可以消除此路信号的负面影响。由于 RAKE 接收机提供了对 m 路信号的良好的统计判决，因而它是一种克服衰落、改进 CDMA 接收的分集形式。

m 路信号的统计判决参见图 5 - 32。图中，m 个相关器的输出分别为 Z_1，Z_2，$\cdots$，Z_m，其权重分别为 α_1，α_2，$\cdots$，α_k，$\cdots$，α_m。权重的大小是由各支路的输出功率或 SNR 决定的。如果支路的输出功率或 SNR 小，那么相应的权重就小。正如最大比率合并分集方案一样，总的输出信号 Z' 为

$$Z' = \sum_{i=1}^{m} \alpha_i Z_i$$

权重 α_k 可用相关器的输出信号总功率归一化，其总和为 1，即

$$\alpha_k = \frac{Z_k^2}{\sum_{i=1}^{m} Z_i^2}$$

在研究自适应均衡和分集合并时,曾有多种权重系数的生成方法。由于存在多址干扰,在这种情况下,多径信号强的支路在相关处理后未必能输出一个强信号,所以不能根据多径信号的强度确定某一支路的权重系数。只有基于相关器的实际输出来选择权重系数才能达到较好的 RAKE 接收机性能。

5.3 第三代移动通信系统

5.3.1 系统概述

第三代移动通信系统(简称 3G)的目标是实现个人用户终端在全球范围内任何时候(Whenever)在任何地点(Wherever)与另一个人(Whomever)以任何方式(Whatever)可以进行通信。3G 将卫星移动通信网与地面移动通信网相结合,形成了一个全球无缝覆盖的立体通信网络,满足了城市和偏远地区不同密度用户的通信需求,支持语音、数据和多媒体业务。3G 系统中采用了高效信道编码、软件无线电、智能天线、多用户检测和干扰消除等新技术。

3G 最早是国际电联(ITU)于 1985 年提出的,当时称为未来公众陆地移动通信系统(FPLMTS),后改为 IMT - 2000,意指在 2000 年左右开始商用,并工作在 2000 MHz 频段上的国际移动通信系统,欧洲电信标准协会 ETSI 将 IMT - 2000 叫作 UMTS(Universal Mobile Telecommunication Systems,通用移动通信系统)。IMT - 2000 是供全世界使用的 3G 标准,其特点是综合了蜂窝、寻呼、集群、无线接入、移动数据、移动卫星、个人通信等各类移动通信功能,提供与固定电信相兼容和移动接入互联网的高质量业务,在较高传输速率和较大带宽条件下工作。

1. IMT - 2000 的主要要求

ITU 对第三代陆地移动通信系统的基本要求如下:

(1) 业务数据速率方面。

室内:2 Mb/s。

手持机:384 kb/s。

高速移动:FDD 方式——144 kb/s,移动速度达到 500 km/h;

TDD 方式——144 kb/s,移动速度达到 120 km/h。

(2) 业务质量。数据业务的误码率不超过 10^{-3} 或 10^{-6}(根据具体业务要求而定),并可提供高速数据、图像、电视图像等数据传输业务。

(3) 具有全球设计范围内的高度兼容性,能够实现多种网络互联,具有从 2G 向 3G 过渡的灵活性,以及向未来通信演进的灵活性。IMT - 2000 业务能与固定网络业务兼容。

(4) 全球无缝覆盖,移动终端可以连接到地面网和卫星网,使用方便。

(5) 移动终端体积小,重量轻,具有全球漫游功能。

2. IMT - 2000 的频带划分

1992 年世界无线电管理委员会(WARC)根据 ITU - R 对 IMT - 2000 的业务量和所需频谱的估计,划分了 230 MHz 带宽给 IMT - 2000。1885~2025 MHz 及 2110~2200 MHz 频带可用于全球范围内 IMT - 2000 的业务。1980~2010 MHz 和 2170~2200 MHz 为卫星移动业务频段,共 60 MHz;其余 170 MHz 为陆地移动业务频段,其中对称的频段是 2×60 MHz,不对称的频段是 50 MHz。

5.3.2 WCDMA 系统

1. WCDMA 系统概述

WCDMA 通信系统也称为 UMTS。UMTS 网络系统由陆地无线接入网络子系统(UTRAN, UMTS Terrestrial Radio Access Network)、核心网络子系统(CN, Core Network)和用户终端设备(UE, User Equipment)三部分构成,如图 5 - 33 所示。

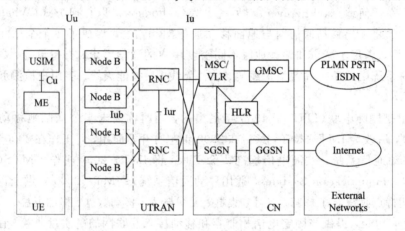

图 5 - 33   UMTS 网络系统构成示意图

陆地无线接入网络子系统 UTRAN 为 UE 提供无线接口,完成与用户无线接入有关的所有功能,包括无线信道的分配、释放、切换、管理等。UTRAN 包括多个无线网络子系统 RNS,通过 Iu 接口与核心网络子系统 CN 连接。

核心网络子系统 CN 处理 UMTS 系统内所有的语音呼叫和数据连接,并提供外部网络连接的交换和路由。核心网络从逻辑上可分为电路交换域(CS)和分组交换域(PS)。CS 域是 UMTS 的电路交换核心网,用于支持电路数据业务;PS 域是 UMTS 的分组业务核心网,用于支持分组数据业务(GPRS)和一些多媒体业务。根据 UTRAN 连接到核心网络逻辑域的不同,Iu 接口可分为 Iu - CS 和 Iu - PS。其中,Iu - CS 是 UTRAN 与 CS 域的接口;Iu - PS 是 UTRAN 与 PS 域的接口。

用户终端设备 UE 主要包括射频处理单元、基带处理单元、协议栈模块以及应用层软件模块等。UE 通过空中接口 Uu 与网络设备进行数据交互,为用户提供电路域和分组域内的各种业务功能,包括普通语音、宽带语音、移动多媒体、Internet 应用功能等。

3G 的 UE 是一种多模设备。UE 由移动设备(ME, Mobile Equipment)、2G 用户识别卡 SIM 以及 3G 手机卡(USIM, UMTS Subscribe Identity Module)等部分组成。其中,ME 是一个裸的终端设备,通过它可以完成无线连接,实现应用功能;SIM 存储的是 2G 用户的签约数据；USIM 存储的是 3G 用户的签约数据。

从 3GPP R99 标准的角度来看，UE 和 UTRAN 的实现采用全新的协议，其设计基于 WCDMA 无线技术，CN 则采用了 GSM/GPRS 的定义，这有利于实现从 2G 到 3G 网络的平滑过渡。

除上述三个构成部分外，UMTS 系统也有一个运营维护子系统 OSS，具有执行网络操作维护、用户管理等相关功能，这一点同 GSM 系统也是一样的。

WCDMA 系统的基本技术参数如表 5 - 3 所示。

表 5 - 3　WCDMA 系统的基本技术参数

参数名称	规　格
载频间隔	5 MHz
码片速率	3.84 Mc/s
双工方式	FDD/TDD
帧长	10 ms
基站同步方式	异步
扩频调制	下行链路：平衡 QPSK 上行链路：双信道 QPSK
扩展因子	FDD 模式上行：4～256 FDD 模式下行：4～512 TDD 模式下行：1～16
功率控制	开环和快速闭环，1600 b/s
切换	软切换、频率间切换

2. WCDMA 陆地无线接入网络子系统 UTRAN

UTRAN 由一组通过 Iu 连到核心网 CN 的无线网络子系统(RNS, Radio Network Subsystem)组成。一个 RNS 由一个基站控制器(RNC)和一个或多个基站(Node B)组成，如图 5 - 34 所示。RNC 和 Node B 之间通过 Iub 接口连接。UE 通过空中接口(Uu)接入 RNS。

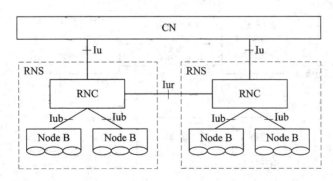

图 5 - 34　UTRAN 结构示意图

Iub、Iur、Iu 三大接口分别用于 Node B 和 RNC、RNC 和 RNC、RNC 和 CN 之间的互连，并支持业务数据流和信令流在其上的传输。与 GSM 不同的是，这三大接口都建立了开

放的接口标准，便于不同厂家的设备互连。

1）RNC

RNC 是 RNS 的控制部分，主要负责各种接口的管理，承担无线资源和无线参数的管理。RNC 通过 Iu 口与核心网络 CN 的 MSC 和 SGSN 相连接。UE 和 UTRAN 之间的协议在 RNC 终结。RNC 可分为 SRNC 与 DRNC。SRNC 又称为服务 RNC，它向上终止与核心网连接的 Iu 接口，向下终止 Uu 接口的第二层。DRNC 与 SRNC 对应，又称为漂游 RNC，它出借资源给 SRNC，共同完成无线接入功能。DRNC 与 SRNC 的通信通过 Iur 接口完成。SRNC 实现无线资源管理，当移动终端在不同的 RNC 间进行软切换时，SRNC 汇合从 SRNC 和 DRNC 两个分支上来的流量。

RNC 完成的主要功能如下：

（1）提供标准的、开放的 Iub 接口与 Node B 相连。

（2）对与之连接的所有 Node B 进行无线资源管理和控制。

（3）提供标准的、开放的 Iur 接口与其他 RNC 相连。

（4）提供标准的、开放的 Iu 接口与 CN 相连，包括 Iu-CS 和 Iu-PS。

（5）支持 FDD 方式并可以扩充至支持 TDD 的 Uu 接口。

（6）可以选择大容量的 ATM 交换功能，提供多种中继接口（如 E1 和 STM-1）。

（7）支持多种业务，包括电路数据业务、分组数据业务和多媒体业务。

（8）支持最高用户数据速率为 2 Mb/s 的电路数据业务与分组数据业务的处理和传输。

2）Node B

Node B 是 RNS 的无线收发信设备，由 RNC 控制，服务于一个无线小区。Node B 通过标准的 Iub 接口和 RNC 互连，主要完成 Uu 接口物理层协议的处理，如扩频、调制、信道编码及解扩、解调、信道解码。此外，还包括基带信号和射频信号的相互转换等功能。同时它还完成一些如内环功率控制（快速闭环功率控制）等无线资源管理功能。Node B 在逻辑上对应于 GSM 网络中的收发信机 BTS。

Node B 由下列几个逻辑功能模块构成：多载波功放、射频收发信机（TRX）、基带部分（Base Band）、传输接口单元、主控制单元等，如图 5-35 所示。

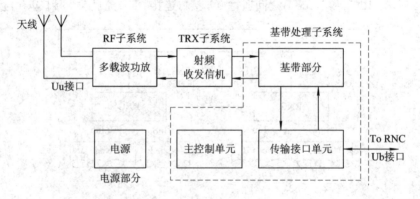

图 5-35　Node B 的逻辑组成

Node B 完成的主要功能有：执行宏分集的分集/组合和软切换；传输信道复用及码组合传输信道解复用；传输信道到物理信道的速率匹配；传输信道到物理信道的映射；物理

信道功率加权/合成；传输信道错误检测；传输信道 FEC 编解码；扩频调制；频率和时间同步（包括码片同步、比特同步、时隙同步和帧同步）；RF 处理；内环功控；测量并提供给高层 FER、SIR、干扰功率和发射功率等测量信息；参与无线资源管理等。

3. 空中接口(Uu)总体描述

空中接口协议结构如图 5-36 所示。图中，C 面是控制面，U 面是用户面。Uu（UE - UTRAN）接口是 WCDMA 的无线接口。UE 通过 Uu 接口接入到 UMTS 系统的固定网络部分，可以说 Uu 接口是 UMTS 系统中最重要的开放接口。WCDMA 空中接口协议的作用是建立、重新配置和释放无线承载业务。空中接口分为 3 层：物理层(L1)、数据链路层(L2)和网络层(L3)。从控制平面看，L2 包括媒体接入层(MAC)和无线链路控制层(RLC)。从用户平面看，L2 还包含分组数据汇聚层(PDCP)协议和广播/多播控制层(BMC)协议。L3 包含的协议层是无线资源控制层(RRC)。

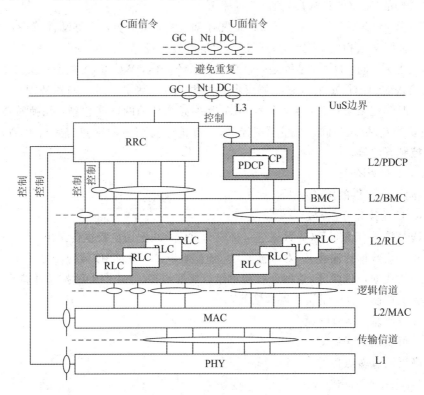

图 5-36　Uu 接口协议结构

无线资源控制层(RRC)是 L3 最下面的一个子层，属于控制面。它与每个下层协议实体(PDCP、BMC、RLC、MAC 和 PHY)之间都存在一个控制服务接入点(SAP)。RRC 通过 SAP 配置和控制这些下层协议实体。因此 RRC 是整个空中接口协议的控制核心。

L2 包括 PDCP、BMC、RLC、MAC，其中 PDCP、BMC 仅位于用户面，RLC 被分成控制面和用户面两部分。RLC 与 MAC 之间的 SAP 体现为逻辑信道，MAC 与物理层之间的 SAP 体现为传输信道。

1) RRC 层介绍

RRC 是 Uu 接口的核心，在协议结构的第三层，它负责对整个空中接口资源的分配和控制，负责对下层协议直接控制。RRC 在 Node B 和 RNC 上都有分布，但完成的功能有所不同。UE 和 UTRAN 之间控制信令的主要部分是 RRC 消息。RRC 消息携带着建立、修改、释放 L2 和 L1 协议实体所需的全部参数。

RRC 层包含如下四个功能实体。

（1）广播控制功能实体（BCFE）：处理系统信息广播。RNC 中的任一个小区至少存在一个对应的 BCFE 实体。

（2）寻呼与公告控制功能实体（PNFE）：处理空闲模式 UE 的寻呼。在 RNC 中，每一个由此 RNC 控制的小区至少对应有一个 PNFE 实体。

（3）专用控制功能实体（DCFE）：负责处理每个 UE 指定的所有功能和信令。在 SRNC（服务 RNC）中，每个与该 RNC 存在 RRC 连接的 UE 有对应的 DCFE 实体。

（4）路由功能实体（RFE）：为去往不同的 MM/CM 实体（UE 侧）或者不同的核心网（UTRAN 侧）的高层（非接入层）消息选择路由。

RRC 主要有以下几个功能：系统广播和通知，无线资源分配，移动性管理，测量的管理和控制，系统接入和拥塞控制，对下层协议的配置和控制。

从本质上说，同 CDMA 系统是一个自干扰系统一样，WCDMA 也是一个自干扰系统，影响系统接入能力的最重要因素是码资源和发射功率。因此，对于商用WCDMA 系统来说，无线资源管理策略尤其重要。WCDMA 无线资源管理的策略包括：切换策略（包括软切换和硬切换）、接入控制、无线承载控制（动态地进行信道配置和切换）、码资源分配策略、功率控制算法等。

2）L2/RLC 层介绍

RLC 向上层提供的服务如下：

（1）RLC 连接建立/释放。

（2）透明数据传输业务（对数据进行分段和重组，并把用户数据传送出去）。

（3）非确认数据传输业务（对数据分段、重组、串接，并对用户数据进行传送）。

（4）确认数据传送业务（数据分段和重组、数据纠错、高层 PDU 按顺序排列传送、重复检测、流量控制、协议错误检测和恢复）。

（5）服务质量（QoS）设定。

（6）不可恢复错误通知。

（7）高层消息多点传送。

3）L2/MAC 层介绍

MAC 层提供的功能如下：

（1）逻辑信道与传输信道的映射。

（2）基于瞬时源速率，为传输信道选择适当的传输格式。

（3）同属一个 UE 的不同数据流的优先级处理。

（4）通过动态调度实现不同 UE 的优先级处理。

（5）DSCH（下行共享信道）和 FACH（前向接入信道，在一个小区中从基站向移动台发送消息）上不同用户的数据流之间的优先级处理。

（6）在公用传输信道上标识不同的 UE。

（7）高层 PDU 和经公共传输信道上接收/发送的传输块之间的复用/解复用。

4）PHY 层介绍

物理层主要执行以下功能：

（1）宏分集的合并/分离和软切换的执行。

（2）传输信道上的错误检测并向高层指示。

（3）前向纠错码编解码和传输信道的交织/解交织。

（4）传输信道的复用和编码组合传输信道的解复用。

（5）速率匹配。

（6）编码组合传输信道到物理信道上的映射。

（7）物理信道的功率加权和合并。

（8）频率和时间同步。

（9）闭环功率控制。

（10）RF 处理。

物理层将通过信道码（码道）、频率、正交调制的同相（I）和正交（Q）分支等基本的物理资源来实现物理信道，并完成与上述传输信道的映射。与传输信道相对应，物理信道也分为专用物理信道和公共物理信道。一般的物理信道包括 3 层结构：超帧、帧和时隙。超帧长度为 720 ms，包括 72 个帧；每帧长为 10 ms，对应的码片数为 38 400 chip；每帧由 15 个时隙组成，一个时隙的长度为 2560 chip；每时隙的比特数取决于物理信道的信息传输速率。

物理信道可分为上行物理信道和下行物理信道。

上行物理信道又可分为上行专用物理信道和上行公共物理信道。下行物理信道也可分为下行专用物理信道和下行公共物理信道。其中，上、下行专用物理信道都含有专用物理数据信道（DPDCH）和专用物理控制信道（DPCCH）。

上行 DPDCH/DPCCH 的帧结构如图 5-37 所示。

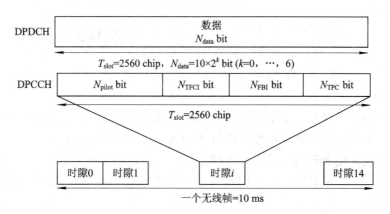

图 5-37 上行 DPDCH/DPCCH 的帧结构

图 5-37 表示了上行专用物理信道的帧结构。每个帧长为 10 ms，每帧分成 15 个时隙，每个时隙的长度为 $T_{slot} = 2560$ chip，对应的一个功率控制周期为（10/15）ms。

下行专用物理信道只有一种类型，即下行 DPCH（专用物理信道）。在一个下行 DPCH 内，由层二或更高层产生的专用传输信道（DCH）与层一产生的控制信息（包括已知的导频比特、TPC 指令和一个可选的 TFCI）以时间分段复用的方式进行传输发射。图 5-38 显示了下行 DPCH 的帧结构，每个长 10 ms 的下行帧被分成 15 个时隙，每个时隙长为 $T_{slot} =$

2560 chip，对应于一个功率控制周期。

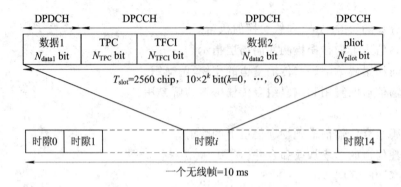

图 5-38　下行 DPCH 的帧结构

在不同的下行时隙格式中，下行链路 DPCH 中 N_{pilot} 的比特数为 $2\sim16$，N_{TPC} 为 $2\sim8$ bit，N_{TFCI} 为 $0\sim8$ bit，N_{data1} 和 N_{data2} 的确切比特数取决于传输速率和所用的时隙格式。下行链路使用哪种时隙格式由高层设定。

5.3.3　TD-SCDMA 系统

1. 概述

TD-SCDMA 是我国在国际上第一次提出的通信系统性标准。TD-SCDMA 标准提出并成为世界广泛支持和承认的国际标准，是我国电信发展史上的里程碑。

TD-SCDMA 采用 TDD 双工方式，系统融合了当今国际领先的智能天线、同步 CDMA 和软件无线电等技术。在频谱利用率、对业务支持的灵活性、频率灵活性及成本等方面具有独特的优势。

需要指出的是，WCDMA 也采用了 TDD 双工方式，但 TD-SCDMA 和 WCDMA 两者的基本设计思想是不同的。WCDMA 的 TDD 模式主要应用于室内环境（办公室、机场、车站、商场等），而 TD-SCDMA 是作为一个完整的移动通信系统来设计的，要求在各种环境（移动、手持机和室内）下工作，并达到最高的频谱利用率。

TD-SCDMA 系统由用户设备 UE、无线接入网 RAN、核心网 CN 三大部分组成。TD-SCDMA 系统在核心网络标准方面与 WCDMA 采用相同的标准规范，包括核心网与无线接入网之间采用相同的 Iu 接口，因此 5.3.2 节对 WCDMA 核心网的介绍也适用于 TD-SCDMA。TD-SCDMA 与 WCDMA 的差异表现在无线接入网部分，具体表现在以下几个方面：

（1）不同的 Uu 接口（无线接口），其中 Uu 物理层是 TD-SCDMA 与 WCDMA 最主要的差别所在。

（2）RAN 内部接口（Iub、Iur）有差异。TD-SCDMA 无线接入网可接入 R4 核心网，也可接入 R99 核心网。

（3）TD-SCDMA 采用不需配对频率的 TDD 双工模式，以及 FDMA/TDMA/CDMA 相结合的多址接入方式，同时使用 1.28 Mc/s 的低码片速率，扩频带宽为 1.6 MHz。TD-SCDMA 的主要规格参数如表 5-4 所示。

表 5 - 4　TD - SCDMA 基本技术参数

参数名称	规　格
载频间隔	1.6 MHz
双工方式	TDD
多址方式	TDMA/CDMA/FDMA
基站同步方式	同步
码片速率	1.28 Mc/s
扩频因子	1～16
扩频调制	DQPSK
帧长	10 ms
功率控制	开环和慢速闭环(20 b/s)
切换	软切换、频率间切换、接力切换
系统对称性(DL：UP)	1：6～6：1

2. TD - SCDMA 空中接口与协议

TD - SCDMA 的系统组成以及接入网结构、接口、协议等基本与 WCDMA 相同(参见图 5 - 33 和图 5 - 34)。TD - SCDMA 与 WCDMA 的主要区别体现在空中接口的无线传输部分上(实际上，3G 系统标准的主要区别都体现在空中接口的无线传输技术上)，特别是物理层方面。

与 WCDMA 一样，TD - SCDMA 空中接口的协议栈分为三层。图 5 - 39 中描述了TD - SCDMA 与物理层(L1)有关的无线接口协议体系结构。物理层连接 L2 的介质接入控制(MAC)子层和 L3 的无线资源控制(RRC)子层。图中，不同层和子层之间的圈表示服务接入点(SAPs)。物理层向 MAC 层提供不同的传输信道，信息在无线接口上的传输方式决定了传输信道的特性。MAC 层向 L2 的无线链路控制(RLC)子层提供不同的逻辑信道，传输信息的类型决定了逻辑信道的特性。物理信道在物理层定义，TDD 模式下一个物理信道由码、频率和时隙共同决定。物理层由 RRC 控制。

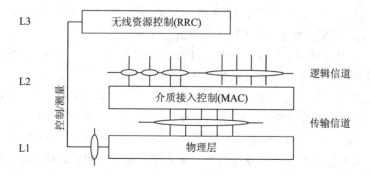

图 5 - 39　TD - SCDMA 无线接口协议体系结构(图中的圈表示服务接入点)

1) 物理层

物理层向高层提供数据传输服务，这些服务的接入是通过 MAC 子层的传输信道实现的。为了提供数据传输服务，物理层需要完成以下功能：传输信道的前向纠错码的编译码；宏分集的分集（分发）/合并和切换；传输信道和编码组合传输信道的复用/解复用；编码组合传输信道到物理信道的映射；物理信道的调制/扩频和解调/解扩；频率和时钟（码片、比特、时隙和子帧）同步；开环/闭环功率控制；物理信道的功率加权和合并；RF 处理；错误检测和控制；无线特性测量，包括 FER、SIR、干扰功率等；上行同步控制；上行和下行波束成形，UE 定位。

与 WCDMA 相比，上行同步控制和上、下行波束成形是 TD-SCDMA 所独有的。TD-SCDMA 和 WCDMA 的基本参数比较见表 5-5。

表 5-5　TD-SCDMA 和 WCDMA 的基本参数比较

参数名称	WCDMA	TD-SCDMA
载频间隔	5 MHz	1.6 MHz
码片速率	3.84 Mc/s	1.28 Mc/s
多址方式	CDMA/FDMA	TDMA/CDMA/FDMA
双工方式	FDD/TDD	TDD
帧长及结构	10 ms, 15 时隙/帧	10 ms, 14 时隙/帧
功率控制	开缓和快速闭环（1600 b/s）	开缓和慢速闭环（20 b/s）
基站同步方式	异步	同步
联合检测	可选	必需
智能天线	可选	必需
切换	软切换、频率间切换	软切换、频率间切换、接力切换
DCA	不采用	必需
非对称业务适用性	不够灵活	改变上下转换点，灵活支持
导频结构	上行专用导频，下行公共或专用导频	下行公共导频 DwPTS，上行 UpPTS 同步

TD-SCDMA 的接入方案是直接序列扩频码分多址（DS-CDMA），扩频带宽约为 1.6 MHz，采用不需配对频率的 TDD 工作方式。

在 TD-SCDMA 系统中，除了采用了 DS-CDMA 外，它还具有 TDMA 的特点，因此，将 TD-SCDMA 的接入方式表示为 TDMA/CDMA。

1.6 MHz 的载频带宽是根据 200 kHz 的载波配置方案得来的。一个 10 ms 帧分成两个 5 ms 子帧，每个子帧中有 7 个常规时隙和 3 个特殊时隙。因此，一个基本物理信道的特性由频率、码和时隙决定。TD-SCDMA 使用的帧号（0～4095）与 UTRAN 建议相同。

TD-SCDMA 信道的信息速率与符号速率有关，符号速率可以根据 1.28 Mc/s 的码片速率和扩频因子得到。上下行链路的扩频因子都在 1～16 之间，因此各自调制符号速率的变化范围为 80.0 k 符号/秒～1.28 M 符号/秒。

（1）信道。传输信道是由 L1 提供给高层的服务信道，它是根据在空中接口上如何传输及传输什么特性的数据来定义的。传输信道一般可分为两组：公共信道（在这类信道中，当消息是发给某一特定的 UE 时，需要有内识别信息)和专用信道(在这类信道中，UE 是通过物理信道来识别的)。

专用信道(DCH)是一个用于 UTRAN 和 UE 之间承载用户或控制信息的上/下行传输信道。

公共传输信道有六种类型：BCH、FACH、PCH、RACH、USCH、DSCH。

① 广播信道(BCH)是一个下行传输信道，用于广播系统和小区的特有信息。

② 寻呼信道(PCH)是一个下行传输信道，用于当系统不知道移动台所在的小区位置时，承载发向移动台的控制信息。

③ 前向接入信道(FACH)是一个下行传输信道，用于当系统知道移动台所在的小区位置时，承载发向移动台的控制信息。FACH 也可以承载一些短的用户信息数据包。

④ 随机接入信道(RACH)是一个上行传输信道，用于承载来自移动台的控制信息。RACH 也可以承载一些短的用户信息数据包。

⑤ 上行共享信道(USCH)是一种被几个 UE 共享的上行传输信道，用于承载专用控制数据或业务数据。

⑥ 下行共享信道(DSCH)是一种被几个 UE 共享的下行传输信道，用于承载专用控制数据或业务数据。

所有的物理信道都采用四层结构：系统帧号、无线帧、子帧和时隙/码，依据不同的资源分配方案，子帧或时隙/码的配置结构可能有所不同。所有物理信道在每个时隙中需要有保护符号。时隙用于在时域和码域上区分不同的用户信号，它具有 TDMA 特性。

图 5-40 给出了 TD-SCDMA 的物理信道的信号格式。

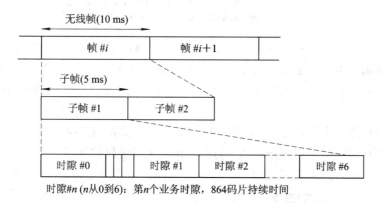

时隙#n (n从0到6)：第n个业务时隙，864码片持续时间

图 5-40　TD-SCDMA 的物理信道的信号格式

TDD 模式下的物理信道是一个突发，在分配到的无线帧中的特定时隙发射。无线帧的分配可以是连续的，即每一帧的时隙都可以分配给物理信道，也可以是不连续的分配，即仅有无线帧中的部分时隙分配给物理信道。一个突发由数据部分、Midamble 码部分和一个保护时隙组成。一个突发的持续时间就是一个时隙。一个发射机可以同时发射几个突发，在这种情况下，几个突发的数据部分必须使用不同的正交可变扩频函数(OVSF，Orthogonal Variable Spreading Function)的信道码，但应使用相同的扰码。

突发的数据部分由信道码和扰码共同扩频。信道码是一个 OVSF 码，扩频因子可以取 1、2、4、8 或 16，物理信道的数据速率取决于所用的 OVSF 码采用的扩频因子。

突发的 Midamble 部分是一个长为 144 chip 的 Midamble 码，即训练序列，用于接收端的信道估计，位于时隙的中央，长度是 144 bit。

因此，一个物理信道是由频率、时隙、信道码和无线帧分配来定义的。建立一个物理信道的同时，也就给出了它的初始结构。物理信道的持续时间可以无限长，也可以是分配所定义的有限持续时间。

（2）帧结构。一个 TDMA 帧的长度为 10 ms，分成两个 5 ms 子帧，每 10 ms 帧长内的 2 个子帧的结构是完全相同的。

如图 5-41 所示，上行和下行业务时隙总数为 7 个，每个业务时隙的长度是 864 个码片的持续时间。在 7 个业务时隙中，时隙 0 总是分配给下行链路，而时隙 1 总是分配给上行链路。上行链路的时隙和下行链路的时隙之间由一个切换点分开。在下行时隙和上行时隙之间，一个特殊间隔作为上行和下行的切换点。在每个 5 ms 的子帧中，有两个切换点（下行到上行和上行到下行）。

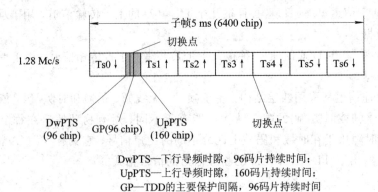

DwPTS—下行导频时隙，96 码片持续时间；
UpPTS—上行导频时隙，160 码片持续时间；
GP—TDD 的主要保护间隔，96 码片持续时间

图 5-41　TD-SCDMA 子帧结构

使用上述帧结构可以通过分配下行和上行时隙的数目使系统工作于对称和不对称模式。任何配置至少要有一个时隙（时隙 0）必须分配给下行，至少一个时隙（时隙 1）必须分配给上行。

对支持多频点的小区，同一 UE 所占用的上下行时隙在同一频点。

图 5-42 分别给出了对称分配和不对称分配上下行链路的例子。

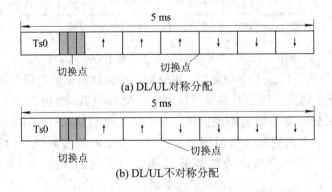

图 5-42　对称分配和不对称分配上下行链路的例子

TD－SCDMA 突发结构如图 5－43 所示。一个突发结构包括两个数据块、一个长为 144 chip 的 Midamble 码块和一个保护间隔，突发的数据域长为 352 chip，保护间隔的长为 16 chip。

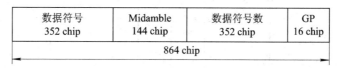

数据符号 352 chip	Midamble 144 chip	数据符号数 352 chip	GP 16 chip
864 chip			

GP—表示保护周期；CP—码片长度

图 5－43　TD－SCDMA 突发结构

2）RLC 子层

RLC 子层由三种 RLC 实体构成：透明模式（TM）实体、非确认模式（UM）实体和确认模式（AM）实体。

图 5－44 示出了 RLC 子层模型中的不同 RLC 实体。

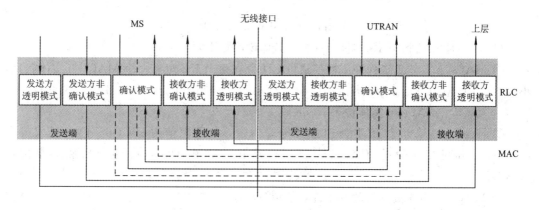

图 5－44　RLC 子层总体模型

UM 和 TM RLC 实体可以被配置成一个发送 RLC 实体或者一个接收 RLC 实体。发送 RLC 实体发送 RLC PDU，接收 RLC 实体接收 RLC PDU。AM RLC 实体由一个发送部分和一个接收部分组成。其中，AM RLC 实体的发送部分发送 RLC PDU；AM RLC 实体的接收部分接收 RLC PDU。

在"发送端"和"接收端"之间定义了基本过程。在 UM 和 TM 情况下，发送 RLC 实体作为发送端，对应地 RLC 实体作为接收端。根据基本过程，AM RLC 实体可以作为发送端或者接收端。发送端是 AMD PDU 的发送者，接收端是 AMD PDU 的接收者。发送端和接收端可以位于 UE 或者 UTRAN 上。

对于每一个 TM 和 UM 业务，有一个发送实体和一个接收实体；对于确认模式（AM）业务，有一个发送和接收合并的实体。

每一个 UM 和 TM RLC 实体使用一个逻辑信道发送或者接收数据 PDU。AM RLC 实体可以配置成使用一个或者两个逻辑信道发送或接收数据和控制 PDU。如果配置成使用两个逻辑信道，那么它们具有相同的类型（DCCH 或者 DTCH）。

RLC 子层所支持的功能有：分段和重组、级联、填充、用户数据的传送、纠错、按序发送高层 PDU、副本检测、流量控制、序号检查、协议错误检测和恢复、加密、SUD 丢弃等。

3) MAC 层

(1) MAC 层结构。图 5-45 所示为 UE 侧和 UTRAN 侧 MAC 结构层的示意图。

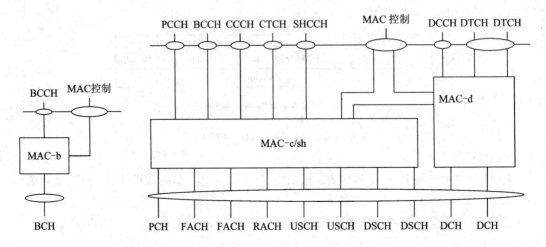

图 5-45 MAC 层的结构

MAC 层是由三个 MAC 实体组成的。具体说明如下：

① MAC-b 实体负责处理广播信道(BCH)。在每个 UE 里有一个 MAC-b 实体(当前小区)或多个 MAC-b 实体(当前小区和邻近小区)，在 UTRAN 中的每个小区里有一个 MAC-b 实体。MAC-b 实体位于 Node B。

② MAC-c/sh 实体负责处理公共传输信道，如寻呼信道(PCH)、前向接入信道(FACH)、随机接入信道(RACH)、下行链路共享信道(DSCH)、上行链路共享信道(USCH)。

③ MAC-d 实体负责处理专用传输信道(DCH)。

(2) MAC 层的功能。MAC 的功能如下：逻辑信道和传输信道之间的映射；根据瞬时源速率为每个传输信道选择适当的传输格式；同一 UE 的各个数据流之间的优先级处理；通过动态调度的方式来处理各 UE 之间的优先级；DSCH 和 FACH 上几个用户的数据流之间的优先级处理；在公共传输信道上对 UE 进行标识；将上层 PDU 复用后通过公共传输信道传输给物理层，并将公共传输信道上来自物理层的传输块解复用后传往高层；将上层 PDU 复用后通过专用传输信道传输给物理层，并将专用传输信道上来自物理层的传输块解复用后传往高层；业务量测量；传输信道类型切换；RLC 透明模式数据的加密；RACH 传输时接入业务级别(ASC)选择。

(3) MAC 层的协议数据单元(PDU)。一个 MAC PDU 是一个比特串，其长度无需是 8 bit 的倍数。根据所提供的业务，MAC 层的业务数据单元 SDU 可以是一个任意非空长度的比特串，或者是长度为整数字节的比特串。一个 SDU 被包含进一个 MAC PDU，从其第一个比特开始。

在 UE 侧上行链路中，将"一条传输信道在一个 TTI(传输时间间隔)内被传送给物理层的所有 MAC PDU"定义为传输块集(TBS)。TBS 由一个或多个传输块组成，每个传输块包含一个 MAC PDU。这些传输块将按照它们被 RLC 提交时的顺序依次发送。当 MAC 执行对来自不同的逻辑信道的 RLC PDU 的复用时，来自同一逻辑信道的所有传输块的顺序将和被 RLC 提交时的序列顺序一样。一个 TBS 中不同的逻辑信道的顺序则是由 MAC 协议设置的。

MAC PDU 由一个可选的 MAC 头和一个 MAC 业务数据单元(MAC SDU)组成,如图 5-46 所示。MAC 头和 MAC SDU 都是长度可变的。

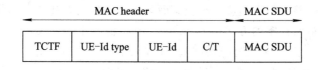

图 5-46　MAC PDU 的组成

MAC 头的内容和长度取决于逻辑信道的类型,并且在某些情况下在 MAC 头中不需要任何参数。

MAC SDU 的长度取决于 RLC-PDU 的大小,RLC-PDU 的大小是在创建过程中定义的。

以下是 MAC 头中字段的定义:

• 目标信道类型字段(TCTF):TCTF 字段是一个标记,它能够在 FACH 和 RACH 传输信道上对逻辑信道种类进行标识,即标识 FACH 和 RACH 上是否承载了 BCCH、CCCH、CTCH、SHCCH 或专用逻辑信道信息。

• C/T 字段:当多个逻辑信道映射到同一个传输信道上时,C/T 字段作为逻辑信道实例的标识。当 FACH、RACH 或专用传输信道用于传输用户数据时,C/T 字段还被用来在 FACH、RACH 和专用传输信道上标识逻辑信道的类型。公共传输信道和专用传输信道上的 C/T 字段的大小均为 4 bit。

• UE-Id:UE-Id 字段提供公共传输信道上的 UE 标识符。

下面定义了 MAC 中用到的 UE-Id 类型。

在下行方向,当 DCCH 被映射到公共传输信道上时,UTRAN 无线网络临时标识(U-RNTI)可以被用在 DCCH 的 MAC 头中,U-RNTI 不会被使用在上行方向上。

当被映射到除了 DSCH 之外的公共传输信道上时,小区无线网络临时标识 C-RNTI 在上行的 DTCH 和 DCCH 上被使用,并在下行的 DTCH 上被使用,它也可以在下行的 DCCH 上被使用。

MAC 所使用的 UE-Id 是通过 MAC 控制业务接入点进行配置的。

4) RRC 功能

RRC 执行以下功能:广播与非接入层(核心网)相关的信息,广播与接入层相关的信息,建立、维护和释放 UE 和 UTRAN 之间的一个 RRC 连接,无线承载的建立、重配置和释放,分配、重配置和释放用于 RRC 连接的无线资源,RRC 连接移动性功能,控制所请求的 QoS,UE 测量报告以及对报告的控制,外环功率控制,加密控制,慢速动态码分配,寻呼,初始小区选择及小区重选,上行链路 DCH 上无线资源的仲裁,RRC 消息完整性保护,定时提前,CBS 控制。

RRC 向上层提供常规控制、通知、专用控制等服务。

RRC 向上层提供了 UE-UTRAN 部分的信令连接以便支持上层之间信息流的交互。在用户设备和核心网之间使用信令连接来传输上层信息。对于每个核心网域,同一时刻最多存在一个信令连接。RRC 层将某个 UE 的多个信令连接映射为单独一个 RRC 连接。为了在信令连接上传递上层数据，RRC 层要能区别两种不同的类别，即"高优先级"和"低优先级"。

3. TD－SCDMA 的关键技术

1）智能天线

智能天线技术的核心是自适应天线波束赋形技术。智能天线技术的原理是使一组天线和对应的收发信机按照一定的方式排列和激励，利用波的干涉原理可以产生强方向性的辐射方向图。如果使用数字信号处理方法在基带进行处理，使得辐射方向图的主瓣自适应地指向用户来波方向，则能达到提高信号的载干比、降低发射功率、提高系统覆盖范围的目的。

智能天线的主要优点如下：

（1）提高了基站接收机的灵敏度。基站所接收到的信号为来自各天线单元和收信机所接收到的信号之和。如采用最大功率合成算法，则在不计多径传播的条件下，总的接收信号将增加 $10\lg N(\mathrm{dB})$。其中，N 为天线单元的数量。存在多径时，此接收灵敏度的改善将随多径传播条件及上行波束赋形算法而变，其结果也在 $10\lg N(\mathrm{dB})$ 左右。

（2）提高了基站发射机的等效发射功率。同样，发射天线阵在进行波束赋形后，该用户终端所接收到的等效发射功率可能增加 $20\lg N(\mathrm{dB})$。其中，$10\lg N(\mathrm{dB})$ 是 N 个发射机的效果，与波束成形算法无关。其他部分将和接收灵敏度的改善类似，随传播条件和下行波束赋形算法而变。

（3）降低了系统的干扰。基站的接收方向图形是有方向性的，对接收方向以外的干扰有较强的抑制。如果使用最大功率合成算法，则可能将干扰降低 $10\lg N(\mathrm{dB})$。

（4）增加了 CDMA 系统的容量。CDMA 系统是一个自干扰系统，其容量的限制主要来自本系统的干扰。降低干扰对 CDMA 系统极为重要，可大大增加系统的容量。在 CDMA 系统中使用智能天线后，就有了将所有扩频码所提供的资源全部利用的可能性。

（5）改进了小区的覆盖。对使用普通天线的无线基站，其小区的覆盖完全由天线的辐射方向图形确定。当然，天线的辐射方向图形可能是根据需要而设计的，但在现场安装后除非更换天线，其辐射方向图形是不可能改变和很难调整的。智能天线的辐射图形则完全可以用软件控制，在网络覆盖需要调整或由于新的建筑物等原因使原覆盖改变等情况下，均可能非常简单地通过软件来优化。

（6）降低了无线基站的成本。在所有无线基站设备的成本中，最昂贵的部分是高功率放大器（HPA）。特别是在 CDMA 系统中要求使用高线性的 HPA，更是其成本的主要部分。智能天线使等效发射功率增加，在同等覆盖要求下，每只功率放大器的输出可能降低 $20\lg N(\mathrm{dB})$。这样在智能天线系统中，使用 N 只低功率的放大器来代替单只高功率 HPA，可大大降低成本。此外，还带来了降低对电源的要求和增加可靠性等好处。

2）联合检测

联合检测技术是多用户检测（Multi-user Detection）技术的一种。在 CDMA 系统中，多个用户的信号在时域和频域上是混叠的，接收时需要在数字域上用一定的信号分离方法把各个用户的信号分离开来。信号分离的方法大致可以分为单用户检测和多用户检测技术两种。

在 CDMA 系统中，主要的干扰是同频干扰。同频干扰可能来自两个方面：一种是小区内部干扰（Intracell Interference），指的是同频小区内部其他用户信号造成的干扰，又称多址干扰（MAI，Multiple Access Interference）；另一种是小区间干扰（Intercell Interference），指的是其他同频小区信号造成的干扰，这部分干扰可以通过合理的小区配置来减小其影响。

　　传统的 CDMA 系统信号分离方法是把多址干扰（MAI）看作热噪声一样的干扰，这种干扰导致信噪比严重恶化，系统容量也随之下降。这种将单个用户的信号看作是各自独立过程的信号分离技术称为单用户检测技术（Single-user Detection）。

　　IS-95 等第二代 CDMA 系统的实际容量一般远小于设计码道数，就是因为使用了单用户检测技术。实际上，由于 MAI 中包含许多先验的信息，如确知的用户信道码、各用户的信道估计等，因此 MAI 不应该被当作噪声处理，它可以被利用起来以提高信号分离方法的准确性。这种充分利用 MAI 中的先验信息而将所有用户信号的分离看做一个统一过程的信号分离方法，就称为多用户检测技术（MD）。根据对 MAI 处理方法的不同，多用户检测技术可以分为干扰抵消（Interference Cancellation）和联合检测（Joint Detection）两种。其中，联合检测技术是目前第三代移动通信技术中的热点，它指的是充分利用 MAI，一步之内将所有用户的信号都分离开来的一种信号分离技术；干扰抵消技术的基本思想是判决反馈，它首先从总接收信号中判决出其中部分数据，根据数据和用户扩频码重构出数据对应的信号，再从总接收信号中减去重构信号，如此循环迭代。

　　一个 CDMA 系统的离散模型可以用下式来表示：

$$e = A \cdot d + n$$

其中，d 是发射的数据符号序列；e 是接收的数据序列；n 是噪声；A 是与扩频码 c 和信道脉冲响应 h 有关的矩阵。

　　图 5-47 为联合检测原理示意图。只要接收端知道 A（扩频码 c 和信道脉冲响应 h），就可以估计出符号序列 $\hat{d}$。其中扩频码 c 已知，信道脉冲响应 h 可以利用突发结构中的训练序列 Midamble 求解得出。

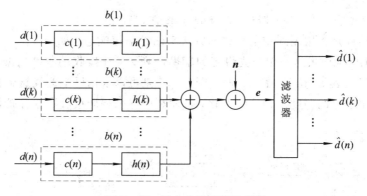

图 5-47　联合检测原理示意图

　　TD-SCDMA 帧结构中设置了用来进行信道估计的训练序列 Midamble，根据接收到的训练序列和我们已知的训练序列，就可以估算出信道冲激响应，而扩频码也是确知的，那么我们就可以达到估计用户原始信号的目的。联合检测算法的具体实现方法有多种，大致分为非线性算法、线性算法和判决反馈算法等三大类。根据目前的情况，在 TD-SCDMA 系统中，采用了线性算法的一种，即迫零线性块均衡（ZF-BLE，Zero-Forcing Block Linear Equalizer）法。

　　在 TD-SCDMA 系统中，训练序列 Midamble 用来区分相同小区、相同时隙内的不同用户。在同一小区的同一时隙内，所有用户具有相同的 Midamble 码本（基本序列），不同用户的 Midamble 序列只是码本的不同移位。在 TD-SCDMA 技术规范中，共有长度为 128 位的 Midamble 码 128 个。训练序列 Midamble 安排在每个突发的正中位置，长度为 144 chip。之所以将 Midamble 安排在每个突发的正中位置，是出于对可靠信道估计的考虑。可以认为在整个突发的传输过程中，尤其是在慢衰落信道中，信道所受到的畸变是基本相同的。所以，对位于突发正中的 Midamble 进行信道估计，相当于对整个突发信道变化进行了一次均值估计，从而能可靠地消除信道畸变对整个突发的影响。

当信号在移动信道中传输时，会发生信号幅度的衰落和信号相位的畸变。移动信道中某个用户 k 的等效基带信道冲激响应可以表示为

$$h_k(t) = \sum_{l=0}^{L+1} a_{k,l}(t) e^{j\gamma_{k,l}(t)} \delta(t - lT_c) \qquad (5-3-1)$$

其中，L 为信道的多径数；$a_{k,l}$ 为瑞利分布的幅度衰落，它对于每条路径来说都是独立分布的；$\gamma_{k,l}(t)$ 表示信道的相位畸变，服从 $[0, 2\pi]$ 间的均匀分布；T_c 为扩频码的码片宽度。

图 5-48 为 Midamble 的发送模型。图中，$M_k(n)$ $(n=1, 2, \cdots, N)$ 表示用户 k 使用的 Midamble 码，长度为 N；$h(t)$ 表示等效基带信道冲激响应；$n(t)$ 表示系统中引入的多址干扰和热噪声；$S(t)$ 为发送信号；$\underline{S}(t)$ 为经过信道传播后的接收端信号。

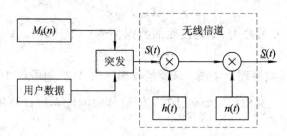

图 5-48　Midamble 的发送模型

相干信道估计是指用序列相干解调的方法来估计信道响应，如图 5-49 所示。也就是说，在发送数据的同时发送一个事先设定的辅助序列，当在接收端收到数据的同时，也收到了经过相同信道衰落的辅助序列（训练序列），于是可以根据已知的发送辅助序列和接收辅助序列估测出信道的幅度和相位的变化，从而利用它来解调接收数据并抵消信道中产生的畸变。

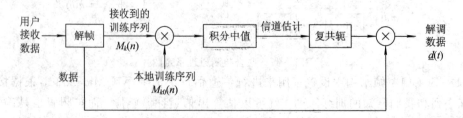

图 5-49　相干解调示意图

假设接收到的训练序列为 $M_k(n)$，本地训练序列为 $M_{k0}(n)$，通过作积分相关可得信道估计值：

$$\hat{\theta} = \frac{1}{N} \int_0^N M_k(n) M_{k0}(n) \, \mathrm{d}n = \frac{1}{N} \int_0^N [M_{k0}(n) a_k(n) e^{j\theta_k(n)}] M_{k0}(n) \, \mathrm{d}n = \overline{a_k e^{j\theta_k}} \qquad (5-3-2)$$

由式(5-3-2)可以看出，最终的信道估计值是对整个训练序列信道响应的一个均值，而且由于训练序列在整个突发中所处的特殊位置，完全可以认为信道估计值就是整个突发信道响应的均值。尤其是在慢速变化的信道中，该均值完全能够可靠地消除信道畸变，从而解调出用户数据。

设原始数据为 $d_0(t)$，解调前的用户接收数据为 $d(t)$，解调后的用户数据为 $\underline{d}(t)$，则有

$$\underline{d}(t) = d(t)(\hat{\theta})^* = [d_0(t)a_k(t)e^{j\theta_k(t)}](\bar{a}_k e^{j\bar{\theta}_k})^* = d_0(t)[a_k(t)\bar{a}_k]e^{j[\theta_k(t)-\bar{\theta}_k]}$$

$$(5-3-3)$$

由于在慢衰落信道中，$a_k(t)\approx\bar{a}_k$，$\theta_k(t)\approx\bar{\theta}_k$，所以，$\underline{d}(t)\approx d_0(t)(\bar{a}_k)^2$。

在快衰落信道中，$a_k(t)\approx\bar{a}_k$ 和 $\theta_k(t)\approx\bar{\theta}_k$ 并不一定成立，故有

$$\underline{d}(t) \approx d_0(t)[a_k(t)\bar{a}_k] \cdot e^{j\Delta\theta_k(t)}$$

$$(5-3-4)$$

式中，$e^{j\Delta\theta_k(t)}$ 为信道估计误差，它将直接影响到数据解调的准确度。如果由于 $e^{j\Delta\theta_k(t)}$ 误差导致信号星座空间旋转后发生交叠，则必将发生误判。当因此产生的误码超出了信道编码和交织的纠错能力时，这种信道估计方法就不再适于当前的快变衰落信道了。这时必须有更准确、更可靠的信道估计方法，例如用于多用户检测的联合信道估计与检测方法等，所有这些均是以复杂性和成本的提高为代价的。

从理论上来说，联合检测技术可以完全消除 MAI 的影响，但在实际应用中，联合检测技术会遇到以下问题：

(1) 对小区间干扰没有解决办法。

(2) 信道估计的不准确将影响到干扰消除的准确性。

(3) 随着处理信道数的增加，算法的复杂度并非线性增加，实时算法难以达到理论上的性能。

由于以上原因，在 TD-SCDMA 系统中，并没有单独使用联合检测技术，而是采用了联合检测技术和智能天线技术相结合的方法。

智能天线和联合检测两种技术相结合，不等于将两者简单地相加。TD-SCDMA 系统中智能天线技术和联合检测技术相结合的方法，使得在计算量未大幅增加的情况下，上行能获得分集接收的好处，下行能实现波束赋形。图 5-50 说明了 TD-SCDMA 系统智能天线和联合检测技术相结合的方法。

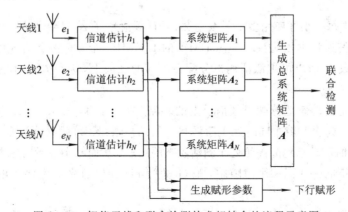

图 5-50 智能天线和联合检测技术相结合的流程示意图

3）接力切换

接力切换适用于同步码分多址（SCDMA）移动通信系统，是 TD-SCDMA 移动通信系统的核心技术之一。

接力切换的设计思想是当用户终端从一个小区或扇区移动到另一个小区或扇区时，利用智能天线和上行同步等技术对 UE 的距离和方位进行定位，将 UE 方位和距离信息作为切换的辅助信息，如果 UE 进入切换区，则 RNC 通知另一基站作好切换的准备，从而达到快速、可靠和高效切换的目的。这个过程就像是田径比赛中的接力赛跑传递接力棒一样，因而我们形象地称之为接力切换。接力切换过程中未对系统增加复杂性，对系统和设备能力无新增要求，在此基础上提高了系统切换性能，未增加系统的干扰。

接力切换的优点是将软切换的高成功率和硬切换的高信道利用率综合到接力切换中，使用该方法可以在使用不同载频的 SCDMA 基站之间，甚至在 SCDMA 系统与其他移动通信系统（如 GSM、IS-95）的基站之间实现不中断通信、不丢失信息的越区切换。

SCDMA 通信系统中的接力切换基本过程可描述如下（参见图 5-51）：

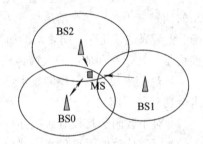

（1）MS 和 BS0 通信。

（2）BS0 通知邻近基站信息，并提供用户位置信息（基站类型、工作载频、定时偏差、忙闲等）。

（3）切换准备（MS 搜索基站，建立同步）。

（4）BS 或 MS 发起切换请求。

（5）系统决定执行切换。

（6）MS 同时接收来自两个基站的相同信号。

（7）完成切换。

图 5-51 接力切换示意图

4）动态信道分配（DCA）

DCA 技术主要研究的是频率、时隙、扩频码的分配方法，对 TD-SCDMA 系统而言还可以利用空间位置和角度信息协助进行资源的优化配置。DCA 是一种最小化系统自身干扰的方法，其减小系统内干扰的手段更为多元化。因此 DCA 可使系统资源利用率最大化并提高链路质量。DCA 技术有频域 DCA、时域 DCA、码域 DCA 和空域 DCA 等四个方面的内容。

频域 DCA 中每一小区使用多个无线射频信道（频道）。在给定频谱范围内，与 WCDMA 的 5 MHz 射频信道带宽相比，TD-SCDMA 的 1.6 MHz 带宽使其具有 3 倍以上的无线射频信道数（频道数），所以可把激活用户分配在不同的载波上，从而减小小区内用户之间的干扰。

时域 DCA 是指动态地分配射频信道上的时隙。在一个 TD-SCDMA 载频上使用 7 个时隙，这就减少了每个时隙中同时处于激活状态的用户数量。每载频分成多个时隙后，可以将受干扰最小的时隙动态地分配给处于激活状态的用户，从而减小激活用户之间的干扰。

码域 DCA 指的是在同一个时隙中，通过改变分配的码道来避免偶然出现的码道质量恶化。

空域 DCA 利用智能天线技术提高无线传输质量。通过智能天线，可基于每一用户进行定向空间去耦，从而降低多址干扰。换句话说，空域 DCA 可以通过用户定位、天线波束赋形来减小小区内用户之间的干扰,增加系统容量。

动态信道分配一般包括慢速动态信道分配(慢速 DCA)和快速动态信道分配(快速 DCA)两种实现方式。慢速 DCA 把信道资源分配到小区,根据小区中各个时隙当前的负荷情况对各个时隙的优先级进行排队,为接入控制提供选择时隙的依据。

快速 DCA 把资源分配给承载业务。当系统负荷出现拥塞或链路质量发生恶化时,无线资源管理 RRM 中的其他模块(如 LCC、RLS)会触发 DCA 进行信道调整。它的功能主要是有选择地把一些用户从负荷较重(或链路质量较差)的时隙调整到负荷较轻(或链路质量较好)的时隙。

5.3.4　CDMA2000 系统

1. 概述

CDMA2000 是由 CdmaOne 演进而来的一种 3G 标准,由美国 QUALCOMM 公司开发。CDMA2000 是在 IMT - 2000 标准化之前使用的名字,标准化过程中称为 MC - CDMA (MC 意指多载波)。CDMA2000 是美国向 ITU - T 提出的第三代移动通信空中接口标准的建议,同时也是 IS - 95 标准向第三代移动通信系统演进的技术体制方案。

CDMA2000 的一个主要特点是可从 IS - 95B 系统的基础上平滑地升级到 3G,因此建设成本比较低。CDMA2000 采用 CDMA 多址方式和 FDD 双工方式,可支持语音和分组数据等业务。

由 CdmaOne 向 3G 演进的途径为:CdmaOne、CDMA2000 - 1X、CDMA2000 - 3X 和 CDMA2000 - 1X - EV。其中,从 CDMA2000 - 1X 之后均属于 3G 技术。CDMA2000 标准在从最初的 2G CDMA 的 IS - 95A/B 标准演进到 2.5G 的 CDMA2000 - 1X 标准之后,出现了两个分支:一个是 CDMA2000 标准定义的 CDMA2000 - 3X,即将三个 CDMA 载频进行捆绑以提供更高速数据;另一个分支是 CDMA2000 - 1X - EV,包括 CDMA2000 - 1X - EV - DO 和 CDMA2000 - 1X - EV - DV,其中 CDMA2000 - 1X - EV - DO 系统主要为高速无线分组数据业务设计,CDMA2000 - 1X - EV - DV 系统则能够提供混合高速数据和语音业务。所有系列标准都向后兼容。目前,3GPP2 主要制定 CDMA2000 - 1X 的后续系列标准,即 CDMA2000 - 1X - EV - DO 和 CDMA2000 - 1X - EV - DV 的相关标准。

2. 系统结构

一个完整的 CDMA2000 移动通信网络由多个相对独立的部分构成,如图 5 - 52 所示。其中,三个基础组成部分分别是无线部分、核心网的电路交换部分和核心网的分组交换部分。无线部分由 BSC(基站控制器)、分组控制功能(PCF)单元和基站收发信机(BTS)构成;核心网的电路交换部分由移动交换中心(MSC)、访问位置寄存器(VLR)、归属位置寄存器/鉴权中心(HLR/AUC)构成;核心网的分组交换部分由分组数据服务点/外部代理(PDSN/FA)、认证服务器(AAA)和归属代理(HA)构成。

除了基础组成部分以外,系统还包括各种业务部分,比较典型的业务有以下四种:智能网部分由业务控制点(SCP)和智能终端(IP)构成;短信息部分主要是短信息中心(MC);位置业务部分主要由移动位置中心(MPC)和定位实体(PDE)构成;另外还有 WAP 等业务平台。这四个部分构成了当前 CDMA2000 网络的主要业务部分。

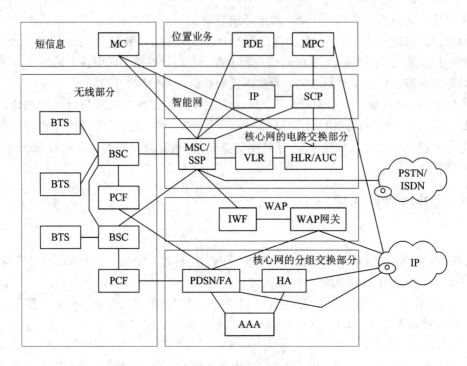

图 5 - 52   CDMA2000 系统结构

3. 技术特点

CDMA2000 的无线接口参数如表 5 - 6 所示。

表 5 - 6   CDMA2000 的无线接口参数

参 数 名 称	规 格
载频间隔	1.25 MHz(CDMA2000 - 1X) 3.75 MHz(CDMA2000 - 3X)
双工方式	FDD
帧长	20 ms
码片速率	CDMA2000 - 1X 能支持的最大速率为 307.2 kb/s
基站同步方式	GPS 同步
扩频调制	下行链路：平衡 QPSK 上行链路：双信道 QPSK
扩展因子	4~256
功率控制	开环和快速闭环(800 b/s)
切换	软切换、频率间切换

4. CDMA2000 - 1X

从 IS - 95A/B 演进到 CDMA2000 - 1X，主要增加了高速分组数据业务，原有的电路交换部分基本保持不变。这样在原有的 IS - 95A/B 的基站中，需要增加分组控制模块 PCF 来完成与分组数据有关的无线资源控制功能，在核心网部分增加分组数据服务节点 PDSN

和鉴权认证系统 AAA。其中，PDSN 完成用户接入分组网络的管理和控制功能，AAA 完成与分组数据有关的用户管理工作。

IS-95A/B 系统和 CDMA2000-1X 系统使用了完全相同的射频单元，直接利用已有天线升级软件，并增加分组数据部分即可完成从 IS-95A/B 系统向 CDMA2000-1X 系统的升级，最大限度地保护了运营商的投资。

CDMA2000-1X 可以工作在 8 个 RF 频段：IMT-2000 频段、北美 PCS 频段、北美蜂窝频段和 TACS 频段等。

CDMA2000-1X 的前向和反向信道结构主要采用的码片速率为 1.2288 Mc/s，数据调制用 64 阵列正交码调制方式，扩频调制采用平衡四相扩频方式，频率调制采用 OQPSK 方式。其前向信道的导频方式、同步方式、寻呼信道均兼容 IS-95A/B 系统控制信道特性；其反向信道包括接入信道、增强接入信道、公共控制信道、业务信道，其中增强接入信道和公共控制信道除可提高接入效率外，还能适应多媒体业务。

CDMA2000-1X 信令提供对 IS-95A/B 系统业务支持的后向兼容能力，这些能力包括：

(1) 支持重叠蜂窝网结构。

(2) 在越区切换期间，共享公共控制信道。

(3) 对 IS-95A/B 信令协议标准的延用及对语音业务的支持。

与 IS-95A/B 相比，CDMA2000-1X 具有以下新的技术特点：

(1) 快速前向功率控制技术：CDMA2000-1X 可以进行前向快速闭环功率控制，与 IS-95A/B 系统前向信道只能进行较慢速的功率控制相比，CDMA2000-1X 大大提高了前向信道的容量。

(2) 反向导频信道：CDMA2000-1X 反向信道也可以做到相干解调，与 IS-95A/B 系统反向信道所采用的非相关解调技术相比可以提高 3 dB 增益，相应的反向链路容量提高一倍。

(3) 快速寻呼信道：极大地减少了移动台的电源消耗。

(4) 前向发射分集：前向信道采用发射分集，提高了信道的抗衰落能力，改善了前向信道的信号质量，从而提高了系统容量。

(5) Turbo 码：CDMA2000-1X 的业务信道可以采用 Turbo 码，以支持更高的传送速率和提高系统容量。

(6) 辅助码分信道：使 CDMA2000-1X 能更灵活地支持分组数据业务。

(7) 变长的沃尔什函数：使得空中无线资源的利用率更高。

(8) 增强的 MAC 功能：支持高效率的高速分组数据业务。

(9) 新的接入过程控制方式：在数据业务 QoS 和系统资源占用之间寻求折中与平衡。

5. CDMA2000-1X-EV

为进一步加强 CDMA2000-1X 的竞争力，3GPP2 从 2000 年开始在 CDMA2000-1X 基础上制定了 1X 的增强技术，即 1X-EV 标准。该标准除基站信号处理部分及用户手持终端与原标准不同外，能和 CDMA2000-1X 共享其他原有的系统资源。它采用高速率数据(HDR)技术，能在 1.25 MHz(同 CDMA2000-1X 带宽)内，前向链路达到 2.4Mb/s(甚至高于 CDMA2000-3X)，反向链路上也可提供 153.6 kb/s 的数据业务，很好地支持高速分组业务,适用于移动 IP。

CDMA2000 - 1X - EV 分为以下两个阶段:

第一阶段:1X - EV - DO,采用专用载波提供高速数据业务。

第二阶段:1X - EV - DV,在同一载波中同时提供数据与语音业务。

CDMA2000 到 CDMA2000 - 1X - EV 的演进分为以下两个步骤。

1) 从 CDMA2000 - 1X 演进到 CDMA2000 - 1X - EV - DO

在这一阶段,电路域网络结构保持不变,分组域核心网在现有网络的基础上增加接入网鉴权/授权/计费实体 AN - AAA(AN - Authentication, Authorization and Accounting),负责分组用户的管理。在原有的 CDMA2000 - 1X 基站上,新增一个 CDMA 标准载频用作高速数据的传输。原有 CDMA2000 - 1X 基站需增加 DO 信道板,同时进行软件升级。

CDMA2000 - 1X - EV - DO 是目前业界推出的高性能、低成本的无线高速数据传输解决方案。CDMA2000 - 1X - EV - DO 定位于 Internet 的无线延伸,能以较少的网络和频谱资源(在 1.25 MHz 标准载波中)支持的平均速率如下:

(1) 静止或慢速移动:1.03 Mb/s(无分集)和 1.4 Mb/s(分集接收)。

(2) 中高速移动:700 kb/s(无分集)和 1.03 Mb/s(分集接收)。

(3) 其峰值速率可达 2.4 Mb/s,而且在 IS - 856 版本 A 中可支持高达 3.1 Mb/s 的峰值速率。

在反向链路上的容量大约为 220 kb/s,在 IS - 856 版本 A(1X - EV - DO Rel. A)中,由于采用了自适应的 BPSK 和 QPSK 的调制方式及附加的编码速率,因此其峰值速率可达 1.2 Mb/s,这种调制方式极大地提高了反向链路的容量。

2) 从 CDMA2000 - 1X 演进到 CDMA2000 - 1X - EV - DV

在这一阶段,电路域核心网和分组域核心网均保持不变,原有 CDMA2000 - 1X 基站需增加 DV 信道板,同时进行软件升级。CDMA2000 - 1X - EV - DV 的特点如下:

(1) 不改变 CDMA2000 - 1X 的网络结构,与 IS - 95A/B 及 CDMA2000 - 1X 后向兼容。

(2) 在同一载波上同时提供语音和数据业务,只提供非实时的分组数据业务。

(3) 增加 TDM/CDM 混合的专用的高速分组数据信道(F - PDCH),以提高前向速率,前向最高速率达 3.1 Mb/s。

(4) 增加反向指示辅助导频信道 R - SPICH 和 TDM/CDM 混合的反向高速分组数据信道,以提高反向速率,反向支持最高速率为 1.8 Mb/s。

(5) 采用以帧为单位的自适应调制及解调。

(6) 有更短的发送帧结构和 1.25~5 ms 的可变帧长。

(7) 根据信道状况选择数据传输速率以提高功率效率。

(8) 具有快速而有效的数据重发机制。

5.4　第三代移动通信长期演进技术——LTE

5.4.1　LTE 概述

LTE(Long Term Evolution,长期演进)是 3G 的演进,是 3G 与 4G 技术之间的一个过

渡，严格意义上说是 3.9G(准 4G)的全球标准。LTE 采用了不同于 3G 的空中接口技术。LTE 的高级版本 LTE－Advanced 在性能上达到了 4G 的要求，是真正意义上的 4G 技术。LTE 和 LTE－Advanced 两者的基本技术是一样的，在空中接口方面采用的是正交频分复用(OFDM)技术，并结合多输入多输出(MIMO)技术和链路自适应传输技术以提高数据传输速率和系统整体性能。下面对 LTE 技术进行简要介绍。

5.4.2　LTE 网络架构

1. LTE 网络架构介绍

在网络架构方面，LTE 取消了 UMTS 标准长期使用的无线网络控制器(RNC)节点，直接采用全新的扁平结构。LTE 既包含无线接入网(RAN)的演进，也包含核心网(CN)的系统架构演进(SAE)，LTE 和 SAE 共同构成了演进分组系统(EPS, Evolved Packet System)。EPS 由演进分组核心网(EPC, Evolved Packet Core)和演进的通用陆基无线接入网(E－UTRAN, Evolved-Universal Terrestrial Radio Access Network)组成，演进后的系统仅存在分组交换域，具有全 IP 和扁平化的特点。LTE 的网络架构如图 5－53 所示。

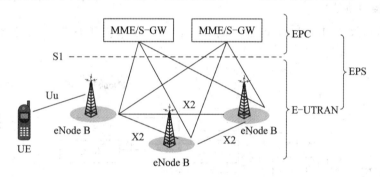

图 5－53　LTE 网络架构

由图 5－53 可以看出，无线接入网仅由 eNode B 构成，eNode B 之间由 X2 接口相互连接，每个 eNode B 和核心网通过 S1 接口连接，S1 接口支持多对多连接方式，用户终端与 eNode B 通过 Uu 接口连接。

LTE eNode B 支持 2 个或 4 个天线的多天线发射，UE 支持 2 个或 4 个天线的多天线接收，可以在下行实现最多 4 个流的多层 MIMO 传输。对于单用户 MIMO，基站可以将多个流分配给一个用户，对于多用户 MIMO 基站，可以将多个流分配给多个用户。

演进后的接入网 E－UTRAN 和演进后的核心网 EPC 在 LTE 网络架构中承担着彼此独立的功能，E－UTRAN 由唯一的 eNode B 功能实体组成，而 EPC 分别由 MME(Mobility Management Entity，移动性管理实体)和 S－GW 两个功能实体组成。

LTE 的核心网负责对用户终端的全面控制和有关承载的建立。EPS 主要逻辑节点有：PDN(Packet Data Network)网关(P－GW)、业务网关(S－GW)、移动性管理实体(MME)。

(1) P－GW：P－GW 负责用户 IP 地址分配和 QOS 保证，并进行基于流量的计费。

(2) S－GW：用户 IP 数据包通过 S－GW 发送。当用户在 eNode B 之间移动时，S－GW 作为数据承载的本地移动性管理实体。当用户处于空闲状态时，将保留承载信息并临时把下行数据存储在缓存区里，以便 MME 开始寻呼 UE 时重新建立承载。此外，S-GW 还执行一些管理功能，如手机计费信息及合法监听等。

（3）MME：MME 是处理 UE 和核心网络间信令交互的控制节点。MME 可执行的主要功能如下：

① 与承载相关的功能：包括建立、维护和释放承载。

② 与连接相关的功能：包括连接建立和网络与 UE 间通信的安全机制。

LTE 的接入网 E-UTRAN 仅由 eNode B 网络组成，对于普通用户流，在 E-UTRAN 中没有中心控制节点，因此 E-UTRAN 采用的是一种扁平结构。E-UTRAN 负责所有与无线相关的如下功能：

（1）无线资源管理：包括所有与无线承载相关的功能，如无线接入控制、无线承载控制、移动性管理、动态资源分配和 UE 的调度等。

（2）IP 报头压缩：通过对 IP 报头压缩减小开销，提高无线接口传输效率。

（3）安全性保障：对所有通过无线接口发送的数据包进行加密。

（4）与 EPC 的连接：包括到 MME 的信令及到 S-GW 承载路径的建立。

2. 无线接口协议

无线接口是终端和 eNode B 之间的接口，协议栈包括用户平面和控制平面，如图 5-54 和图 5-55 所示。

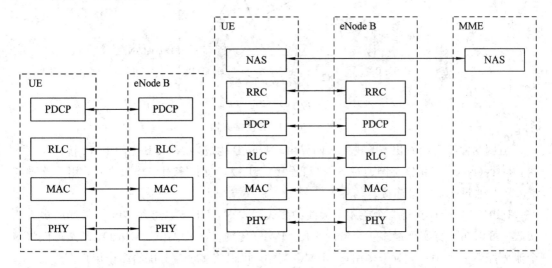

图 5-54 用户平面协议栈　　　　图 5-55 控制平面协议栈

LTE 无线接口协议按层划分主要包括物理（PHY）层、媒体接入控制（MAC）层、无线链路控制（RLC）层、分组数据汇聚协议（PDCP）层及无线资源控制（RRC）层。

1）物理（PHY）层功能

PAY 层向高层提供数据传输服务，可以通过 MAC 子层并使用传输信道来接入这些服务。为了提供数据传输服务，物理层希望提供如下功能：

（1）传输信道的错误检测并向高层提供指示。

（2）传输信道的前向纠错编码/解码。

（3）HARQ 软合并。

（4）编码的传输信道与物理信道之间的速率匹配。

（5）编码的传输信道与物理信道之间的映射。

（6）物理信道的功率加权。

（7）物理信道的调制与解调。

（8）频率和时间同步。

（9）MIMO 天线处理。

（10）传输分集。

（11）波束赋形。

（12）射频特性测量并向高层提供指示。

2）媒体接入控制（MAC）层功能

MAC 层主要实现与调度和 HARQ 相关的功能，具体包括：

（1）逻辑信道与传输信道之间的映射。

（2）RLC PDU 的复用与解复用。

（3）业务量测量与上报。

（4）通过 HARQ 进行错误纠正。

（5）同一 UE 不同逻辑信道之间的优先级管理。

（6）UE 之间的优先级管理。

（7）传输格式选择。

（8）系统消息、寻呼消息的调度。

（9）AC 到 ASC 之间的映射。

（10）顺序递交 RLC PDU。

3）无线链路控制（RLC）层功能

RLC 层主要实现与 ARQ 相关的功能，具体包括：

（1）支持 TM/UM/AM 传输数据模式。

（2）通过 ARQ 进行错误纠正。

（3）根据传输块大小进行动态分段。

（4）支持重分段。

（5）支持同一 RB 的多个 SDU 串接。

（6）支持向上层顺序递交 PDU。

（7）支持重复检测。

（8）支持协议错误检测。

（9）支持 SDU 丢弃。

（10）支持复位。

4）分组数据汇聚协议（PDCP）层功能

PDCP 层包括以下主要功能：

（1）头压缩与解压缩。

（2）数据加密。

（3）控制面数据完整性保护。

5) 无线资源控制(RRC)层功能与服务

RRC 层的服务和功能包括：

(1) 非接入层(NAS)相关的系统消息广播。

(2) 接入层(AS)层相关的系统消息广播。

(3) 寻呼。

(4) 建立、释放和保持 UE 和 E-UTRAT 之间的 RRC 连接。

(5) 安全性功能。

(6) 建立、释放和保持点对点的无线承载(RB)。

(7) 移动性功能。

(8) MBMS 服务的通知。

(9) MBMS 服务的建立、配置、保持和释放。

(10) QoS 管理功能。

(11) UE 测量报告和对测量报告的控制。

(12) MBMS 控制。

(13) NAS 直传消息的上下行传输。

5.4.3　LTE 物理层

相对 2G 和 3G 系统，LTE 在物理层传输技术方面有着革命性的变化，充分体现了近年来移动通信领域在理论和技术研究上的进展，对物理层传输技术的认识，是学习 LTE 系统技术的基础。限于篇幅，这里仅对 LTE 物理层的双工方式和多址方式、无线帧结构作简要介绍。

1. LTE 支持的双工方式和多址方式

LTE 支持两种双工方式：FDD 和 TDD，所支持的频段从 700 MHz 到 2.6 GHz。LTE 空中接口采用以 OFDM 技术为基础的多址方式，下行多址采用 OFDMA(Orthogonal Frequency Division Multiple Access)，上行多址采用 SC-FDMA。LTE 子载波宽度为 15 kHz，通过不同的子载波数目(72~1200)实现可变的系统带宽(1.4~20 MHz)。同时根据应用场景的不同(无线信道不同的时延扩展)，LTE 支持两种不同 CP(Cyclic Prefix，循环前缀)长度配置，分别为常规 CP 和扩展 CP，如表 5-7 所示。

表 5-7　LTE OFDM 基本参数

子载波间隔	15 kHz
常规 CP	5.208 μs(时隙的第 1 个符号) 4.687 μs(时隙的后 6 个符号)
扩展 CP	16.67 μs

2. 无线帧结构

LTE 无线帧长度为 10 ms，支持两种帧结构类型，分别适用于 FDD 和 TDD。

在类型 1 FDD 帧结构中，10 ms 的无线帧分为 10 个长度为 1 ms 的子帧(Subframe)，每个子帧由两个长度为 0.5 ms 的时隙(Time Slot)组成，如图 5-56 所示。

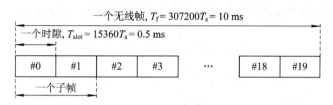

图 5 - 56　类型 1 FDD 帧结构图

在类型 2 TDD 帧结构中，10 ms 的无线帧分为两个长度为 5 ms 的半帧（Half Frame），每个半帧由 5 个长度为 1 ms 的子帧组成，其中包括 4 个普通子帧和 1 个特殊子帧。普通子帧由两个 0.5 ms 的时隙组成，而特殊子帧由 3 个特殊时隙（UpPTS、GP 和 DwPTS）组成，如图 5 - 57 所示。

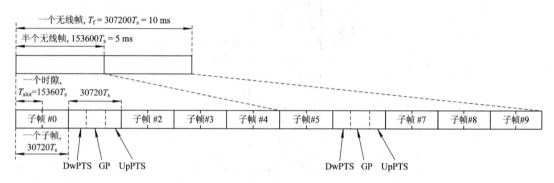

图 5 - 57　类型 2 TDD 帧结构图

LTE 空中接口资源分配和传输的最小时间单位 TTI（Transmission Time Interval）的长度为 1 个子帧，即 1 ms。类型 2 TDD 帧结构分为 5 ms 周期和 10 ms 周期两类，便于灵活地支持不同配比的上下行业务。在 5 ms 周期中，子帧 ♯1 和子帧 ♯6 固定配置为特殊子帧；10 ms 周期中，子帧 ♯1 固定配置为特殊子帧。帧结构特点如下：

（1）上下行时序配置中，支持 5 ms 和 10 ms 的下行到上行的切换周期。

（2）对于 5 ms 的下行到上行切换周期，每个 5 ms 的半帧中配置一个特殊子帧。

（3）对于 10 ms 的下行到上行切换点周期，在第一个 5 ms 子帧中配置特殊子帧。

（4）子帧 0、5 和 DwPTS 时隙总是用于下行数据传输。UpPTS 及其相连的第一个子帧总是用于上行传输。TDD 系统与 FDD 系统相比，优点之一是可以更灵活地配置具体的上下行资源比例，以更好地支持不同的业务类型。例如，随着互联网等业务的开展，下行数据传输量将远大于上行的情况，如果上下行配置同样多的资源，则很容易导致下行资源受限而上行资源利用率较低的情况，对于 TDD 系统可以将支持该业务的场景配置成下行子帧多于上行子帧的时隙配比关系，提高了空口资源的利用率。

3. 时隙结构与基本物理资源

LTE 中定义了物理资源块（PRB，Physical Resource Block）作为空中接口物理资源分配的单位。上下行传输使用的最小资源单位叫作资源元素（RE，Resource Element）或资源粒子。一个 PRB 由若干个 RE 组成，以下行为例（上行是 SC - FDMA，与下行的 OFDMA 略有差别，但资源分配的本质相同），1 个 PRB 在频域上包含 12 个连续的子载波，在时域上包含 7 个连续的 OFDM 符号（扩展 CP 情况下为 6 个），即频域宽度为 180 kHz，时间长度为0.5 ms(1 个时隙)的物理资源。物理资源块的结构如图 5-58 所示。

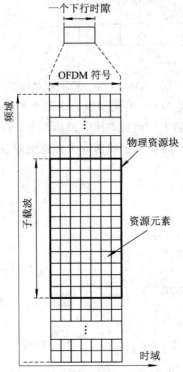

图 5-58　物理资源块结构

表 5-8 为系统带宽与资源块数目的关系。

表 5-8　系统带宽与资源块数目的关系

系统带宽/MHz	1.4	3	5	10	15	20
子载波数目(含 DC 载波)/个	73	181	301	601	901	1201
PRB 数目/个	6	15	25	50	75	100

5.5　卫　星　通　信

1. 卫星通信的基本概念

　　卫星通信是指利用通信卫星转发器实现地面站之间、地面站与航天器之间的无线通信。这里的地面站是指在地球表面(包括地面、海洋和大气中)的无线电通信站。

　　卫星通信是在地面微波中继通信和空间技术的基础上发展起来的。通信卫星的作用相当于离地面很高的微波中继站。由于用于宽带通信的无线电波是以微波频率沿直线传播的,因而长距离通信需要利用中继器传送信号。卫星可以联系地球上相距数千千米的地点,因而十分适合作为长途通信中继器的安装点。

　　卫星通信原理示意图如图 5-59 所示。

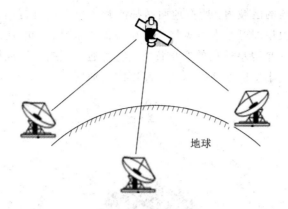

地球

图 5 - 59　卫星通信原理示意图

2. 卫星通信的分类

目前世界上建成了数以百计的卫星通信系统，归结起来可进行如下分类。

（1）按卫星制式分类：同步卫星通信系统、随机轨道卫星通信系统和卫星移动通信系统。

（2）按通信覆盖区域的范围分类：国际卫星通信系统、国内卫星通信系统和区域卫星通信系统。

（3）按用户性质分类：公用（商用）卫星通信系统、专用卫星通信系统和军事卫星通信系统。

（4）按业务范围分类：固定业务卫星通信系统、广播电视卫星通信系统和科学实验卫星通信系统。

（5）按基带信号体制分类：模拟卫星通信系统和数字卫星通信系统。

（6）按多址方式分类：频分多址（FDMA）卫星通信系统、时分多址（TDMA）卫星通信系统、空分多址（SDMA）卫星通信系统和码分多址（CDMA）卫星通信系统。

3. 卫星通信的特点

与地面微波中继通信和其他通信方式相比，卫星通信具有如下优点：

（1）通信距离远，且建站成本几乎与通信距离无关。卫星距地面 35 000 km，其视区（波束可覆盖的区域）可达地球表面积的 42%，最大通信距离可达 18 000 km，中间无需再加中继站。只要视区内的地面站与卫星间的信号传输满足技术要求，通信质量便有了保证，建站经费不因通信距离的远近而变化。因此在远距离通信上，卫星通信比微波接力、电缆、光缆通信等有明显优势。除了国际通信外，在国内或区域通信，尤其在边远地区、农村和交通、经济不发达地区，卫星通信是极其有效的。

（2）通信容量大，业务种类多，通信线路稳定可靠。由于卫星通信采用微波频段，可供使用的频带资源较宽，一般在数百兆赫兹以上，因此适于传输多种业务。随着新体制、新技术的不断发展，卫星通信的容量越来越大，传输业务的类型越来越多样化。卫星通信的电波主要在大气层以外的宇宙空间传输，而宇宙空间近乎真空状态，电波传播比较稳定，且受地面和环境条件影响小，通信质量稳定可靠。

（3）覆盖面积大，便于实现多址连接。其他类型的通信（如微波接力、光缆通信等）多是干线通信或点对点的通信，服务区域为一条线，也称线覆盖，不在"线"上的点就无法通信。在通信卫星所覆盖的区域内，所有地面站都能利用该卫星进行通信，即可以实现多址连接，并且三颗同步卫星即可基本覆盖整个地球表面，如图 5-60 所示，因此卫星通信不受地形地域的影响。这是卫星通信的突出优点，它为通信网络的组成提供了高效性和灵活性，同时对于移动站或小型地面终端提供了高度的机动性。

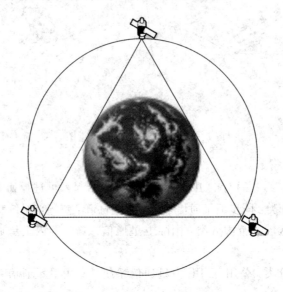

图 5-60　基本覆盖全球的三颗同步卫星

　　（4）可以自发自收进行监测。只要地面站收发端处于同一覆盖区，通过卫星向对方发送的信号自己也能接收，从而可以监视本站所发信息是否正确传输，以及通信质量的优劣。

　　正是由于卫星通信有诸多优点，因此自其问世以来，卫星通信的发展日新月异，已成为现代通信强有力的手段之一。当然，卫星通信也有某些不足，例如：

　　（1）卫星的发射和控制技术比较复杂。卫星特别是静止卫星从发射到精确定点并保持很小的漂移，其技术难度是很大的，而且成本也较高。此外，由于星站之间的通信距离较远，传播损耗大，为保证信号质量，需要采用高增益的天线、大功率的发射机、低噪声的接收设备和高灵敏度的解调器等，这就提高了设备的成本，同时也降低了其便携性。

　　（2）有较大的传播时延和回波干扰。在静止卫星通信系统中，星站之间的单程传播时延约为 0.27 s。进行双向通信时，往返的传输时延则约为 0.54 s，通话时给人很不自然的感觉。此外如不采取特殊措施，则由于混合线圈不平衡等因素还会产生"回波效应"，形成回波干扰。

　　（3）对于军用卫星通信，卫星公开曝露在空间轨道上，容易被敌方窃收、干扰甚至摧毁。卫星是整个通信网的重要关键节点，一旦被干扰或摧毁将导致系统"瘫痪"。所以，军用卫星通信必须重视抗干扰、抗摧毁以及通信保密等问题。

　　除此之外，空间的卫星既无人值守，更无人维修，为了延长其寿命，对卫星上的成千上万个元器件的质量要求非常苛刻。另外，还存在星蚀和日凌中断等问题。

　　4. 卫星通信系统的组成及工作原理

　　卫星通信系统由空间段和地面段两大部分组成，如图 5-61 所示。

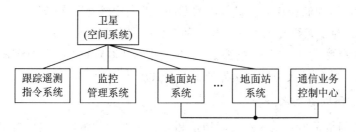

图 5-61　卫星通信系统的结构示意图

1）空间段

空间段主要由通信卫星组成，可以使用一颗或多颗卫星。卫星是通信装置的载体。除了通信卫星外，空间段还包括所有用于卫星控制和监测的地面设施，即监控系统、跟踪遥测系统以及能源装置等。

通信卫星主要对发来的信号起中继放大和转发的作用，它靠卫星上通信装置中的转发器和天线来完成。一颗卫星的通信装置可以包括一个或多个转发器，每个转发器能接收从地面站发来的信号，经变频、放大后，再转发给其他地面站。假定每个转发器所能提供的功率和带宽一定，那么转发器数目越多，卫星的通信容量就越大。

2）地面段

地面段包括所有的地面站，这些地面站通常通过一个地面网络连接到终端用户设备，或者直接连接到终端用户设备。地面站的主要功能是将发射的信号传送到卫星，再从卫星接收信号。根据地面站的服务类型，地面站可分为用户站、关口站和服务站三类。不同类型的地面站，其天线尺寸也不同，大的天线直径可达几十米，小的只有几十厘米。

卫星通信系统中，上行链路指的是从发送地面站到卫星之间的链路；下行链路指的是从卫星到接收地面站之间的链路。如果空中有多颗卫星，空中卫星之间还存在星间链路，那么可利用电磁波或光波将多颗卫星直接连接起来。

在一个卫星通信系统中，各地面站中各个已调载波的发射或接收通路经过卫星转发器转发，可以组成很多条单跳或双跳的单工或双工卫星通信线路，整个通信系统的通信任务就是分别利用这些线路来实现的。单跳单工的卫星通信系统进行通信时，地面用户发出的基带信号经过地面通信网络传送到地面站。在地面站，通信设备对基带信号进行处理，使其成为已调射频载波后发送到卫星。卫星作为空中的一个大中继站，接收此系统中所有地区站用上行频率发来的已调射频载波，然后进行放大和变频，用下行链路发送到接收地面站，信号功率增益一般为 $100\sim130$ dB。接收地面站对接收到的已调射频载波进行处理，解调出基带信号，再通过地面网络传送给用户。为了避免发送信号和接收信号之间的干扰，上行频率和下行频率一般使用不同的频谱，且保持足够大的间隔。

5.6　无线传感器网络

5.6.1　无线传感器网络概述

随着微电机系统（MEMS，Micro-Electro-Mechanism System）、片上系统（SOC，System on Chip)、无线通信和低功耗嵌入式技术的发展，无线传感器网络（WSN，Wireless Sensor Networks）随之产生。无线传感器网络是一种全新的信息获取和处理技术，能够实时监测、感知和采集各种环境或监测对象的信息，它嵌入并感知客观世界，同时受使用者的控制而影响着客观世界，扩展了人类同自然界的交互方式。

1. 无线传感器网络基本概念

无线传感器网络是由一组具有有限通信和计算能力的传感器节点以自组织方式构成的分布式有线或无线网络，其目的是协作地感知、采集和处理网络覆盖的地理区域中感知对象的信息，并发布给观察者。

无线传感器网络综合了传感器技术、嵌入式计算技术、现代网络及无线通信技术、分布式信息处理技术等，能够协作地实时监测、感知和采集各种环境或监测对象的信息，通过嵌入式系统对信息进行处理，并通过随机自组织无线通信网络以多跳中继方式将所感知信息传送到用户终端。

一个典型的无线传感器网络系统通常包括传感器节点（Sensor）、汇聚节点（Sink node）和任务管理节点等几个部分，如图 5 - 62 所示。

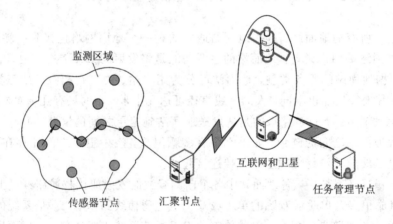

图 5 - 62　无线传感器网络体系结构示意图

1) 传感器节点

传感器节点的处理能力、存储能力和通信能力都比较弱，通过携带能量有限的电池供电，主要负责数据采集、处理，兼顾终端和路由器功能。

2) 汇聚节点

汇聚节点的处理能力、存储能力和通信能力比较强，可连接传感器网络和互联网、卫星等外部网络。

3) 任务管理节点

用户通过任务管理节点对传感器网络进行配置和管理，发布监测任务和收集监测数据。

大量传感器节点随机部署在监测区域内部或附近，可以相互通信，并能够通过自组织方式构成网络。它们与基站或移动路由器等基础通信设施相独立，采用分布式协议组成网络。传感节点间的距离很短，一般采用多跳（Multi-hop）的无线通信方式进行通信。传感器节点监测的数据沿着其他传感器节点逐跳地进行传输，在传输过程中监测数据可能被多个节点处理，经过多跳后路由到汇聚节点，再通过网关连接互联网或卫星，到达任务管理节点。用户通过任务管理节点对传感器网络进行配置和管理，收集监测数据，发布监测信息，控制整个网络系统。

2. 无线传感器网络节点结构

无线传感器网络所具有的众多类型的传感器，可探测包括地震、电磁、温度、湿度、噪声、光强度、压力、土壤成分，以及移动物体的大小、速度和方向等周边环境中多种多样的现象。无线传感器节点一般由传感模块、处理模块、通信模块和电源模块组成，如图 5 - 63 所示。

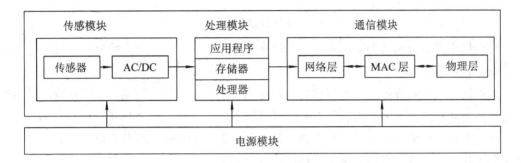

图 5 - 63　无线传感器网络节点结构

（1）传感模块：由传感器和数/模或模/数转换功能模块组成。

（2）处理模块：由嵌入式系统构成，包括处理器（CPU）、存储器、嵌入式操作系统、应用程序等。

（3）通信模块：由无线通信模块组成，具有通信和组网能力。

（4）电源模块：由供电的电路和电源（电池）组成。

此外，还可以选择其他功能模块，包括定位系统、运动系统以及发电装置等。

无线传感器节点的主要特点如下：

（1）电源能量有限。无线传感器节点通常采用两节五号电池或纽扣电池供电。无线传感器节点消耗能量的模块包括传感器模块、处理器模块和无线通信模块。随着集成电路工艺的进步，处理器模块和传感器模块的功耗变得很低，绝大部分能量主要消耗在无线通信模块上。

（2）通信能力受限。无线传感器节点能够用无线电、红外线、蓝牙、超声波等通信，带宽低，干扰大。一般而言，无线传感器节点的无线通信半径在 100 m 以内比较合适。

（3）计算和存储能力受限。无线传感器节点是一种微型嵌入式设备，要求它价格低、功耗小，这些限制必然导致其携带的处理器能力比较弱，存储器容量比较小。一般采用几百兆赫兹的处理器，具有几兆或几百兆的存储空间。

（4）廉价、体积小、重量轻。

3. 无线传感器网络协议栈

无线传感器网络协议栈由五个部分组成，分别是物理层、数据链路层、网络层、传输层、应用层，如图 5 - 64 所示。

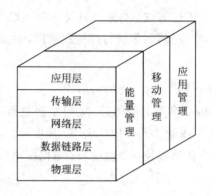

图 5-64　无线传感器网络协议栈

物理层主要负责载波频率的产生、信号调制、解调，并实现信号的发送和接收，对感知数据进行收集和采样。

数据链路层负责媒体接入控制和建立传感器节点之间的通信链路，保证无线传感器网络内点到点和点到多点的连接。介质访问控制层有两个职能，一个是建立网络结构，另一个是为传感器节点有效合理地分配资源。通常，无线传感器网络的介质访问控制协议采用基于预先规划的机制来保护传感器节点的能量。

网络层的作用是发现和维护路由。无线传感器网络中，大量传感器节点分布在一个区域，消息可能需要经过多个传感器节点才能到达目的地，加上传感器网络的动态性，要求每个传感器节点都具备路由的功能。

传输层的基本功能是向用户提供端到端的可靠数据传输，向高层用户屏蔽通信子网的细节，提供通用的传输接口。由于无线传感器网络节点能力的限制，传感器节点无法维持端到端连接的大量信息传输，而且传感器节点发送应答消息也会消耗大量能量，对于传输层的研究有待进一步深入。

应用层的任务是为无线传感器网络服务提供安全支持，也就是实现密钥管理和安全组播。

此外，协议栈还包括能量管理平台、移动管理平台和应用管理平台。

（1）能量管理平台：管理传感器节点能源使用方式，在各个协议层都考虑节省能量。

（2）移动管理平台：检测传感器节点的移动，维护传感器节点到汇聚节点的路由，使传感器节点具有动态跟踪其邻居的功能。

（3）应用管理平台：在给定区域内调度监测任务。

4. 无线传感器网络体系结构

通常，无线传感器网络的结构可以分为平面结构和分簇结构。如果网络的规模较小，一般采用平面结构；如果网络规模很大，则采用分簇的网络结构。

1）平面结构

平面结构的网络比较简单，所有节点的地位平等，所以又可以称为对等式结构，如图5-65所示。源节点和目的节点之间一般存在多条路径，网络负荷由这些路径共同承担，一般情况下不存在瓶颈，网络比较健壮。

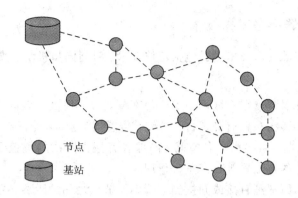

图 5-65　无线传感器网络平面结构

2) 分簇结构

在分簇结构中，无线传感器网络被划分为多个簇。每个簇由一个簇头和多个簇成员组成，如图 5-66 所示。这些簇头形成了高一级的网络。簇头节点负责簇间数据的转发，簇成员只负责数据的采集。这大大减少了网络中路由控制信息的数量，具有很好的可扩充性。簇头发送和接收报文的频率要高出普通节点几倍或十几倍，因而要求可以在簇内运行簇头选择程序来更换簇头，以解决簇头的能量消耗问题。

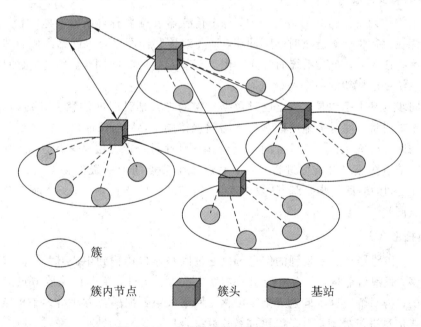

图 5-66　无线传感器网络分簇结构

5. 无线传感器网络特征

无线传感器网络除了具有 Ad Hoc 网络的移动性、断接性、电源能力局限性等共同特征以外，还具有很多其他鲜明的特点，其主要特点可以总结如下：硬件资源有限、节点电源容量有限、是一种无中心的对等式网络、是一种以数据为中心的任务型网络、是一种无线自组织网络、节点通信使用多跳路由、网络拓扑具有动态性、节点数量众多。

5.6.2　无线传感器网络支撑技术

无线传感器网络的支撑技术主要包括定位技术、时间同步机制、数据融合等。

1. 定位技术

位置信息是传感器节点采集数据中重要的部分，为了提供有效的位置信息，随机部署的传感器节点必须能够在布置后确定自身位置。传感器节点定位对于外部目标的定位和追踪、提高路由效率、为网络提供命名空间、向部署者报告网络的覆盖质量、实现网络的负载均衡以及网络拓扑的自配置等具有重大作用。

定位算法的基本原理是直接或间接测量传感器节点之间的距离、方位或者其他连接性信息，再根据这些信息计算出传感器网络中的所有节点的位置，而后对得到的位置值进行修正，以减小定位误差。

目前传感器节点定位方法可以分成两大类：基于距离的定位技术和与距离无关的定位技术。基于距离的定位技术假设传感器节点能够测量它和邻居之间的相对距离，通过节点之间的距离，根据几何关系计算出网络节点的位置。与距离无关的定位技术则不需要直接测量距离和角度信息，比如利用 GPS 信息。

2. 时间同步机制

在分布式的无线传感器网络应用中，每个传感器节点都有自己的本地时钟。由于各自的时钟会存在运行偏差，造成时间不同步，而无线传感器网络要求网络内所有节点相互配合来完成系统任务，分布式系统的协同工作需要节点间的时间同步，因此，时间同步机制是分布式系统基础框架的一个关键机制。

时间同步的基本思想是：节点通过数据交换的方式估计时间漂移率和初始时间偏移，进而修正本地时钟，使得本地时间和标准时间保持同步，从而保证两个或多个传感器节点的时钟以相同的时间工作，并保持同步更新。一种时间同步方法是采用层次型网络结构，首先将所有节点按照层次结构进行分级，然后每个节点与上一级的一个节点进行时间同步，节点对之间的时间同步是基于"发送者－接收者"的同步机制。最终，所有节点都与标准时间节点同步。

3. 数据融合

理论上，传感器节点采集到的信息可以通过网络连接传输到中心基站。但这种方法由于通信过多，很浪费能量，并有可能引起拥塞等问题。此外，单个传感器节点的读数往往是不可靠的。为了解决这些问题，无线传感器网络采用数据融合方法将多个传感器节点的多份数据或信息进行处理，组合出更高效、更符合用户需求的数据，来减少通信消耗、提高可靠性。

无线传感器网络的数据融合方法主要如下：

(1) 直接计算法。直接计算法适用于同类传感器检测同一个检测目标的应用，把来自多个传感器节点的大量数据进行综合计算。它是最简单、最直观的数据融合方法。

(2) 经典数据融合算法。经典数据融合算法包括卡尔曼滤波法、贝叶斯估计法、D-S证据推理法、统计决策理论等。卡尔曼滤波法用于融合低层的实时动态多传感器节点的冗余数据。该方法利用测量模型的统计特性，递推地确定融合数据的估计，且该估计在统计意义下是最优的。贝叶斯估计法是融合静态环境中多传感器节点采样信息的常用方法，该算法令传感器节点采样信息依据概率原则进行组合，并测量不确定性以条件概率表示。D - S（Dempster - Shafter）证据推理法是目前数据融合技术中比较常用的一种方法。这种方法是贝叶斯方法的扩展，因为贝叶斯方法必须给出先验概率，证据理论则能够处理这种由不知道引起的不确定性，通常用来对目标的位置、存在与否进行推断。

（3）现代数据融合算法。现代数据融合算法包括聚类数据融合算法、模糊逻辑算法、产生式规则法、神经网络法等。聚类数据融合算法采用欧氏距离来定义距离矩阵，通过最小距离聚类方法确定相互支持的传感器节点组，可以较好地避免受主观因素作用的关系矩阵，提高了数据融合结果的客观性。该算法简洁，能避免有效数据的损失，数据融合精度较高。模糊逻辑算法针对数据融合中所检测的目标特征具有某种模糊性的现象，利用模糊逻辑方法对检测目标进行识别和分类。模糊逻辑算法是从整体上提高多传感器节点的测量精度，它没有对单一传感器节点测量值的噪声问题进行处理。对于这个问题，如果在模糊控制融合算法之前，采用卡尔曼滤波的方法先对各传感器进行滤波，再结合模糊控制算法，最终的融合效果可能会更优。产生式规则法是人工智能中常用的控制方法，一般要通过对具体使用的传感器节点的特性及环境特性进行分析，才能归纳出产生式规则法中的规则。通常系统改换或增减传感器节点时，其规则要重新产生。这种方法的特点是系统扩展性较差，但推理过程简单明了，易于系统解释，所以也有广泛的应用范围。神经网络法对消除传感器节点在工作过程中受多种因素交叉干扰的影响十分有效。神经网络方法是模拟人类大脑行为而产生的一种信息处理技术，它采用大量以一定方式相互连接和相互作用的简单处理单元（即神经元）来处理信息。将训练好的网络作为已知网络，只要将归一化的多传感器节点特征信息作为输入送入该网络，则网络输出就是被测系统的状态结果。用神经网络对传感器节点的数据进行融合处理，输出稳定、编程简单，是一种有效的数据融合处理工具。

现阶段的多传感器融合研究，都是以实际的问题为根据进行的，根据问题的特性，各自建立融合准则，形成最佳的融合方案。数据融合算法的设计可以与无线传感器网络的多个协议层进行结合。在应用层上可以利用分布式数据库技术，对采集到的数据进行逐步筛选，达到数据融合的效果。在网络层上，把路由协议与数据融合机制相结合，来减少数据传输量。

数据融合技术虽然获得节能、提高信息准确度等收益，但也带来了其他问题。首先是延迟，在数据传送过程中寻找易于进行数据融合的路由、进行数据融合的操作、为融合而等待其他数据的到来，都可能增加网络的平均延迟；其次是鲁棒性，无线传感器网络相对于传统网络有更高的节点失效率和数据丢失率，数据融合虽然可以大幅度降低数据的冗余性，但是也导致对数据丢包更加敏感，相对而言降低了网络的鲁棒性。

5.7　其他无线通信系统

5.7.1　蓝牙技术

Internet 和移动通信的迅速发展，使人们对电脑以外的各种数据源和网络服务的需求日益增长。蓝牙作为一个全球开放性无线应用标准，通过把网络中的数据和语音设备用无线链路连接起来，使人们能够随时随地实现个人区域内语音和数据信息的交换与传输，从而实现了快速灵活的通信。

1. 蓝牙的发展及概念

蓝牙实际上是一种短距离、低成本的无线电连接技术，是一种能够实现语音和数据无线传输的开放性方案。利用蓝牙技术能够有效地简化掌上电脑、笔记本电脑和移动电话等移动通信终端设备之间的通信，也能够成功地简化以上这些移动设备与 Internet 的连接，使这些设备与 Internet 之间的数据传输变得更加高效。蓝牙技术的实际应用范围可以拓展到各种家电产品、消费电子产品和汽车等。在这些应用领域，可以用蓝牙产品组成个人域无线通信网络，使个人计算机主机与键盘、显示器和打印机之间摆脱纷乱的连线；在更大的范围内，电冰箱、微波炉和其他家用电器可以与计算机网络连接，实现各种家用电器的智能化操作。图 5 - 67 是用蓝牙构成的个域网示例。

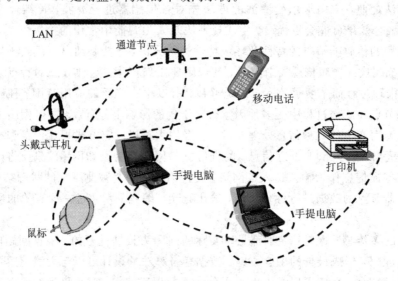

图 5 - 67　用蓝牙构成的个域网示例

蓝牙的名字来自一个历史传说。据说 10 世纪丹麦国王 Harold Bluetooth 靠出色的沟通和说服能力统一了当时四分五裂的丹麦、瑞典和挪威。因为他爱吃蓝莓，牙齿经常被染蓝，所以有了一个"蓝牙"的外号。行业组织人员将该项高新无线技术取名为这位丹麦国王的外号"蓝牙"——（Bluetooth），主要是取其"统一"的含义，用来命名意在统一无线局域网通信标准。

使蓝牙技术成为现实应用的是瑞典爱立信公司。1998 年 5 月，爱立信、诺基亚、东芝、IBM 和英特尔公司经过磋商，联合成立了蓝牙共同利益集团（Bluetooth SIG），目的是加速其开发、推广和应用。此项无线通信技术公布后，便迅速得到了包括摩托罗拉、3Com、朗讯、康柏、西门子等一大批公司的一致拥护，至今加盟蓝牙 SIG 的公司已达到几千家，其中包括许多世界最著名的计算机、通信以及消费电子产品领域的企业，甚至还有汽车与照相机的制造商和生产厂家。一项公开的技术规范能够得到工业界如此广泛的关注和支持，这说明基于此项蓝牙技术的产品将具有广阔的应用前景和巨大的潜在市场。

随着电子技术的不断发展，蓝牙技术也在不断完善的基础上快速发展。蓝牙的发展已经历了 Bluetooth 1.0、Bluetooth 1.1、Bluetooth 1.2、Bluetooth 2.0。

1) Bluetooth 1.0

由于没有考虑到设备互操作性的问题，Bluetooth 1.0 规范在标准方面有所欠缺。例如出于安全性方面的考虑，Bluetooth 1.0 设备之间的通信都是经过加密的——当两台蓝牙设备之间尝试着建立起一条通信链路的时候，它们会因为不同厂家设置的不同口令不匹配而无法正常通信，或者辅设备处理信息的速度高于主设备，随之而来的竞争态势使两台设备都得出自己是通信主设备的计算结果等。

Bluetooth 技术本将 2.4 GHz 的频带划分为 79 个子频段，然而为了适应一些国家的军用需要，Bluetooth 1.0 重新定义了另一套子频段划分标准，将整个频带划分为 23 个子频段，以避免使用 2.4 GHz 频段中指定的区域。这造成了使用 79 个子频段的设备与那些设计为使用 23 个子频段的设备之间互不兼容。

2) Bluetooth 1.1

Bluetooth 1.1 技术规范了 Bluetooth 1.0，要求会话中的每一台设备都需要确认其在主设备/辅设备关系中所扮演的角色。

Bluetooth 1.1 标准取消了 Bluetooth 1.0 中 23 子频段的副标准，所有的 Bluetooth 1.1 设备都使用 79 个子频段在 2.4 GHz 的频谱范围内进行相互通信。Bluetooth 1.1 规范也修正了互不兼容的数据格式引发的 Bluetooth 1.0 设备之间的互操作性问题，允许辅设备主动与主设备进行通信并告知主设备有关包尺寸方面的信息。Bluetooth 1.1 规范之中，辅设备可以在必要的时候通知主设备发送包含多少 slot 的数据包。

3) Bluetooth 1.2

Bluetooth 1.1 标准的无线蓝牙的缺点与优点同样明显，例如它很容易受到主流的 802.11b 设备干扰。在 Bluetooth SIG 宣布的最新的蓝牙 1.2 设备标准中，新发布的 1.2 标准就提供了更好的同频抗干扰能力，加强了语言识别能力，并向下兼容 1.1 的设备。1.2 版最大的改进在于增加了 AFH 可调式跳频技术（Adaptive Frequency Hopping，自适应频率跳变），并主要针对现有蓝牙协议和 802.11 b/g 之间的互相干扰问题进行了全面的改进，防止用户在同时使用支持蓝牙和无线局域网（WLAN）的两种装置时出现互相干扰的情况。

Bluetooth 1.2 增强了语音处理，改善了语音连接的品质（可以提高蓝牙耳机的音质），并能更快速地连接设置。总之，蓝牙是以个人局域网（PAN，Personal Area Network）为应用范围的传输技术，由于和 WLAN 同样使用 2.4 G 的频谱，以至于第一、二代蓝牙技术经常会发生相互干扰的情况，Bluetooth 1.2 标准的蓝牙技术就较好地解决了这一问题。

4) Bluetooth 2.0

新版蓝牙规范提高了多任务处理和多种蓝牙设备同时运行的能力，带宽的提升使得新版本的蓝牙设备可以传输更大的文件。更低的电力消耗使得新版的蓝牙设备可以达到当前蓝牙设备运行时间的 2 倍，同时 2.0＋EDR 版本兼容所有旧版规范。蓝牙技术是当前主导且唯一通过验证的小范围无线传输技术，应用日趋广泛，涉及 PDA、手机、电脑、无线耳机、车载免提设备等。2.0＋EDR 版的开发是基于当前对提升数据吞吐量的需要，比如传输 CD 音质的流媒体文件、数码相片和激光打印等。

蓝牙核心规范 2.0＋EDR 的主要内容如下：

（1）数据传输速率比当前规范快 3 倍（最大可以达到 10 倍）。

（2）通过减少工作负载循环达到更低的电力消耗。

（3）更多的带宽简化了多连接模式。

（4）向后兼容早期蓝牙设备。

（5）降低了比特误差率（BER，Bit Error Rate）。

（6）蓝牙规范 2.0＋EDR 新增了调制方式。

蓝牙信道的数据是以分组的形式传输的，如图 5-68 所示。

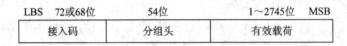

LBS 72或68位	54位	1~2745位 MSB
接入码	分组头	有效载荷

图 5-68 蓝牙信道的数据形式

基带规范中定义如下：

分组头/接入码：使用基本数据速率下的 GFSK 调制模式，速率为 1 Mb/s。

同步序列/载荷/尾序列：使用增强数据速率（EDR）下的 PSK 调制模式 π/4 DQPSK 与 8DPSK，支持 2 Mb/s 与 3 Mb/s 的速率。

2. 蓝牙的组成

蓝牙系统一般由天线单元、链路控制（硬件）单元、链路管理（软件）单元和软件（协议栈）单元四个功能单元组成。

1）天线单元

蓝牙的天线部分体积十分小巧，重量轻，属于微带天线。蓝牙空中接口是建立在天线电平为 0 dB 的基础上的。空中接口遵循 FCC 有关电平为 0 dB 的 ISM 频段的标准。如果全球电平达到 100 mW 以上，那么可以使用扩展频谱功能来增加一些补充业务。

2）链路控制（硬件）单元

目前蓝牙产品的链路控制（硬件）单元包括 3 个集成芯片：连接控制器、基带处理器以及射频传输/接收器，此外还使用了 3~5 个单独调谐元件。基带链路控制器负责处理基带协议和其他一些低层常规协议。

3）链路管理（软件）单元

链路管理（LM）单元携带了链路的数据设置、鉴权、链路硬件配置和其他一些协议。LM 能够发现其他远端 LM 并通过 LMP（链路管理协议）与之通信。LM 模块提供如下服务：发送和接收数据，请求名称，查询链路地址，建立连接，鉴权，协商和建立链路模式，决定帧的类型等。

4）软件（协议栈）单元

蓝牙的软件（协议栈）单元是一个独立的操作系统，不与任何操作系统捆绑，它符合已经制定好的蓝牙规范。蓝牙规范包括两部分：第一部分为核心部分，用以规定诸如射频、基带、连接管理、业务发现、传输层以及与不同通信协议间的互用、互操作性等组件；第二部分为应用规范（Profile）部分，用以规定不同蓝牙应用所需的协议和过程。软件单元用来完成数据流的过滤和传输、跳频和数据帧传输、连接的建立和释放、链路的控制、数据的拆装、服务质量（QoS）、协议的复用和分用等功能。

蓝牙设备依靠专用的蓝牙微芯片使设备在短距离范围内发送无线电信号，从而寻找另一个蓝牙设备。一旦找到，相互之间便开始通信。目前，蓝牙的研制者主要寻求其 ASIC 的解决方案，包括射频和基带部分。现在已有多种将基带 ASIC 电路和射频 ASIC 电路做成一个电路模块的方案，预计很快将会进入批量生产阶段。蓝牙系统的通信协议大部分可用软件来实现，加载到 Flash RAM 中即可进行工作。

3. 蓝牙的技术参数

目前公布的蓝牙技术参数如表 5－9 所示。

表 5－9　蓝牙技术参数

工 作 频 段	ISM 频段，2.402～2.480 GHz
双工方式	全双工、TDD 时分双工
业务类型	支持电路交换和分组交换业务
数据速率	1 Mb/s
非同步信道速率	非对称连接 721/57.6 kb/s，对称连接 432.6 kb/s
同步信道速率	64 kb/s
功率	美国 FCC 要求＜0 dbm(1 mW)，其他国家可扩展为 100 mW
跳频频率数	79 个频点／MHz
跳频速率	1600 次/s
工作模式	PARK/HOLD/SNIFF
数据连接方式	面向连接业务 SCO，无连接业务 ACL
纠错方式	1/3FEC、2/3FEC、ARQ
鉴权	采用反应逻辑算术
信道加密	采用 0 位、40 位、60 位密钥
语音编码方式	连续可变斜率调制 CVSD
发射距离	一般可达 10 cm～10 m，增加功率情况下可达 100 m

4. 蓝牙中的关键技术

下面主要介绍蓝牙实现中涉及的一些理论和技术。

1）跳频技术

蓝牙的载频选用全球通用的 2.45 GHz ISM 频段。由于 2.45 GHz 的频段是对所有无线电系统都开放的频段，因此使用其中的任何一个频段都有可能遇到不可预测的干扰源。采用跳频扩谱技术是避免干扰的一项有效措施。跳频技术是把频带分成若干个跳频信道，在一次连接中，无线电收发器按一定的码序列不断地从一个信道跳到另一个信道，只有收发双方是按这个规律进行通信的，而其他的干扰不可能按同样的规律进行干扰。跳频的瞬时带宽是很窄的，通过扩展频谱技术可使这个窄带宽成百倍地扩展成宽频带，从而使干扰可能产生的影响变得很小。

依据各国的具体情况，以 2.45 GHz 为中心频率，最多可以得到 79 个 1 MHz 带宽的信道。在发射带宽为 1 MHz 时，其有效数据速率为 721 kb/s，并采用低功率时分复用方式发射。蓝牙技术理想的连接范围为 10 cm～10 m，但是通过增大发射功率可以将距离延长至 100 m。跳频扩谱技术是蓝牙使用的关键技术之一。对应于单时隙分组，蓝牙的跳频速率为 1600 跳/秒；对应于时隙包，跳频速率有所降低，但在建立链路时则提高为 3200 跳/秒。使用这样高的跳频速率，蓝牙系统具有足够高的抗干扰能力。它采用以多级蝶形运算为核心的映射方案，与其他方案相比，具有硬件设备简单、性能优越、便于 79/23 频段两种系统兼容以及各种状态的跳频序列使用统一的电路来实现等特点。与其他工作在相同频段的系统相比，蓝牙跳频更快，数据包更短，因此更稳定。

2）微微网和分散网

当两个蓝牙设备成功建立链路后，一个微微网便形成了，两者之间的通信通过无线电波在 79 个信道中随机跳转而完成。

微微网信道由主单元标识（提供跳频序列）和系统时钟（提供跳频相位）来定义，其他为从单元。每一个蓝牙无线系统都有一本地时钟，没有通常的定时参考。在一个微微网建立后，从单元进行时钟补偿，使之与主单元同步，微微网释放后，补偿亦取消，但可存储起来以便再用。一条普通的微微网信道的单元数量为 8（1 主 7 从），可保证单元间有效寻址和大容量通信。实际上，一个微微网中互联设备的数量是没有限制的，只不过在同一时刻只能激活 8 个，其中 1 个为主，7 个为从。蓝牙系统建立在对等通信的基础上，主从任务仅在微微网生存期内有效，当微微网取消后，主从任务随即取消。每一单元皆可为主/从单元，可定义建立微微网的单元为主单元。除定义微微网外，主单元还控制微微网的信息流量，并管理接入。蓝牙给每个微微网提供特定的跳转模式，因此它允许大量的微微网同时存在，同一区域内多个微微网的互联形成了分散网。不同的微微网信道有不同的主单元，因而存在不同的跳转模式。

蓝牙系统可优化到在同一区域中有数十个微微网运行，而没有明显的性能下降。蓝牙时隙连接采用基于包的通信，使不同微微网可互连。欲连接单元可加入到不同微微网中，但因无线信号只能调制到单一跳频载波上，故任一时刻单元只能在一微微网中通信。通过调整微微网信道参数（即主单元标志和主单元时钟），单元可从一微微网跳到另一微微网中，并可改变任务。例如，某一时刻在微微网中为主单元，另一时刻在另一微微网中为从单元。由于主单元参数标示了微微网信道的跳转模式，因此一单元不可能在不同的微微网中都为主单元。跳频选择机制应设计成允许微微网间相互通信，通过改变标志和时钟输入到选择机制，新微微网可立即选择新的跳频。为了使不同微微网间的跳频可行，数据流体系中没有保护时间，以防止不同微微网的时隙差异。在蓝牙系统中，引入了保留（HOLD）模式，允许一单元暂时离开一微微网而访问另一微微网。

3）时分多址（TDMA）的调制技术

在 1.0 版本的技术标准中，蓝牙的基带比特速率为 1 Mb/s，采用 TDD 方案来实现全双工传输，因此蓝牙的一个基带帧包括两个分组，首先是发送分组，然后是接收分组。蓝牙系统既支持电路交换，也支持分组交换，支持实时的同步定向连接（SCO）和非实时的异步不定向连接（ACL）。

SCO 链路是微微网中单一主单元和单一从单元之间的一种点对点对称的链路。主单元采用按照规定间隔预留时隙（电路交换类型）的方式可以维护 SCO 链路。主单元可以支持多达三条并发 SCO 链路，而从单元则可以支持两条或者三条 SCO 链路，SCO 链路上的数据包不会重新传送。SCO 链路主要用于 64 kb/s 的语音传输。

ACL 链路是微微网内主单元和全部从单元之间点对多点的链路。在没有为 SCO 链路预留时隙的情况下，主单元可以对任意从单元在某一时隙的基础上建立 ACL 链路，其中也包括了从单元已经使用某条 SCO 链路的情况（分组交换类型）。对大多数 ACL 数据包来说都可以应用数据包重传。ACL 链路主要以数据为主，可在任意时隙传输。

4）编址技术

蓝牙有四种基本类型的设备地址。

（1）BD_ADDR：48 bit 的长地址，该地址符合 IEEE 802 标准，可划分为 LAP（24 位地址低端部分）、UAP（8 bit 地址高端部分）和 NAP（16 位无意义地址部分）三部分。

（2）AM_ADDR：3 bit 的活动成员地址，所有的 0 信息 AM_ADDR 都用于广播消息。

（3）PM_ADDR：8 bit 的成员地址，分配给处于暂停状态的从单元使用。

（4）AR_ADDR：访问请求地址（Access Request Address），被暂停状态的从单元用该地址来确定访问窗口内的从单元-主单元半时隙，并通过它发送访问消息。

任一蓝牙设备都可根据 IEEE 802 标准得到一个唯一的 48 bit 的 BD_ADDR。它是一个公开的地址码，可以通过人工或自动方式进行查询。在 BD_ADDR 的基础上，通过性能良好的算法可获得各种保密和安全码，从而保证设备识别码（ID）的全球唯一性，以及通信过程中设备鉴权和通信的安全保密。

5）安全性

蓝牙技术的无线传输特性使它非常容易受到攻击，因此安全机制在蓝牙技术中显得尤为重要。虽然蓝牙系统所采用的跳频技术已经提供了一定的安全保障，但是蓝牙系统仍然需要链路层和应用层的安全管理。在链路层中，蓝牙系统使用认证、加密和密钥管理等功能进行安全控制。在应用层中，用户可以使用个人标识码（PIN）来进行单双向认证。

在链路层，使用四个参数来加强通信的安全性，即蓝牙设备地址 BD_ADDR、认证私钥、加密私钥和随机码 RAND。蓝牙设备地址是一个 48 bit 的 IEEE 地址，它唯一地识别蓝牙设备，对所有蓝牙设备都是公开的；认证私钥在设备初始化期间生成，其长度为 128 bit；加密私钥通常在认证期间由认证私钥生成，其长度根据算法要求选择 8～128 bit 之间的数（8 的整数倍），对于目前的绝大多数应用，采用 64 bit 的加密私钥就可保证其安全性；随机码由蓝牙设备的伪随机过程产生，其长度为 128 bit。

6）纠错技术

蓝牙系统的纠错机制分为 FEC 和包重发。FEC 支持 1/3 率和 2/3 率 FEC 码。1/3 率仅用 3 位重复编码，大部分在接收端判决，既可用于数据包头，也可用于 SCO 连接的包负载。2/3 率使用一种缩短的汉明码，误码捕捉用于解码，它既可用于 SCO 连接的同步包负载，也可用于 ACL 连接的异步包负载。在 ACL 连接中，可用 ARQ 结构。在这种结构中，若接收方没有响应，则发端将包重发。每一负载包含一个 CRC，用来检测误码。ARQ 结构分为停止等待 ARQ、向后 N 个 ARQ、重复选择 ARQ 和混合结构。

为了减少复杂性，使开销和无效重发为最小，蓝牙执行快速 ARQ 结构，即发送端在 TX 时隙重发包，在 RX 时隙提示包接收情况。若加入 2/3 率 FEC 码，则将得到 I 类混合 ARQ 结构的结果。ACK/NACK 信息加载在返回包的包头里，在 RX/TX 的结构交换时间里，判定接收包是否正确。在返回包的包头里，生成 ACK/NACK 域，同时，接收包包头的

ACK/NACK 域可表明前面的负载是否正确接收，以决定是否需要重发或发送下一个包。由于处理时间短，因此当包接收时，解码选择在空闲时间进行，并简化 FEC 编码结构，以加快处理速度。快速 ARQ 结构与停止等待 ARQ 结构相似，但时延最小，实际上没有由ARQ 结构引起的附加时延。该结构比向后 N 个 ARQ 更有效，并与重复选择 ARQ 效率相同。但由于只有失效的包被重发，因此可减少开销。在快速 ARQ 结构中，仅有 1 位序列号就够了（为了滤除在 ACK/NACK 域中的错误而正确接收两次数据包）。

5.7.2　短波通信

1. 短波通信的发展历程及概念

自从 1921 年发生在意大利罗马的一次意外事故中，短波被发现可实现远距离通信以来，短波通信迅速发展，成为了世界各国中远程通信的主要手段，被广泛地用于政府、军事、外交、气象、商业等部门，用以传送电报、传真、低速数据、图像、语音广播等信息。在卫星通信出现以前，短波在国际通信、防汛救灾、海难救灾以及军事通信等方面发挥了独特的重要作用。

短波通信可以利用地波传播，但主要是利用天波传播。地波传播的衰耗随工作频率的升高而递增，在同样的地面条件下，频率越高，衰耗越大。地波传播只适用于近距离通信，其工作频率一般选在 5 MHz 以下。地波传播受天气影响小，比较稳定，信道参数基本不随时间变化，故地波传播信道可视为恒参信道。天波是无线电波经电离层反射回地面的部分，倾斜投射的电磁波经电离层反射后，可以传到几千千米外的地面。天波的传播损耗比地波小得多，经地面与电离层之间多次反射（多跳传播）之后，可以到达极远的地方，因此，利用天波可以进行环球通信。天波传播因受电离层变化和多径传播的严重影响极不稳定，其信道参数随时间而急剧变化，因此称为变参信道。天波不仅可以用于远距离通信，而且可以用于近距离通信。在地形复杂、短波地波或视距微波受阻挡而无法到达的地区，利用高仰角投射的天波可以实现通信。

短波通信亦称为高频（HF）通信，载波带宽为 1.5～30 MHz，波长为 10～200 m，主要用于航海、军事、航空以及长距离广播。20 世纪 60 年代末到 70 年代，卫星通信的崛起和短波通信的复杂性使短波通信研究走入低谷。20 世纪 70 年代后，由于计算机和通信技术的发展，以及人们基于对卫星通信在未来战争中易摧毁的认识，短波通信得到了深入的研究和应用。由于短波通信具有传播距离长、传播媒介不易受到损坏、费用廉价的特点，因此在世界的军事通信中占有越来越重要的地位。

目前短波通信不仅仅用于语音通信，还广泛应用于数据通信，业务用途也从文本传输、图像传输、流媒体传输发展到 E-mail 收发以及与互联网相连。短波通信方式也从点对点、点对多点（广播）发展到短波组网等多种方式。

2. 短波通信的特点

短彼通信有着许多显著的优点，与卫星通信、地面微波、同轴电缆、光缆等通信手段相比，短波通信不需要建立中继站即可实现远距离通信，因而建设和维护费用低，建设周期短，设备简单；短波通信可以根据使用要求固定设置，进行定点固定通信，也可以背负或装入车辆、舰船、飞行器中进行移动通信；电路调度容易，临时组网方便、迅速，具有很大的使用灵活性；对自然灾害或战争的抗毁能力强；通信设备体积小，容易隐蔽，便于改变工作频率以躲避敌人干扰和窃听，破坏后容易恢复。这些是短波通信得以长期保留，至今仍然被广泛使用的主要原因。

短波通信也存在着一些明显的缺点：

（1）可供使用的频段窄，通信容量小。按照国际规定，每个短波电台占用 3.7 kHz 的频率宽度，而整个短波频段可利用的频率范围只有 28.5 MHz。为了避免相互间的干扰，全球只能容纳 7700 多个可通信道，通信空间十分拥挤，并且 3 kHz 通信频带宽度在很大程度上限制了通信的容量和数据传输的速率。

（2）短波的天波信道是变参信道，信号传输稳定性差。短波无线电通信主要依赖电离层进行远距离信号传输。电离层作为信号反射媒质，其弱点是参量的可变性很大。它的特点是路径损耗、延时散布、噪声和干扰都随昼夜、频率、地点而不断变化。一方面电离层的变化使信号产生衰落，衰落的幅度和频次不断变化；另一方面天波信道存在着严重的多径效应，造成频率选择性衰落和多径延时。选择性衰落使信号失真，多径延时使接收信号在时间上扩散，成为短波链路数据传输的主要限制。

（3）大气和工业无线电噪声干扰严重。随着工业电气化的发展，短波频段工业电器辐射的无线电噪声干扰的平均强度增大，加上大气无线电噪声和无线电台间的干扰，在过去，几瓦、十几瓦发射功率就能实现远距离短波无线电通信，而在今天，十倍、几十倍这样的功率也不一定能够保证可靠的通信。大气和工业无线电噪声主要集中在无线电频谱的低端，随着频率的升高，强度逐渐降低。虽然在短波频段这类噪声干扰比中长波段低，但强度仍很高，影响着短波通信的可靠性，尤其是脉冲型突发噪声，经常会使数据传输出现突发错误，严重影响通信质量。这些问题的存在不仅限制了短波通信的发展，而且也不能很好地适应人们日益增长的对数据通信，特别是对高速数据通信业务的需求。当 20 世纪 60 年代卫星通信兴起时，由于卫星通信与短波通信相比具有信道稳定、可靠性高、通信质量好、通信容量大等优点，因此短波通信受到了严重挑战。许多原属短波通信的一些重要业务被卫星通信所取代；对短波通信的投入急剧减少，短波通信的地位大为降低。至 20 世纪 70 年代后期，甚至有人怀疑短波通信存在的价值。

然而，实践证明卫星通信的初建费用高，灵活性有限。曾被设想为可能取代短波通信的卫星通信并不能满足所有情况下的用户需要。事实上也不是所有用户都需要宽带线路。此外，在战争时期，卫星通信容易遭受敌方攻击，信道不易抵御敌方的电磁干扰。与此相比，短波通信不仅成本低廉，容易实现，更重要的是具有天然的不易被"摧毁"的"中继系统"——电离层。卫星中继系统可能发生故障或被摧毁，而电离层这个中继系统，除非高空原子弹爆炸才可能使它中断，何况高空原子弹爆炸也仅仅是有限的电离层区域内短时间影响电离密度。1980 年 2 月，美国国防部核武器局（Defense Nuclear Agency）在一份报告中提出："一个国家，在遭受原子弹袭击后，恢复通信联络最有希望的解决办法是采用价格不高，能够自动寻找信道的高频通信系统。"事实上，从 20 世纪 70 年代末、80 年代初开始，短波通信又重新受到了重视。许多国家加速了对短波通信技术的研究与开发，陆续推出了一些性能优良的新型设备和系统。美军在 1979 年修改的综合战术通信计划中，又突出了短波通信的地位，把它列为第一线指挥控制通信手段之一；20 世纪 80 年代初开始，美军实施了遍及三军的一系列短波通信改进计划；在海湾战争中，美、法等国军队大量运用短波通信，取得了突出的效果。近年来，其他一些国家的军队也把短波通信列为重要的通信手段之一。此外，在民用通信的某些领域，短波通信的应用也有发展的趋势。特别是近十几年来，由于多种新技术的应用，短波通信技术及装备取得了很大进展，短波通信原有的缺点已有不少得到了克服，短波通信链路的质量得到了大大提高，无论是电话传输还是数据传输的质量都可以与卫星通信相比。

3. 短波通信系统的组成

军事上使用的短波数字通信系统收发端一般由短波发送/接收电台、调制解调器（Modem）、数字保密机和终端组成，如图 5-69 所示。

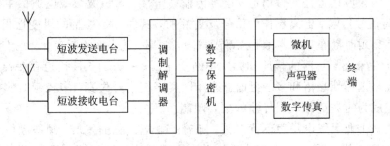

图 5-69　短波通信系统的一般组成

目前广泛研究和应用的短波数字传输系统，其传输带宽为 0.3～3 kHz 语音带宽，即"窄带"系统。这种系统采用多进制数字调制和多种自适应技术来改善数据传输性能，实用数据传输速率可达 4.8 kb/s，最高至 9.6 kb/s，较传统的单边带电台数据传输速率提高了几倍；另外，传输速率达 16～64 kb/s，信道带宽达上百 kHz 的短波新型"宽带"传输系统也得到了广泛的研究。"宽带"系统运用快速跳频、直接序列扩频（DS）、多载波正交频分复用（OFDM）、宽带天线等多种不同技术来扩展传输带宽，使数据传输速率提高了一个数量级。

短波高速数字传输系统中，高速调制解调器是关键技术之一。短波高速调制解调器的作用就是采用各种技术措施，充分利用短波通信系统的信道容量，克服或减小短波信道造成的严重码间干扰，提高数据传输速率和可靠性。短波调制解调器分并行和串行两种（分别也叫单音和多音 Modem）。并行体制是采用频分多路并发的形式，将 0.3～3 kHz 带宽分成多个副载频，每个副载频同时发送正交单音，从而加大码元长度，减轻多径的影响。并行体制有发射功率分散、信号平均功率和峰值功率较低的特点。串行体制是以自适应滤波理论和自适应信号检测理论为基础的，克服了前述并行体制的缺点。自适应滤波理论发展起来后，很快在信道均衡技术中得到了应用。另外，新型通信技术也在串行通信中得到了广泛的研究，如 Turbo 码、LDPC 码、Turbo 均衡、信道预编码、新型混合 ARQ 技术、基于空间分集的 MIMO 技术和空时码等，这些技术为短波高速通信下减少传输误码率（BER，Bit Error Rate）提供了解决思路。

短波通信在军事上得到了大力的应用，不少国家还制定了很多军用短波通信标准。应用最广泛的两种标准是 MIL 系列和 STANAG 系列。前者是由美国国防部（US DoD）制定的，后者是由北约组织（NATO）制定的。两种标准很多是相似的。这些标准规定了短波通信的物理层（跳频、信道带宽、调制方式、数据波形等）、数据链路层（ARQ 协议、自动信道选择（ACS）、自动链路建立（ALE）、自动链路维护（ALM）等）、网络层（IP 或 P2P 的接口）

等方面的短波通信准则。参考这些标准，国内外制造了一系列短波电台和调制解调器。

4. 短波自适应通信技术

短波通信也存在着信道的时变色散特性和高电平干扰等弱点。为了提高短波通信的质量，最根本的途径是"实时地避开干扰，找出具有良好传播条件的信道"。完成这一任务的关键是采用自适应技术。

通常人们将实时信道估值(RTCE，Real Time Channel Evaluation)技术和自适应技术合在一起统称为短波自适应通信技术。从广义上讲，所谓自适应，就是能够连续测量信号和系统变化，自动改变系统结构和参数，使系统能自行适应环境的变化和抵御人为干扰。因此，短波自适应的含义很广，它包括自适应选频、自适应跳频、自适应功率控制、自适应数据速率、自适应调零天线、自适应调制解调器、自适应均衡、自适应网管等。从狭义上讲，我们一般说的高频自适应就是指频率自适应。短波自适应通信技术主要是针对短波信道的缺陷而发展起来的频率自适应技术。通过在通信过程中不断测试短波信道的传输质量，实时选择最佳工作频率，可使短波通信链路始终在传输条件较好的信道上。

短波自适应通信技术具有如下功能：

(1) 有效地改善衰落现象。采用自适应通信技术后，通过链路质量分析，短波通信可以避开衰落现象比较严重的信道，选择在通信质量较稳定的信道上工作。

(2) 有效地克服"静区"效应。在短波通信中，时常会遇到在距离发信机较近或较远的区域都可以收到信号，而在中间某一区域却收不到信号的现象，这个区域就称为"静区"。产生"静区"的原因一方面是地波受地面障碍物的影响，衰减很大；另一方面是对于不同频率的电波，电离层对其反射的角度不一样，因而造成了天波反射超出通信区域不能正常通信。采用短波自适应通信技术可通过自动链路建立功能，系统可以在所有的信道上尝试建立通信链路，找到不在"静区"的信道工作。

(3) 有效地提高短波通信的抗干扰能力。短波电台进行远距离通信主要是靠电离层反射来实现的，因此电离层的变化对短波通信影响很大，特别是太阳表面出现的黑子会发射出强大的紫外线和大量的带电粒子，使电离层的正常结构发生变化。对于不同的短波频率，电离层对其反射能力不同，而电离层的变化对不同频率的电波的影响也不相同；同时，短波通信过程中还存在着外界的大气无线电噪声和人为干扰，这些因素已成为影响高频通信系统顺畅的主要干扰源。采用短波自适应通信技术可使系统工作在传输条件良好的弱干扰或无干扰的频道上。目前的短波自适应通信系统已具有"自动信道切换"的功能，当遇到严重干扰时，通信系统会作出切换信道的响应，提高了短波通信的抗干扰能力。

(4) 有效地拓展短波通信的业务范围。由于采用了数字信号处理技术，因此短波自适应通信系统不仅可以进行传统的语音通信，而且在外接数字调制解调器和相应的终端设备(如计算机、传真机等)后可以进行数字、传真和静态图像等非话业务通信。

总之，采用短波自适应通信技术有利于充分利用频率资源，降低传输损耗，减少多径影响，避开强噪声与电台干扰，提高通信链路的可靠性。短波模拟通信已普遍采用自适应实时选频。

要实现频率自适应必须研究和解决以下两个方面的问题：一方面是准确、实时地探测和估算短波线路的信道特性，即实时信道估值(RTCE)；另一方面是实时、最佳地调整系统的参数以适应信道的变化，即自适应技术。

频率自适应根据功能的不同可分为以下两类。

(1) 通信与探测分离的独立系统。通信与探测分离的独立系统是最早投入使用的实时选频系统，也称为自适应频率管理系统。它利用独立的探测系统组成一定区域内的频率管理网络，在短波范围内对频率进行快速扫描探测，得到通信质量优劣的频率排序表，根据需要统一分配给本区域内的各个用户。

(2) 探测与通信为一体的频率自适应系统。探测与通信为一体的短波自适应通信系统是近年来微处理器技术和数字信号处理技术不断发展的产物，该系统对短波信道的探测、评估和通信一并完成。它利用微处理器控制技术使短波通信系统实现自动选择频率、自动信道存储和自动无线调谐，利用数字信号处理技术实时完成对探测的电离层信道参数的高速处理。

5.7.3　无线射频识别(RFID)技术

1. 无线射频识别的概念

无线射频识别(RFID, Radio Frequency IDentification)技术也称为射频识别技术，是20世纪90年代兴起的一项非接触式自动识别技术。它利用射频方式进行非接触双向通信，以达到自动识别目标并获取相关数据的目的，具有精度高、适应环境能力强、抗干扰强、操作快捷等许多优点。

目前常用的 RFID 国际标准主要有用于对动物识别的 ISO11784 和 ISO11785，用于非接触智能卡的 ISO10536(Close Coupled Cards)、ISO15693(Vicinity Cards)、ISO14443(Proximity Cards)，用于集装箱识别的 ISO10374 等。目前国际上制定 RFID 标准的组织比较著名的有三个：ISO、以美国为首的 EPC Global 以及日本的 Ubiquitous ID Center。这三个组织对 RFID 技术应用规范都有各自的目标与发展规划。

2. 无线射频识别系统的组成及工作原理

RFID 系统因应用不同其组成也有所不同，但基本都是由电子标签(Tag)、阅读器(Reader)和数据交换与管理系统(Processor)三大部分组成的。

电子标签(或称射频卡、应答器等)由耦合元件及芯片组成，其中包含带加密逻辑、串行 EEPROM(电可擦除及可编程式只读存储器)、微处理器 CPU 以及射频收发及相关电路。电子标签具有智能读/写和加密通信的功能，它通过无线电波与读/写设备进行数据交换，工作的能量是由阅读器发出的射频脉冲提供的。

阅读器有时也被称为查询器、读/写器或读出装置，主要由读/写模块、天线、控制模块及接口模块等组成。阅读器可将主机的读/写命令传送到电子标签，再把从主机发往电子标签的数据加密，将电子标签返回的数据解密后送到主机。

数据交换与管理系统主要完成数据信息的存储及管理、对卡的读/写控制等。

RFID 系统的工作原理如下：阅读器将要发送的信息经编码后加载在某一频率的载波信号上，经天线向外发送，进入阅读器工作区域的电子标签接收此脉冲信号，卡内芯片中的有关电路对此信号进行调制、解码、解密，然后对命令请求、密码、权限等进行判断。若为读命令，则控制逻辑电路从存储器中读取有关信息，经加密、编码、调制后通过卡内天线再发送给阅读器，阅读器对接收到的信号进行解调、解码、解密后送至中央信息系统进行有关数据处理；若为修改信息的写命令，则有关控制逻辑引起内部的电荷泵提升工作电压，将 EEPROM 中的内容改写，若经判断其对应的密码和权限不符，则返回出错信息。RFID 系统的基本原理框图如图 5 - 70 所示。

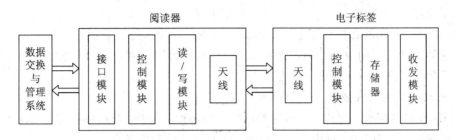

图 5 - 70　RFID 系统的基本原理框图

在 RFID 系统中，阅读器必须在可阅读的距离范围内产生一个合适的能量场来激励电子标签。在当前有关的射频约束下，欧洲的大部分地区各向同性有效辐射功率限制在 500 mW，这样的辐射功率在 870 MHz 的工作频率上，阅读区距离可近似达到 0.7 m。美国、加拿大以及其他一些国家在无需授权的辐射约束下，各向同性辐射功率为 4 W，这样的功率将达到 2 m 的阅读距离。在获得授权的情况下，在美国发射 30 W 的功率将使阅读区增大到 5.5 m 左右。

3. 无线射频识别技术的应用

现在射频技术广泛应用在以下领域。

1) 车号的自动识别

实现车号的自动识别是铁路人由来已久的梦想。RFID 技术的问世很快受到了铁路部门的重视。从国外实践来看，北美铁道协会 1992 年初批准了采用 RFID 技术的车号自动识别标准，到 1995 年 12 月为止，三年时间在北美 150 万辆货车、1400 个地点安装了 RFID 装置，首次在大范围内成功地建立了车号自动识别系统。此外，欧洲一些国家，如丹麦、瑞典也先后以 RFID 技术建立了局域性的车号自动识别系统；澳大利亚近年来开发了自动识别系统，用于矿山车辆的识别和管理。

2) 高速公路收费及智能交通系统(ITS)

高速公路自动收费系统是 RFID 技术最成功的应用之一，它充分体现了非接触识别的优势。在车辆高速通过收费站的同时自动完成缴费，解决了交通瓶颈问题，避免了拥堵，同时也防止了现金结算中贪污路费等问题。美国 Amtch 公司、瑞典 Tagmaster 公司都开发了用于高速公路收费的成套系统。

3) 非接触识别卡

国外的各种交易大多利用各种卡完成，即所谓的非现金结算，如电话卡、会员收费卡、储蓄卡、地铁及汽车月票等。以前此类卡大都采用磁卡或 IC 卡，由于磁卡、IC 卡采用接触式读/写信息，抗机械磨损及外界强电、磁场干扰能力差，磁卡易伪造，因此目前有被非接触识别卡所替代的趋势。

4) 生产线的自动化及过程控制

RFID 技术可用于生产线实现自动控制，监控质量，改进生产方式，提高生产效率，如用于汽车装配生产线。国外许多著名轿车像奔驰、宝马都可以按用户要求定制。也就是说，从流水线开下来的每辆汽车都是不一样的，由上万种内部及外部选项所决定的装配工艺是各式各样的，没有一个高度组织、复杂的控制系统很难胜任这样复杂的任务。德国宝马公司在汽车装配线上配有 RFID 系统，以保证汽车在流水线各位置处毫不出错地完成装配任务。

在工业过程控制中，很多恶劣的、特殊的环境都采用了 RFID 技术，Motorola、SGSTHOMSON 等集成电路制造商采用加入了 RFID 技术的自动识别工序控制系统，满足了半导体生产对于超净环境的特殊要求，而像其他自动识别技术，如条码自动识别在如此苛刻的化学条件和超净环境下就无法工作了。

5）动物的跟踪及管理

RFID 技术可用于动物跟踪，研究动物的生活习性，例如，新加坡利用 RFID 技术研究鱼的洄游特性等。RFID 还可用于标识牲畜，提供了现代化管理牧场的手段。此外，还可将 RFID 技术用于信鸽比赛、赛马识别等，以准确测定到达时间。

6）货物的跟踪及物品监视

很多货物运输需准确地知道其位置，像运钞车、危险品等，沿线安装的 RFID 设备可跟踪运输的全过程，有些还结合 GPS 系统实施对物品的有效跟踪。RFID 技术用于商店可防止某些贵重物品被盗，如电子物品监视系统 EAS。

习　题

5-1　GSM 系统结构包含哪几个部分？各部分的主要功能是什么？

5-2　GSM 信道的频率间隔是多少？每帧包含多少个时隙？每个时隙的时长是多少？信道传输速率是多少？

5-3　GSM 系统的上行、下行链路工作频段是多少？

5-4　GSM 系统有哪几种突发格式？GSM 系统的正常突发序列的结构是什么？各部分的含义是什么？

5-5　GSM 是应用最广泛的蜂窝电话系统，请回答下列问题：

（1）解释 GSM 的含义。

（2）GSM 系统的信道带宽是多少？

（3）GSM 属于第几代蜂窝系统？

（4）解释 TDMA 的含义。

（5）GSM 属于 TDMA 体制吗？

5-6　CDMA 是主要的第二代蜂窝电话系统之一，请回答下列问题：

（1）解释 CDMA 的含义。

（2）CDMA 属于扩频通信系统，请解释扩频通信的含义。

（3）什么是直接序列扩频？

（4）CDMA 系统同 GSM 系统的主要区别在哪里？

5-7　下列对 GSM 系统的描述中，不正确的是＿＿＿＿＿。（BC）

A. 前向信道和反向信道的频率间隔为 45 MHz

B. 一个时隙中可容纳 8 个用户

C. GSM 调制器的峰值频移是 GSM 数据速率的整数倍

D. GSM 采用恒包络调制技术

5-8　GSM 应用了＿＿＿＿＿＿多址接入方式和双工方式。（A）

A. FDMA/FDD　　　　　　　　B. FDMA/TDD

C. TDMA/TDD　　　　　　　　D. CDMA/FDD

5-9　下列对 IS-95 系统的描述中，不正确的是＿＿＿＿＿＿。（C）

A. IS-95 系统在容量上没有严格限制

B. IS-95 系统采用软切换技术

C. IS-95 系统采用慢调频技术

D. IS-95 系统的前向链路和反向链路中提供的信息数是不同的

5-10　为什么说 CDMA 系统具有软容量特性？

5-11　什么是"远近效应"？如何克服"远近效应"？

5-12　第三代移动通信 WCDMA 标准是在＿＿＿＿＿＿技术基础上发展起来的。（B）

A. TD-SCDMA　　　　　　　　B. GSM

C. IS-95CDMA　　　　　　　　D. CDMA2000

5-13　简述 CDMA 系统中前向功率控制和反向功率控制的原理。

5-14　什么是软件无线电？它有什么特点？软件无线电的关键技术有哪些？

5-15　TD-SCDMA 采用了哪些新技术？

5-16　WCDMA 和 TD-SCDMA 的共同点和不同点分别是什么？

5-17　CDMA2000-1X-EV 的演进分为几个阶段？分别具有什么特点？

5-18　什么是 LTE？LTE 在空中接口方面采用的是什么多址技术？

5-19　LTE 网络架构的特点是什么？LTE 网络架构与 3G 网络架构的区别是什么？

5-20　OFDM 在 LTE 中是如何应用的？上下行链路的多址技术有何区别？

5-21　简述卫星通信系统的优点和缺点。开普勒三大定律是什么？

5-22　用图表说明无线传感器网络节点的结构。

5-23　无线传感器网络分簇的原因是什么？传感器网络是如何分簇的？

5-24　简述传感器节点时间不同步的原因和时间同步的基本思想。

5-25　简述蓝牙系统的组成及各部分作用。

5-26　下列方式中，＿＿＿＿＿＿是蓝牙系统的双工方式。（B）

A. FDD　　　　　　　　　　　B. TDD

C. FDMA　　　　　　　　　　D. TDMA

5-27　相比较卫星通信，短波通信的优点和缺点有哪些？

5-28　RFID 系统由哪几部分组成？各部分的功能是什么？简述 RFID 系统的工作原理。

5-29　GSM900 系统采用 TDMA/FDMA/FDD 体制，将 25 MHz 的频段分为若干 200 kHz 的无线信道。如果一个无线信道支持 8 个语音信道，并且假设没有保护频段，请问 GSM900 系统中同时能容纳多少用户数？（1000 个）

5-30　参考图 5-18，计算 GSM 系统单信道（信道带宽为 200 kHz）的总数据速率和每个用户的有效信道（占用一帧中的 8 个时隙之一）数据速率。（270.833 kb/s，33.854 kb/s）

第 6 章　第 5 代移动通信

6.1　概　述

移动通信已经发展到第五代(5G),每一代的无线传输技术都有不同的特点,包括多址接入技术、多路复用技术和双工方式等。第 1 代移动通信(1G)采用模拟传输、频分多址(FDMA)和频分双工(FDD)技术,其在技术上的重要突破是采用了蜂窝设计和频率复用,这使得理论上设计任意大用户容量的移动通信系统成为可能。2G 是采用数字传输技术的蜂窝移动通信技术,在国际上获得比较广泛应用的有 GSM 和 CDMA,两种系统分别采用了时分多址(TDMA)和码分多址(CDMA),通信模式均为频分双工。2G 较 1G 的主要进步是语音信号的数字化传输并在系统中引入了短数据(短信息)。3G 也叫 IMT - 2000。移动通信从 3G 开始向移动宽带数据传输迈进,并在 3G 的后续演进中引入了高速分组接入(HSPA),数据传输速率可以达到几个 Mb/s,这使得无线互联网的快速接入成为可能。主流的 3G 系统有 WCDMA、CDMA2000 和 TD - SCDMA,它们的无线接入技术都是基于 CDMA 的。其中 WCDMA 和 CDMA2000 采用频分双工,而 TD - SCDMA 则采用时分双工(TDD)。FDD 系统必须分配成对频谱分别应用于上行和下行无线链路,而 TDD 使用非对称频谱,无疑 TDD 为移动通信应用带来了更大的灵活性。

4G 称为 LTE(长期技术演进),LTE 的升级版叫 LTE - Advanced。LTE 包括两种制式,即 TD - LTE 和 FDD - LTE,两种制式分别对应 TDD 和 FDD 模式。严格意义上讲,LTE 在性能指标上还没有达到 ITU 对 4G 的要求,LTE - Advanced 才算是真正的 4G。

4G 从一开始就是为支持分组数据而开发的,不支持传统的电路交换语音传输,所以 4G 是面向无线数据通信的。虽然 LTE 的意思是 3G 系统的长期演进,但是 LTE 在无线传输技术上与 3G 完全不同。LTE 的无线传输基于正交频分多址(OFDM),引入了高阶 MIMO 和载波聚合技术,并且具有新的网络架构和新的称为 SAE/EPC 的核心网。4G 支持在一个通用的无线接入技术中实现 FDD 和 TDD,从而实现了一个全球统一的移动通信技术标准。

5G 是为满足 LTE 及其演进所无法满足的应用场景而提出的,其正式名称为 IMT - 2020。5G 无线接入技术称为 5G 新空口,即 5G NR,5G 核心网称为 5GC。虽然 5G 无线传输仍然采用了 OFDM 技术,系统也借用了许多 LTE 的结构和功能,但采用了与 LTE 不同的解决方案。

以往的移动通信技术都是面向人与人之间通信而开发的,1G 和 2G 关注的都是移动电话,目标都是建设用户容量大并具有良好语音质量的通信网络;3G 和 4G 将重点由语音通信转向移动宽带数据；5G 则是面向未来可预见的大量新应用，这些新应用会将通信扩展到人与物、物与物之间。

ITU 为 5G 定义了以下三种应用场景：

（1）增强型移动宽带通信 eMBB。eMBB 仍然是以人为中心的通信，也是 3G 和 4G 应用的主要驱动力，在 5G 网络中仍然是主要的应用需求，而且需要支持的数据速率更高，用户体验也需要进一步提升。这类应用主要包括热点和广域覆盖，热点需要实现高数据速率、高用户密度和高系统容量，广域覆盖方面主要强调移动性和无缝的用户体验。

（2）大规模机器类通信 mMTC。mMTC 指的是以机器为中心的应用场景，比如大量的远程检测传感器、机械手等物联网设备。这类应用的主要特征是需要连接的设备数量非常大，而需要传输的数据量相对较小，并且对数据传输延迟要求不高。但这类设备一般要求低成本、低能耗和具有超长的终端电池使用寿命。

（3）超可靠低时延通信 URLLC。URLLC 场景涵盖了以人和以机器为中心的通信。以机器为中心的应用包括交通安全、自动控制、远程医疗和智能电网等几方面；以人为中心的应用有 3D 游戏和虚拟现实等。这些应用的特点都是要求非常低的时延和极高的连接可靠性。

6.1.1　5G 的主要性能指标

1. 峰值数据速率(Peak Data Rate)

峰值数据速率定义为理想条件下单用户可实现的最大数据传输速率，它取决于系统带宽和峰值频谱效率，即：峰值数据速率＝系统带宽×峰值频谱效率。

5G 要求达到的峰值数据速率为：下行 20 Gb/s；上行 10 Gb/s。

2. 用户体验数据速率(User Experienced Data Rate)

用户体验数据速率指的是对大多数用户而言在一个大的无线覆盖范围内可体验到的数据传输速率，具体可以定义为 95％的用户可实现的数据传输速率。这个指标首先取决于可用频谱宽度，其次也同网络部署有直接的依赖关系。由于在蜂窝小区的边缘信号较弱，而且容易受到干扰，因此一般用户体验数据速率较低。5G 是以异构网络、高密度组网部署方式、使用更高的无线频谱(毫米波频段)和更大的信道带宽来提高用户体验数据速率的。

5G 中要求的用户体验数据速率为：下行 100 Mb/s；上行 50 Mb/s。

3. 频谱效率(Spectrum Efficiency)

频谱效率指的是单位时间内，在单位频谱上能够传输的比特数。

5G 中要求增强移动宽带场景下的峰值频谱效率为：下行 30(b/s)/Hz；上行 15(b/s)/Hz。

4. 流量密度(Area Traffic Capacity)

流量密度指的是单位覆盖面积上所能够提供的数据吞吐量，单位是(Mb/s)/m²。流量密度取决于系统可用频谱带宽、频谱效率和基站部署密度，即

$$流量密度＝频谱效率×系统带宽×\frac{基站密度}{覆盖区域面积}$$

5G 中增强移动宽带场景的流量密度要求是 10 (Mb/s)/m²。

5．网络能效（Network Energy Efficiency）

网络能效指的是每比特数据流量消耗的能量。网络能耗已经成为网络运营成本的重要组成部分，降低网络能耗已经成为降低网络运营成本的重要方面。5G 的网络能效要求比 4G 提升 100 倍。尽管如此，由于 5G 基站的数据吞吐量大，而且基站密度远高于 4G，因此 5G 的网络能耗仍然是相当大的，有效降低能耗的技术措施一直在研究中。

6．时延（Latency）

时延定义为无线网络将数据包从源地址成功传送到目的地址所用的时间长度。这一指标对超可靠低时延通信场景非常关键。5G 对时延的要求如下：

用户面时延：eMBB 4 ms；URLLC 1 ms。

控制面时延：20 ms。

7．移动性（Mobility）

移动性是指在保持正常通信的条件下用户设备允许的最大移动速度，该指标主要考虑高速移动条件下的通信能力，如高铁使用场景。5G 系统的移动性目标能力是 500 km/h。

8．连接数密度（Connection Density）

连接数密度定义为覆盖单位面积上可支持的在线设备数量总和，5G 要求的连接数密度是 100 万/km²。

6.1.2　5G 的频谱

无线电频谱是发展无线通信的一种基础性资源，每一代移动通信的发展都扩展了新的频谱范围，其主要原因是业务的发展要求信道有更高的数据传输速率。香农公式告诉我们，提高信道容量的最基本办法是增加信道带宽，所以从 2G 开始，移动通信系统的信道带宽在不断加大，分配给移动通信系统的频谱带宽和新频谱也在不断增加。1G 使用的无线电频谱在 1 GHz 以下；2G 最初使用 1 GHz 以下的频谱，后来扩展了 1.9 GHz 频段；3G 的频谱在 2 GHz 频段，LTE 的频谱起初在 2.5 GHz 频段，后来扩展到 3.5 GHz。目前无线通信所使用的频谱已经扩展到 6 GHz 的范围。5G 业务要求更高的数据传输速率和更大的系统容量，5G 的无线频谱将扩展到毫米波频段。

在 5G NR 标准的第一个版本 R15 中，用于 5G 的无线频谱划分为两个频率范围，分别称为频率范围 1（FR1）和频率范围 2（FR2）。FR1 包括 6 GHz 以下分配给 5G 的现有频段和新频段。FR2 是 24.5～52.6 GHz 范围内的新频段，这部分频谱一般也称为毫米波频段。NR 系统既支持 FDD 又支持 TDD，因此 NR 使用的频段也有对称和非对称两种情况，这要求 5G 无线网络能够使用灵活的双工配置。

需要指出的是，虽然 NR 标准第一个版本中支持的最高频率只可以到 52.6 GHz，但以后频率范围可能扩展到 100 GHz。另外也会有原来用于 LTE 网络的频段被重新分配给 5G NR，这类被重新分配给 5G NR 的 LTE 频段通常称为 LTE 重耕频段。

FR1 的优点是频率较低，无线覆盖效果好，适合用于宏小区的广域覆盖，是 5G 网络发展初期的主用频谱。FR2 的优点是可以提供超大的无线带宽，从而实现更高的数据速率和更大的容量。FR2 频段的缺点主要是传输损耗大，绕射能力弱，用于无线通信时的单基站覆盖范围较小。因此 FR2 主要作为容量增强频段，用于高速数据传输。未来很多高数据速率应用都会基于 FR2 频段实现。为了克服毫米波频段信号传输损耗大和绕射能力弱的缺点，针对 5G 毫米波应用开发了大规模 MIMO 技术，目前这种技术正趋于成熟。

　　NR 标准具体定义了 FR1 和 FR2 中的工作频段(Operating Band)，一个工作频段就是为上行链路或者下行链路工作所指定的一个频率范围。每个工作频段都有一个编号，如 n1、n2、n3 等。表 6-1 和表 6-2 分别列出了 FR1 和 FR2 中为 NR 定义的工作频段，表中 N/A 表示不用，SDL 表示补充下行链路，SUL 表示补充上行链路，对应的分配频段称为补充下行频段和补充上行频段。

表 6-1　针对 FR1 为 NR 定义的工作频段

NR 频段	上行范围/MHz	下行范围/MHz	双工方式
n1	1920～1980	2110～2170	FDD
n2	1850～1910	1930～1990	FDD
n3	1710～1785	1805～1880	FDD
n5	824～849	869～894	FDD
n7	2500～2570	2620～2690	FDD
n8	880～915	925～960	FDD
n20	832～862	791～821	FDD
n28	703～748	758～803	FDD
n38	2570～2620	2570～2620	TDD
n41	2496～2690	2496～2690	TDD
n50	1432～1517	1432～1517	TDD
n51	1427～1432	1427～1432	TDD
n66	1710～1780	2110～2200	FDD
n70	1695～1710	1995～2020	FDD
n71	663～698	617～652	FDD
n74	1427～1470	1475～1518	FDD
n75	N/A	1432～1517	SDL
n76	N/A	1427～1432	SDL
n77	3300～4200	3300～4200	TDD
n78	3300～3800	3300～3800	TDD
n79	4400～5500	4400～5500	TDD
n80	1710～1785	N/A	SUL
n81	880～915	N/A	SUL
n82	832～862	N/A	SUL
n83	703～748	N/A	SUL
n84	1920～1980	N/A	SUL

表 6 - 2　针对 FR2 为 NR 定义的工作频段

NR 频段	上行范围/MHz	双工方式
n257	26 500～29 500	TDD
n258	24 250～27 500	TDD
n259	37 000～40 000	TDD

6.2　5G 移动通信网络

从 5G 定义的应用场景来看，5G 的应用范围已经远远超出了 4G 以前的通信网络，不仅要大大提升人的应用体验，而且要将应用从人与人之间的通信扩展到人与物、物与物，同时还要考虑到能够适应未来可能有新的应用出现。这些应用表现出了对网络需求的多样性和对网络性能更高的要求，而且要求网络具备一定的操作弹性，这些要求决定了 5G 网络将会采用全新的技术。

6.2.1　5G 网络总体架构

与传统移动通信网络类似，5G 网络的总体架构也分为接入网与核心网两大部分，如图 6 - 1 所示，图中 5GC 即 5G 核心网，NG - RAN 即 5G 接入网。5GC 主要有 AMF、UPF 和 SMF 三种逻辑节点。AMF 提供接入和移动性管理，包括鉴权、计费和端到端连接的控制，AMF 的作用类似于 4G 网络中的移动性管理实体 MME。UPF 提供用户平面的业务处理功能，它是 NG - RAN 与外部网络（如互联网）之间的网关，主要功能包括提供分组数据路由和转发、用户平面的策略规则实施等。SMF 节点负责会话管理，但 SMF 与接入网之间没有接口，故图中未画出。gNB 为 5G 基站，eNB 是 4G 基站，ng - eNB 是 eNB 的升级版，它们都能够连接到 5G 核心网。NG 为基站与核心网的接口，NG 接口又细分为 NG - C 和 NG - U，NG - C 是基站与核心网之间的控制面接口，NG - U 是基站与核心网之间的用户面接口。

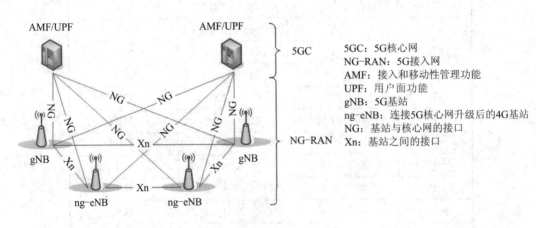

图 6 - 1　5G 网络基本架构

6.2.2 5G 组网架构

5G 商用发展有一个从 4G 到 5G 的过渡过程，两种网络之间需要有一个互通共存期。为此对 5G 网络提出了独立组网和非独立组网两种组网方案。

独立组网(SA)就是 5G 核心网通过 NG 接口直接连接 5G 基站组网，与 4G 网络相对独立。5G 独立组网能够实现 5G 网络的全部性能，是最终的组网方案。非独立组网(NSA)是指 4G 与 5G 网络混合组网，NSA 是发展 5G 的过渡性方案，主要是考虑到两个方面的要求：一是在 5G 技术引入的初期，需要依托原有 4G 基站和核心网，利用 5G 基站快速提升热点地区的宽带服务能力；二是在 5G 网络逐渐普及之后，核心网也已经过渡到 5GC，但这时仍然会有部分 4G 用户需要提供服务，因此需要保留部分 4G 基站。

对于从 4G 到 5G 演进过程中如何组网的问题，3GPP 讨论过包括 SA 组网和 NSA 组网的 7 种可选方案，全部组网方案分别称为选项 1~7，有的选项还有变形方案，总共有 10 种组网架构。在 7 个选项中，选项 1、2、5、6 属于 SA 组网，选项 3、4、7 为 NSA 组网。4 种 SA 选项中，选项 1 是 4G 基站 eNB 和 4G 核心网 EPC 实现的独立组网，不能支持 5G 新业务。选项 6 是 5G 基站 gNB 独立组网，但核心网是 EPC，这会限制 gNB 的性能发挥。选项 5 也是 eNB 独立组网，不能支持 5G 新功能。对于 SA 组网，这里只介绍选项 2。

图 6-2 是 5G 组网备选方案框图。其中图 6-2(a)中选项 2 是由 5GC 与 gNB 组网的独立组网方案，该方案是 5G 网络组网的最终目标。由于 5G 基站使用了较高的射频频率，虽然扩大了信道带宽，但是频率越高，无线传输的衰减越大，要实现完善的网络覆盖需要采用波束赋形技术和密集组网的方式，因此网络部署耗资巨大，很难在短时间内完成。

图 6-2(b)是 NSA 组网选项 3 及其变形选项 3a 和 3x 的组网架构，这是一种基于 4G 核心网、以 eNB 为主站、gNB 为从站的组网方案，特点是首先演进无线接入网，具有降低初期部署成本的优势。但是，NSA 组网需要用户终端能同时与 4G 和 5G 两种基站进行通信，并能同时下载数据，这种情况称为双连接。

在双连接部署情况下，从站在主站的控制下实现对用户终端的服务操作，负责主控的基站也叫作控制面锚点。具体来说，双连接部署时，所有信令或控制信息都经过主站转发，从站仅负责用户数据流的传送，用户终端和从站都在主站的控制下进行操作。在双连接部署情况下，用户数据要分到双连接的两条路径上传输，实现分流的位置叫作分流控制点。

选项 3/3a/3x 三种组网方案中的 eNB 承担着控制面锚点的作用，eNB 和 gNB 以双连接的形式为用户提供高速数据服务。但是选项 3 中不同变形方案的数据分流控制点不同。选项 3 的数据分流控制点在 eNB 上，eNB 不但要负责控制管理，还要把从 EPC 下来的数据分为两路，一路自己直接发给终端，另一路分流到 gNB 再由 gNB 转发给终端。因此选项 3 要求 eNB 有较高的性能，需要对原 4G 基站进行性能升级才能达到要求。选项 3a 中 gNB 用户面直接连到 EPC，控制面仍然以 eNB 为锚点，这样就减小了 eNB 对数据处理的压力，因此选项 3a 不再需要对 eNB 进行性能升级。选项 3x 是把用户面数据分为两部分，将对 eNB 造成压力的那部分迁移到 gNB，剩下的部分仍然走 eNB。

图 6-2(c)是 NSA 组网选项 7 及其两种变形选项 7a 和 7x，特点是采用 5G 核心网。容易看出，将图 6-2(b)中选项 3/3a/3x 的 4G 核心网 EPC 换成 5G 核心网 5GC，就变成了图 6-2(c)中的选项 7。在选项 7 及其变形方案 7a/7x 中，仍然以 eNB 为控制面锚点，eNB 和

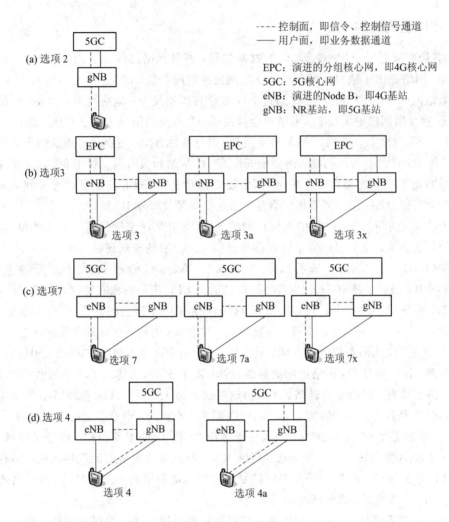

图 6-2　5G 组网备选方案

gNB 也是以双连接形式为用户终端提供服务的。

图 6-2(d)为选项 4 及其变形 4a，这两种方案中 eNB 和 gNB 共用 5GC，但以 gNB 为控制锚点，所有控制信令经由 gNB 转发。eNB 和 gNB 也是以双连接的形式为用户终端提供服务的，不同的是选项 4 中 eNB 的用户面从 gNB 走，而选项 4a 中 eNB 的用户面直接与5GC 连接。

6.2.3　接入网的演进与 5G 接入网架构

移动通信网络部署形式一直在发生着变化，其原因主要来自两个方面，一是随着技术和应用需求的发展，网络性能不断提高，比如数据速率不断提升，传输时延不断降低；二是网络建设成本和维护费用需要尽可能降低，以尽可能降低网络运营成本。提升网络数据传输速率的有效手段是增加信道带宽，降低传输时延的办法是减少传输环节、使网络越来越扁平化，而减小网络建设和维护费用，则主要从减少价格较高硬件设备的使用和降低网络运营能源消耗两个方面着手。

　　无线接入网的主要设备是基站，2G 是最初的数字化移动通信网，2G 基站由基站收发信机(BTS)与基站控制器(BSC)组成，基站采用一体化设计。其中 BTS 由基带信号处理和射频信号处理两个部分构成，BTS 的功能包括无线资源管理和控制。无线资源管理主要用于保持无线传播的稳定性和无线连接的服务质量，控制包括无线连接的建立、保持和释放等。一台 BSC 可以控制多个 BTS。

　　后来，BTS 的基带处理部分和射频处理部分被拆分为基带处理单元(BBU)和射频拉远单元(RRU)，两者之间传输基带 I/Q 信号并通过通用公共无线接口(CPRI)连接。其中BBU 主要负责基带信号处理，包括编解码、复用解复用、调制解调等。RRU 定义为射频收发信机与天线的接口到 CPRI 之间的部分。RRU 通过射频电缆与无源天线相连接，主要负责实现基带信号与射频信号之间的转换，完成射频信号的发射和接收过程。RRU 单元包括中频处理、射频收发信机、功率放大、滤波以及数/模变换(DAC)和模/数变换(ADC)等。RRU 可以安装在天线上(因此称为射频拉远单元)，也可以与 BBU 安装在一起。当RRU 安装在天线上时，RRU 与 BBU 之间用光纤连接，用光纤传输基带 I/Q 信号。将RRU 从机房内移动到室外的天线上安装，消除了以往基站与天线之间的 RF 连接电缆，进而减小了射频信号衰减，这有助于扩大基站的无线覆盖距离。将 RRU 从机房搬移到室外的天线上，这时的基站就由原来的一体化设计变成了一种分布式结构。

　　3G 的无线接入网由 RNC 和 Node B 组成，RNC 叫作无线网络控制器，类似于 2G 网络的基站控制器。Node B 就是 3G 基站，分为 BBU 和 RRU 两部分。Node B 一般采用分布式架构，RRU 安装在天线上，BBU 安装在机房内。由于 3G 将分组数据传输作为主要的服务内容，3G 的核心网在 2G 的电路交换(CS)域上又增加了分组交换(PS)域，语音通信仍然采用电路交换，而数据传输则采用分组交换。

　　4G 的基站叫作 eNode B。以前的无线接入网都是采用无线收发信机与无线网络控制器的两级结构，为了降低端到端的传输时延，4G 采用了更为扁平化的网络架构，取消了3G 中的 RNC，将 RNC 的功能一部分归到 eNode B 中，一部分归到核心网中，因此 4G 的无线接入网只有 eNode B 单级节点。

　　4G 核心网只有 PS 域，语音通信仍然依靠 3G 或者 2G 的电路交换网实现。后来在 4G网络上增加开发 VoLTE 技术，实现了语音作为数据流的传输，而不再依赖传统电路交换网。

　　4G 基站开始采用一种称为 C-RAN 的分布式架构。在 C-RAN 的分布式架构中，RRU 还是采用拉远的方式放在天线上，但将多个基站的 BBU 集中放置，RRU 和 BBU 之间采用光纤连接。BBU 集中放置之后，大幅减少了基站机房的数量，从而大大降低了网络部署周期和成本，同时也为显著降低电能消耗创造了条件。

　　基站的 BBU 集中放置在中心机房，这种集中放置的 BBU 叫作基带池。此时，传统的实体基站都变成了虚拟基站。而后，再进一步将集中化的 BBU 功能虚拟化，用通用硬件实现，如 x86 服务器，安装好虚拟机并运行 BBU 功能软件就可以实现 BBU 功能。网元功能虚拟化后采用通用硬件实现，代替了昂贵的专用硬件，进一步降低了网络成本。

　　基带池中所有的虚拟基站可以联合调度、共享用户的数据收发和信道质量等信息，从而强化了无线接入网内部的协作关系,改善了原来不同小区之间的相互干扰,并且可以通过相互协调大幅提升频率资源的使用效率,为用户提供更好的服务,这是采用协作多点传输(CoMP)的一个很好的例子。CoMP就是协调地理位置上分离的多个传输点(即RRU+天线),使多个传输点协同参与一个终端的数据传输或者联合接收一个终端发送的数据。

5G基站叫作gNB,gNB也是由BBU和RRU两部分构成的。但是考虑到5G面对的应用场景更加广泛,需要更加灵活的网络架构,将gNB的RRU仍然安装在天线上,通过射频电缆与天线连接。而gNB的BBU则分成了DU和CU两个部分,DU是分布式单元,CU是集中式单元。在网元功能划分上,CU负责基站中实时性要求较低的无线资源控制(RRC)和分组数据汇聚协议(PDCP)等协议处理功能,DU负责实现实时性要求较高的无线链路控制(RLC)、媒体接入控制(MAC)和物理层(PHY)等协议处理功能。

在5G网络部署架构中,网元CU/DU的切分只是逻辑功能的划分,实际中CU/DU可以设置于一个物理实体中(这样就与4G中的BBU相似),也可以分离设置。

移动通信网络架构及接入网的演进过程如图6-3所示。

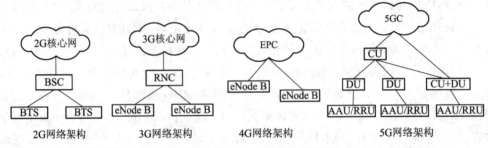

BSC:基站控制器;BTS:基站收发信机;RNC:无线网络控制器;Node B:3G基站;
eNode B:4G基站;CU:集中化单元;DU:分布式单元;AAU/RRU:远端射频单元

图6-3 移动通信网络架构及接入网的演进过程

另外,从1G到4G,移动通信无线接入网的工作频率都低于6 GHz(Sub-6 GHz),但5G需要使用毫米波频段。在研究5G的毫米波基站时,可以将RRU与大规模天线阵列进行一体化设计,这样可以省去RRU与无源天线之间的连接电缆,进一步优化了信号传输,同时也简化了毫米波收发信机的结构与体积,并且便于大量射频通道与天线阵列的集成。这样设计的5G射频收发系统就是有源天线系统(AAS)。

6.2.4 LTE/NR双连接与共存

5G有SA和NSA两类组网方案,5G建网初期一般采用NSA方案,也就是5G与4G的融合组网。一开始可以只在热点地区部署5G网络,以尽快满足高数据速率用户的需求,然后再逐渐扩展部署区域,直到最后完全取代4G网络。

在5G与4G共存的状态下,5G标准允许NR与LTE双连接,也就是5G终端可以同时连接到eNB和gNB上。在双连接的情况下,主站负责无线接入控制面的信令与控制信号处理,从站为用户终端提供额外的用户面连路,主从站配合为用户提供稳定的高速数据传输。

　　在 LTE/NR 双连接的情况下，终端连接的两个基站在地理位置上通常是分开的，图 6-4 所示是一个终端同时连接到微蜂窝层和其上覆盖宏蜂窝层的情况。微蜂窝层由 gNB 覆盖，宏蜂窝层由 eNB 覆盖，两个不同层的蜂窝覆盖的区域虽有重叠，但两个基站分别处于不同的地理位置。图中 eNB 是主站，gNB 是从站。主站工作在较低频段（比如低于 3 GHz），从站工作在高频段，比如毫米波。低频段信号传播覆盖的区域较大，这有助于主站确保在微基站暂时中断连接的情况下保持控制面的连接。由于 gNB 工作在高频段，因此可以提供较高的数据传输速率。除了两种基站部署在不同位置上之外，在 LTE/NR 共站的情况下也可以实现双连接。

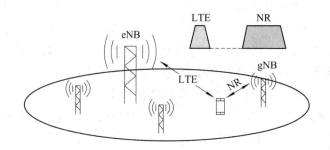

图 6-4　LTE/NR 异站多层场景下的双连接

　　gNB 工作在毫米波频段时，由于毫米波信号无线传输衰减较快，因此 gNB 经常难以获得令人满意的无线覆盖。要让 gNB 提供广域的覆盖能力，最有效的办法还是让 gNB 工作在低频段上。然而，无线通信可用的低频段频谱大多被已有的移动通信网络占用，这就使得很多情况下 NR 基站需要部署在 LTE 已用的频谱上，也就是 gNB 与 eNB 需要共享低频段频谱。

　　在 LTE/NR 共存的情况下，频谱共享有两种方式：静态频域共享和动态频域共享。静态频域共享就是将原来 LTE 的部分频谱以重耕的方式迁移到 NR。静态频域共享的优点是方法简单，缺点是会明显降低频谱使用效率。因为原来只给 LTE 使用的频谱，现在要分出一部分给 NR，所以导致两种基站的可用带宽都会减少，从而会影响基站所能达到的数据传输速率。动态频域共享是根据实时业务情况为每一个基站分配频谱，只有在有业务需要时才分配低频段频谱，无需要时不分配。这样，不论哪一种基站都可以使用完整的频谱带宽，基站可以达到峰值数据速率。

　　LTE/NR 共存有两种主要场景，对应 FDD 时为上下行共存，对应 TDD 时只有上行共存。表 6-1 中列出的补充上行频段（SUL）就可以用于 LTE/NR 上行共存。

6.3　5G NR 中的上下行解耦

　　5G 基站的无线工作频率从传统的 3 GHz 以下一直扩展到毫米波频段。随着载波频率的升高，无线传播损耗会明显增加，造成基站的无线覆盖距离随着载波频率的升高而减小。比如在相同条件下，基站采用 3.5 GHz 载波发射与采用 1.8 GHz 载波时的覆盖能力可能相差 8 dB 以上。因此，如何解决 5G 小区高频工作时的无线覆盖就成为一个关键问题。

　　无线覆盖问题包括基站无线覆盖和用户终端无线覆盖两个方面。在基站一侧，可以采用大规模 MIMO 和波束赋形技术来满足无线覆盖要求。但对于移动终端，由于体积和功耗的限制就不能采用大规模 MIMO 的方法，上行覆盖不可能与下行覆盖相匹配。为解决上下行覆盖不平衡的问题，NR 定义的工作频段中有一部分称为补充上行频段(即表 6-1 中的 SUL 频段)，这些频段都处于 FR1 中较低的频率。在引入上下行解耦技术的基础上，5G 系统正是通过将这些补充上行频段应用于移动终端的上行传输，利用低频段载波传播损耗较低的特点获得足够的上行覆盖距离。

　　在 4G 和以往的移动通信系统中，不论基站工作在哪个频段，也不论基站是工作于 FDD 还是 TDD 方式，其上下行载波都是一一对应的，并且上下行载波之间的频率间隔在不同频段中也都有严格的定义，这是一种上下行载波绑定使用的设计方式。比如对于采用时分双工的 TD LTE，其上行载波与下行载波为相同的频带。而对于采用频分双工的 LTE FDD，其上下行载波则处于不同的频带，并且上下行载波的频带宽度相同，但上下行载波之间的频率间隔在不同的频段是不同的。在较低频段上，上下行载波频率间隔较小，在较高频段上，上下行载波频率间隔较大，这时上下行频段的传输特性会有明显的不同。

　　为解决高频段上下行无线覆盖不平衡的问题，5G NR 系统采用了一种称为上下行解耦的设计技术。通过上下行解耦设计，NR 在一个小区中可以配置多个上行载波，这些载波称为补充上行(SUL)载波。补充上行载波可以是一个单独的上行频段，也可以是 4G LTE 中的频段。例如 LTE 中 1.8 GHz 频段可以配置为 NR 3.5 GHz 频段的补充频段，从而有效地增加上行传输的覆盖距离。图 6-5 给出了补充上行载波提升上行覆盖距离的示意图，图中常规上行频段为 3.5 GHz，补充上行频段为 1.8 GHz。

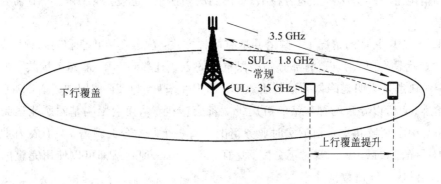

图 6-5　补充上行载波提升上行覆盖距离示意图

　　如前所述，NR 有独立(SA)组网和非独立(NSA)组网两种网络部署模式，上下行解耦在不同组网模式下也具有不同的特点。

　　非独立组网模式下，NR 终端需要具备 LT-NR 的双连接能力，也就是需要 NR 终端能够同时与 LTE 基站和 NR 基站建立无线连接。这种情况下以 LTE 小区为主小区，以 NR 小区为辅小区，终端同时接受 LTE 和 NR 基站的调度。NR 终端需要通过 LTE 空口完成初始接入，并通过 LTE 基站建立同 NR 基站和核心网的连接。一般情况下，这时 NR 的 SUL 和 LTE FDD 的上行载波为同一个载波。因此在用户终端看来，这个载波既可以用作 NR SUL，也可以用作 LTE 上行载波。

独立组网模式下，NR 和 5GC 都是独立工作的，NR 终端可以直接通过 NR 空口接入网络。这时 LTE 小区对 NR 终端而言是不可见的，NR 终端也不再需要 E-UTRA 和 NR 双连接能力。但 NR 基站仍然可以为 NR 终端配置与 LTE 频段共用的 SUL 载波。

在 5G NR 中引入上下行解耦技术，可以有效降低 NR 的时延，特别是在基站采用时分双工模式时。当基站工作在 TDD 模式下并配置了 SUL 载波时，上行数据的发送和下行数据的反馈都可以在 SUL 载波上传输。由于 SUL 载波可以配置为连续发送，而不是像 TDD 载波那样需要分时发送，因此大大缩短了系统时延。

上行解耦技术还可以改善移动场景中的用户体验。在 5G 网络与 4G 网络共存时期，NR 基站一般与 LTE 基站共站建设，基站间距以 LTE 基站的无线覆盖距离为基准。由于 NR 主要工作于高频频段，在基站天线单元数相同的情况下，NR 上下行覆盖距离都会小于 LTE 基站。这种情况下，NR 基站侧可以通过增加天线单元数和采用波束赋形技术扩大覆盖半径，使 NR 基站与 LTE 基站具有相同的下行覆盖性能。但 NR 终端不可能通过设计足够的天线单元来获得足够的上行覆盖，因此 NR 小区的上行覆盖与 LTE 覆盖有较大的差距。由于 NR 与 LTE 小区的无线覆盖不对称，当移动终端在 NR 小区和 LTE 小区间移动时，就会造成频繁的越区切换。频繁的越区切换，尤其是 NR 小区与 LTE 小区之间的切换，会产生较长的延迟甚至业务中断，恶化用户体验，同时也增加了网络的信令开销。如图 6-6 所示，图中 LTE 基站工作于 1.8 GHz 频段，NR 基站工作于 3.5 GHz 以上频段，当移动终端沿图示路线依次经过 NR 小区与 LTE 小区的 6 个边界点时，每经过一次 NR 小区和 LTE 小区的边界都会出现一次越区切换，图 6-6 中的情况需要切换 6 次。

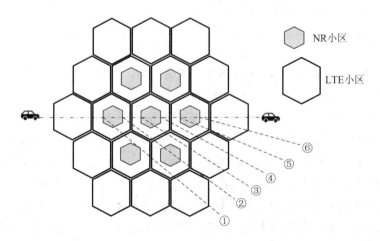

图 6-6 NR 基站与 LTE 基站无线覆盖不同时导致频繁小区切换的示意图

假如在图 6-6 所示的 NR 网络中应用上下行解耦技术，通过配置 SUL 频段，可以使 NR 移动终端上行覆盖距离增加到与 LTE 上行覆盖相同的水平，这样就使得 NR 小区与 LTE 小区具有相同的边界，从而消除了因 NR 与 LTE 小区无线覆盖不对称而造成的频繁越区切换，移动终端只需要在没有部署 NR 基站的小区边界与 LTE 小区进行切换。如果在图 6-6 中的网络中引入上下行解耦技术，则可以将原来需要切换 6 次减少到 2 次，即图 6-7 中的边界点①和②，从而有效地改善了移动用户的体验。

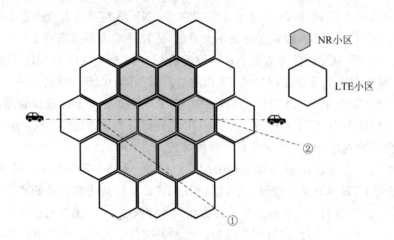

图 6-7　上下行解耦技术减少 LTE-NR 小区切换示例

6.4　5G NR 的物理层技术

NR 物理层是 5G 网络技术中最核心的部分，5G 关键性能指标中的峰值数据速率、频谱效率、用户体验速率、时延等，均需要通过 NR 物理层的设计来实现。此外，5G 工作的射频频谱很宽，从低于 1 GHz 到毫米波频段，应用场景也非常复杂，而且以人为中心和以机器为中心的应用需求并存，同时还要考虑适应将来可能出现的新应用需求，NR 物理层采用灵活的设计以适应这些多变的需求。

6.4.1　NR 波形

5G NR 采用了 4G LTE 的 OFDM 波形。不同的是，LTE 下行采用 OFDM 波形，上行采用 DFT-OFDM 波形；而 NR 上下行均采用相同的 OFDM 波形，DFT-OFDM 仅作为一种上行可选波形。OFDM 波形具有频谱效率高和抗多径衰落的优点。但是，LTE 主要应用场景是室外蜂窝小区，工作频率在 3 GHz 以下。因此 LTE 选择了固定的子载波间隔 15 kHz 和固定的循环前缀 CP=4.7 μs（实际上 LTE 也设计了扩展 CP，但实际部署中并未广泛采用）。5G 需要灵活支持多种应用场景，工作频率也扩展到毫米波频段，若采用单一的波形参数配置则无法满足需要。当频率在 3 GHz 以下时，基站覆盖半径较大，需要足够长的循环前缀以抵抗较大的时延扩展，这时 NR 可以使用与 LTE 类似的子载波间隔和循环前缀。对于较高频段（比如毫米波），因频率高，且振荡器相位噪声的影响明显，故需要选择更大的子载波间隔。同时，高频段传输衰减大，基站的覆盖半径较小，对应循环前缀也要减小。所以，考虑到上述多种因素，NR 设计采用了灵活、可扩展的波形参数配置。NR 以 LTE 的 15 kHz 的子载波间隔为基准，支持灵活的子载波间隔配置，子载波间隔可以从 15 kHz 扩展到 240 kHz，对应的循环前缀长度可等比例下降，如表 6-3 所示。这样，NR 中对应表 6-3 不同的 μ 就有一组不同的参数，这一组参数在 3GPP 中称为 Numerology（参数集）。

表 6 – 3　5G NR 支持的子载波间隔与对应的循环前缀

μ	子载波间隔 $\Delta f(=2^{\mu}\times15)/\text{kHz}$	OFDM 符号长度 $T_u(=1/\Delta f)/\mu\text{s}$	循环前缀长度 $T_{CP}/\mu\text{s}$
0	15	66.7	4.7
1	30	33.3	2.3
2	60	16.6	1.2
3	120	8.33	0.59
4	240	4.17	0.29

6.4.2　NR 帧结构

在无线通信中,帧用来表示物理层的时域资源组织方式。NR 的基本帧结构与 LTE 相同,NR 也采用 1 帧＝10 子帧＝10 ms 的基本帧结构,帧长度固定为 10 ms,子帧长度固定为 1 ms。但 5G NR 的基本帧结构以时隙为基本时间单元,常规 CP 情况下每个时隙包含 14 个 OFDM 符号,扩展 CP 情况下每个时隙包含 12 个符号。对应不同的参数集,子载波间隔不同,时隙的绝对时间长度不同,每个子帧内包含的时隙个数也随之变化。NR 中帧、子帧、时隙以及子载波间隔关系如图 6 – 8 所示,子载波间隔配置如表 6 – 4 所示,不同子载波间隔配置下的每时隙符号数($N_{\text{symb}}^{\text{slot}}$)、每帧时隙数($N_{\text{slot}}^{\text{frame},\mu}$)和每子帧时隙数($N_{\text{slot}}^{\text{subframe},\mu}$)如表 6 – 5 和表 6 – 6 所示。从图 6 – 8 看出,子载波间隔不同时,帧和子帧的长度是不变的,每时隙符号数也是不变的,但时隙长度随着子载波间隔的增加而减小,从而每帧和每子帧的时隙数也随着子载波间隔的增加而增加。

表 6 – 4　NR 子载波间隔配置

μ	$\Delta f=(2^{\mu}\times15)/\text{kHz}$	循环前缀 CP
0	15	常规
1	30	常规
2	60	常规,扩展
3	120	常规
4	240	常规

注:240 kHz 的子载波间隔只用于 SSB,不用于数据传输。

表 6 – 5　常规 CP、不同子载波间隔下每时隙符号数、每帧和每子帧时隙数

μ	$N_{\text{symb}}^{\text{slot}}$	$N_{\text{slot}}^{\text{frame},\mu}=10\times2^{\mu}$	$N_{\text{slot}}^{\text{subframe},\mu}=2^{\mu}$
0	14	10	1
1	14	20	2
2	14	40	4
3	14	80	8
4	14	160	16

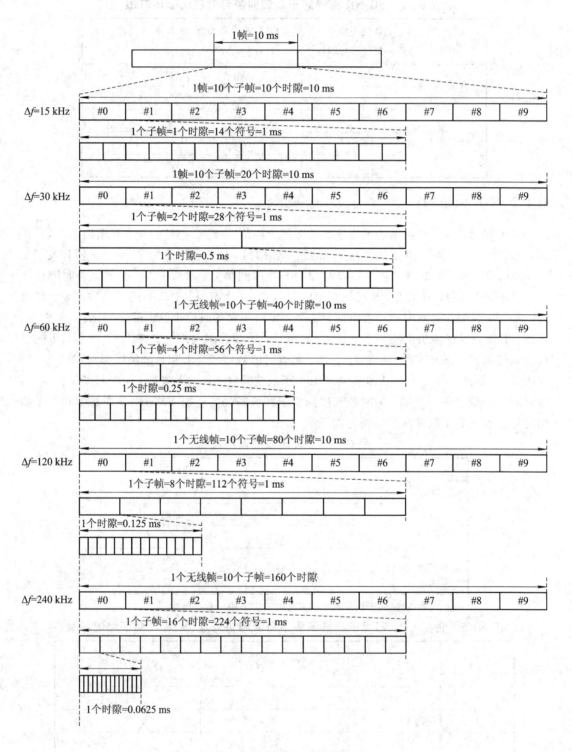

图 6 - 8 NR 中帧、子帧和时隙

表 6-6　扩展 CP 长度情况下的每时隙符号数、每帧和每子帧时隙数

μ	$N_{\text{symb}}^{\text{slot}}$	$N_{\text{slot}}^{\text{frame}, \mu} = 10 \times 2^{\mu}$	$N_{\text{slot}}^{\text{subframe}, \mu} = 2^{\mu}$
2	12	40	4

子载波间隔为 15 kHz 时，NR 的时隙结构和时间长度与 4G LTE(常规 CP 情况下)中的完全相同，这是为了 5G 与 LTE 长期共存的需要。

NR 中不同的子载波间隔对应不同的时隙长度。时隙是 NR 调度的基本时间单元，时隙也是由固定数目的 OFDM 符号组成的。子载波间隔越大，对应的时隙长度越短，这更符合低时延要求。循环前缀也随着子载波间隔的增大而相应地减小，但这样就不能适应可能产生高时延扩展的应用场景。为此，NR 引入了一种扩展循环前缀的特殊配置，就是在子载波间隔为 60 kHz 时，保持循环前缀的时间长度与子载波间隔为 15 kHz 时接近相同，通过增加循环前缀的开销来满足高时延业务的传输要求。

另外，为了适应时延敏感业务，NR 还可以使用一个时隙的一部分来传输数据，称为迷你时隙(Mini-slot)，迷你时隙用来支持具有灵活起始位置并且持续时间短于常规时隙的传输。迷你时隙除了有利于支持超可靠低时延业务的传输外，还有利于支持非授权频谱网络(如 WiFi)的竞争机制。在 WiFi 网络中，终端通过先听后说机制占用信道，采用迷你时隙后，如果发现信道空闲就可以立即开始传输，而不需等到时隙边界才开始传输，这样可以防止其他的终端占用无线信道。

6.4.3　NR 的基础参数与时频资源

NR 的基本时间单元是 $T_{\text{c}} = 1/(\Delta f_{\max} \cdot N_{\text{f}})$，其中 $\Delta f_{\max}$ 为 NR 中定义的最大子载波间隔，N_{f} 为最大系统带宽情况下对应每一个 OFDM 符号的时域采样点数。为适应不同的应用场景，NR 系统中定义了不同的子载波间隔，其中最大的子载波间隔是

$$\Delta f_{\max} = 480 \text{ kHz}$$

这个子载波间隔决定了 OFDM 最小的时域长度是

$$\frac{1}{480 \times 10^3} \approx 2.08 \ \mu s$$

我们知道，形成 OFDM 符号的数字处理过程是采用 IDFT 实现的(参考第 3.4.6 节)，根据采样定理和 IDFT 的实现原理，IDFT 计算的点数要大于或等于一个 OFDM 中的最大子载波数量，而 NR 一个 OFDM 符号的最大子载波数量是 3300，所以 IDFT 点数至少是 3300。为方便计算，IDFT 点数一般取为 2 的整数次方，所以 NR 中的 IDFT 点数就取为 4096，即

$$N_{\text{f}} = 4096$$

换句话说，在形成 OFDM 波形的过程中，对每一个 OFDM 符号都要进行 4096 点的时域采样，T_{c} 就是采样间隔，即

$$T_{\text{c}} = \frac{1}{\Delta f_{\max} \cdot N_{\text{f}}} = \frac{1}{480 \times 10^3 \times 4096} = 0.509 \text{ ns} \tag{6-4-1}$$

上面用到 NR 最大子载波间隔是 480 kHz，但表 6-4 中并没有列出这个数值。其原因是目前用到的子载波间隔是 240 kHz，但考虑到以后可能引入更大的系统带宽和后向兼容

性的需要，NR 标准中定义了 480 kHz 的最大子载波间隔。

NR 的物理时频资源对应于 OFDM 符号和 OFDM 符号内的子载波。NR 中最基本的资源单位是 RE，称为一个资源元素（或资源粒子）。RE 定义为一个 OFDM 符号内的一个子载波，这个定义同 LTE 中资源元素的定义相同。频域上 12 个连续的子载波称为一个资源块（RB），资源块是 NR 中最小的资源调度单位。NR 中一个载波最多支持 275 个资源块，对应 $275 \times 12 = 3300$ 个子载波。NR 标准对资源块的定义与 LTE 中不同，在 LTE 中，资源块是频域上 12 个连续的子载波和时域上一个时隙所定义的物理资源，这是一个二维的度量，而 NR 中对资源块的定义是频域上的一维度量。图 6-9 给出了 NR 物理时频资源结构示意图。

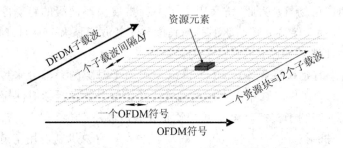

图 6-9　NR 物理时频资源结构示意图

在 3GPP 文件中，物理时频资源有两个方面的用处，一是用于承载高层（物理层之上的各层）信息（比如 PDCCH 承载下行控制信息，PDSCH 承载下行数据），二是用于传输支持系统工作的参考信号（比如参考信号和同步信号，参考信号不承载高层信息）。在 3GPP 中，用于承载高层信息的一组时频资源称为物理信道，用于支持系统工作的参考信号称为物理信号。移动通信系统中的参考信号，其实是一些已知的训练序列，收发两端都明确知道这些训练序列的具体内容和时频位置，接收端通过接收和分析这些训练序列来掌握信道的当前状态和信道质量。

我们知道，移动无线信道的动态变化特征是无线通信区别于有线通信的独有特征，也是无线通信系统设计的难点所在。为了保证通信传输质量和用户体验，移动通信系统需要实时地监控信道状态和信道质量，并在信道质量变化时采取适当的技术措施，以使信道的变化不致影响用户体验。移动通信系统中就是通过发送参考信号来达到上述目标的。当然，参考信号还有一些其他方面的功能，下面对 NR 中的参考信号做简要的介绍。

NR 系统中的参考信号有以下几种：

（1）解调参考信号（DM-RS）。该信号为信道参考信号，主要用于终端估计信道、帮助接收端解调和解码。

（2）信道状态信息参考信号（CSI-RS）。CSI-RS 是下行参考信号，主要用于接收端估计无线信道状态和质量（获取信道质量指示、信道秩指示、预编码矩阵指示等 CSI 参数）、波束管理、时频跟踪速率匹配和移动性管理等。终端接收 CSI-RS 后，估计信道质量并将信道质量信息报告给 gNB。

（3）相位跟踪参考信号（PT-RS）。PT-RS 用于跟踪和补偿高频振荡器的相位噪声，实现准确的相位跟踪，以减小相位噪声对系统性能的影响。相位噪声会引起相位误差、破坏 OFDM 系统各子载波的正交性，造成子载波间相互干扰，从而导致调制星座图发散。PT-RS 主要应用于 6 GHz 以上的高频段，高频段中相位噪声的影响更大。

（4）探测参考信号（SRS）。SRS 是上行参考信号，其功能类似于下行参考信号 CSI-RS。终端在上行链路中发送 SRS 用于 CSI 测量，系统根据测量结果实现调度和链路自适应。

（5）主同步信号（PSS）。PSS 结合辅同步信号 SSS 向终端提供时间和频率同步信息，以及物理小区标识信息。NR 系统一共定义了 1008 个物理小区，每个小区有一个物理小区标识 PCI。NR 的 1008 个小区又分成 336 个小区组，小区组编号用 $N_{\mathrm{ID}}^{(2)}$ 表示。每个小区组由 3 个组内小区组成，组内小区编号用 $N_{\mathrm{ID}}^{(1)}$ 表示，上述三个参数的关系为 $\mathrm{PCI}=3N_{\mathrm{ID}}^{(1)}+N_{\mathrm{ID}}^{(2)}$。PSS 承载参数 $N_{\mathrm{ID}}^{(2)}$。

（6）辅同步信号（SSS）。SSS 结合主同步信号向终端提供时间和频率同步信息，以及小区标识信息，SSS 承载 PCI 的组内标识参数 $N_{\mathrm{ID}}^{(1)}$。

6.4.4　NR 的逻辑信道、传输信道和物理信道

信道就是信息传输的通道，无线接口的不同协议层定义了不同的信道类型，不同的信息类型经过不同的信道类型进行传输，也就是不同的信息类型经过了不同的处理过程。无线接口协议有物理层（L1）、数据链路层（L2）和应用层（L3）。数据链路层又分成媒体接入控制（MAC）、无线链路控制（RLC）、分组数据汇聚协议（PDCP）和业务数据适配协议（SDAP）四个子层，应用层只有无线资源控制（RRC）。NR 中定义了 3 种信道，分别是 RLC 层与 MAC 层之间的逻辑信道、MAC 层与物理层之间的传输信道、空中接口的承载媒体决定的物理信道。逻辑信道、传输信道和物理信道分别处于不同的协议层，这些信道之间有确定的映射关系，或者说对应关系。

1. 逻辑信道

逻辑信道是 MAC 层和 RLC 层的业务接入点（SAP），也是 MAC 层为 RLC 层提供的服务，RLC 层使用逻辑信道向 MAC 层发送数据，或者使用逻辑信道从 MAC 层接收数据。逻辑信道有不同的类型，分类依据是其所携带的信息类型。逻辑信道携带的信息有控制信息和业务信息两种，其中控制信息包括控制信令、系统广播类信息和寻呼类信息等系统运行所需要的控制信令和配置信息，业务信息就是指协议高层传下来的用户数据。因此 NR 中的逻辑信道分为控制逻辑信道和业务逻辑信道两种，分别简称控制信道和业务信道。控制信道又细分为寻呼信道（PCCH）、广播控制信道（BCCH）、公共控制信道（CCCH）和专用控制信道（DCCH），NR 中的业务信道只有专用业务信道（DTCH）一种类型。NR 中几种逻辑信道的主要功能介绍如下。

（1）广播控制信道：用于向小区内的所有用户广播发送系统信息。用户终端在接入网络时需要知道系统信息以及在小区内正常运行所需要遵守的规则。

（2）寻呼控制信道：用于寻呼网络中所在小区信息未知的终端。因此，寻呼信息需要在多个小区中发送。

（3）公共控制信道：用于在随机接入的过程中传输控制信息。

（4）专用控制信道：用于在网络和某个具体的用户终端之间传输控制信息，比如为某个具体终端配置各种参数。

（5）专用业务信道：用于在网络和终端之间传输业务数据。这是一个单播信道，用于传输所有的单播上下行用户数据。

2. 传输信道

传输信道是 MAC 层和物理层之间的业务接入点，也是物理层为 MAC 层提供的服务，MAC 层使用传输信道向物理层发送数据，或者使用传输信道从物理层接收数据。传输信道关注的是空中接口上信息传输的方式和特征，不同类型的传输信道对应空中接口上不同信息的基带处理方式，比如调制编码方式、冗余校验方式、空间复用方式等。依据传输信道对资源占用的方式不同，传输信道又分成共享信道和专用信道两种。其中共享信道是指多个用户共同占用信道资源，NR 中的共享信道有寻呼信道（PCH）、广播信道（BCH）、随机接入信道（RACH）等。专用信道指的是某个用户独占信道资源，NR 中的专用信道有下行共享业务信道（DL-SCH）和上行业务共享信道（UL-SCH）。MAC 层将数据组成传输块（TB）的形式，以传输块的形式向物理层传输信息数据，每个传输时间间隔（TTI）内最多传输两个传输块。但是随机接入信道是一个例外，随机接入信道不承载传输块，但它也被定义为传输信道。NR 中几种传输信道的主要功能介绍如下。

（1）广播信道：用于传输部分逻辑信道 BCCH 的系统信息，具体说就是主信息块（MIB）。

（2）寻呼信道：用于传输逻辑信道 PCCH 的寻呼信息。为了节省电池电量，PCH 支持不连续接收（DRX），允许终端只在预先定义的时刻醒来接收 PCH 信息。

（3）下行共享信道：DL-SCH 是下行数据的主要传输通道，也支持 DRX。DL-SCH 也用于传输没有映射到 BCH 的部分 BCCH 系统信息。

（4）上行共享信道：它是与 DL-SCH 对应的上行数据传输通道。

（5）随机接入信道：用于传输终端随机接入请求信息。

3. 物理信道

物理信道就是空中接口上承载高层信息的媒体资源，即时频资源和空间资源，比如时隙、子帧、子载波、天线端口等。待传输信息在到达物理信道之前已经完成了编码调制等处理，进入物理信道后，在占用特定空域、时域和频域的物理信道上发送出去。根据所传信息的类型不同，NR 中的物理信道又分成物理下行控制信道（PDCCH）、物理上行控制信道（PUCCH）、物理下行共享信道（PDSCH）、物理上行共享信道（PUSCH）、物理广播信道（PBCH）和物理随机接入信道（PRACH）等几种类型。NR 中几种物理信道的主要功能介绍如下。

（1）物理下行共享信道：用于下行数据传输，也用于传输寻呼消息、随机接入响应消息和部分系统信息。

（2）物理广播信道：传送终端接入网络所需要的部分系统信息。

（3）物理下行控制信道：传输下行控制信息，包括接收下行数据所需的调度决策以及允许用户终端传输上行数据的调度授权。

（4）物理上行共享信道：该信道是 PDSCH 信道的对应信道，用于上行数据传输。

（5）物理上行控制信道：终端使用该信道传输上行控制信息，上行控制信息包括 HARQ 反馈确认（指示下行传输是否成功）、调度请求（向网络请求用于上行传输的时频资源),以及用于链路自适应的下行信道状态信息。

(6)物理随机接入信道:该信道被终端用于请求建立连接,这个过程称为随机接入。

6.4.5 NR 传输信道处理

根据 NR 传输协议,传输信道是 MAC 层和物理层之间的业务接入点,物理层以传输信道的形式向 MAC 层提供服务。NR 的整体传输信道处理基本流程如图 6-10 所示,上下行链路的处理基本相似,图 6-10 的结构适用于下行的 DL-SCH 和上行的 UL-SCH。BCH 和 PCH 采用的信道编码为 Polar 编码。

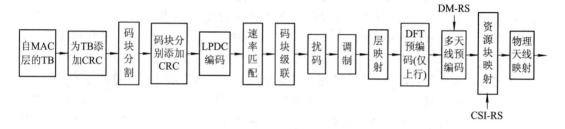

图 6-10 传输信道处理流程

在每个传输时间间隔(TTI)内,MAC 层向物理层传送一次数据,每次最多传送两个长度不定的传输块(TB),一个传输块就是包含 MAC PDU 的一个数据块。一般情况下 MAC 层在一个 TTI 内向物理层只传输一个 TB,只有在下行链路能传输大于 4 层的数据流并且信噪比很高的情况下可以传输两个 TB。

物理层处理的第一步是为每个 TB 添加 CRC,添加 CRC 的作用是让接收端能够检测出传输错误,一旦接收端发现传输错误,就会由 HARQ 机制触发重传。

TB 添加 CRC 后,如果位数过大,接下来就需要进行码块分割,就是将添加了 CRC 的 TB 分割成长度相等的码块(CB)。由于 NR 信道编码采用 LDPC 码,LDPC 码编码器需要采用特定大小的码块,如果添加 CRC 后的 TB 过大,就需要分割成大小相等的码块,并且要为分割后的 CB 分别添加 CRC,如图 6-11 所示。当然,如果 TB 添加 CRC 后只有一个 CB 大小,这时就不需要再添加 CRC 了,而是直接进入下一个处理步骤。码块分割后分别为每一个 CB 添加 CRC,可以使接收端分别检测出传输出错的 CB。这样,在重传时就只需要重传那些出错的 CB,而不需要将整个 TB 重传,这有助于提升频谱效率。

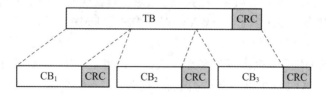

图 6-11 码块分割示意图

接下来对分割后的码块进行信道编码。LTE 的信道编码采用 turbo 码,NR 中改用 LDPC 码。两种编码方式的纠错能力相近,但 LDPC 码实现复杂度低,更适合在高码率的情况下使用。

速率匹配就是实现所传信息数据与所分配物理资源的匹配。PDSCH 或 PUSCH 上不仅仅传输用户数据，还需要传输参考信号、控制信道或其他系统信息，这些信息都需要占用物理传输资源，速率匹配时也需要考虑这些因素。

速率匹配后的码块，从一个个的单个码块又串联在一起，这就是码块级联，码块级联后形成的编码比特序列就是码字 CW。

扰码就是将上面的编码比特序列与比特级加扰序列相乘。加扰序列会根据小区 ID、子帧编号和 UE ID 的不同而不同。上行扰码可以避免不同 UE 的信号之间产生相互干扰，下行扰码可以避免不同小区的信号之间产生相互干扰。

调制就是将加扰后的比特分组用不同的幅度和相位来表示，或者说调制就是将加扰后的比特分组映射为对应的复数调制符号。NR 支持的调制方案包括 QPSK、16QAM、64QAM 和 256QAM，调制阶数越高，每一个复数符号对应的二进制分组的比特位越多，因此传输效率越高。对于上行链路，在使用 DFT 预编码时可支持 $\pi/2 - \mathrm{BPSK}$。

层映射就是将调制符号分布在不同的传输层上，层数多表示并行传输的数据流数多，因此总的数据速率高。一个编码传输块最多可以映射到 4 层。如果下行链路支持 8 层传输，第二个传输块将按照与第一传输块相同的方法映射到第 5 到 8 层。上行链路中使用 DFT 编码时只支持单层传输。

预编码就是将各层输出的结果看作一个向量，与一个预编码矩阵相乘，其目的是使用预编码矩阵将不同的传输层映射到一组天线端口上。

资源块映射获取要在每个天线端口上传输的调制符号，并将它们映射到可用资源元素集合上。

6.5　5G 的非正交多址接入技术

多址接入技术是移动通信系统的一项基础技术，主要包括两个方面的作用：一是为移动用户提供接入网络的无线信道资源；二是让用户能够在基站发射的许多信号中识别出发送给自己的信号，同时基站在接收多个用户的信号时也要能够区分并分别解调出来。

多址接入技术的基本原理是利用不同用户信号特征上的差异来区分不同的用户，它要求各信号的特征彼此独立或相关性尽可能小，使得多个用户间可以更好地区分。比如，在不同的频率上发送不同用户的信号、在不同的时间段上发送不同用户的信号，或者不同用户使用不同的编码波形等。依据信号在频域、时域、码域或空域的不同特征，目前应用的多址接入技术可以分为频分多址（FDMA）、时分多址（TDMA）、码分多址（CDMA）、空分多址（SDMA）和正交频分多址（OFDMA）等 5 种。

移动通信技术的发展，也体现为多址接入技术的发展。1G 移动通信系统中典型的多址接入技术是 FDMA，2G 中以 GSM 为代表的移动通信系统采用了 TDMA，3G 中的三大主流标准 TD-SCDMA、WCDMA 和 CDMA2000 都采用了 CDMA，4G 则采用 OFDMA。另外，3G 之后，随着智能天线的应用，空分多址也在移动通信系统中获得应用，并结合其他的多址接入技术来进一步提升移动通信系统的频谱利用率。上述这些多址接入技术有一个共同的特点，就是为不同用户设计具有正交性的信号，因此称为正交多址接入（OMA）技术。当然，严格地讲 CDMA 不属于正交多址接入技术，因为不同的伪随机码之间只是近似地正交,只不过不同的码分用户之间残留的干扰很小。

正交多址接入技术为小区内的每个用户分配了唯一的接入资源,这避免了用户间的相互干扰,并且因为每个用户的信号都可以根据正交特性而单独检测,从而使得接收机设计比较简单。然而,也正是由于多址接入的正交特性设计,使得频谱资源利用率受到限制,很难进一步改进与提升。另外,由于 5G 需要服务于多种应用场景,这要求 5G 在多址接入技术方面能够提供更多的灵活性和可扩展性,尤其是对于连接密度要求很高的 mMTC 场景,要求 5G 网络能够具备海量的连接能力。为此,提出了非正交多址接入(NOMA)技术。

在正交多址接入技术中,能够接入的用户数同系统所具有的正交资源(比如频分多址的频率或时分多址的时隙)数成正比,一个资源上只能有一个用户的信号传输,可分配的接入资源数限定了可以接入的用户数,因此不可能满足 5G 海量连接的需求。非正交多址接入允许同一个资源上可以传输多个用户的信号,并且不需要用户信号之间是正交的,接收端可以采用先进的多用户联合检测信号处理方法,消除不同用户信号之间的干扰,并解调出用户信号。非正交多址接入可以成倍地增加用户容量,但要求使用更先进的信号处理方法,这使得通信系统的设计更加复杂。

已经提出的非正交多址接入技术有十几种,较早提出的有 NOMA(非正交多址接入)、SCMA(稀疏码多址接入)、MUSA(多用户共享接入)、PDMA(图样分割多址接入)等。

在 5G NR 中,非正交多址接入建立在正交频分多址(OFDMA)技术基础上,各个子信道之间是正交的和无相互干扰的,但会有多个用户的信号在同一个子信道上传输。当多个用户信号占据同一个子信道传输时,不同的用户信号之间就不再是正交的,因而会相互干扰。为了在接收端能正确检测出不同用户的信号,需要采用多用户检测方法,如串行干扰消除算法(SIC)、消息传递算法(MPA)等。下面简单介绍 NOMA、MUSA 和 SCMA。

6.5.1　非正交多址接入技术 NOMA

NOMA 是一种功率域的非正交多址接入技术,发射机通过将用户信号在功率域上叠加来实现多个用户在同一个信道上的接入。NOMA 各个子信道之间是正交的,这是 OFDMA 的特性。但是,NOMA 系统的子信道不是由一个用户单独占用的,一个子信道上可能有多个用户信号叠加传送,以此来提升频谱资源利用率。有报道称 NOMA 可以将频谱效率提升 5~15 倍。

NOMA 系统在同一个正交子信道上叠加传送的多个用户信号之间是非正交的,接收端可以采用 SIC 算法实现正确解调。下行链路应用 SIC 算法的信号检测过程可以用图 6-12 简单说明,图中一个基站(BS)服务的用户群中有 N 个用户(MS_1,MS_2,…,MS_N),考虑最极端的情况,假设 MS_N 距离基站最近,而 MS_1 处于基站服务小区的边缘,距基站最远。容易理解,距离基站最近的用户,信道对信号的衰减最小,信道质量最好。用户距离基站越远,信号衰减越大,因而信道质量也越差。距基站最远的 MS_1 信道质量最差。

为了确保距离基站较远处用户的服务质量,需要保证较远处用户有足够的接收信号信噪比(SNR),因此需要基站发送信号有较大的功率;反之,对距离基站较近的用户则需要较小的发射功率。按照这种发射功率分配要求,基站发射 MS_1 的信号时发射功率最大,发射 MS_2 的信号时功率次之,发射 MS_N 的信号时功率最小。NOMA 系统的下行链路发射机与接收机基本框图如图 6-13。

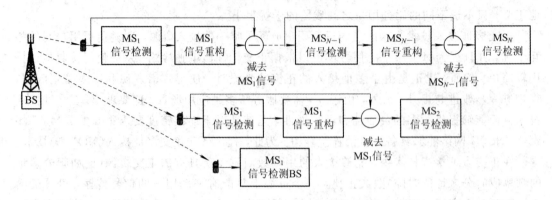

图 6-12　应用 SIC 算法的 NOMA 系统下行链路多用户检测基本过程

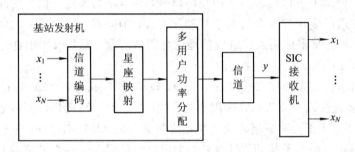

图 6-13　NOMA 下行链路发射机与接收机基本框图

　　在接收端(用户手机)，每个手机都会收到基站发送给所有手机的信号，这时只有发给自己的信号是有用信号，所有其他手机的信号都是干扰信号，SIC 检测算法可以用来消除其中的强干扰。

　　对于 MS_1，显然其收到的所有信号中只有自己的信号最强。因为基站发送时分配给 MS_1 信号的功率最大，其他手机的信号都比较弱。信号从基站传输到达 MS_1 时，所有信号都经过相同的信道衰减，发给 MS_1 的信号仍然是最强的。由于在所有接收信号中 MS_1 信号最强，这时可以不考虑其他手机信号的影响直接检测 MS_1 的信号。

　　对于 MS_2 来说情况就不同了。考虑到信道传输衰减，在 MS_2 接收的全部信号中，MS_1 的信号最强，MS_2 的信号次之，MS_1 的信号成为对 MS_2 的强干扰，需要消除这个干扰后才能检测出 MS_2 的信号。其他手机的信号都相对更弱，影响不需要考虑。在这种情况下，采用 SIC 方法检测 MS_2 的信号，首先要检测出最强的 MS_1 信号，然后从原始接收信号中减掉 MS_1 的信号。原始信号减掉 MS_1 的信号后，剩下的信号中最强的就只有 MS_2 的信号了，这时就可以直接检测 MS_2 的信号。

　　其他手机中的信号检测过程类似，只是距离基站越近的用户，信号检测时需要减掉更多的强信号。对于 MS_N，需要首先检测 MS_1 的信号，并从原始接收信号中减掉 MS_1 的信号，然后检测出 MS_2 的信号，再从减掉 MS_1 信号的原始信号中减掉 MS_2 的信号，以此类推，直到检测出 MS_{N-1} 的信号，并从剩余原始信号中将 MS_{N-1} 的信号减掉，最后才能检测出 MS_N 的信号。

　　上面介绍的是 NOMA 系统下行链路，NOMA 也适用于上行。对于 NOMA 上行链路，距离基站较远的用户发射功率较大，距离基站较近的用户发射功率较小，所有用户的发射信号到达基站的功率电平接近。这种情况下，距离基站较远的用户会受到比较严重的干扰，上行链路采用 SIC 算法解调时，一般是首先解调最靠近基站的用户信号，最后解调离基站最远的用户信号。

6.5.2　多用户共享接入技术 MUSA

　　MUSA 是一种基于复数多元码扩频序列的非正交多址接入技术，它是将每一个用户要发送的消息信号用复数多元码扩频，并在码域叠加后发送给接收机。MUSA 和上面介绍的 CDMA 都使用了扩频通信技术，因此系统性能都与扩频序列有关。MUSA 系统使用的是复数域扩频序列，复数域多元码序列提供了实部和虚部两个维度的信息，虚部附加的自由度有助于减小用户扩频序列之间的互相关性。这种序列的一个重要特点是，即使复数扩频序列很短，也能构成足够多的扩频序列数量，并能保证序列间良好的正交性。

　　图 6-14 示出了 MUSA 通信系统的结构框图。在发送端，每个接入用户随机地从复数域多元序列中选取一个序列作为扩频序列，并对调制后的发送符号进行扩频，经过扩频的每一个调制符号，在相同的时频资源下发送，接收端则采用 SIC 多用户检测算法获得每一个用户的信号。

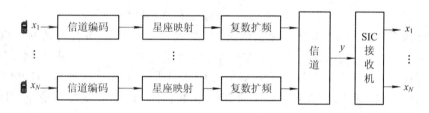

图 6-14　MUSA 通信系统结构框图

　　假设扩频序列的长度为 N（也就是说系统有 N 个正交的接入信道），有 M 个同时接入的用户，$M > N$，因此每一个正交的接入信道中可能有多个用户接入。设 x_i、s_i、g_i 分别代表第 i 个用户的调制符号、扩频序列和信道增益系数，经过信道传输之后，每一个接收机收到的信号可以表示为

$$y = \sum_{i=1}^{M} g_i s_i x_i + N_0 \qquad\qquad (6-5-1)$$

式中 N_0 为信道噪声。

　　由于每一个正交的接入信道中都可能有多个用户信号叠加传输，因此接收信号中既有噪声干扰和多径干扰，也存在多址干扰，并且当一个信道中的用户较多时，多址干扰会非常明显。为了消除或减轻多址干扰的影响，MUSA 系统接收机采用的是基于最小均方误差（MMSE）准则的 SIC 算法进行多用户检测，利用不同用户信号的信噪比或者功率电平差别来提高解调用户信号的能力。关于信号检测更进一步的细节这里就不再介绍了。

6.5.3　稀疏码多址接入技术 SCMA

　　SCMA 是由 OFDMA 和 CDMA 以及稀疏扩频的思想相结合而形成的一种非正交多址接入技术，由于 OFDMA 是 LTE 系统中采用的多址接入技术，因此 SCMA 系统与 LTE 系统有相似之处。在 SCMA 系统发送端，用户数据只扩展到有限的子载波上，其余子载波没有数据传输，这种数据扩展方式称为稀疏扩频。这种稀疏性使得接收端可以采用复杂度较低的消息传递算法检测用户数据，便可以获得近似于最大似然（ML）译码检测的性能。

　　图 6-15 是 SCMA 上行链路传输系统框图。用户数据经过信道编码、SCMA 编码和 OFDM 资源映射后在时频资源元素中发送出去。SCMA 编码的功能是将用户的消息数据流映射为码本中的多维稀疏复数码字，也就是根据用户输入的消息比特从该用户的码本中挑选码字。然后，再将不同用户的码字在相同的正交时频资源上以稀疏扩频方式非正交叠加，并送入信道传输。在接收端，首先进行物理资源解映射，而后采用消息传递算法（MPA）完成多用户信号检测，最后恢复原始的用户消息数据。

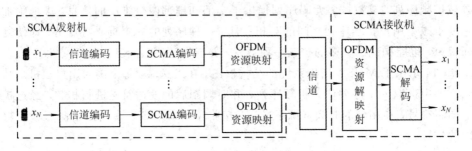

图 6-15　SCMA 上行链路传输系统框图

　　SCMA 编码是 CDMA 星座变换（调制）与扩频两个过程的结合与改进，也就是说 SCMA 编码等于完成了 CDMA 系统中 QAM 调制和扩频两个步骤。经过 SCMA 编码后得到的码字对应的就是扩频后的序列。SCMA 与 CDMA 扩频另一个区别是，CDMA 扩频序列采用的是正交码，而 SCMA 扩频序列采用的是非正交码，并且 SCMA 对星座图做了更多的变换，以使更多的用户可以实现非正交多址接入，其目的是满足 5G 海量连接的需求。

　　SCMA 技术主要涉及码本设计和接收端译码采用的消息传递算法，这两个方面是影响 SCMA 系统性能的关键，因此码本设计和简洁高效的译码算法也成为 SCMA 技术研究的重点。

　　从上面的介绍可以看出，随着通信技术的发展，多址接入技术也越来越复杂，主要是对信号处理技术的要求越来越高。上面只对非正交多址技术做了简单介绍，没有涉及更具体的处理技术，有兴趣的读者可以查阅相关资料。

6.6　大规模多输入多输出系统

　　多输入多输出系统也叫 MIMO 系统。通过第 3 章我们对 MIMO 技术已经有了基本的认识，本节介绍 MIMO 技术在 5G 系统中的应用，MIMO 技术是 5G 系统的基础技术之一。

　　多天线技术很早就已经应用于无线通信系统中，如 GSM、WCDMA/HSPA、TD-SCDMA 和 LTE。最初，GSM 等 2G 系统应用多天线技术实现无线传输分集，以对抗多径效应所造成的信号衰落，提高无线链路传输可靠性。在 3G 系统中，多天线技术结合数字信号处理实现了空分复用，提升了无线通信系统的频谱效率和信道容量。在 4G 系统中，多天线技术获得了更为深入的研究和长足发展，被用来实现分集、波束赋形和空分复用等多项功能，成为实现高速数据传输和提升频谱效率的一项重要技术。

　　以上移动通信系统都工作于 6 GHz 以下频谱，5G 标准将工作频谱扩展到了毫米波，并将大规模 MIMO 作为提升系统性能和频谱效率的一项基本技术。

　　5G 需要大的射频带宽来实现高速数据传输，预计 5G 网络会主要部署在高频频段，以毫米波频段的大带宽来实现高速数据传输。由于毫米波频段的可用频谱非常丰富，影响传输性能的主要因素就不再是频谱带宽，而是高频传输的快速衰减对小区覆盖半径的限制。因此，当系统工作在毫米波频段时，通过波束赋形来增强小区覆盖成为一种关键的方法。

　　波束赋形是一种利用阵列天线获得高方向性辐射图的技术，该技术可以将阵列天线的电磁辐射集中指向预定区域，从而有效提升辐射信号功率的利用率。同传统的全向天线和宽波束天线相比，采用阵列天线和波束赋形技术，可以使接收端得到质量更好的信号。

6.6.1　阵列天线的概念

　　方向性是天线的重要特性之一。天线是收发互逆的，作为发射天线时，将发射机送来的传导射频信号转化为电磁波向空间辐射出去。这时，天线在空间的不同方向辐射强度不同，在某个方向辐射强度较大，其他方向辐射强度较小，有的方向甚至辐射强度为 0。作为接收天线时，天线将来自空间的电磁波转化为传导射频信号送给接收机，天线接收信号的能力也是有方向性的，并且其方向性与作为发射天线时相同。

　　天线的方向性取决于天线的结构尺寸，描述天线辐射方向性的函数称为方向图函数，根据方向图函数画出的图形称为方向图，天线方向图也可以通过实地测量得到。方向图直观地展示了相同距离、不同方向上辐射场的相对大小。

　　以图 6-16(a)的对称振子天线为例，天线沿 z 轴放置，天线的信号输入端位于坐标原点。以 λ 表示信号波长，当天线总长度 $h=\lambda/2$ 时，称为半波长对称振子天线。对称振子天线的辐射场可以参考第 2.1.1 节基本振子的分析结果通过积分求出，进而得到该天线的三维方向图，如图 6-16(b)所示。如果用 $F(\theta,\varphi)$ 表示半波对称阵子的方向图函数，则可以得到

$$F(\theta,\varphi)=F(\theta)=\frac{\cos\left(\dfrac{\pi}{2}\cos\theta\right)}{\sin\theta} \tag{6-6-1}$$

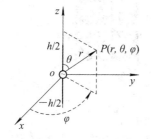
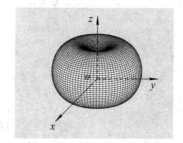

(a) 垂直于地面放置的对称振子天线　　　(b) 图(a)对称振子天线对应的三维方向图

图 6-16　半波长对称振子天线及其辐射方向图

　　显然，对称振子天线在 xoy 平面上辐射强度最大，并且在以天线为轴线的 360° 方向上有均匀的辐射强度，而在天线轴线方向上辐射强度最小。如果将 xoy 平面看作水平面，这种天线在水平面上具有均匀的辐射强度，这样的天线一般叫全向天线（尽管它在垂直平面内具有方向性）。对称振子天线是移动通信基站最常用的天线类型，其特点是在地平面上

有全向的辐射特性。

　　虽然天线的三维方向图看上去很直观，但通常只画出两个相互垂直的主平面上的平面方向图来表征天线的方向性。主平面指的是包含最大辐射方向的平面，对称振子的两个主平面分别是包含对称振子的平面和与对称阵子垂直的平面。由于包含对称振子的平面与电场矢量平行，因此也称为 E 平面，简称 E 面；而与对称振子垂直的平面与磁场矢量平行，故称为 H 平面，简称 H 面。根据式（6-6-1）可以画出半波对称振子的 E 面方向图和 H 面方向图，如图 6-17 所示。在 E 面上，辐射场强随 θ 而变化，$\theta=0$ 和 $\theta=\pi$ 时（半波振子轴线方向）辐射场最小，$\theta=\pi/2$ 时（xoy 平面上）辐射场最大。在 H 面上，方向图函数与 φ 无关，半波振子 H 面方向图是半径为 1 的圆。

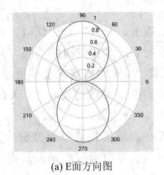
(a) E面方向图

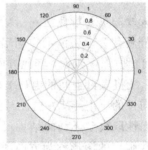
(b) H面方向图

图 6-17　半波长对称振子的 E 面方向图和 H 面方向图

　　实际应用中，根据不同的设计要求（体积、带宽、方向性等），对称振子天线有不同的设计形状，比如线状、板状、微带等。图 6-18 示出一种利用微带贴片结构制作的对称振子天线。图 6-18(a) 是用印刷电路制作并 45°倾斜放置的单极化对称振子天线，其辐射电磁波的极化是 45°倾斜的。该天线制作在一块方形介质基片上，图中的深色部分是辐射贴片，较浅色的部分是连接两个辐射片的贴片，馈电结构在天线背面，没有示出。图 6-18(b) 是由两副对称振子天线正交放置所形成的±45°双极化天线。

(a) 平面印刷45°极化振子天线　　　　(b) 平面印刷±45°双极化天线

图 6-18　对称振子天线举例

　　由于基站与终端处于相对运动状态，传统的基站采用全向天线来确保双方的通信连接。但是，全向天线只将信号功率的一小部分辐射到了终端的方向，辐射信号功率利用率低，表现为天线增益低、覆盖距离小。同时，辐射到其他方向的功率还会对其他设备带来干扰。如果将全向天线改成定向天线，既可以提升功率利用率，扩大基站覆盖距离，也能减小对其他设备的干扰。

　　定向天线也是扩大系统容量和提升频谱效率的重要手段。我们知道，将蜂窝小区分裂成几个扇区是基于频率复用扩大移动通信容量的有效方法（参见第 4.2 节），这时就需要采用扇区定向天线来覆盖指定的扇区。更进一步，如果采用更窄波束的方向性天线（比如具有针状方向图的天线）实现空分复用，就可以同时获得降低用户间干扰、提升频谱效率和扩大基站覆盖距离的效果。

半波振子天线在移动通信中得到了广泛应用，但其方向性不够，当前移动通信领域一般采用阵列天线来增强天线方向性。

阵列天线也叫天线阵，是将若干个单元天线按照一定的规律排列组成的天线系统。利用天线阵可以获得单元天线不能达到的辐射特性和性能，如高增益、窄波束和电扫描波束等。阵列天线可以实现天线波束的扫描，也可以同时形成多个波束。阵列天线形成的不同波束可以指向不同的方向，从而可以使用相同的频率同时为多个终端传输信号，实现空分复用。

组成天线阵的独立天线单元称为阵元，按照阵元的排列方式不同，天线阵有直线阵、平面阵和三维阵等，目前主要使用的是直线阵和平面阵。天线阵的辐射场是各个阵元所产生辐射场的矢量叠加，天线阵辐射的方向特性取决于阵元的形式、数目、排列方式、阵元间距以及阵元上辐射信号的相位和振幅。下面对均匀直线阵和均匀平面阵进行介绍，这是实际中常用的多天线阵列。

1. 均匀直线阵

均匀直线阵是将 N 个相同结构尺寸的天线作为阵元，在一条直线上等间距排列所形成的阵列天线系统。图 6-19 是 N 个阵元沿 y 轴排列形成的均匀直线阵，相邻阵元之间的距离为 d。

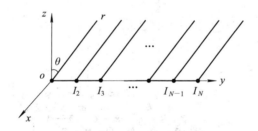

图 6-19　均匀直线阵

阵列天线方向图可以根据方向图乘积定理求出，即天线阵的方向图是元因子方向图与阵因子方向图的乘积。其中元因子方向图就是阵元独立放置时的方向图，由阵元方向图函数表示，元因子取决于阵元本身的结构参数。阵因子取决于各阵元的馈电及天线阵的排列方式，而与阵元的结构参数无关。根据阵列天线的方向图乘积定理，可以将天线阵方向图的分析分成元因子方向图和阵因子方向图两个子问题，并且，分析阵因子方向图时可以将阵元作为无方向性的点源看待。

以图 6-19 的均匀直线阵为例，假设采用的阵元是半波对称振子，则阵元的方向图函数为式（6-6-1），这就是图 6-16 中天线阵的元因子。

分析阵因子时，不考虑阵元的具体形式，将所有的阵元看作点源，设 ξ 为相邻阵元输入信号的相位差，分析得到阵因子为

$$A(\psi) = \left| \frac{\sin\left(N(kd\sin\theta + \xi)/2\right)}{N\sin\left((kd\sin\theta + \xi)/2\right)} \right| = \frac{1}{N} \frac{\sin\left(\frac{N}{2}\psi\right)}{\sin\left(\frac{\psi}{2}\right)} \tag{6-6-2}$$

式中：$\psi = kd\sin\theta + \xi$。

可以看出，沿 z 轴排列的直线阵的阵因子只与角度 θ 有关，而与 ψ 无关。

由阵列天线各个阵元的相位差组成的向量称为阵列导向矢量。根据相邻两个阵元之间的距离差 d，可以得到均匀平面波到达相邻两个阵元的相位差为

$$2\pi \frac{d}{\lambda}\sin\theta$$

从而得到均匀直线阵的阵列导向矢量为

$$\boldsymbol{a}(\theta) = \left[1, \ \mathrm{e}^{-\mathrm{j}2\pi\frac{d}{\lambda}\sin\theta}, \ \mathrm{e}^{-\mathrm{j}2\pi\frac{2d}{\lambda}\sin\theta}, \ \cdots, \ \mathrm{e}^{-\mathrm{j}2\pi\frac{(N-1)d}{\lambda}\sin\theta} \right]^{\mathrm{T}} \tag{6-6-3}$$

阵列导向矢量具有形成定向波束并引导发射信号向某一方位定向传输的作用。

2. 均匀平面阵

均匀平面阵是指阵元按行、列等间距排列在一个平面内的阵列天线系统，若阵列的边界是一个圆，则称为圆形均匀平面阵；若阵列的边界是一个矩形，则称为矩形均匀平面阵。这里以图 6-20 所示的矩形均匀平面阵为例。该阵列处于 xoy 平面内，分别沿 x 和 y 方向的直线均匀排列，沿 x 方向每行阵元数为 M，沿 y 方向每行阵元数为 N，相邻阵元间距分别为 Δx 和 Δy。

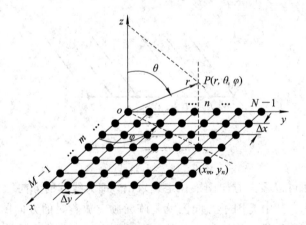

图 6-20　均匀平面阵

均匀平面阵列的方向图函数为

$$F(\theta, \varphi) = F_x(\theta, \varphi)F_y(\theta, \varphi) \tag{6-6-4}$$

式中：

$$F_x(\theta, \varphi) = \sum_{m=0}^{M-1} \mathrm{e}^{\mathrm{j}m\varphi_x}, \quad \psi_x = \frac{2\pi}{\lambda}\Delta x\sin\theta\cos\varphi - \xi_x$$

$$F_y(\theta, \varphi) = \sum_{n=0}^{N-1} \mathrm{e}^{\mathrm{j}m\varphi_y}, \quad \psi_y = \frac{2\pi}{\lambda}\Delta y\sin\theta\sin\varphi - \xi_y$$

其中 ξ_x 和 ξ_y 分别为沿 x 和 y 方向线阵相邻两个阵元之间的输入信号相位差。

以上公式说明，矩形均匀平面阵列的方向图函数，可以分解为沿 x 和 y 方向排列的均匀直线阵的方向图函数的乘积。因此得到矩形均匀平面阵归一化总场方向图函数为

$$F(\theta,\varphi)=\frac{\sin(M\varphi_x/2)}{M\sin(\varphi_x/2)}\frac{\sin(N\varphi_y/2)}{N\sin(\varphi_y/2)} \tag{6-6-5}$$

可以看出，平面天线阵辐射所形成的方向图同时与角度 θ 和 φ 有关，其方向图具有三维的特性。

6.6.2　预编码与波束赋形

从第 3.4.3 节的分析可知，MIMO 信道可以等效为多个并行的子信道，每个子信道可以传输一个数据流，MIMO 系统所能支持的并行传输数据流数，取决于信道矩阵 $\boldsymbol{H}$ 的秩（RI），而其中每个子信道的容量，则取决于信道矩阵 $\boldsymbol{H}$ 中与各子信道对应的奇异值。因此，如果发射机能够以某种方式获得当时的信道状态信息（CSI），就可以合理地选择并行数据流的数量，并通过预处理方式对各个数据流的数据速率、发射功率以及波束方向进行优化，使每个子信道发送信号的特性与对应信道条件相匹配，从而使得每一个子信道都能发挥最大的传输效率，最终达到最大的信道容量。这就是 MIMO 系统预编码的作用，其中的波束方向优化是通过波束赋形实现的。

多天线发送系统模型如图 6－21 所示。假设 $\boldsymbol{X}$ 为 $N_L\times1$ 维的待发送信号向量，即发送端可以发送 N_L 个独立信号，也就是可以发送 N_L 层的独立数据流。发送信号向量 $\boldsymbol{X}$ 通过一个 $N_T\times N_L$ 维的变换矩阵 $\boldsymbol{W}$ 映射到 N_T 个发送天线上，天线发送的信号用 $N_T\times1$ 维向量 $\boldsymbol{Y}$ 表示，即

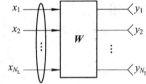

图 6－21　多天线传输系统一般模型

$$\boldsymbol{Y}=\begin{bmatrix}y_1\\y_2\\\vdots\\y_{N_T}\end{bmatrix}=\boldsymbol{WX}=\boldsymbol{W}\begin{bmatrix}x_1\\x_2\\\vdots\\x_{N_L}\end{bmatrix} \tag{6-6-6}$$

实践中，MIMO 系统有模拟多天线处理、数字多天线处理和数字模拟混合多天线处理三种实现架构，不同架构具体表现为变换矩阵 $\boldsymbol{W}$ 的不同。数字多天线处理一般资料中称为数字预编码或数字波束赋形，这时的变换矩阵 $\boldsymbol{W}$ 称为预编码矩阵，而在模拟域进行多天线处理一般称为波束赋形，有时也称为模拟预编码。

图 6－22 给出模拟预编码与数字预编码的不同（将 DAC 换成 ADC 就是接收系统），模拟预编码是在数模变换 DAC 之后实现发送信号到物理天线的映射，而数字预编码是先完成映射，再进行 DAC 变换。

数字预编码系统的每个天线阵元都通过单独的射频链路连接到基带单元上，每个阵元对应一个 DAC 转换器和一条 RF 链路，可以看作是一个单独的传输通道。5G 系统工作在高频段时，单载波带宽大（最大 400 MHz）、数据层数 N_L 较大，需要配置大规模天线阵列来实现数字预编码，系统复杂、成本高、功耗大。因此目前在高频段一般不采用全数字预编码，而采用较简单的数字模拟混合预编码或模拟预编码。模拟预编码通过调整不同阵元发射信号的相移来调整波束方向，实现波束赋形，如图 6－23 所示。

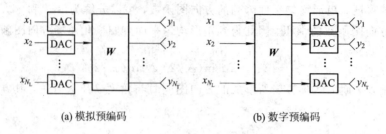

(a) 模拟预编码　　　　　　　　(b) 数字预编码

图 6-22　模拟预编码与数字预编码比较

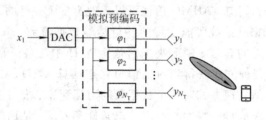

图 6-23　模拟预编码产生的波束赋形

可以看出，模拟预编码一次只能处理一个数据流，并产生一个定向波束、服务一个用户，一般适用于基站与用户终端之间满足 LOS 传播的情况。图 6-23 所示的模拟预编码系统，服务多个用户时需要采用分时服务的方法，如图 6-24 所示。

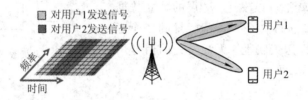

图 6-24 模拟预编码分时服务不同方向用户

在低频段（即 RF1）时一般采用数字预编码。数字预编码可以灵活地控制每一路发射信号的相位和幅度，能够提供很好的空分复用能力，并可同时服务多个用户，如图 6-25 所示。

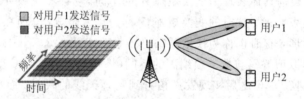

图 6-25 数字预编码同时服务不同方向

无线通信系统的传播条件一般是非 LOS 环境，并采用多径传播。这时，仅仅对发射信号进行简单的相移和幅度调整，往往不能将发射信号聚焦到接收天线。多径传播环境下，需要利用信道中不同的传播路径，通过数字域多天线灵活控制各路发射信号的相位与幅度，以使发射信号经不同路径传播，并在接收天线处汇聚起来。这时针对一个传输信号可能会形成图 6-26 所示的多个发射波束，多个波束经过多径传播后在接收天线处形成汇聚。数字预编码既适应 LOS 环境，也适应 NLOS 环境。因此模拟预编码可以看作是数字预编码的一个特例。

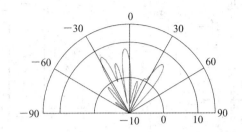

图 6-26　在 NLOS 环境中通过数字预编码形成的辐射方向图示例

　　模拟预编码系统架构简单，但在一个时刻只能传输一个数据流，如果要用模拟预编码传输多路数据流，可以将一个大型天线阵分成多个子阵，每个子阵分别连接一条射频链路，并分别形成一个定向波束。由于 RF 移相器很难有较好的相位精度和分辨率，因此模拟预编码的性能也不如全数字预编码。

　　混合预编码结合了模拟预编码与数字预编码二者的优点，具有支持多个数据流和对多个用户同时进行波束赋形的能力，同时也将系统的实现复杂度控制在合理范围，能够以较低的成本、复杂度和功耗实现良好的系统性能。

　　混合预编的原理构如图 6-27 所示。图中发射天线数为 N_t，接收天线数为 N_r，传输数据流数为 N_s，发射端射频链路数为 N_t^{RF}。待发送符号向量为 s（维数 $N_s \times 1$），F_{RF} 是 $N_t \times N_t^{RF}$ 维的模拟预编码矩阵，F_{BB} 是 $N_t^{RF} \times N_s$ 维的数字预编码矩阵，则经过预编码后的发射信号为

$$X = F_{RF} F_{BB} s$$

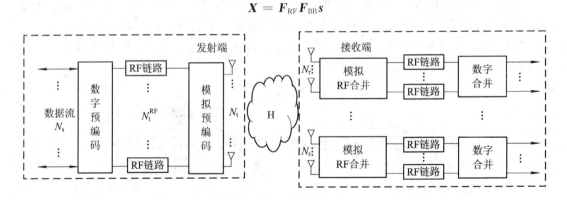

图 6-27　混合预编码原理框图

　　MIMO 混合波束赋形有全连接和部分连接两种架构形式，如图 6-28 所示。

　　全连接架构中，每条射频链路都与所有的天线相连，每根天线上的发射信号是所有射频链路上的信号经过移相器并通过相加器叠加后的结果，所需的移相器数目是天线数与射频链路数的乘积。由于全连接架构中的每一条射频链路都连接所有的天线单元，因此全连接架构的每一条射频链路都获得阵列天线提供的满阵列增益。但是，由于毫米波系统应用大规模 MIMO，天线单元数量很大，因此需要的模拟移相器数目也很大。

　　部分连接架构中，根据射频链路数将天线分组，一条射频链路连接一组天线（称为天

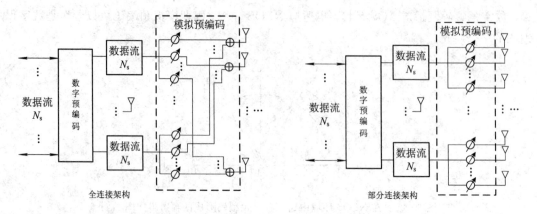

图 6-28　混合预编码的全连接阵列架构和部分连接阵列架构

线子阵），数字信号先进行数字预编码，再经射频链路送给对应子阵的模拟移相器组进行模拟预编码，最后发送到对应的发射天线子阵。显然，在部分连接架构中，每条射频链路只能获得一个天线子阵提供的波束赋形增益。

6.6.3　波束管理

　　毫米波波长短，这有利于在有限的空间里集成更大规模的天线阵元。但考虑硬件复杂度、系统功耗和成本等各种因素，5G 系统在毫米波频段不宜采用全数字波束赋形，通常采用的是模拟波束赋形或数字模拟混合波束赋形。混合波束赋形具有支持多个数据流和服务多个终端的能力，当基站同时为多个终端传输数据时，需要在不同的方向上同时产生多个对应的赋形波束，波束管理就是 5G 为支持模拟波束赋形而开发的。

　　波束管理就是在基站与终端之间建立和维护一个合适的收发波束对，实现基站与终端之间良好的无线通信传输。在 LOS 传播情况下，收发双方合适的波束对是沿着视线路径的，如图 6-29(a) 所示。在 NLOS 传播情况下，波束对也可以由反射路径来对准，如图 6-29(b) 所示。

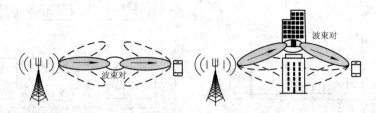

图 6-29　LOS 和 NLOS 情况下的收发波束对示例

　　一般情况下，波束管理包括初始波束建立、波束调整和波束恢复等三个方面。

1. 初始波束建立

　　初始波束建立就是上下行方向初始连接时建立波束对的过程，比如终端在开机时就需要与网络建立初始连接。

　　当终端开机或者进入新的小区时，终端会搜索新小区基站发送的同步信号块（SSB），这些同步信号块分别承载在不同的下行波束上，终端接收到某个 SSB，就表示该 SSB 对应的波束指向终端方向，接收该 SSB 的信号质量，就表示该波束的质量，终端会选择接收信号质量最好的波束上报给基站，同时也会存储对应的接收波束，这时就建立起了初始的收发波束对。在随后的通信过程中，基站与终端之间会沿用初始建立的收发波束对。

SSB 的作用是为初始接入小区的终端提供时间和频率同步，通知终端物理小区标识(ID)，告诉终端如何接入系统以及如何找到其余的配置信息。SSB 是采用赋形波束以小区扫描方式周期性发送的，在 FR2 频段工作的基站，SSB 发送周期是 20 ms，每次发送在 5ms 的时间段内，最多可以发送 64 个赋形波束。

2. 波束调整

波束调整有两种情况：一种情况是在初始波束对建立之后，由于终端移动或周边环境变化等原因，会使得初始波束对不再是最优的收发接收波束对，因此需要定期对收发波束对进行评估，并选择最优的收发波束对进行传输；另一种情况是对初始建立的波束进行优化，比如初始建立的波束一般是宽波束，波束调整则是在初始建立宽波束的基础上进行优化，以建立更窄的收发波束对。

波束调整有下行波束调整和上行波束调整两个步骤，但在满足波束一致性的情况下，只需要下行波束调整，不再需要上行波束调整。当需要上行波束调整时，其过程与下行波束调整过程类似。不同的是，在进行下行波束调整时，基站需要向终端发送 SSB 或者信道状态信息参考信号(CSI - RS)供终端进行测量；而在进行上行波束调整时，需要终端发送探测参考信号(SRS)供基站进行测量。这里简单介绍下行波束调整过程。

下行波束调整又分为下行发送端波束调整和下行接收端波束调整两步。

(1) 下行发送端波束调整：在保持终端接收波束固定不变的情况下，优化基站发射波束。为此，基站需要配置一组参考信号，每一个下行发射波束对应一个参考信号。基站按顺序以扫描的方式发送不同的波束，终端测量接收参考信号的功率(RSRP)，并将测量结果报告给基站，基站根据测量结果选择最优的发射波束。这个过程如图 6 - 30(a)所示。

(2) 下行接收端波束调整：在保持基站最优发射波束固定不变的情况下，找到最优的终端接收波束。为此也需要配置一组参考信号，这些参考信号将从上面所选的一个最优的波束上发射。终端则以波束扫描的方式依次测量基站发射的一组参考信号，通过测量过程找到最优的接收波束。这个过程如图 6 - 30(b)所示。

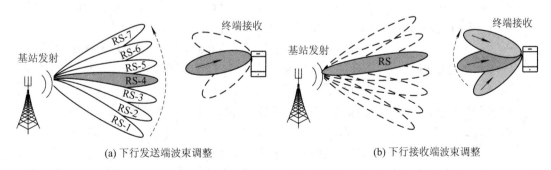

(a) 下行发送端波束调整　　　　　　　　　　　　　　　(b) 下行接收端波束调整

图 6 - 30　波束调整过程示意图

3. 波束恢复

移动通信环境复杂且不断变化，原先建立的收发波束对链路，可能由于周围环境物体的运动或者 UE 自身的转动和遮挡，造成波束质量突然下降或导致通信中断，这时就会出现波束失败。波束恢复就是针对波束失败实现波束对链路重新建立的过程，也叫波束失败恢复或波束恢复。以下行链路为例，5G 系统基站可以通过多个下行控制信道发送 PD-CCH，因此下行波束失败可定义为：终端接收到的每一个下行控制信道波束的质量都低于规定值，使得终端无法有效地接收到 PDCCH 发送的控制信息。

波束突然被阻挡导致的波束失败，不同于终端逐渐移出网络小区覆盖范围或服务波束覆盖范围所造成的无线链路失败（RLF）。RLF 发生的频率比较低，而在 NR 使用 MIMO 波束赋形，特别是在毫米波频段一般使用窄波束的情况下，收发波束对失败的频率会远远高于 RLF。此外，RLF 处理一般需要比较复杂的处理过程，而波束失败通常可以通过收发波束重新匹配的方式在协议底层快速恢复。

5G 系统标准采用误块率（BLER）作为测量 PDCCH 性能的参数，用以判定是否出现波束失败。并且，为了避免出现乒乓效应，只有当连续失败的次数大于预先的设定值时，才判定发生波束失败事件。5G 系统标准将参考信号接收功率（RSRP）作为新的候选波束评价参数，采用 RSRP 参数的优点在于其实现复杂度低，有利于快速实现波束恢复。

终端测量到波束失败事件后，将波束失败事件上报给基站，同时上报新的候选波束信息。基站收到上报信息后，选择新的候选波束取代原有波束，新波束将用于后续基站与终端之间的数据和控制信息传输，基站对终端上报波束失败事件的应答信息也用新波束传输。

习　题

6-1　多天线技术能够提供的主要增益包括(　　)。
A. 分集增益(Diversity Gain)　　B. 阵列增益(Array Gain)
C. 空间复用增益(Spatial Multiplex Gain)　　D. 编码增益(Coding Gain)
6-2　5G 的基本时间单位是(　　)。
A. 0.50 ns　　B. 0.51 ns　　C. 32.50 ns　　D. 32.55 ns
6-3　5G NR 帧结构的基本时间单位是(　　)。
A. subframe　　B. slot　　C. Tc　　D. symbol
6-4　5G 的传输时间间隔(TTI)是(　　)。
A. 0.5 ms　　B. 1 ms　　C. 5 ms　　D. 10 ms
6-5　常规 CP 情况下，NR 帧结构中每时隙的 OFDM 符号数是(　　)。
A. 8　　B. 14　　C. 12　　D. 20
6-6　下列协议中，(　　)属于 5G 空口控制面协议栈中的层二协议。
A. PHY　　B. SDAP　　C. RRC　　D. PDCP
6-7　常规 CP 情况下，NR 1 帧中的子帧数与子载波间的关系是(　　)。
A. 随着子载波间隔的增大子帧数减少　　B. 随着子载波间隔的增大子帧数增多
C. 子载波间隔变化时子帧数不变　　D. 子帧数与子载波间隔成正比
6-8　常规 CP 情况下，NR 1 帧中的时隙数与子载波间的关系是(　　)。
A. 随着子载波间隔的增大时隙数减少
B. 随着子载波间隔的增大时隙宽度增加

C. 子载波间隔变化时时隙数不变

D. 时隙数与子载波间隔成正比

6-9　NR 中是如何定义资源块的？NR 中一个载波最多支持多少个资源块？对应的子载波是多少？

6-10　常规 CP 情况下，NR 中当子载波间隔为 15 kHz 时，1 帧=（　　）子帧=（　　）时隙。当子载波间隔为 120 kHz 时，1 帧=（　　）子帧=（　　）时隙。

6-11　对于一个下行数据传输过程，如果终端长时间没有检测到下行控制信道，则不会发送上行反馈应答信息（ACK/NACK），这时基站也可以根据长时间未收到 PUCCH 的反馈应答来判断下行波束发生失败，并启动波束失败恢复过程。请问：5G 系统为什么没有采用这种方法判断波束失败事件的发生？

6-12　试证明：在应用 OFDM 调制的系统中，为了确保子载波之间的正交性，必须确保子载波之间的频率间隔 Δf 等于输入码元持续时间 T_s 的倒数，即 $\Delta f = \dfrac{1}{T_s}$。

6-13　根据理想化的自由空间传播损耗公式，传播损耗 $L=92.4+20\lg f+20\lg R$，其中 f 是信号频率，单位是 GHz；R 是信号传播距离，单位为 km；L 的单位是 dB。请计算一个频率为 70 GHz 的毫米波信号，传播 10 m 距离后的传播损耗。

6-14　MIMO 系统所能支持的最大数据流数是由信道矩阵的什么参数决定的？每个数据流的传输能力又取决于什么？一个 4 天线的基站，最多可以传输的并行数据流数是多少？

6-15　简述信道状态信息（CSI）在优化信道传输效率方面的作用。

6-16　扩展循环前缀与常规循环前缀有什么不同？

附录 A   带通信号的基带等效表示

在无线通信课程中，通常研究的带通信号往往是在无线信道中传播的射频带通信号，因此对传输信道的研究也往往直接研究射频信道。但是，由于对无线通信的传输有效性和可靠性问题，主要是在基带部分用数字信号处理方法解决的，因此研究基带传输信道就变得非常有用。也正是这个原因，在通信系统的仿真研究中，经常使用的主要方法是基带等效表示方法。

基带等效表示方法也称为复包络法，这种表示方法运用了基带等效信号和系统的概念。在通信系统的仿真研究中使用带通信号的基带等效表示，通常会较大地提高仿真运行的速度，并能大大降低对数据存储和处理的要求。

实际上，一般的无线通信系统都工作在以载波频率 f_c 为中心频率、宽度为 W 的通带内，发射机和接收机中的编码和译码、调制和解调、同步等处理均是在基带完成的。因此，从系统设计的角度讲，建立带通信号的基带等效表示也是非常有意义的。

这里对带通信号的基带等效表示进行简单介绍。

考虑载波频率为 f_c 的实带通信号 $x(t)$：

$$x(t) = A(t) \cos[2\pi f_c t + \varphi(t)] \qquad (\text{附-1})$$

式中，$A(t)$ 为基带调制信号，是带通信号 $x(t)$ 的实包络；$\varphi(t)$ 是相位。$A(t)$ 和 $\varphi(t)$ 都是具有低通特性的基带信号。

带通信号 $x(t)$ 还可以表示为

$$x(t) = \text{Re}\{[A(t)e^{j\varphi(t)}]e^{j2\pi f_c t}\} = \text{Re}[c(t)e^{j2\pi f_c t}] \qquad (\text{附-2})$$

$$c(t) = A(t)e^{j\varphi(t)} \qquad (\text{附-3})$$

$c(t)$ 称为 $x(t)$ 的基带等效信号或复包络。

一般情况下，实带通信号 $x(t)$ 的基带等效是一个复信号。由于 $A(t)$、$\varphi(t)$ 都是基带信号，所以 $c(t)$ 也是基带信号。

$c(t)$ 可以展开为用两个正交信号表示的复信号：

$$\begin{aligned} c(t) &= A(t)\cos\varphi(t) + jA(t)\sin\varphi(t) \\ &= x_I(t) + jx_Q(t) \end{aligned} \qquad (\text{附-4})$$

式中，$x_I(t)$ 和 $x_Q(t)$ 分别称为实带通信号 $x(t)$ 的同相分量和正交分量，这种表示也符合现代无线通信系统中的实际处理过程。

显然，$x_I(t)$ 和 $x_Q(t)$ 也都是基带信号。$A(t)$、$\varphi(t)$ 与 $x_I(t)$、$x_Q(t)$ 的关系分别为

$$\begin{cases} A(t) = \sqrt{x_I^2(t) + x_Q^2(t)} \\ \varphi(t) = \arctan \dfrac{x_I(t)}{x_Q(t)} \end{cases} \qquad (\text{附-5})$$

　　在实际的无线通信系统中，基带信号通常被分成同相 $x_I(t)$ 和正交 $x_Q(t)$ 两路，本振信号 $\cos 2\pi f_c t$ 一路送到同相支路，用 $x_I(t)$ 调制。$\cos 2\pi f_c t$ 移相 $\pi/2$ 后变成 $\sin 2\pi f_c t$ 送入正交支路，正交支路用 $x_Q(t)$ 调制。调制过的两路信号合路后经上变频送入射频信道传输（包括无线传输）。接收机中的处理过程则同发射机中的处理过程相反，射频信号被接收后经下变频分别送入接收机的同相和正交支路，分别解调后再送到基带处理系统。

　　假设带通信号 $x(t)$ 的频谱为 $X(f)$，复包络 $c(t)$ 的频谱为 $C(f)$，$x_I(t)$ 和 $x_Q(t)$ 的频谱分别为 $X_I(f)$ 和 $X_Q(f)$，则有如下关系：

$$X(f) = \frac{1}{2}\left[C(f - f_c) + C^*(-f - f_c)\right]$$

$$C(f) = X_I(f) + \mathrm{j}X_Q(f)$$

（附-6）

式中，$C^*(f)$ 为 $C(f)$ 的共轭。

附录 B 式(2−3−28)的证明

给定：

$$\begin{cases} x(t) = \mathrm{Re}[c(t)\mathrm{e}^{\mathrm{j}\omega_c t}] \\ h(t) = \mathrm{Re}[h_b(t)\mathrm{e}^{\mathrm{j}\omega_c t}] \\ y(t) = \mathrm{Re}[r(t)\mathrm{e}^{\mathrm{j}\omega_c t}] \end{cases} \tag{附-7}$$

我们要证明：

$$r(t) = \frac{1}{2}c(t) * h_b(t) \qquad\qquad . \tag{附-8}$$

我们知道，存在如下关系：

$$\begin{cases} y(t) = x(t) * h(t) \Leftrightarrow Y(f) = X(f)H(f) \\ x(t) = \mathrm{Re}[c(t)\mathrm{e}^{\mathrm{j}\omega_c t}] = \dfrac{1}{2}c(t)\mathrm{e}^{\mathrm{j}\omega_c t} + \dfrac{1}{2}c^*(t)\mathrm{e}^{-\mathrm{j}\omega_c t} \\ X(f) = F[x(t)] = \dfrac{1}{2}F[c(t)\mathrm{e}^{\mathrm{j}\omega_c t}] + \dfrac{1}{2}F[c^*(t)\mathrm{e}^{-\mathrm{j}\omega_c t}] \end{cases} \tag{附-9}$$

根据傅里叶变换的性质：

$$F[c^*(t)] = C^*(-f)$$

并且有

$$X(f) = \frac{1}{2}[C(f-f_c) + C^*(-(f+f_c))]$$

$$H(f) = \frac{1}{2}[H_b(f-f_c) + H_b^*(-f-f_c)]$$

$$Y(f) = X(f)H(f)$$

所以

$$Y(f) = \frac{1}{4}[C(f-f_c) + C^*(-f-f_c)] \times [H_b(f-f_c) + H_b^*(-f-f_c)] \tag{附-10}$$

注意，当频谱不交叠时满足 $C^*(f-f_c) \times H_b(-f-f_c) = 0$，如附图 1 所示。

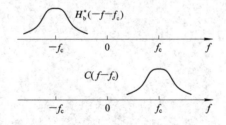

附图 1 频谱 $H_b^*(-f-f_c)$ 与 $C(f-f_c)$ 不交叠

同样地，$C^*(-f-f_c) \times H_b(f-f_c) = 0$，因此有

$$Y(f) = \frac{1}{4}[C(f-f_c)H_b(f-f_c) + C^*(-f-f_c)H_b^*(f-f_c)]$$

$$= \frac{1}{2}\left[\frac{1}{2}C(f-f_c)H_b(f-f_c) + \frac{1}{2}C^*(-f-f_c)H_b^*(f-f_c)\right]$$

（附-11）

注意到：

$$y(t) = \mathrm{Re}[r(t)\mathrm{e}^{\mathrm{j}\omega_c t}] = \frac{1}{2}r(t)\mathrm{e}^{\mathrm{j}\omega_c t} + \frac{1}{2}r^*(t)\mathrm{e}^{-\mathrm{j}\omega_c t}$$

$$F[y(t)] = \frac{1}{2}R(f-f_c) + \frac{1}{2}R^*(-f-f_c)$$

式中，$R(f) = \frac{1}{2}C(f)H(f)$。

所以

$$Y(f) = \frac{1}{2}[R(f-f_c) + R^*(-f-f_c)]$$

（附-12）

$$y(t) = \frac{1}{2}c(t) * h_b(t)$$

证毕。

附录 C 缩 略 词

以数字起头的

2G	Second Generation Mobile Communication Systems	第 2 代移动通信系统
3G	Third Generation Mobile Communication Systems	第 3 代移动通信系统
3GPP	Third Generation Partnership Project	第 3 代伙伴计划
3GPP2	Third Generation Partnership Project2	第 3 代伙伴计划 2
4G	4th-Generation Mobile Communication Systems	第 4 代移动通信系统
5G	5th-Generation Mobile Communication Systems	第 5 代移动通信系统
5G CN	5G Core Network	5G 核心网
5G CPE	5G Customer Premise Equipment	5G 终端客户设备(可将 5G 网络信号转化为 WiFi 信号的中继器)
5G NR	5G New Radio	5G 新空口

A

AAA	Authentication，Authorization and Accounting	鉴权，认证和计费
AAS	Active Antenna System	有源天线系统
AAU	Active Antenna Unit	有源天线单元
AB	Access Burst	接入突发
ABF	Analog Beamforming	模拟波束赋形
AC	Access Channel	接入信道
	Authentication Center	鉴权中心
ACA	Adaptive Channel Assignment	自适应信道分配
ACCH	Associated Control Channel	辅助(/随路)控制信道
ACELP	Algebraic Code Excited Linear Prediction	代数码本激励线性预测
ACI	Adjacent Channel Interference	邻信道干扰
ACIR	Adjacent Channel Interference Ratio	邻信道干扰比
ACK	Acknowledgement	确认
ACLR	Adjacent Channel Leakage Ratio	邻道泄露(功率)比
ACM	Address Complete Message	地址完全消息
ACS	Adjacent Channel Selectivity	邻道选择性
AD	Access Domain	访问域

ADC	Analog-to-Digital Converter	模数转换器
ADDTS	ADD Traffic Stream	ADD 业务流
ADF	Average Duration of Fades	平均衰落时间
ADPS	Angular Delay Power Spectrum	角度延迟功率谱
AF	Adapt Function	适配功能
	Application Function	应用功能
AGCH	Access Grant Channel	接入许可信道
AG	Access Gateway	接入网关
AGC	Automatic Gain Control	自动增益控制
AGCH	Access Grant Channel	接入许可信道
AICH	Acquisition Indication Channel	捕获指示信道
AIFS	Arbitration Inter Frame Spacing	仲裁帧间间隔
ALOHA	Additive Link On-Line Hawaii system	随机接入分组无线电
AMF	Access and Mobility Management Function	接入和移动性管理功能
AMPS	Advanced Mobile Phone System	先进移动电话系统
AMR	Adaptive Multi Rate	自适应多速率
AN	Access Network	接入网
ANSI	American National Standards Institute	美国国家标准协会
APC	Adaptive Predictive Coding	自适应预测编码
API	Application Programming Interface	应用程序编程接口
AR	Augmented Reality	增强现实
ARFCN	Absolute Radio Frequency Channel Number	绝对射频信道号码
ARI	Acknowledgement Resource Indicator	确认资源指示
ARIB	Association of Radio Industries and Businesses	无线电产业与商业联合会
ARPU	Average Revenue Per User	每用户平均收入
ARQ	Automatic Repeater Quest	自动重发请求
ASIC	Application Specific Integrated Circuit	专用集成电路
ASON	Automatically Switched Optical Network	自动交换光网络
ATIS	Alliance for Telecommunications Industry Solutions	电信行业解决方案联盟
ATM	Asynchronous Transfer Mode	异步交换模式
AUC 或 AC	Authentication Center	鉴权中心
AUSF	Authentication Server Function	身份验证服务功能
AWGN	Additive White Gaussian Noise	加性高斯白噪声

B

BBU	Baseband Unit	基带处理单元
B-CDMA	Broad-band Code Division Multiple Access	宽带码分多址
BCCH	Broadcast Control Channel	广播控制信道
BCH	Broadcast Channel	广播信道
BER	Bit Error Rate	误比特率
BFI	Bad Frame Indicator	误帧指示

BGP	Border Gateway Protocol	边界网关协议
BICMOS	Bipolar Complementary Metal Oxide Semiconductor	双极互补式金属氧化物半导体
B-ISDN	Broad-band ISDN	宽带 ISDN
BITS	Building Integrated Timing Supply System	大楼综合定时供给系统
BIU	Base Station Interface Unit	基站接口单元
BPL	Beam Pair Link	波束对链路
BPSK	Binary Phase Shift Keying	二进制相移键控
BRAS	Broadband Remote Access Server	宽带远程接入服务器
BS	Base Station	基站
BSC	Base Station Controller	基站控制器
BSIC	Base Station Identity Code	基站识别码
BSS	Base Station Sub-system	基站子系统
	Basic Service Set	基本业务集
	Business support system	业务支撑系统
BTS	Base Transceiver Station	基站收发信机

C

CA	Cell Allocation	小区配置
	Carrier Aggregation	载波聚合
CAI	Common Air Interface	公共空中接口
CAMEL	Customized Applications for Mobile Enhanced Logic	用于移动增强逻辑的用户应用
CAPEX	Capital Expenditure	资本性支出
CBC	Cell Broadcast Centre	小区广播中心
CBG	Code Block Group	码块组
CBGFI	CBG Flushing out Information	码块组刷新信息
CBGTI	CBG Transmission Information	码块组传输信息
CCCH	Common Control Channel	公共控制信道
CCH	Control Channel	控制信道
CCI	Co-Channel Interference	同道干扰
CCIR	Consultative Committee for International Radio Communication	国际无线电通信咨询委员会
CCITT	International Telegraph and Telephone Consultative Committee	国际电报电话咨询委员会
CCSA	China Communications Standards Association	中国通信标准化协会
CDM	Code Division Multiplexing	码分复用
CDMA	Code Division Multiple Access	码分多址
CDN	Content Delivery Network	内容分发网络
CDPD	Cellular Digital Packet Date	蜂窝数字分组数据
CDU	Combine and Division Unit	（天馈系统）合成与分配单元
CELP	Code Excited Linear Predictor	码激励线性预测编码器
CEPT	European Conference of Postal and Telecommunications	欧洲邮政电信管理会议

	Administrations	
CES	Circuit Emulation Service	电路仿真业务
CF-Poll	Contention-free Poll	竞争空闲查询
CFB	Contention Free Burst	竞争空闲突发
CFP	Contention Free Period	竞争空闲期
CI	Cell Identify	小区识别
CIR	Channel Impulse Response	信道冲激响应
CITEL	Inter-American Telecommunications Commission	美洲电信委员会
CN	Core Network	核心网
CNG	Comfort Noise Generation	舒适噪声发生器
CO	Central Office	中心局
CoMP	Coordinated Multipoint Transmission/Reception	协作多点发送/接收
CORESET	Control Resource Set	控制资源集
COST	Co-operative for Scientific and Technical Research	科学与技术研究协会
CP	Contention Period	竞争期
	Cyclic Prefix	循环前缀
CPE	Customer Premise Equipment	客户端设备
CPCH	Common Packet Channel	公共分组信道
CPN	Consumer Premises Network	用户驻地网
CPICH	Common Pilot Channel	公共导频信道
CPRI	Common Public Radio Interface	通用公共无线接口
CQI	Channel Quality Indicator	信道质量指示
CQT	Call Quality Test	呼叫质量测试
CR	Cognitive Radio	认知无线电
CRB	Common Resource Block	公共资源块
CRC	Cyclic Redundancy Code	循环冗余校验码
C-RAN	Cloud Radio Access Network	云无线接入网络
CRS	Cell Reference Signals	小区参考信号
CS	Circuit Switch	电路交换
CSI	Channel State Information	信道状态信息
CSI-IM	CSI Interference Measurement	CSI 干扰测量
CSIR	CSI at the Receiver	接收机信道状态信息
CSI-RS	CSI Reference Signal	信道状态信息参考信号
CSIT	CSI at the Transmitter	发射机信道状态信息
CSMA	Carrier Sense Multiple Access	载波侦听多址
CSMA/CA	Carrier Sense Multiple Access With Collision Avoidance	具有碰撞避免功能的载波侦听多址
CTCH	Common Traffic Channel	公共业务信道
CU	Centralized Unit	集中单元
CW	Continuous Wave	连续波
	Contention Window	竞争窗
	Code Word	码字
CWTS	China Wireless Telecommunication Standard(Group)	中国无线通信标准(组)

D

D2D	Device-to-Device	设备到设备
DAB	Digital Audio Broadcasting	数字音频广播
DAC	Digital-Analog Converter	数模转换器
DAFU	Antenna Front-end Unit for DTRU BTS	BTS 的射频前端单元
DAI	Downlink Assignment Index	下行分配索引
D-AMPS	Digital-Advanced Mobile Phone System	数字式先进移动电话系统
DATU	Antenna and TMA Control Unit for DTRU BTS	BTS 的天线与塔放控制单元
DB	Dummy Burst	空闲突发
DBF	Digital Beamforming	数字波束赋形
DBPSK	Differential Binary Phase Shift Keying	差分二进制相移键控
DBS	Direct-Broadcast Satellite	直播卫星系统
DC	Dual Connectivity	双连接
	Direct Current	直流电
DCCH	Dedicated Control Channel	专用控制信道
DCF	Distributed coordination Function	分布式协调功能
DCH	Dedicated Channel	专用信道
DCI	Data Center Interconnect	数据中心互联
	Downlink Control Information	下行链路控制信息
DCN	Digital Communication Network	数字通信网络
DCS	Digital Communication System	数字通信系统
DDPU	Dual Duplexer Unit for DTRU BTS	BTS 的（双）双工单元
DECT	Digital European Cordless Telephone	欧洲数字无绳电话
DEMU	Environment Monitoring Unit for DTRU BTS	BTS 的环境监控单元
DFT	Discrete Fourier Transform	离散傅里叶变换
DFTS-OFDM	DFT-Spread OFDM	DFT 扩展的 OFDM
DIFS	Distributed Inter Frame Space	分布式帧间间隔
DL	Downlink	下行链路
DL-SCH	Downlink Shared Channel	下行共享信道
DM	Delta Modulation	增量调制
DM-RS	Demodulation Reference Signal	解调参考信号
DNS	Domain Name Server	域名服务器
DPC	Dedicated Physical Channel	专用物理信道
DPIM	Digital Pulse Interval Modulation	数字脉冲间隔调制
DPSK	Differential Phase Shift Keying	差分相移键控
DR	Dynamic Range	动态范围
D-RAN	Distributed RAN	分布式无线接入网
DRM	Discontinuous Reception Mechanisms	不连续接收机制
DRX	Discontinuous Reception	不连续接收
DS-CDMA	Direct Sequence Code Division Multiple Access	直扩序列码分多址

DS-SS	Direct Sequence-Spread Spectrum	直接序列扩频
DSMA	Data Sense Multiple Access	数据侦听多址
DSR	Distributed Speech Recognition	分布式语音识别
DS-UWB	Direct Sequency UWB	直接序列超宽带调制
DTCH	Dedicated Traffic Channel	专用业务信道
DTE	Data Terminal Equipment	数据终端设备
DTMU	Transmission & Timing & Management Unit for DTRU BTS	BTS 的环境监控单元
DTRU	Double Transceiver Unit	(双)收发信机模块
DTX	Discontinuous Transmission	不连续发射
DU	Distributed Unit	分布单元
DVB-T	Digital Video Broadcast-Terrestrial	陆地数字视频广播

E

ECL	Emitter Coupled Logic	射极耦合逻辑
EDCA	Enhanced Distributed Channel Access	增强分布式信道接入
EDGE	Enhanced Data rates for GSM Evolution	增强型数据速率 GSM 演进
EIA	Electronic Industry Association	电子工业协会
ELP	Equivalent Low Pass	等效低通
EIFS	Extended Inter Frame Space	扩展帧间间隔
EIR	Equipment Identity Register	设备识别寄存器
EIRP	Equivalent Isotropically Radiated Power	等效全向辐射功率
eMBB	enhanced Mobile Broadband	增强型移动宽带
EMF	Electromagnetic Field	电磁场
eMTC	enhanced Machine-Type Communication	增强型机器类通信
EN	European Norm	欧洲规范
eNB	Evolved NodeB	演进的 NodeB，即 LTE 基站
EN-DC	E-UTRA NR Dual Connectivity	E-UTRA 和 NR 双链接
EPC	Evolved Packet Core	演进的分组核心网
ERLE	Echo Return Loss Enhancement	回波返回损耗增益
ESN	Electric Sequence Number	电子序列号
EVRC	Enhanced Variable Rate Codec	增强型可变速率声码器
ETS	European Telecommunication Standard	欧洲电信标准
ETSI	European Telecommunications Standards Institut	欧洲电信标准协会
E-UTRAN	Evolved UMTS Terrestrial Radio Access Network	演进的 UMTS 陆地无线接入网

F

FACCH	Fast Associated Control Channel	快速辅助控制信道
FBMC	Filter Bank Multicarrier	滤波器组多载波
FCC	Federal Communication Committee	美国联邦通信委员会

	Forward Control Channel	前向控制信道
FCCH	Frequency Correction Channel	频率校正信道
FDD	Frequency Division Duplex	频分双工
FDM	Frequency Division Multiplexing	频分复用
FDMA	Frequency Division Multiple Access	频分多址
FD-MIMO	Full-Dimension MIMO	全维度 MIMO
FEC	Forward Error Correction	前向纠错编码
FER	Frame Error Rate	误帧率
FFR	Fractional Frequency Reuse	部分频率复用
FFT	Fast Fourier Transform	快速傅里叶变换
FH	Frequency Hopping	跳频
F-OFDM	Filtered OFDM	滤波 OFDM
FPLMTS	Future Public Land Mobile Tele System	未来公共陆地移动通信系统
FRF	Frequency Reuse Factor	频率复用因子
FQI	Frame Quality Indicator	帧质量指示
FS	Federal Standard	联邦标准
	Frequency Spreading	频率扩展
FSO	Free Space Optical System	自由空间光系统
FWA	Fixed Wireless Access	固定无线接入

G

GGSN	Gateway GPRS Support Node	网关 GPRS 支持节点
GIS	Graphical Information System	地理信息系统
GMLC	Gateway Mobile Location Center	网关移动位置中心
GMSC	Gateway MSC	网关 MSC
GMSK	Gaussian Minimum Shift Keying	高斯最小频移键控
gNB	Next Generation Node B	NR 基站，即 5G 基站
GoS	Grade of Service	服务等级
GP	Guard Period	保护周期
GPON	Gigabit-Capable Passive Optical Networks	千兆位无源光网络
GPRS	General Packet Radio Service	通用分组无线业务
GPS	Global Positioning System	全球定位系统
GRE	Generic Routing Encapsulation	通用路由封装
GSA	Global mobile Suppliers Association	全球移动供应商协会
GSCN	Global Synchronization Raster Channel Number	全球同步栅格信道号
GSM	Global System for Mobile Communications	全球移动通信系统
GSN	GPRS Supporting Node	GPRS 支持节点
GTP	GPRS Tunneling Protocol	GPRS 隧道协议
GW	Gateway	网关

H

HARQ	Hybrid ARQ	混合自动重传请求

HBF	Hybrid Beamforming	混合波束赋形
HCR-TDD	High Chip Rate TDD	高码片速率的 TDD
HCS	Hierarchical Cell Structure	层次蜂窝结构
HDLC	High-level Data Link Control	高级数据链路控制(协议)
HDR	High Data Rate	高数据率
HetNet	Heterogeneous Network	异构网络
HHO	Horizontal Handoff	水平切换
HIPERLAN	High PERformance Local Area Network	(欧洲)高性能局域网
HLR	Home Location Register	归属位置寄存器
HMSC	Home Mobile-services Switching Centre	归属移动业务交换中心
HSN	Hop Sequence Number	跳频序列号
HSPA	High-Speed Packet Access	高速分组接入
HSS	Home Subscriber Server	用户归属服务器
HTTP	Hyper Text Transfer Protocol	超文本传输协议

I

IBH	Inter Beam Handover	波束间切换
ICI	Inter-Carrier Interference	载波间干扰
ICIC	Inter-Cell Interference Coordinate	小区间干扰协调
ICS	In-Channel Selectivity	信道内选择性
ICT	Information and Communication Technologies	信息与通信技术
ID	Identification/Identifier	标识,(身份)识别码,身份证
IDFT	Inverse Discrete Fourier Transform	离散傅里叶逆变换
IEEE	Institute of Electrical and Electronics Engineers	电气和电子工程师协会
IETF	Internet Engineering Task Force	国际互联网工程任务组
IF	Intermediate Frequency	中频
IFFT	Inverse FFT	快速傅里叶逆变换
IID	Independent Identically Distributed	独立同分布
ILBC	Internet Low Bit-rate Codec	互联网低比特率编码/解码器
IMEI	International Mobile station Equipment Identity	国际移动设备识别码
IMSI	International Mobile Subscriber Identity	国际移动用户识别码
IMT-2000	International Mobile Telecommunications 2000	国际移动电信 2000(国际电信联盟 3G 标准系列的名称)
IMT-2020	International Mobile Telecommunications 2020	国际移动电信 2020(国际电信联盟 5G 标准系列的名称)
IMT-Advanced	International Mobile Telecommunications Advanced	国际电信联盟 4G 标准系列的名称
INMARSAT	International MARitime SATellite System	国际海事卫星系统
IN	Intelligent Network	智能网
InPs	Infrastructure Provider	基础设施提供商 PHam
IO	Interacting Object	相互作用体,障碍物
IODT	Interoperability and Development Testing	互操作性开发测试

IoT	Internet of Things	物联网
IP	Internet Protocol	网际协议
IPR	Intellectual Property Rights	知识产权
IP RAN	IP Radio Access Network	基于 IP 的无线接入网
IR	Impulse Radio	脉冲无线电
ISDN	Integrated Services Digital Network	综合业务数字网
ISI	Inter-Symbol Interference	符号间干扰
ISO	International Standards Organization	国际标准化组织
ISP	Internet Service Provider	因特网业务提供商
ISPP	Interleaved Single Pulse Permutation	正负号交错脉冲排列
ITS	Intelligent Transport System	智能运输系统
ITU	International Telecommunication Union	国际电信联盟
ITU-R	International Telecommunication Union-Radio Communication Sector	国际电联-无线电通信部门
ITU-T	International Telecommunication Union-Telecommunication Standardization Sector	国际电联-电信标准化部门
IWF	Inter-Working Function	互通功能
IWU	Inter-Working Unit	互通单元

K

KPI	Key Performance Indicator	关键性能指标

L

LA	Location Area	位置区
LAA	License-Assisted Access	授权辅助接入
LAC	Link Access Control	链路接入控制
	Location Area Code	位置区代码
LAI	Location Area Identity	位置区识别码
LAN	Local Area Network	局域网
LCID	Logical Channel Index	逻辑信道标识
LBT	Listen-Before-Talk	先听后说
LCR-TDD	Low Chip Rate TDD	底码片速率的 TDD
LDPC	Low-Density Parity Check Code	低密度奇偶校验码
LDS	Low Density Signature	低密度签名序列
LIAN	Lawful Intercept Administration Node	合法监听管理节点
LLC	Logical Link Control	逻辑链路控制
LMDS	Local Multipoint Distribution System	本地多点分布系统
LMS	Least Mean Square	最小均方值
LMT	Local Maintenance Terminal	本地维护终端
LNA	Lower Noise Amplifier	低噪声放大器

LOS	Line Of Sight	视线，瞄准线
LPC	Linear Predictive Coder	线性预测编码器
LR	Location Register	位置寄存器
LTE	Linear Transversal Equalizer	线性横向滤波均衡器
	Long Term Evolution	(3G)长期演进
LTE-A	Long Term Evolution-Advanced	增强型长期演进
LTP	Long Term Prediction	长期预测
LWA	LTE-WLAN Aggregation	LTE-WLAN 小区间的载波聚合
LWI	LTE-WLAN Interworking	LTE-WLAN 互操作

M

MA	Mobile Allocation	移动信道分配
MAC	Medium Access Control	媒体接入控制
MAC-CE	MAC Control Element	MAC 控制信元
MAHO	Mobile Assisted Hand Over	移动台辅助的越区切换
MAI	Multiple Access Interference	多址干扰
MAN	Metropolitan Area Network	城域网
MANO	Management and Orchestration	编排管理
MAP	Mobile Application Part	移动应用部分
	Maximum A Posteriori	最大后验概率
MBB	Mobile Broadband	移动宽带
MB-MSR	Multi-Band Multi Standard Radio (Base Station)	多频段多标准无线(基站)
MBS	Mobile Broadband System	移动宽带系统
MC-CDMA	Multi-carrier Code Division Multiple Access	多载波码分多址
MCC	Mobile Country Code	移动国家代码
MCG	Master Cell Group	主小区组
MCHO	Mobile Controlled Hand Over	移动台控制的越区切换
MCR	Minimum Cell Rate	最小信元速率
MCS	Modulation and Coding Scheme	调制与编码策略
ME	Mobile Equipment	移动设备
MEA	Multiple Element Antenna	多单元天线
MEC	Mobile Edge Computing	移动边缘计算
MELP	Mixed Excitation Linear Prediction	混合激励线性预测
MFEP	Matched Front End Processor	前端匹配处理器
MIB	Master Information Block	主信息块
MIC	Mobile Interface Controller	移动接口控制器
MMDS	Multichannel Multipoint Distribution System	多点多信道分配系统
MIMO	Multiple Input Multiple Output	多输入多输出
MLSE	Maximum Likelihood Sequence Estimation	最大似然序列估计
mMIMO	Massive MIMO	大规模 MIMO
MME	Mobile Management Entity	移动性管理实体

MMI	Man Machine Interface	人机接口
MMSE	Minimum Mean Square Error	最小均方差
mMTC	Massive Machine Type of Communication	大规模机器类型通信
MNC	Mobile Network Code	移动网络码
MNOs	Mobile Network Operators	移动网络运营商
MPA	Message Passing Algorithm	消息传递算法
MPC	Multi Path Component	多径分量
MPDU	MAC Protocol Data Unit	MAC 协议数据单元
MPEG	Moving Picture Experts Group	活动图像专家组
MRC	Maximum Ratio Combining	最大比合并
MS	Mobile Station	移动台
MSC	Mobile Switching Center	移动交换中心
MSCU	Mobile Station Control Unit	移动台控制单元
MSE	Mean Square error	均方误差
MSI	Mobile Subscriber Identity	移动用户识别码
MSISDN	Mobile Subscriber ISDN	移动 ISDN 号码
MSK	Minimum Shift Keying	最小频移键控
MSL	Main Signaling Link	主信令链路
MSRN	Mobile Subscriber Roaming Number	移动用户漫游号码
MT	Mobile Terminal	移动终端
MTP	Message Transfer Part	消息传递部分
MU	Multi-User	多用户
MUD	Multi-User Detection	多用户检测
MUI	Mobile User Identifier	移动用户识别
MU-MIMO	Multi-User MIMO	多用户 MIMO
MUMS	Multi-User Mobile Station	多用户移动台
MUSA	Multi-User Shared Access	多用户共享接入
MUX	Multiplexer	多路器
MVPN	Mobile Virtual Private Network	移动虚拟专用网

N

NACK	Negative Acknowledge	否定确认
NAMPS	Narrowband Advanced Mobile Phone System	窄带先进移动电话系统
NAS	Network Attached Storage	网络附属存储，网络存储器
NAT	Network Address Translation	网络地址转换
NAV	Network Allocation Vector	网络分配向量
NB	Normal Burst	常规突发
	Node B	3G 基站
NB-IoT	Narrow Band IoT	窄带物联网
N-CDMA	Narrow-band Code Division Multiple Access	窄带码分多址
NCHO	Network Controlled Hand Over	网络控制的越区切换

NDC	National Destination Code	国家目的地代码
NETID	NETwork IDentity	网络地址(网络身份标识)
NEF	Network Exposure Function	网络开放功能
NFV	Network Function Virtualization	网络功能虚拟化
NFVI	NFVI Infrastructure	网络功能虚拟化基础设施
NFV-MANO	NFV Management and Orchestration	网络功能虚拟化管理与编排
NFVO	Network Function Virtualization Orchestrator	NFV 编排器
ng-eNB	Next Generation eNB	升级后能够连接到 5G 核心网的 4G 基站
NGMN	Next Generation Mobile Network	下一代移动网络
NG-RAN	Next Generation Radio Access Network	下一代无线接入网
NID	Network Identification Number	网络识别码
N-ISDN	Narrowband Integrated Service Digital Network	窄带综合业务数字网
NLP	Non Linear Processor	非线性处理器
NM	Network Management	网络管理
NMSI	National Mobile Station Identification Number	国家移动台识别码
NMT	Nordic Mobile Telephone	北欧移动电话(系统)
NOMA	Non-orthogonal Multiple Access	非正交多址接入
NR	New Radio	新空口
NSA	Non-Standalone	非独立组网
NSAP	Network Service Access Point	网络业务接入点
NSI	Network Slice Instance	网络切片实例
NSS	Network and Switching Subsystem	网络和交换子系统
NSSF	Network Slice Selection Function	网络分片选择功能
NT	Network Termination	网络终端
NTT	Nippon Telephone and Telegraph	日本电话电报公司

O

O&M	Operations & Maintenance	操作与维护
ODF	Optical Distribution Frame	光纤配线架
ODMA	Opportunity Driven Multiple Access	伺机驱动多址
ODN	Optical Distribution Network	光配线网络
OFDM	Orthogonal Frequency Division Multiplexing	正交频分复用
OFDMA	Orthogonal Frequency Division Multiple Access	正交频分多址
OLT	Optical Line Terminal	光线路终端
OMC	Operation & Maintenance Center	操作维护中心
OMC-R	Operation Maintenance Center-Radio	无线设备操作维护中心
ONF	Open Networking Foundation	开放网络基金会
ONU	Optical Network Unit	光网络单元
OPEX	Operating Expense	运营成本
OSI	Open System Interconnect	开放系统互连

OSS	Operation Support Subsystem	操作支持子系统
OTD	Orthogonal Transmit Diversity	正交发送分集
OTN	Optical Transport Network	光传送网
OTT	Over The Top	通过互联网向用户提供各种应用服务
OVSF	Orthogonal Variable Spreading Factor	正交可变扩频因子

P

PABX	Private Automatic Branch Exchange	专用自动小交换机
PACCH	Packet Associated Control Channel	分组辅助（随路）控制信道
PACS	Personal Access Communication System	个人接入通信系统
PAD	Packet Assembly/Disassembly Facility	分组打包拆包器
PAN	Personal Area Network	个人域网
PAPR	Peak to Average Power Ratio	峰均比
PBCH	Physical Broadcast Channel	物理广播信道
PC	Point Coordinator	点协调，集中式协调
	Power Control	功率控制
	Pilot Channel	导频信道
PCC	Primary Component Carrier	主分量载波
PCCH	Paging Control Channel	寻呼控制信道
PCCCH	Packet Common Control Channel	分组公共控制信道
PCF	Policy Control Function	策略控制功能
	Point Coordination Function	无线网络里的集中式协调功能
PCH	Paging Channel	寻呼信道
PCI	Physical Cell Identity	物理小区标识
PCM	Pulse Code Modulation	脉冲编码调制
PCN	Personal Communication Network	个人通信网
PCRF	Policy ang Charging Rules Function	策略和计费规则功能
PCS	Personal Communication System	个人通信系统
PCU	Packet Control Unit	分组控制单元
PDA	Personal Digital Assistant	个人数字助理
PDC	Pacific Digital Cellar(Japanese 2G system)	太平洋数字蜂窝（日本 2G 系统）
	Personal Digital Cell	个人数字蜂窝
PDCH	Packet Data Channel	分组数据信道
PDCCH	Physical Downlink Control Channel	物理下行控制信道
PDCP	Packet Data Convergence Protocol	分组数据汇聚协议
PDMA	Pattern Division Multiple Access	图样分割多址接入
PDSCH	Physical Downlink Shared Channel	物理下行共享信道
PDN	Packet Data Network	分组数据网络
PDTCH	Packet Data Traffic Channel	分组数据业务信道
PDU	Protocol DataUnit	协议数据单元

PGW	PDN Gateway	PDN 网关
PHS	Personal Handy-phone System	个人手提电话系统(小灵通)
PHY	PHYsical Layer	物理层
PIC	Parallel Interference Cancellation	并行干扰消除
PICH	Page Indication Channel	寻呼指示信道
PLL	Phase Locked Loop	锁相环
PLMN	Public Land Mobile Network	公共陆地移动网络
PMI	Precoding-Matrix Indicator	预编码矩阵指示
PMR	Private Mobile Radio	专用移动无线电
PN	Pseudorandom-noise	伪随机噪声
PON	Passive Optical Network	无源光网络
POTN	Packet Optical Transport Network	分组光传送网络
POTS	Plain Old Telephone Service	传统电话业务
PPCH	Packet Paging Channel	分组寻呼信道
PPM	Pulse Position Modulation	脉冲位置调制
PR	Packet Radio	分组无线电
PRACH	Physical Random-Access Channel	物理随机接入信道
PRB	Physical Resource Blocks	物理资源块
PS	Packet Switch	分组交换
PSC	Primary Serving Cell	主服务小区
PSD	Power Spectrum Density	功率谱密度
PSK	Phase Shift Keying	相移键控
PSM	Power Saving Mode	省电模式
PSS	Primary Synchronization Signal	主同步信号
PSTN	Public Switched Telephone Network	公共交换电话网
PSDU	Physical Layer Service Data Unit	物理层业务数据单元
PSK	Phase Shift Keying	相移键控
PTM	Point To Multipoint	点对多点
PTN	Packet Transport Network	分组传送网
PTO	Public Telecommunications Operators	公共电信运营商
PUCCH	Physical Uplink Control Channel	物理上行控制信道
PUSCH	Physical Uplink Shared Channel	物理上行共享信道
PWT	Personal Wireless Telephony	个人无线电话

Q

QAM	Quadrature Amplitude Modulation	正交振幅调制
QCELP	Qualcomm Code Excited Linear Predictive	Qualcomm 码激励线性预测编码器
QCL	Quasi Co-Location	准共址
QoS	Quality of Service	服务质量
QoE	Quality of Experience	用户体验
QOF	Quasi Orthogonal Function	准正交函数

| QPSK | Quadrature Phase Shift Keying | 正交相移键控 |
| QSTA | Quality-of-service Station | 业务质量站点 |

R

RACH	Random Access Channel	随机接入信道
R-ACKCH	Reverse Acknowledgement Channel	反向应答信道
RAI	RAN Area Identifier	RAN 区标识符
RAN	Radio Access Network	无线接入网络
RAR	Random Access Response	随机接入响应
RAT	Radio AccessTechnology	无线接入技术
RB	Resource Block	资源块
RBER	Remainder Bit Error Rate	残余误比特率
R-CCCH	Reverse Common Control Channel	反向公共控制信道
RCC	Reverse Control Channel	反向控制信道
RE	Resource Element	资源单元
RF	Radio Frequency	射频
RIT	Radio Interface Technologies	无线接口技术
RLC	Radio Link Control	无线链路控制
RLF	Radio-Link Failure	无线链路失败
RLP	Radio Link Protocol	无线链路协议
RLS	Recursive Least Square	递归最小二乘
RMS	Root Mean Square	均方根
RMSI	Remaining Minimum System Information	剩余最小系统信息
RNC	Radio Network Controller	无线网络控制器
RNS	Radio Network Subsystem	无线网络子系统
RPE	Regular Pulse Excitation(Voice Codec)	规则脉冲激励(话音编解码)
RRC	Radio Resource Control	无线资源控制
RRU	Remote Radio Unit	射频拉远单元
RRM	Radio Resource Management	无线资源管理
RSC	Recursive Systematic Convolutional	递归系统卷积(码)
RSPC	IMT-2000 Radio Interface Specifications	IMT-2000 无线接口规范
RSSI	Radio Signal Strength Indication	接收信号强度指示
RTP	Real-time Transport Protocol	实时传输协议
RTT	Radio Transmission Technology	无线传输技术
	Round Trip Time	往返时延
RVC	Reverse Voice Channel	反向话音信道
RX	Receiver	接收机
RXLEV	Received Signal Level	接收信号电平
RXQUAL	Received Signal Quality	接收信号质量

S

| SA | Standalone | 独立组网 |

SACCH	Slow Associated Control Channel	慢辅助控制信道
SAE	System Architecture Evolution	系统架构演进
SAP	Service Access Point	服务接入点
SAR	Specific Absorption Rate	特殊吸收比率
SB	Synchronization Burst	同步突发
SBA	Service-Based Architecture	服务化架构
SC	Synchronizing Channel	同步信道
SCC	Secondary Component Carrier	辅分量载波
SC-CDMA	Single-Carrier CDMA	单载波 CDMA
SCCH	Synchronization Control Channel	同步控制信道
SCCP	Signaling Connection Control Part	信令连接控制部分
SCDMA	Synchronous CDMA	同步 CDMA
SC-FDMA	Single-Carrier FDMA	单载波 FDMA
SCG	Secondary Cell Group	辅小区组
SCH	Synchronization Channel	同步信道
SCMA	Sparse Code Multiple Access	稀疏码分多址接入
SCN	Sub Channel Number	子信道号
SCS	Subcarrier Spacing	子载波间隔
SCU	Simple Combine Unit	简单合路单元
SDAP	ServiceData Adaption Protocol	业务数据适配协议
SDCCH	Standalone Dedicated Control Channel	独立专用控制信道
SDCN	Software Defined Cellular Network	软件定义蜂窝网络
SDH	Synchronous Digital Hierarchy	同步数字系列
SDHCA	Software-Defined Hyper-Cellular Architecture	软件定义的超蜂窝架构
SDMA	Space Division Multiple Access	空分多址
SDN	Software Defined Network	软件定义网络
SDO	Standards Development Organization	标准化组织
SEP	Symbol Error Probability	符号错误概率(或误码率)
SER	Symbol Error Rate	符号错误率
SFC	Service Function Chain	服务功能链
SFIR	Spatial Filtering for Interference Reduction	用于干扰抵消的空间滤波
SFN	System Frame Number	系统帧号
SFR	Soft Frequency Reuse	软频率复用
SGSN	Serving GPRS Support Node	服务 GPRS 支持节点
S-GW	Serving Gateway	业务网关
SIB	System Information Block	系统信息块
SIC	Successive Interference Cancellation	串行干扰消除
SID	Station Identity	基站标识
	System Identification Number	系统识别码
SIFS	Short Infer Frame Space	短帧间间隔
SIM	Subscriber Identity Module	用户识别模块
SIMO	Single Input Multiple Output	单输入多输出
SINR	Signal to Interferenceand Noise Ratio	信号与干扰噪声比

SIR	Signal-to-Interference Ratio	信号干扰比
SISO	Single Input Single Output	单输入单输出
SMF	Session Management Function	会话管理功能
SMS	Short Message Service	短信息业务
SMS-SC	Short Message Service Center	短信息业务中心
SMTP	Short Message Transfer Protocol	短消息传输协议
SN	Series Number	序列号
SNDR	Signal to Noise-and-Distortion Ratio	信号噪声失真比
SNR	Signal-to-Noise Ratio	信噪比
SoC	System-on-Chip	片上系统
SON	Self-Organizing Network	自组织网络
S/P	Serial/Parallel(conversion)	串/并(变换)
SP	Signaling Point	信令点
	Service Provider	业务提供商
SQNR	Signal-to-Quantization Noise Ratio	信号量化噪声比
SR	Software Radio	软件无线电
SRB	Signaling Radio Bearer	信令无线承载
SRI	SRS Resource Indicator	SRS 资源指示
SRMA	Split-channel Reservation Multiple Access	分信道预约多址
SRS	Sounding Reference Signal	探测参考信号
SS7	Signaling System NO. 7	7 号信令系统
SSB	Synchronization Signal Block	同步信号块
SSC	Secondary Serving Cell	辅服务小区
SSS	Secondary Synchronization Signal	辅同步信号
ST	Signaling Tone	信令音
STA	Station	站点
STBC	Space Time Block Code	空时分组码
STC	Sinusoidal Transform Coder	正弦变换编码器
STP	Short Term Prediction	短时预测
	Signaling Transfer Point	信令转接点
STS	Space Time Spreading	空时扩展
STTC	Space Time Trellis Code	空时网格码
SUL	Supplementary Uplink	补充上行链路
SU-MIMO	Single User MIMO	单用户 MIMO

T

TA	Terminal Adapter	终端适配器
TAC	Type Approval Code	类号许可代码
TACS	Total Access Communications System	全接入通信系统
TAI	Tracking Area Identifier	跟踪区标识符
TB	Transport Block	传输块

TBS	Transport Block Size	传输块大小
TC	Traffic Category	业务类别
TCH	Traffic Channel	业务信道
TCM	Trellis Coded Modulation	网格编码调制
TCO	Total Cost of Ownership	总拥有成本
TCP/IP	Transport Control Protocol/Internet Protocol	传输控制协议/网际协议
TDD	Time Division Duplex	时分双工
TDM	Time Division Multiplexing	时分复用
TDMA	Time Division Multiple Access	时分多址
TDN	Temporary Directory Number	临时电话号码
TD-SCDMA	Time Division-Synchronous Code Division Multiple Access	时分同步码分多址
TE	Terminal Equipment	终端设备
TETRA	Terrestrial Trunked Radio	陆地集群无线电
TFCI	Transmit Format Combination Indicator	发送格式合并指示
TFI	Transport Format Indicator	传输格式指示
TH-IR	Time Hopping Impulse Radio	跳时脉冲无线电
TIA	Telecommunication Industry Association	电信工业协会(美)
TM	Transversal Magnetic	横向磁(场)
TMA	Tower Mounted Amplifier	塔顶放大器
TMSC	Tandem MSC	汇接移动交换中心
TMSI	Temporary Mobile Subscriber Identity	临时移动用户识别号
TPC	Transmit Power Control	发送功率控制
TR	Technical Report(ETSI)	技术报告
	Temporal Reference	时间参考
	Transmitted Reference	发送参考
TRP	Transmission Reception Point	发送接收点
TRS	Tracking Reference Signal	跟踪参考信号
TS	Technical Specification	技术规范
	Traffic Stream	业务流
TSG	Technical Specification Group	技术规范组
TTI	Transmission Time Interval	传输时间间隔
TTS	Text To Speech synthesis	文本语音合成
TX	Transmitter	发射机

U

UARFCN	UTRA Absolute Radio Frequency Channel Number	UTRA 绝对射频信道号
UCI	Uplink Control Information	上行链路控制信息
UCPCH	Uplink Common Packet Channel	上行链路公共分组信道
UDM	Unified Data Management	统一数据管理功能
UDN	Ultra Dense Deployment	超密集组网
UDC-RAN	Ultra-Dense C-RAN	超密集云无线接入网

UDP	User Datagram Protocol	用户数据报协议
UE	User Equipment	用户设备
UE-ID	User Equipment in-band Identification	用户设备带内标识
UF-OFDM	Universally Filtered OFDM	通用滤波 OFDM
UHF	Ultra High Frequency	特高频
UIM	User Identity Module	用户识别模块
ULA	Uniform Linear Array	均匀线性阵列
UL-SCH	Uplink Shared Channel	上行共享信道
UMB	Ultra Wide Band	超宽带技术
UMTS	Universal Mobile Telecommunication System	通用移动电信系统
UP	User Priority	用户优先级
UPA	Uniform Planar Array	均匀平面阵列
UPF	User Plane Function	用户面功能
URLLC	Ultra-Reliable Low Latency Communications	超可靠低时延通信
US	Uncorrelated Scatterer	不相关散射
USB	Universal Serial Bus	通用串行总线
USF	Uplink Status Flag	上行链路状态标志
USIM	User Service Identity Module	用户业务识别模块
UTRA	UMTS Terrestrial Radio Access	UMTS 陆地无线接入
UTRAN	UMTS Terrestrial Radio Access Network	UMTS 陆地无线接入网
UWB	Ultra Wide Bandwidth System	超宽带系统
UWC	Universal Wireless Communications	通用无线通信

V

V2I	Vehicle to Infrastructure	车辆对基础设施
V2N	Vehicle to Network	车辆对网络
V2P	Vehicle to Pedestrian	车辆对行人
V2V	Vehicle to Vehicle	车辆对车辆
V2X	Vehicle to Anything	车联网
VAD	Voice Activity Detector	话音激活检测器
VCDA	Virtual Cell Deployment Area	虚拟小区布置区域
VCH	Voice Channel	话音信道
VHF	Very High Frequency	甚高频
VHO	Vertical Handoff	垂直切换
VIM	Virtual Infrastructure Manager	虚拟化基础设施管理器
VLR	Visiting Location Register	访问位置寄存器
VNE	Virtual Network Embedding	虚拟网络嵌入
VNF	Virtual Network Function	虚拟化网络功能
VNFD	Virtualized Network Function Descriptor	虚拟化的网络功能模块描述
VNFM	VNF Manager	虚拟化网络功能管理器
VNR	Virtual Network Request	虚拟网络请求

VoIP	Voice over Internet Protocol	基于 IP 协议的话音，IP 电话
VQ	Vector Quantization	矢量量化
VR	Virtual Reality	虚拟现实
VSELP	Vector Sum Excited Linear Prediction	矢量和激励的线性预测器

W

WACS	Wireless Access Communication System	无线接入通信系统
WAN	Wide Area Network	广域网
WAP	Wireless Application Protocol	无线应用协议
WARC	World Administrative Radio Committee	世界无线电管理大会
WB	Wide Band	宽带
WCDMA	Wide-band CDMA	宽带码分多址
WDM	Wavelength Division Multiplex	波分复用
WEI	Word Error Indicator	字错误指示器
WF	Whitening Factor	白化系数
WI	Waveform Interpolation	波形内插
WiFi	Wireless Fidelity	基于 IEEE 802.11b 标准的无线局域网
WiMAX	Worldwide Interoperability for Microwave Access	微波接入全球互通
WLAN	Wireless Local Area Network	无线局域网
WLL	Wireless Local Loop	无线本地环路
WM	Wireless Medium	无线媒介
WMAN	Wireless Metropolitan Area Network	无线城域网
WNV	Wireless Network Virtualization	无线网络虚拟化
W-OFDM	Windowed OFDM	加窗 OFDM
WPAN	Wireless Personal Area Network	无线个域网
WRAN	Wireless Regional Area Network	无线区域网
WRC	World Radiocommunication Reference	世界无线电通信大会
WSS	Wide Sense Stationary	广义平稳
WVPN	Wireless Virtual Private Network	无线虚拟专用网
WWAN	Wireless Wide Area Network	无线广域网

Z

| ZF | Zero Forcing | 迫零 |

参 考 文 献

[1] 郭梯云，等. 移动通信 [M]. 3 版. 西安：西安电子科技大学出版社，2007.

[2] 蔡跃明，等. 现代移动通信 [M]. 北京：机械工业出版社，2007.

[3] 郑祖辉，等. 数字集群移动通信系统 [M]. 北京：电子工业出版社，2002.

[4] RAPPAPORT T S. Wireless Communications Principles and Practice，Second Edition [M]. 电子工业出版社，2004.

[5] MOLISCH A F. 无线通信 [M]. 田斌，等译. 北京：电子工业出版社，2008.

[6] TSE D，VISWANATH P. 无线通信基础 [M]. 李锵，等译. 人民邮电出版社，2007.

[7] 韦岗，等. 通信系统建模与仿真 [M]. 北京：电子工业出版社，2007.

[8] 马冰然. 电磁场与电磁波 [M]. 广州：华南理工大学出版社，2007.

[9] CHONGYU WEI，et al. Analysis on the RF Interference in GSM/CDMA 1X Dual-mode Terminals [M]. Wicom，2008.

[10] 罗凌，焦元媛，陆冰，等. 第三代移动通信技术与业务[M]. 北京：人民邮电出版社，2007.

[11] 张智江，朱士钧，张云勇，等. 3G 核心网技术[M]. 北京：国防工业出版社，2006.

[12] 段红光，毕敏，罗一静. TD-SCDMA 第三代移动通信系统协议体系与信令流程[M]. 北京：人民邮电出版社，2007.

[13] WALTER TUTTLEBEE. 软件无线电技术与实现[M]. 北京：电子工业出版社，2004.

[14] 葛利嘉，曾凡鑫，刘郁林，等. 超宽带无线通信[M]. 北京：国防工业出版社，2005.

[15] KAZIMIERZ SIWIAK，DEBRA MCKEOWN. 超宽带无线电技术[M]. 北京：电子工业出版社，2005.

[16] 刘波，安娜，黄旭林，等. WiMAX 技术与应用详解[M]. 北京：人民邮电出版社，2007.

[17] 崔鸿雁，蔡云龙，刘宝玲. 宽带无线通信技术[M]. 北京：人民邮电出版社，2008.

[18] 高泽华，赵国安，宁帆，等. 宽带无线城域网：WiMAX 技术与应用[M]. 北京：人民邮电出版社，2008.

[19] ERIKDAHLMAN，STEFAN PARKVALL，JOHAN SKÖLD. 4G，LTE-Advanced Pro and The Road to 5G，Third Edition [M]. Elsevier，2016.

[20] ERIK DAHLMAN，STEFAN PARKVALL，JOHAN SKÖLD. 5G NR：The Next Generation Wireless Access Technology，Elsevier，2018.

[21] ALL ZAIDI，FREDRIK ATHLEY，JONAS MEDBO，Ulf Gustavsson，Giuseppe Durisi，Xiaoming Chen. 5G Physical Layer：Principles，Models and Technology Components[M]. Elsevier，2018.

[22] AFIF OSSEIRAN，JOSE F. MONSERRAT，PATRICK MARSCH. 5G Mobile and Wireless Communications Technology[M]. Cambridge，2016.

[23] 刘毅，刘红梅，张阳，等. 深入浅出 5G 移动通信[M]. 北京：机械工业出版社，2019.

[24] 刘晓峰，孙韶辉，杜忠达，等. 5G 无线系统设计与国际标准. 北京：人民邮电出版社，2019.

[25] 张晨璐. 从局部到总体：5G 系统观. 北京：人民邮电出版社，2020.